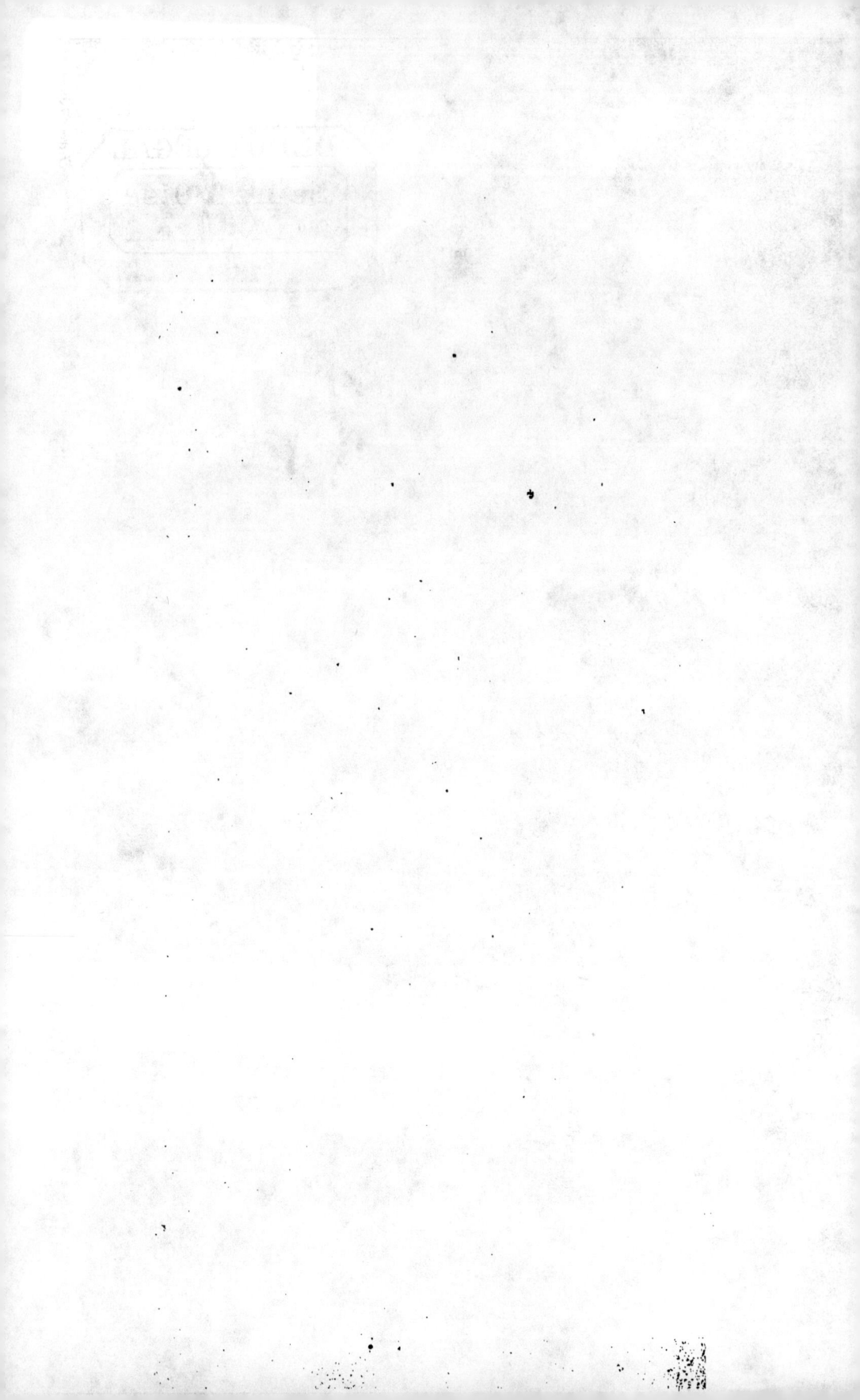

TRAITÉ

D'ARITHMÉTIQUE

THÉORIQUE ET PRATIQUE

ENSEIGNEMENT SECONDAIRE SPÉCIAL

PREMIÈRE ET DEUXIÈME ANNÉE

TRAITÉ

D'ARITHMÉTIQUE

THÉORIQUE ET PRATIQUE

ENTIÈREMENT CONFORME AU PROGRAMME DE 1866

CONTENANT 2500 PROBLÈMES

PAR

M. Armand MESNARD

Chevalier de la Légion d'honneur, officier de l'Instruction publique, ancien élève
de l'École polytechnique, ancien officier d'artillerie,
Professeur de mécanique à l'École préparatoire à l'enseignement supérieur
des sciences et des lettres de Nantes,
professeur de mathématiques au lycée.

CINQUIÈME ÉDITION, REVUE ET CORRIGÉE

PARIS

LIBRAIRIE CLASSIQUE D'EUGÈNE BELIN

RUE DE VAUGIRARD, N° 52

1881

SAINT-CLOUD. — IMPRIMERIE DE Mme Vᵉ EUG. BELIN.

INTRODUCTION.

La marche que j'ai suivie en écrivant ce traité est *véritablement* conforme à celle qu'indique le programme arrêté en 1866, pour le nouvel enseignement universitaire, dit *enseignement secondaire spécial*.

J'ai eu, en cela, d'autant moins de peine à me soumettre à la loi tracée, que cette loi est depuis longtemps l'expression même de mes idées : le programme officiel d'arithmétique est en effet presque textuellement celui que j'ai eu l'honneur de soumettre à l'approbation de la commission chargée d'arrêter et de rédiger la marche du nouvel enseignement. Nous suivions ce programme depuis quelques années déjà au lycée de Nantes.

Je me suis cependant permis de faire un léger changement à la marche officielle, en plaçant le *système métrique* immédiatement après la *numération :* cette inversion est sans importance pour les personnes qui voudront rétablir l'ordre prescrit; mais comme je la trouve très-utile, très-logique, et d'un grand secours surtout au point de vue des applications, je dois avant tout expliquer les motifs qui m'ont décidé à l'introduire dans mon livre, tout en disant d'abord quelques mots des raisons qui ont pu engager, dans la rédaction du nouveau programme, à quitter la voie ordinairement suivie pour l'enseignement de l'arithmétique.

Je ferai observer d'abord que bien que les leçons d'arithmétique s'adressent à de jeunes intelligences qu'il faut initier aux secrets de la pratique des opérations et aux raisonnements qui y conduisent, on doit faire une distinction bien marquée entre l'étude du mécanisme du calcul et celle, même très-restreinte, de l'arithmétique raisonnée. A l'école primaire les jeunes enfants apprennent à *compter* en même temps qu'à *lire* et à *écrire ;* les premières notions de l'*orthographe* marchent alors de front avec les principes élémentaires du calcul; et si, à leur entrée dans les classes plus élevées, tous les enfants ne savent pas faire la *division* des nombres entiers, beaucoup du moins connaissent la marche de cette opération, et tous savent à peu près les *trois premières règles*.

Sans doute ces jeunes intelligences ne sont pas alors

initiées sérieusement au but que les opérations remplissent, mais pour elles, les idées d'*ajouter*, de *soustraire*, de *multiplier* et de *diviser* ne sont pas nouvelles : si cela n'était pas admis, pourrait-on exposer la numération avant les opérations fondamentales? Comment expliquer alors que chaque nombre entier se forme en *ajoutant* 1 à celui qui le précède? Comment faire comprendre qu'une unité d'un certain ordre vaut dix unités de l'ordre immédiatement inférieur; que tout chiffre placé à la gauche d'un autre représente des unités 10 *fois plus fortes* que celles représentées par cet autre, et inversement; qu'on rend un nombre entier *dix fois plus grand* en plaçant un zéro à sa droite? etc., etc.

Il faudrait renoncer à exposer la numération au début de l'arithmétique raisonnée. Par où commencerait-on alors?

Ceci une fois posé, je ferai encore observer que les deux principes fondamentaux sur lesquels reposent la formation et la représentation des nombres, dans le *système décimal,* font des nombres dits *décimaux* une conséquence immédiate et forcée des nombres entiers : il est vraiment illogique de rejeter la numération de ces nombres à la suite de la théorie des *fractions à deux termes :* ne doit-on pas, en effet, et surtout dans un enseignement pratique, habituer de bonne heure les jeunes enfants, sans pour cela les entraîner dans des explications trop scientifiques, à l'idée de la *mesure* des grandeurs, idée de laquelle découle directement le *nombre?* Si donc on montre à un enfant comment on mesure une longueur, en y portant l'unité correspondante choisie, ne doit-on pas prévenir de sa part une objection inévitable, en lui montrant à mesurer une longueur moindre que l'unité, alors surtout qu'à l'aide de la numération décimale, cette mesure ne conduit à aucune notion nouvelle, comme nomenclature ou comme représentation? Quant à moi, je suis convaincu que toute autre marche est défectueuse, sans raison d'être, et que la routine seule la fait encore suivre le plus souvent.

Les nombres décimaux étant ainsi devenus l'extension des nombres entiers, ou pouvant être considérés comme des nombres entiers de parties ou d'unités décimales, il n'y a plus désormais de nécessité de faire un chapitre à part pour les opérations des nombres décimaux; il n'est plus indispensable, après avoir fait de grands pas en avant, de revenir aux quatre opérations fondamentales et de fatiguer l'esprit des élèves par un retour de fractions ordinaires à la forme entière. Les opérations, enseignées simultanément pour les nombres entiers et pour les nombres décimaux, habituent l'élève, dès le début, à confondre dans une même conception les nombres entiers et les nombres décimaux ; et la lumière et le temps gagnés ainsi sont réels, indiscutables.

Pourquoi maintenant ai-je placé le *système métrique* immédiatement après la *numération ?* C'est tout simplement parce que ce système est l'application la plus directe, la plus frappante de la nomenclature décimale ; qu'il est possible de l'exposer, ainsi que je l'ai fait, sans empiéter sur le domaine des opérations fondamentales, en ne se servant que des idées émises dans la numération même ; et qu'enfin, en familiarisant tout de suite les élèves avec les mesures usuelles, on se ménage la possibilité précieuse de choisir où l'on veut les exemples et les problèmes qui doivent suivre respectivement l'exposition de chaque règle.

Si, en effet, on tient à être logique, où choisira-t-on ses exercices si l'on ne veut, ce qui est toujours raisonnable, s'appuyer que sur les matières précédemment enseignées aux élèves, alors qu'ils ne doivent connaître ni le mètre, ni le kilogramme, ni les autres unités d'un système qu'ils n'étudieront que plus tard ?

D'ailleurs, dans la marche ordinairement suivie, le système métrique accompagne, en les suivant logiquement, les fractions décimales à l'endroit où elles sont reléguées ; si donc ces fractions sont reportées à une autre place, ce qui arrive fort heureusement dans le nouvel enseignement, il est tout naturel de ne pas abandonner en route le système métrique et de le placer à la suite de la nomenclature des nombres décimaux, dont je le répète, il est la plus immédiate application.

Je termine enfin par quelques mots sur l'étendue du livre :

Je n'ai fait qu'y développer les matières du programme, et j'arrive à un total de 578 pages, dont il faut retrancher, il est vrai, 120 pages d'exercices et de problèmes formant un véritable recueil disséminé dans l'ouvrage, recueil dispensant le professeur de recourir à un livre de problèmes ; il reste alors 458 pages d'exposition répondant à deux années d'enseignement tellement enchaînées l'une à l'autre, qu'il m'a semblé qu'un seul livre complet était de beaucoup préférable à deux volumes restreints, incomplets chacun, et dont l'ensemble serait d'ailleurs plus considérable que le tout homogène que je présente.

Avec un seul livre, le professeur, en première année, remet au cours suivant les matières que le programme, son expérience et la force variable de sa classe, lui conseillent de ne pas aborder. En seconde année, il a l'avantage de pouvoir remettre, comme révision, la même rédaction entre les mains de ses élèves, en comblant les lacunes par l'examen des parties réservées l'année précédente.

Convaincu, d'ailleurs, de ce principe : *Qu'un livre court ne peut être facile qu'à la condition d'être trop élémentaire,* je me suis fait un devoir d'éviter la grande concision abstraite qui rend si souvent rebutante et décourageante, pour la presque totalité des élèves, la lecture de traités, bien faits d'ailleurs pour ceux qui savent, mais difficiles pour les commençants ou pour ceux qui veulent apprendre seuls ; j'ai cherché la clarté avant tout ; j'ai développé, en y mettant le plus grand soin, les règles, tant particulières que générales, que j'ai rencontrées sur mon chemin ; je n'ai laissé échapper aucune occasion d'appuyer par des exemples toutes les théories que j'ai développées : en un mot, me laissant guider par l'expérience de douze années d'enseignement, j'ai fait de mon mieux ; j'ai cherché consciencieusement à me rendre clair et précis, utile enfin, en développant avec soin un programme qui est la base de tout l'enseignement spécial.

Puissent mes efforts et le travail qu'ils ont produit être appréciés par ceux qui me liront ! J'en fais un sincère hommage à la jeunesse studieuse pour qui je me suis mis à l'œuvre.

A. MESNARD.

Nantes, le 15 juillet 1867.

TRAITÉ

D'ARITHMÉTIQUE

1. On appelle en général *grandeur* ou *quantité* tout ce dont nous pouvons produire ou concevoir l'augmentation ou la diminution.

2. La réunion ou collection de plusieurs grandeurs de même espèce a reçu le nom de *nombre; une* quelconque de ces grandeurs est appelée *unité*. Ainsi, quand nous disons *six poires*, nous énonçons un nombre dans lequel l'unité est la poire.

L'unité sert donc de *base* ou de point de départ pour former les nombres, et ces derniers sont d'autant plus grands qu'on prend plus d'unités pour les former. L'unité, d'ailleurs, est elle-même un nombre, le premier nombre, le nombre *un*.

Nous verrons bientôt une autre définition de l'unité, en parlant de la mesure des grandeurs

LIVRE PREMIER.

NUMÉRATION.

CHAPITRE PREMIER.

Numération des nombres entiers.

3. On appelle *nombre entier* une collection uniquement composée d'unités entières.

4. Plusieurs nombres peuvent ne différer que par la nature des grandeurs qui les forment : *huit hommes, huit chevaux, huit arbres, huit noix...;* toutes ces collections sont semblables et ne diffèrent que par la nature des grandeurs fondamentales; si donc on fait *abstraction* de cette nature, et si l'on se borne à considérer le terme *huit,* ce terme indiquant une collection déterminée, abstraction faite de la nature des unités, est ce qu'on appelle un *nombre abstrait;* ce qu'on exprime souvent en disant simplement qu'un nombre abstrait est celui dans lequel la nature des unités n'est pas désignée : *huit, douze, quatre,* etc.

Dans ce cas, l'unité est *un* et ne désigne aucun objet déterminé de préférence à un autre.

5. Un *nombre concret* est au contraire celui dans lequel la nature des unités est désignée : *trois hommes, quatre œufs, quinze moutons.*

Dès le principe, nous ne concevons guère que les nombres concrets; mais l'esprit se fait peu à peu à laisser de côté les objets pour ne considérer que le nombre, et nous arrivons facilement à comprendre les mots *neuf, treize, quarante,* sans qu'il nous soit nécessaire pour cela d'y attacher aucune idée *concrète.*

2

6. Les nombres sont susceptibles d'être combinés entre eux de bien des manières différentes, suivant les diverses conditions qu'on se propose de leur faire remplir. L'ensemble des raisonnements à faire et des méthodes à suivre pour effectuer toutes ces combinaisons constitue l'*arithmétique* qui, pour cela, est ordinairement appelée *science des nombres*.

Tout naturellement, le point fondamental de l'arithmétique est la connaissance, la nomenclature des nombres, donnant lieu au problème de la *numération*.

7. La *numération*, en général, est un problème dont le but est de former, d'énoncer et de représenter les nombres, avec le plus petit nombre possible et commode de mots et de caractères.

La numération se divise d'elle-même en numération *parlée* et en numération *écrite*.

NUMÉRATION PARLÉE.

8. *La numération parlée a pour but unique la formation et la dénomination des nombres.*

Pour former tous les nombres, on est parti d'abord de l'unité, point fondamental ou *premier nombre*, qu'on a appelé *un ;* ajoutant une unité à ce premier nombre, on a formé le second nombre qu'on appelle *deux ;* une nouvelle unité ajoutée a donné le nombre *trois ;* une nouvelle, le nombre *quatre ;* et en continuant de la même manière, on a formé successivement les nombres *cinq, six, sept, huit, neuf ;* le dernier de ces nombres, représentant la totalité, moins un, des doigts contenus dans nos deux mains.

On aurait pu continuer indéfiniment comme il vient d'être dit, et donner un nom différent à chaque nouveau nombre ainsi formé ; mais la mémoire n'aurait pu suffire à retenir tous ces noms.

9. On est donc convenu de faire du nombre *dix*, qu'on obtient en ajoutant une unité à neuf, une nouvelle espèce d'unité à laquelle on a donné le nom de *dizaine*, et naturellement on a compté par dizaines comme on avait compté par unités :

Une dizaine, deux dizaines, trois dizaines, etc., neuf dizaines ; les collections ainsi formées ont été nommées : *dix, vingt, trente, quarante, cinquante, soixante, septante, octante, nonante*. Un regrettable usage fait remplacer les trois dernières expressions par les suivantes : *soixante-dix, quatre-vingts, quatre-vingt-dix* (1), employées pour soixante et dix, quatre fois vingt, quatre fois vingt plus dix.

10. De même qu'une unité ajoutée à neuf a donné naissance à une nouvelle espèce d'unité, la dizaine, une dizaine ajoutée à neuf dizaines a produit une nouvelle espèce d'unité à laquelle on a donné le nom de *centaine*.

On a compté par centaines comme on a compté par unités et par dizaines :

une centaine ou   *cent.*
deux centaines ou *deux cents.*
trois centaines ou *trois cents.*

. . . .
. . . .

neuf centaines ou *neuf cents.*

11. Par analogie encore, une centaine ajoutée à neuf centaines a dû former une nouvelle espèce d'unité à laquelle on a donné le nom de *mille ;* puis on a compté par mille comme on l'avait fait pour les unités précédentes.

De plus, et pour moins étendre la nomenclature, en en régularisant la formation, on a fait de mille une nouvelle espèce d'*unité principale*, *unité de mille*, en tout semblable à l'unité simple ; de telle sorte que de même que les dizaines et les centaines succèdent à l'unité, les *dizaines de mille* et les *centaines de mille* ont dû succéder à l'unité de mille dans l'ordre des unités successives.

(1) Les expressions *septante, octante, nonante*, sont encore usitées dans quelques localités en France ; elles sont en usage en Suisse.

12. Pour la même raison, et par analogie, dix centaines d'unités formant l'unité de *mille*, on a fait de dix centaines de mille une troisième espèce d'*unité principale* analogue en tout à l'unité simple et à l'unité de mille; on a donné le nom de *million* à cette nouvelle unité, au moyen de laquelle on a dès lors formé, toujours par analogie, les dizaines et les centaines de millions.

On comprend sans peine que pour continuer à former les nombres jusqu'aux limites les plus éloignées, il a suffi de suivre la loi désormais établie : de donner un nouveau nom, seulement de trois en trois, aux unités suivantes, et de faire, des unités intermédiaires, les dizaines et les centaines de ces unités principales, auxquelles on a donné, à cause de leur mode de périodicité, le nom d'unités des *ordres ternaires*.

13. En résumé, nous voyons que d'après cette formation générale, la suite des nombres se compose :

1° Des unités fondamentales ou principales suivantes :

Unité simple.		1er
Unité de mille.		4^{e}
Million.	formant	7^{e}
Billion.	respectivement	10^{e}
Trillion.	les unités	13^{e}
Quatrillion.	des	16^{e}
Quintillion.		19^{e}
Sextillion.		22e, etc. ordres ;

2° Des dizaines et centaines de chacune de ces unités ternaires, formant les unités secondaires des 2e et 3e, 5e et 6e, 8e et 9e, 11e et 12e, etc. ordres.

14. Mais en opérant comme nous venons de le faire, on n'a établi que le canevas de la numération, laissant vides les intervalles qui séparent deux unités consécutives d'un ordre quelconque à partir du second.

Pour remplir ces intervalles, c'est-à-dire pour former les nombres qui leur correspondent, on commence par les dizaines; pour cela : entre la première et la deuxième dizaine

on intercale les neuf premiers nombres et, pour nommer
chacun des nouveaux nombres, on fait suivre le nom de la
dizaine employée, de celui du nombre intercalé, excepté
pour les nombres dix-un, dix-deux, dix-trois, dix-quatre,
dix-cinq, dix-six qu'on a dénommés : *onze, douze, treize,
quatorze, quinze, seize* (1); on a donc ainsi, en tenant
compte de cette irrégularité, la série des nombres :

Onze, douze, treize, quatorze, quinze, seize, dix-sept, dix-huit,
dix-neuf.

Vingt,   vingt-et-un,   vingt-deux. . . vingt-neuf.
Trente,   trente-et-un, ... trente-neuf.
. . . .
Soixante, soixante-et-un, ... soixante-neuf.

puis, conformément à l'irrégularité malheureusement
adoptée, on remplace les noms naturels septante, septante-
un, etc. par ceux-ci :

Soixante-dix,   soixante-et-onze,..... soixante-dix-neuf.
Quatre-vingts,   quatre-vingt-un,..... quatre-vingt-neuf.
Quatre-vingt-dix,   quatre-vingt-onze,... quatre-vingt-dix-neuf.

15. Ce dernier nombre augmenté d'une unité donne *cent;*
si donc, passant aux centaines, on ajoute successivement
à chacune d'elles chacun des *quatre-vingt-dix-neuf* nombres
déjà formés, et si l'on place les noms de ces différents
nombres à la suite de celui de chaque centaine, on aura
formé et nommé tous les nombres jusqu'à

neuf cent quatre-vingt-dix-neuf

représentant le plus grand nombre d'unités d'un ordre ternaire quelconque, dont puisse se composer un nombre. On
remarquera donc, d'après cela, qu'en ajoutant à une semblable collection une unité de l'ordre auquel elle appartient,

(1) Expressions empruntées du latin : *undecim, duodecim, tre-
decim, quatuordecim, quindecim, sexdecim,* et consacrées en
France par l'usage.

on forme une unité de l'ordre ternaire immédiatement supérieur.

Il est bien évident maintenant, qu'en continuant de proche en proche semblables intercalations entre les unités successives des différents ordres suivants, l'on aura formé et nommé tous les nombres possibles, ou du moins, on aura établi un procédé complet de formation de tous les nombres, car la suite des nombres est illimitée, puisque quelque grand que soit un nombre, on peut toujours l'augmenter par l'addition d'une unité.

16. La numération établie d'après les notions précédentes prend le nom de *numération décimale,* à cause du rôle qu'y joue le nombre *dix*, rôle défini par le principe suivant, sur lequel repose tout ce système :

PRINCIPE. — *Dix unités d'un ordre quelconque valent et forment une unité de l'ordre immédiatement supérieur.*

NUMÉRATION ÉCRITE.

17. Les nombres une fois formés, il fallait les écrire : tel a été le but de la numération écrite, qui se divise naturellement en deux problèmes :

1° *Écrire un nombre énoncé.*
2° *Énoncer un nombre écrit.*

1° Écrire un nombre énoncé.

18. Pour représenter tous les nombres, en partant du principe qui sert de base à la numération parlée décimale, on est convenu d'employer dix caractères ou chiffres d'origine arabe, et qui sont :

$$1. 2. 3. 4. 5. 6. 7. 8. 9. 0.$$

Les neuf premiers, appelés *chiffres significatifs*, ont reçu les noms des neuf premiers nombres qu'ils représentent; le dixième appelé *zéro*, n'ayant aucune valeur par lui-même, sert simplement à faciliter la représentation des unités des différents ordres, et à remplacer dans un nombre les unités qui peuvent manquer dans les différents ordres, d'après le principe suivant qui sert de base à toute la numération écrite :

19. Principe. — *Tout chiffre placé à la gauche d'un autre représente des unités dix fois plus fortes que celles représentées par cet autre.*

Il résulte immédiatement de ce principe que dans un nombre quelconque, un chiffre significatif aura deux valeurs : l'une *absolue*, indiquée par le nom même du chiffre, et par conséquent indépendante de la position qu'il occupe ; l'autre *relative* ou *de position*, qui ne dépend que de la place de ce chiffre, et par conséquent de l'ordre des unités qu'il représente.

20. Cela posé, comment a-t-on pu résoudre la première partie du problème de la numération écrite : *Écrire un nombre énoncé ?*

On a procédé comme pour la numération parlée : les neuf chiffres significatifs désignent les neuf premiers nombres ; on a représenté l'unité du second ordre, en se conformant au principe général énoncé plus haut, par le chiffre 1 reculé au second rang à gauche, à l'aide d'un zéro placé à sa droite.

Ainsi, une dizaine s'écrit 10 ; de là résulte immédiatement la représentation des neuf dizaines :

10. 20. 30. 40. 50. 60. 70. 80. 90.

21. De même, au moyen d'un nouveau zéro, on a reculé au troisième rang chacun des neuf chiffres significatifs, faisant représenter par cela même à chacun de ces chiffres, des unités dix fois plus fortes que les précédentes, c'est-à-dire des centaines. Les unités du troisième ordre, ou centaines, s'écrivent donc :

100. 200. 300. 400. 500. 600. 700. 800. 900.

22. Pour la même raison, les unités du quatrième ordre ou les mille sont représentées par :

1 000. 2 000. 3 000. . . . . 9 000.

Les dizaines et les centaines de cet ordre par :

10 000.   20 000. . . . . 90 000.
100 000. 200 000. . . . . 900 000.

Enfin les millions le seront par :

1 000 000. 2 000 000. . . . . 9 000 000.

et ainsi de suite indéfiniment, en remarquant avec soin que les unités principales, ou des ordres ternaires, sont suivies d'un certain nombre de groupes de trois zéros, chacun de ces groupes tenant la place d'un des ordres ternaires précédents.

23. Cela posé, pour représenter les nombres intermédiaires, on a d'abord remplacé le zéro de chaque dizaine, successivement, par chacun des neuf premiers nombres, ce qui a permis d'écrire tous les nombres jusqu'à quatre-vingt-dix-neuf ou 99. Ainsi, par exemple, de 30 à 40, nous aurons le tableau :

31, 32, 33, 34, 35, 36, 37, 38, 39.

Pour la même raison, si à la droite de chaque centaine on remplace successivement l'un des zéros ou les deux zéros, suivant le cas, par les 99 premiers nombres, on aura écrit tous les nombres qui renferment au plus : unités, dizaines et centaines, c'est-à-dire tous les nombres pouvant former un ordre ternaire complet quelconque. De là résulte immédiatement que :

24. RÈGLE. — *Pour écrire un nombre énoncé renfermant au plus les trois premiers ordres, unités, dizaines, centaines : l'on écrit successivement, de la gauche à la droite, les chiffres qui représentent les nombres d'unités des ordres énoncés, au fur et à mesure qu'on les nomme, en remplaçant par des zéros les unités des ordres qui peuvent manquer.*

Exemple : 1° Ecrire six cent vingt-huit.

Décomposant, j'écris tout de suite, 6 centaines, 2 dizaines et 8 unités, ou 628.

2° Ecrire trois cent neuf.

J'écris de même 3 centaines, 0 dizaine, puisqu'il n'y en a pas d'énoncée, et 9 unités, ou 309.

L'écriture d'un nombre quelconque est alors déterminée, car tout nombre se composant d'une série d'ordres ternaires, il suffira d'écrire les uns à la suite des autres, plusieurs nombres de 3 chiffres au plus, en conservant la place des unités qui peuvent manquer, d'où résulte cette règle :

25. RÈGLE. — *Pour écrire un nombre quelconque, on écrit successivement, de la gauche à la droite, les diverses unités composant les différents ordres ternaires, au fur et à mesure qu'on les énonce, en ayant soin de remplacer par autant de zéros les unités qui peuvent manquer.*

Exemple : Quarante-neuf billions, trois cent sept millions, quatre-vingt-dix-huit mille, six cent quarante-cinq ;
Ce qui peut se traduire par :

49 billions, 307 millions, 98 mille, 645 unités ; ou en mettant chaque ordre à sa place :

$$49\ 307\ 098\ 645.$$

Autre exemple : Huit billions, quarante-six millions, quatre cent vingt unités, ou bien :
8 billions, 46 millions, pas de mille, 420 unités ; ce qui donnera en mettant le tout en place :

$$8\ 046\ 000\ 420.$$

26. Passons maintenant au second problème :

2° Énoncer un nombre écrit.

Ce problème n'est que l'inverse bien simple du précédent et se divise naturellement en deux cas :

1° *Le nombre n'a pas plus de 3 chiffres ;* la règle est immédiate :

27. RÈGLE. — *Pour énoncer un nombre qui n'a pas plus de trois chiffres, l'on nomme, les unes à la suite des autres, en allant de la gauche vers la droite, les différentes unités qui composent ce nombre.*

Exemple : Énoncer 847.

Le nombre se compose de 8 centaines, 4 dizaines ou quarante et de 7 unités, d'où son nom : *huit cent quarante-sept.*

2° *Le nombre est composé d'un nombre quelconque de chiffres.*

Si on le sépare en tranches de trois chiffres en allant de la droite vers la gauche, on isole chacun des différents ordres ternaires, qu'il suffit alors d'énoncer séparément d'après la règle précédente ; donc :

28. RÈGLE. — *Pour énoncer un nombre écrit quelconque : on sépare ce nombre en tranches de trois chiffres, en allant de la droite vers la gauche, la dernière tranche à gauche pouvant n'être pas complète et ne renfermer qu'un ou deux chiffres ; puis, lisant de gauche à droite, on énonce successivement chaque tranche comme si elle était seule, en lui donnant le nom des unités qu'elle représente.*

Exemple : Soit à énoncer 47 068 407 653.

La séparation des ordres donne 4 tranches dont la dernière représente des billions, d'après la classification générale ; ces tranches étant respectivement composées des parties significatives 47, 68, 407, 653 que nous savons énoncer séparément, nous traduirons le nombre écrit par :

47 billions, 68 millions, 407 mille, 653 unités, ce dernier mot qualificatif pouvant être au besoin supprimé.

29. Tel est l'ensemble des méthodes au moyen desquelles on a rempli le but qu'on s'était proposé d'atteindre : *Former, énoncer et représenter tous les nombres avec le plus petit nombre possible et commode de mots et de caractères.*

30. Le système de numération décimale qui vient d'être exposé, repose exclusivement sur les deux principes énoncés plus haut, et que nous rappelons avec intention en terminant :

1° *Dix unités d'un ordre quelconque valent une unité de l'ordre immédiatement supérieur.*

2° *Tout chiffre placé à la gauche d'un autre, représente des unités dix fois plus fortes que celles représentées par cet autre.*

De ce dernier principe résulte immédiatement le suivant :

31. PRINCIPE. — 1° *Si à la droite d'un nombre on* AJOUTE *un certain nombre de zéros : un, deux, trois, quatre...., on rend ce nombre, dix, cent, mille, dix mille... fois plus* GRAND.

2° *Si à la droite d'un nombre on* SUPPRIME *un certain nombre de zéros : un, deux, trois, quatre..., on rend ce nombre dix, cent, mille, dix mille... fois plus* PETIT.

Soit en effet le nombre 3864 ; — deux zéros placés à sa droite le transforment en 386400. — Or, dans le premier nombre, le chiffre 4 exprimait des unités simples, il exprime des centaines dans le second ; et comme 1 centaine est cent fois plus forte que 1 unité, 4 centaines sont de même cent fois plus fortes que 4 unités. Pour la même raison, 1 mille valant 100 dizaines, 6 mille valent cent fois 6 dizaines ; et ainsi pour les autres unités. D'après cela, chaque partie du premier nombre a été rendue cent fois plus grande, ce nombre lui-même est donc cent fois plus grand ; ce qui démontre entièrement le principe énoncé, car si l'on considère le premier nombre, comme le second sur la droite duquel 2 zéros ont été supprimés, ce dernier étant cent fois plus grand que le premier, réciproquement, le premier est cent fois plus petit que le second.

32. Soit un nombre quelconque, 7806425 ; si l'on considère toute la partie à gauche du chiffre des dizaines, on remarque que cette partie contient 4 centaines, 6 mille, 0 dizaine de mille, etc., etc. Or, d'après ce qu'enseigne la numération décimale, 6 mille valent 60 centaines qui, avec les 4 premières font 64 centaines ; les 8 centaines de mille valent de même 80 dizaines de mille, ou 800 unités de mille, ou enfin 8 000 centaines, qui, jointes aux 64 déjà trouvées, font 8 064 centaines ; de même enfin 7 millions valant 70 000 centaines, toute la partie à gauche des dizaines du nombre donné vaut 78 064 centaines. — On verrait de même que ce nombre contient 78 centaines de mille, 780 dizaines de mille, etc., etc.; donc en général :

Pour avoir la totalité des unités d'un ordre quelconque contenues dans un nombre, il suffit de prendre de ce nombre toute la partie à gauche des unités immédiatement inférieures à celles que l'on considère.

CHAPITRE II.

Numération des nombres décimaux.

33. Certaines unités concrètes peuvent être partagées ou simplement conçues partagées en un certain nombre de parties égales, susceptibles d'être réunies en plus ou moins grand nombre. Le résultat obtenu, en prenant une ou plusieurs de ces parties, se nomme *fraction* de l'unité concrète considérée.

Ainsi, une pomme est partagée en 8 parties égales ; qu'on prenne une ou cinq de ces parties, on a une fraction de la pomme.

Or, ce partage peut être, par extension, tout aussi bien conçu pour l'unité abstraite ; nous dirons donc alors, d'une manière générale :

34. Définition. — *Une* FRACTION *est une ou plusieurs parties de l'unité supposée partagée en parties égales.*

Chacune de ces parties, ou plusieurs parties prises ensemble, constituent un tout qui prend le nom de *partie aliquote* de l'unité.

35. Un *nombre fractionnaire* est une collection composée d'un nombre entier et d'une fraction.

36. Le premier principe sur lequel repose la numération décimale donne naturellement naissance à une certaine classe de fractions nommées pour cela *fractions décimales :*

37. Définition. — *On appelle fractions décimales les fractions formées en partageant l'unité en 10, 100, 1000..., etc. parties égales, ou en parties égales de 10 en 10 fois plus petites à partir de 10.*

38. D'après cela, un *nombre décimal* est une collection composée d'un nombre entier et d'une fraction décimale. Le nombre entier s'appelle la *partie entière*, et la fraction décimale qui l'accompagne prend le nom de *partie décimale.*

NUMÉRATION PARLÉE.

39. Jusqu'ici nous avons considéré la série des nombres commençant à l'unité et s'étendant de là à l'infini, c'est-à-dire au delà de toute limite imaginable. La conception des fractions nous permet d'étendre cette série en sens inverse, au delà de toute limite de petitesse, puisque la fraction est un nombre, et que ce nombre peut être conçu de plus en plus petit, par la supposition d'un partage de l'unité en un nombre de parties égales, de plus en plus grand.

40. Cela posé, considérons ce que l'on obtient en partageant l'unité en 10, 100, 1000.... parties égales, c'est-à-dire en parties décimales.

La première division, en dix parties égales, donne la première unité décimale que l'on a appelée *dixième,* présentant par son nom une entière analogie avec la dizaine, analogie d'ailleurs justifiée par la formation même : la dizaine contenant dix unités, tandis que le dixième est contenu dix fois dans l'unité.

La deuxième division, celle en 100 parties égales, donne la deuxième unité décimale appelée *centième*, présentant par son nom et par sa formation une complète analogie avec la centaine, celle-ci contenant 100 unités, tandis que le centième est contenu 100 fois dans l'unité.

Les autres divisions donnent de même les unités décimales des 3ᵉ, 4ᵉ, 5ᵉ... ordres, nommées *millièmes, dix-millièmes, cent-millièmes....,* chacune d'elles présentant la même analogie que les précédentes, avec les unités entières des 4ᵉ, 5ᵉ, 6ᵉ... ordres.

Il est d'ailleurs facile de voir que le dixième vaut 10 centièmes, car la dixième partie d'un dixième étant contenue 10 fois dans un dixième, l'est nécessairement 10 fois 10, ou 100 fois dans une unité, et par conséquent est équivalente à 1 centième.

Pour la même raison, le centième vaut 10 millièmes, etc.

Donc le système décimal nous offre par son admirable régularité cette remarquable conséquence :

41. CONSÉQUENCE. — *L'ensemble des unités, tant entières que décimales, qui concourent à former tous les nombres, est composé de deux séries partant de la même origine, l'unité proprement dite, et marchant en sens contraire mais d'après la même loi de formation : l'une, la série entière, est formée d'unités successives de 10 en 10 fois plus fortes; l'autre, la série fractionnaire, d'unités successives de 10 en 10 fois plus faibles, auxquelles on a donné respectivement les noms simples des premières, avec la terminaison distinctive* IÈME.

dix, *dixième;* cent, *centième;* etc.

42. Il est à remarquer que les unités des ordres ternaires se retrouvent dans la partie décimale :

unité, millième, millionième...

chacune de ces unités ayant son *dixième* et son *centième*, de même que chaque unité principale entière a sa *dizaine* et sa *centaine ;* et en effet :

dix-millième et cent-millième,

par exemple, sont les abréviatifs de

dixième de millième et centième de millième.

43. L'intercalation des unités intermédiaires se fait d'ailleurs, on le comprend, de la même manière que pour les nombres entiers.

44. La représentation des nombres décimaux se fait de la manière la plus simple, en étendant à ces nombres le principe général :

1° *Tout chiffre placé à la* GAUCHE *d'un autre, représente des unités dix fois plus* FORTES *que celles représentées par cet autre,* et en en tirant cette conséquence naturelle :

2° *Tout chiffre placé à la* DROITE *d'un autre représente des unités dix fois plus* FAIBLES *que celles représentées par cet autre.*

D'après cela, les dixièmes devront être placés à la droite des unités, les centièmes à la droite des dixièmes, les millièmes à la droite des centièmes, etc., etc., et pour qu'il n'y ait aucune confusion, et que la partie entière puisse toujours être bien distinguée de la partie décimale, on est convenu de mettre une *virgule* après le chiffre des unités.

Il est évident, après semblable convention, que le nombre

467,9837069

se compose de 467 unités, 9 dixièmes, 8 centièmes, 3 millièmes, 7 dix-millièmes, 0 cent-millième, 6 millionièmes, 9 dix-millionièmes.

On voit de même que le nombre : 27 unités, 6 dixièmes, 4 millièmes, 5 dix-millièmes, 6 millionièmes, s'écrira :

27,604506

en remplaçant par des zéros les centièmes et les cent-millièmes qui manquent.

Si enfin, la partie entière venant à manquer, on voulait
représenter le nombre composé de 7 dixièmes et 3 centièmes, on remplacerait par un zéro la partie entière absente
et l'on écrirait

0,73

NUMÉRATION ÉCRITE.

1° Énoncer un nombre décimal écrit.

45. Proposons-nous maintenant *d'énoncer un nombre
décimal écrit*, par exemple :

467,9837069

sans nous astreindre à le décomposer comme précédemment.

Nous remarquerons que 1 dixième valant 10 centièmes,
9 dixièmes valent 90 centièmes, lesquels ajoutés aux 8 que
renferme naturellement le nombre, forment 98 centièmes ;
de même, 1 centième valant 10 millièmes, 98 centièmes
valent 980 millièmes, qui augmentés des 3 millièmes que
renferme déjà le nombre, donnent 983 millièmes ; de même
encore, 1 millième valant 10 dix-millièmes, 983 millièmes
valent 9830 dix-millièmes, et comme le nombre en renferme déjà 7, cela fait en tout 9837 dix-millièmes.

En continuant de même, on verrait aisément que le
nombre donné renferme 9837069 dix-millionièmes, et que
par conséquent, lisant l'une après l'autre la partie entière
et la partie décimale, le nombre total pourra s'énoncer :

467 unités, 9 millions 837 mille 69 dix-millionièmes,

la dernière partie ou partie décimale portant le nom des
unités représentées par son dernier chiffre.

La partie entière ne sera naturellement pas mentionnée
si elle n'existe pas ; ainsi le nombre 0,0456 s'énoncera 456
dix-millièmes, d'où résulte la règle suivante :

46. RÈGLE. — *Pour énoncer un nombre décimal écrit,* on *énonce successivement la partie entière, si elle existe, puis la partie décimale comme on le ferait pour un nombre entier, en donnant à cette seconde partie le nom des unités décimales représentées par son dernier chiffre à droite.*

47. Le nombre

$$36,08647$$

contient 36 unités ; or 1 unité vaut indifféremment 10 dixièmes, 100 centièmes... 100 000 cent-millièmes ; donc 36 unités valent 3 600 000 cent-millièmes, et comme la partie décimale en renferme déjà 8 647, le nombre donné se compose en tout de

$$3\,608\,647 \text{ cent-millièmes} ;$$

donc : *on peut encore énoncer un nombre décimal écrit, en lisant tout ce nombre sans faire attention à la virgule, comme un véritable nombre entier, et en faisant suivre cet énoncé du nom des unités décimales représentées par le dernier chiffre à droite.*

2° Écrire un nombre décimal énoncé.

48. Supposons maintenant qu'on veuille *écrire un nombre décimal énoncé ;* deux cas peuvent se présenter, suivant que la partie entière et la partie décimale sont nommées séparément ou ensemble.

49. RÈGLE I. — *Pour écrire un nombre décimal, lorsque la partie entière et la partie décimale sont énoncées séparément, on écrit d'abord la partie entière suivie d'une virgule, puis la partie décimale, en ayant soin de faire représenter à son dernier chiffre, des unités de l'ordre énoncé, et en plaçant pour cela, si besoin est, des zéros entre le premier chiffre décimal significatif et la virgule.*

50. RÈGLE II. — *Si les deux parties sont confondues dans l'énoncé, on écrit tout le nombre, comme on le ferait pour un* *nombre entier, puis l'on place la virgule de telle sorte que le dernier chiffre à droite représente des unités de l'ordre énoncé.*

Ces deux règles sont évidemment les conséquences naturelles de celles qui ont été données plus haut pour lire un nombre écrit.

Supposons, par exemple, qu'on veuille écrire le nombre :

Quarante-sept unités, deux cent trente-six dix-millièmes, ou 47 unités, 236 dix-millièmes : le chiffre 6 doit occuper le rang des dix-millièmes, c'est-à-dire le 4e rang décimal, donc on devra écrire :

$$47,0236$$

en remplaçant par un zéro les dixièmes qui manquent.

Soit encore à écrire le nombre : deux mille quatre cent trente-huit millionièmes : le chiffre 8 doit occuper le rang des millionièmes, c'est-à-dire le 6e rang ; on écrira donc :

$$0,002438$$

en remplaçant par des zéros la partie entière, les dixièmes et les centièmes qui manquent.

Enfin le nombre trois cent quatre-vingt mille six cent soixante-quinze centièmes, aura pour expression

$$3806,75$$

les centièmes occupant la seconde place décimale.

51. PRINCIPE. — *On ne change pas un nombre décimal en plaçant ou en supprimant un nombre quelconque de zéros à sa droite.*

Soit, en effet, le nombre

$$13,467$$

et comparons-le au nombre

$$13,46700$$

Tous deux se composent également : de 13 unités, 4 dixièmes, 6 centièmes et 7 millièmes, et ne diffèrent par conséquent que par la forme. Les deux zéros n'ont donc d'autre but que de changer la nature de la partie décimale sans en changer la valeur.

Ce résultat peut du reste être encore obtenu, en raisonnant de la manière suivante : puisque 1 millième vaut 100 cent-millièmes, 467 millièmes valent 46 700 cent-millièmes.

En revenant du second nombre au premier, on démontre la seconde partie du théorème, dont la généralité se trouve dès lors établie.

52. RÈGLE. — *On rend un nombre décimal* 10, 100, 1000... *fois plus grand ou plus petit, en reculant la virgule de* 1, 2, 3... *rangs vers la droite ou vers la gauche.*

Soit, en effet, le nombre

$$642,7643 ;$$

si l'on y recule la virgule de deux rangs vers la droite on obtient le nouveau nombre

$$64276,43$$

Or, dans ce nouveau nombre, chaque chiffre étant reculé, par rapport au premier, de deux rangs vers la gauche, représente, en même nombre, des unités 100 fois plus grandes que celles qu'il représente dans le premier ; il résulte de là que chaque partie de ce premier nombre a été rendue 100 fois plus grande ; ce nombre a donc été lui-même rendu 100 fois plus grand.

Il est d'après cela évident que si, réciproquement, on recule la virgule de deux rangs vers la gauche, chaque partie du nombre deviendra 100 fois plus petite, et que ce nombre lui-même deviendra 100 fois plus petit, ce qui démontre le principe énoncé.

Remarque. — Lorsque le nombre de rangs dont il faut reculer la virgule, soit à droite soit à gauche, est supérieur au nombre des chiffres que possède le nombre, dans l'un ou dans l'autre sens, on y supplée par des zéros. Ainsi le nombre

$$47,56$$

rendu 100 000 fois plus grand prendra la forme

4 756 000,

ce qui rentre bien dans la règle générale, si l'on remarque
que ce nombre peut s'écrire 47,56000.

De même, si l'on rend

47,56,

10000 fois plus petit, on aura pour résultat

0,004756.

53. RÈGLE. — *Pour rendre un nombre entier* 10, 100,
1000... *fois plus petit : on sépare sur la droite de ce nombre* 1, 2, 3... *chiffres décimaux.* Ceci rentre encore bien
dans le cas général, si l'on remarque que la virgule se plaçant après les unités, existe naturellement, mais implici-
tement, à la droite de tout nombre entier.

54. *Lorsque sur la droite d'un nombre décimal, on supprime un certain nombre de chiffres décimaux, l'on simplifie
ce nombre, mais on en altère la valeur ;* la partie décimale
négligée s'appelle *erreur* commise sur le nombre primitif.

La considération de cette erreur donne lieu au principe
suivant :

55. PRINCIPE. — *Lorsque sur la droite d'un nombre décimal, on supprime un certain nombre de chiffres décimaux,
l'erreur commise est moindre qu'une unité de l'ordre du dernier chiffre à droite de la partie conservée.*

Soit, en effet, le nombre

398,674 236 ;

4 chiffres décimaux négligés à sa droite le réduisent à

398,67.

L'erreur commise est représentée par la partie négligée
4236 millionièmes, laquelle est inférieure à 1 centième
puisque 1 centième vaut 10000 millionièmes. L'erreur
commise est donc moindre qu'une unité du dernier ordre
conservé.

2.

EXERCICES

Sur la numération.

NOMBRES ENTIERS.

1° Enoncer et écrire en toutes lettres chacun des nombres suivants :

(1)	17	(18)	6049	(35)	900709
(2)	11	(19)	9008	(36)	990008
(3)	13	(20)	36725	(37)	800023
(4)	27	(21)	57609	(38)	900001
(5)	88	(22)	62034	(39)	2467864
(6)	45	(23)	70479	(40)	2406290
(7)	79	(24)	84004	(41)	6340068
(8)	64	(25)	90090	(42)	6807004
(9)	86	(26)	80007	(43)	86430072
(10)	96	(27)	364234	(44)	94070208
(11)	147	(28)	536402	(45)	360472049
(12)	109	(29)	583064	(46)	800782708
(13)	267	(30)	640790	(47)	6404279086
(14)	310	(31)	606406	(48)	78706427903
(15)	804	(32)	735008	(49)	256470089720
(16)	2742	(33)	790048	(50)	7298046257604
(17)	4306	(34)	810007		

2° Ecrire en chiffres les nombres suivants :

(1) Dix-neuf.
(2) Vingt-sept.
(3) Quarante-neuf.
(4) Soixante-sept.
(5) Soixante-dix-sept.
(6) Quatre-vingt-trois.
(7) Quatre-vingt-dix-huit.
(8) Trois cent quarante-deux.
(9) Sept cent soixante-dix-neuf.
(10) Neuf cent trois.
(11) *Mille* six cent cinquante-quatre.
(12) Dix-huit cent vingt-cinq.
(13) Quinze cent neuf.

(14) *Mille* huit cent trente-quatre.

(15) Seize cent quatre-vingt-sept.

(16) Sept *mille* soixante-quatre.

(17) Huit *mille* huit.

(18) Neuf *mille* dix-neuf.

(19) Vingt-quatre *mille* six cent vingt-huit.

(20) Trente-cinq *mille* huit cent trois.

(21) Quarante-quatre *mille* vingt-deux.

(22) Soixante-quinze *mille* trois.

(23) Deux cent douze *mille* cinq cent vingt.

(24) Trois cent soixante-dix-sept *mille* six cent soixante-quinze.

(25) Six cent quatre-vingt-douze *mille* cinquante-huit.

(26) Neuf cent vingt-quatre *mille* trois.

(27) Huit cent *mille* soixante-douze.

(28) Deux *millions* cinq cent soixante-quatorze *mille* quatre cent dix-huit.

(29) Vingt-six *millions* trois cent vingt *mille* deux.

(30) Huit cent cinquante-deux *millions* trois cent sept.

(31) Treize cent vingt-huit *millions* quatre *mille* trente-six.

(32) Un *billion* douze *millions* trois cent *mille* huit.

(33) Six cent vingt *billions* trente-deux *mille* cent quatre.

(34) Soixante-quinze *billions* *mille* deux.

(35) Quatre cent quinze *billions* cent *mille* trente.

(36) Dix-neuf cent dix-neuf *billions* quarante-deux *mille* sept.

(37) Dix-sept cent soixante-quinze *billions* trois *millions* vingt-deux *mille*.

(38) Soixante-quatorze *trillions* cinq cent vingt-neuf *billions* trois cent quatre *millions* deux cent soixante-dix.

(39) Cinquante *trillions* cent huit *millions* trois cents.

(40) Treize *trillions* neuf *mille* quatre-vingt-trois.

(41) Neuf cent *trillions* quatre *millions* cent neuf.

(42) Six cent quinze *trillions* cent huit.

(43) Deux cent *trillions* neuf.

(44) Huit *trillions* cinq *mille*.

(45) Vingt-deux *trillions* six cent *mille* trois.

(46) Quatorze cent douze *trillions* huit *millions* deux cent sept.

(47) Dix-huit cent *billions* quinze *mille* quinze.

(48) Trente *trillions* treize *millions* treize.

(49) Quatorze *trillions* vingt.

(50) **Douze cent *trillions* douze.**

NOMBRES DÉCIMAUX.

1° Enoncer et écrire en toutes lettres chacun des nombres suivants, en séparant ou sans séparer, s'il y a lieu, la partie entière de la partie décimale :

(1)	0,8	(16)	0,000006
(2)	34,7	(17)	0,680472
(3)	0,04	(18)	376,072806
(4)	0,36	(19)	0,0000003
(5)	9,08	(20)	0,3842076
(6)	13,58	(21)	6842,0708420
(7)	0,004	(22)	0,00000009
(8)	0,629	(23)	0,83206514
(9)	427,359	(24)	72409,00260786
(10)	0,0006	(25)	0,000000004
(11)	0,3472	(26)	0,820963047
(12)	65,0629	(27)	13,607296843
(13)	0,00004	(28)	0,0000000004
(14)	0,00826	(29)	0,2101643269
(15)	29,04067	(30)	53,0768329748

2° Ecrire en chiffres les nombres suivants :

(1) Trois *dixièmes*.
(2) Douze unités, six *dixièmes*.
(3) Huit cent vingt-quatre *dixièmes*.
(4) Neuf *centièmes*.
(5) Soixante-quinze *centièmes*.
(6) Treize unités, trente-neuf *centièmes*.
(7) Quatre mille deux cent quatre-vingt-dix-huit *centièmes*.
(8) Trois *millièmes*.
(9) Six cent trente-trois *millièmes*.
(10) Soixante-douze unités, quarante-cinq *millièmes*.
(11) Douze cent quatre mille sept cent trois *millièmes*.
(12) Huit *dix-millièmes*.
(13) Quatre mille sept *dix-millièmes*.
(14) Huit mille deux unités, quatre cent un *dix-millièmes*.
(15) Un million trente mille six *dix-millièmes*.
(16) Six cent vingt mille quinze *dix-millièmes*.
(17) Neuf *cent-millièmes*.
(18) Trois mille dix-huit *cent-millièmes*.
(19) Vingt-quatre mille trois cent deux *cent-millièmes*

(20) Six mille neuf unités, quarante mille douze *cent-millièmes*.

(21) Soixante-quatre millions quinze mille *cent-millièmes*.

(22) Quatorze cent millions dix-sept mille vingt-neuf *cent-millièmes*.

(23) Six *millionièmes*.

(24) Quatre cent douze mille cinq cent soixante-treize *millionièmes*.

(25) Soixante-quatorze unités, dix mille dix-neuf *millionièmes*.

(26) Douze millions douze mille douze *millionièmes*.

(27) Onze cent mille trois *millionièmes*.

(28) Cinq *dix-millionièmes*.

(29) Quatre cent mille soixante *dix-millionièmes*.

(30) Neuf cent dix-huit mille huit cent quinze *dix-millionièmes*.

(31) Dix-neuf *cent-millionièmes*.

(32) Trois millions huit cent mille quatre cent soixante-dix-neuf *cent-millionièmes*.

(33) Six cent vingt unités, treize cent quarante-sept mille douze *cent-millionièmes*.

(34) Trente-quatre billions huit millions cent quatre mille quinze *cent-millionièmes*.

(35) Deux cent neuf billions dix-sept mille trente *cent-millionièmes*.

(36) Quatre cent quinze *billionièmes*.

(37) Six cent mille douze *billionièmes*.

(38) Treize cent douze millions trois mille treize *billionièmes*.

(39) Quatre-vingt-six billions deux millions cent un *billionièmes*.

(40) Quatre millions vingt *billionièmes*.

(1) Quelle est la totalité des *centaines* contenues dans le nombre 680 427 ?

(2) Combien y a-t-il de *dizaines de mille* dans le nombre 7 248 637 ?

(3) Combien y a-t-il de *dizaines* dans le nombre 8 642 ?

(4) Combien y a-t-il de *millions*, de *mille*, de *centaines* dans le nombre 38 040 687 ?

(5) Combien y a-t-il de *dixièmes* dans le nombre 84,782 ?

(6) Combien y a-t-il de *centièmes* dans le nombre 0,7842 ?

(7) Combien y a-t-il de *millions de millionièmes* dans le nombre 78,60423659 ?

(8) Combien y a-t-il de *dix-millièmes* dans le nombre 6 420 ?

(9) Combien y a-t-il de *centièmes* dans le nombre 48 000 ?

(10) Combien y a-t-il de *millionièmes* dans le nombre 13,456 ?

(11) Rendre le nombre 8 476, 10, 100, 1000 fois plus grand.

(12) Rendre le nombre 670 000, 10, 100, 1000 fois plus petit.

(13) Rendre chacun des nombres :

3 469,8642 762,29064 12890,00763 94,603742

10, 100, 1000, 10000 fois plus grand.

(14) Rendre chacun des nombres :

3,64 84,6 0,764 0,9 13,04 0,007 0,00067

10, 100, 1 000, 10 000 fois plus grand.

(15) Rendre chacun des nombres

64 729,86 320 784,365 96 007 428,7436 67 426,3

10, 100, 1 000, 10 000 fois plus petit.

(16) Rendre chacun des nombres

3,42 0,764 27,42 0,0064 12,632 0,647

10, 100, 1 000, 10 000 fois plus petit.

(17) Rendre le nombre 18,45 cent mille fois plus grand.

(18) Rendre le nombre 467,34 un million de fois plus petit.

(19) Rendre le nombre 0,0746 dix millions de fois plus grand.

(20) Rendre le nombre 1300 cent millions de fois plus petit.

LIVRE II.

SYSTÈME MÉTRIQUE.

NOTIONS PRÉLIMINAIRES.

MESURE DES GRANDEURS.

56. *Mesurer une grandeur*, c'est la comparer à une autre grandeur de même espèce prise pour unité, dans le but de savoir combien de fois la première grandeur contient la seconde ou une partie aliquote de la seconde.

Le résultat de cette comparaison est un *nombre*, qui peut être entier ou fractionnaire.

57. Les grandeurs peuvent se classer en deux catégories bien distinctes : Les *grandeurs discontinues* et les *grandeurs continues*.

58. Les grandeurs *discontinues* sont celles qu'il n'est pas possible d'augmenter ou de diminuer, ou simplement de concevoir augmentées ou diminuées de quantités quelconques arbitraires ; ainsi des collections d'hommes, de tables, d'arbres, de fleurs, sont des grandeurs discontinues, car on ne peut les concevoir augmentées ou diminuées que de un ou plusieurs des objets qui les composent.

Chacune de ces grandeurs fait naître naturellement en nous l'idée de pluralité ou de nombre. Dans ce cas, l'unité s'offre d'elle-même à nous, l'unité fondamentale du moins ; elle est ici : un homme, une table, un arbre, une fleur ; elle est prise toute déterminée dans la nature.

59. Une grandeur *continue* au contraire est telle, que pouvant toujours constituer une unité fondamentale, on peut la concevoir augmentée ou diminuée d'une quantité aussi petite que l'on veut, tout en restant une grandeur de même nature, formant un tout complet, et susceptible d'être prise comme unité fondamentale.

Ainsi une longueur, une superficie, un poids, une masse d'eau, une certaine quantité de sable, satisfaisant aux conditions précédentes, sont des grandeurs essentiellement continues.

Ici la conception de la grandeur ne fait pas naître immédiatement l'idée de nombre; chaque grandeur semble au contraire devoir rester une unité isolée.

Il n'en sera plus ainsi, dès qu'il sera nécessaire de comparer l'une à l'autre deux grandeurs de même espèce, deux longueurs, par exemple; le choix d'une unité commune devient alors indispensable; mais remarquons bien que ce choix est totalement arbitraire et que toute longueur peut servir de terme de comparaison entre les longueurs données.

60. De ces considérations générales, il résulte que :

DÉFINITION. — *L'*UNITÉ *est une grandeur prise arbitrairement, ou donnée par la nature, pour servir de terme de comparaison entre toutes les grandeurs de la même espèce.*

61. La mesure des grandeurs discontinues est du ressort de la numération; il n'y a, pour y arriver, qu'à compter les êtres ou les objets qui les composent.

62. La mesure des grandeurs continues, pour pouvoir servir commodément aux transactions dans lesquelles ces grandeurs sont sans cesse en jeu, exige pour chaque espèce de grandeur la création d'une unité de mesure spéciale, conventionnelle il est vrai, mais bien fixe une fois choisie; en un mot, d'une unité adoptée et prescrite par tous et pour tous.

63. L'ensemble des diverses unités fondamentales adoptées dans un pays, pour la mesure des grandeurs continues, et des mesures auxiliaires qui leur viennent en aide, constitue ce que l'on appelle un *système de mesures.*

64. Dans tout système de mesures, on emploie comme auxiliaires de chaque unité principale, d'autres unités secondaires, les unes supérieures, les autres inférieures à cette première unité.

Les unités supérieures, composées de plusieurs fois l'unité principale, portent le nom de *multiples* de cette première unité.

Les unités inférieures, formées de parties aliquotes de l'unité principale, sont nommées *sous-multiples* de cette unité.

65. En France, le système adopté porte le nom de *système métrique*, ou *système légal des poids et mesures :* métrique, parce que toutes les unités du système ont pour point de départ ou base le *mètre ;* légal, parce qu'en vertu de la loi du 4 juillet 1837, ce système est obligatoire dans toute la France et dans les pays qui en dépendent, depuis le 1er janvier 1840.

Depuis cette dernière époque les tribunaux ne reconnaissent comme officielles, en cas de contestation, que les mesures métriques, dont l'origine remonte au commencement de notre première république.

66. La multiplicité et la diversité des mesures autrefois employées en France, l'absence de relations de ces mesures entre elles, leurs nomenclatures irrégulières, étaient d'immenses inconvénients dans les transactions de province à province, et même souvent dans celles d'un même endroit. On le comprendra si l'on songe qu'à Paris seulement, on comptait 45 unités différentes.

Le nouveau système a rendu un premier service en réduisant les unités principales au nombre de six :

Une pour les longueurs,
Une pour les surfaces ou superficies,
Une pour les volumes,
Une pour les capacités,
Une pour les poids,
Une pour les monnaies.

Mais, sans contredit, le plus grand bienfait apporté par ce système, fut l'application uniforme du système décimal à la nomenclature et à l'écriture des unités auxiliaires, multiples et sous-multiples des unités précédentes, à l'exception toutefois de l'unité monétaire, pour laquelle la nomenclature générale, bien qu'applicable, n'est pas suivie, par suite d'habitudes prises, ainsi qu'on le verra plus loin.

67. Pour désigner les multiples d'une unité de mesure on fait précéder le nom de cette unité des mots :

Déca	signifiant	10
Hecto	—	100
Kilo	—	1000
Myria	—	10000

Au delà, les multiples n'ont pas reçu de noms particuliers.

Les sous-multiples se désignent en faisant précéder le nom de l'unité des mots :

Déci	signifiant	un dixième	0,1
Centi	—	un centième	0,01
Milli	—	un millième	0,001

Les sous-multiples inférieurs n'ont pas reçu de noms particuliers.

68. D'après cette nomenclature on voit qu'à chaque espèce de mesure correspond une série de multiples et de sous-multiples décimaux de l'unité principale, et que par suite, l'écriture décimale est immédiatement applicable à la représentation des mesures métriques.

Tout le système métrique présente donc la plus grande uniformité de formation et d'écriture, uniformité caractéristique du système, puisqu'elle repose sur le principe fondamental de la numération décimale (n° 16); ce qui fait quelquefois donner au système le nom de *système décimal* des poids et mesures.

Remarque. — Toutes les mesures effectives, c'est-à-dire existant dans le commerce et dont on se sert pour les mesurages, doivent porter plusieurs marques distinctives indiquant qu'elles ont été soumises à une vérification, à un contrôle, que des vérificateurs nommés par le gouvernement doivent reconnaître. Ces employés sont tenus de constater chaque année le bon état des poids et mesures que le commerce emploie. Chaque mesure doit porter son nom écrit sur une partie très-visible.

CHAPITRE PREMIER.

Mesures linéaires ou de longueur.

69. La terre que nous habitons est une masse isolée dans l'espace, et qui a la forme d'une boule légèrement aplatie en deux points exactement opposés, qu'on appelle ses *pôles,* comme l'est à peu près une orange.

Une ligne supposée tracée tout autour de la terre et partout à égale distance des deux pôles, est ce qu'on nomme l'*équateur* terrestre.

Pour faire le tour de la terre en passant par les deux pôles et en allant toujours droit devant soi, il faudrait parcourir quatre fois la distance d'un pôle à l'équateur. La ligne qu'on décrirait ainsi s'appelle un *méridien* ; on donne à son développement le nom de circonférence de la terre. C'est une fraction de cette ligne qui a été prise pour base du système métrique.

70. Définition. — *Le* mètre *est la dix-millionième partie de la distance du pôle à l'équateur, ou la quarante-millionième partie de la circonférence de la terre, mesurée sur un méridien.*

Cette unité fondamentale, base du système métrique, a été prise sur les dimensions de notre globe, afin qu'il fût

toujours possible de la retrouver, dans le cas où elle vien-
drait à se perdre ou à s'altérer.

Une autre raison l'a fait prendre dans la nature : l'espoir
de la faire ainsi plus facilement adopter par les autres puissances, sans blesser aucune susceptibilité nationale.

Enfin, si elle a été choisie si petite, c'est qu'elle s'est trouvée être à peu près la moitié de l'ancienne unité de mesure
de longueur usitée en France, *la toise*.

71. Une certaine longueur exprimée en
mètres se représente en plaçant la lettre *m*
à droite et un peu au-dessus du nombre qui
indique la mesure de cette longueur; ainsi,
7^m représente 7 mètres.

72. Les multiples du mètre sont, d'après
la nomenclature générale :

Le décamètre   valant   10 mètres, indiqué par *D.m*
L'hectomètre   —   100   —   *H.m*
Le kilomètre   —   1000   —   *Kl.m*
Le myriamètre —   10000   —   *My.m*

Les sous-multiples sont :

Le décimètre valant 0,1 de mètre, indiqué par *d.m*
Le centimètre   —   0,01   —   *c.m*
Le millimètre   —   0,001   —   *m.m*

73. Pour que l'esprit puisse se rattacher
à quelque chose de précis en songeant à ces
mesures, nous donnons ici en véritable grandeur, un décimètre divisé en 10 centimètres,
le premier centimètre divisé lui-même en dix
millimètres.

74. Toutes les mesures qui précèdent
sont mesures de compte, servant à évaluer,
à énoncer les longueurs une fois mesurées ;
les unes fictives ou n'existant que dans
l'imagination, sans être représentées par
un objet susceptible d'être employé au mesurage; les autres réelles ou effectives, repré-

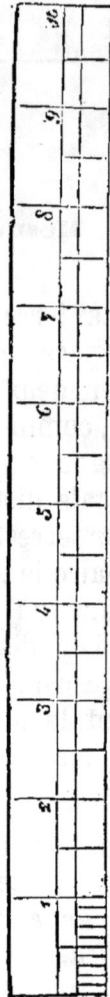

DÉCIMÈTRE (*grandeur réelle*).

sentées en nature par des chaînes ou des règles, et répandues dans le commerce. A ces dernières même, pour la commodité des opérations, on adjoint quelques autres mesures effectives autorisées par la loi, de telle sorte que les mesures répandues dans le commerce et dont l'usage est légal sont :

1° Le *mètre*, le *double-mètre* ou 2 mètres, et le *demi-mètre* ou 5 décimètres.

2° Le *décimètre* et le *double-décimètre*.

3° Le *décamètre* ou *chaîne d'arpenteur*, le *double-décamètre* ou 20 mètres, et le *demi-décamètre* ou 5 mètres.

Les deux premières catégories sont formées de mesures en bois, en métal, ou enfin d'une substance solide, susceptible de résister longtemps à l'usure, et soutenues aux deux extrémités par des garnitures de métal. Elles sont en forme de règles plates ou carrées, divisées en décimètres et en centimètres, le premier décimètre au moins, divisé lui-même en millimètres.

Pour la commodité du transport, on vend des mètres et des demi-mètres formés de petites règles pouvant se replier les unes sur les autres ; le nombre des parties dont peuvent se composer ces mesures est réglementé, il ne peut être que 2, 5 ou 10.

La troisième catégorie se compose des mesures affectées aux grandes longueurs ; ce sont des chaînes en fer, formées de tiges droites en gros fil de fer, terminées par une boucle à chaque extrémité et réunies entre elles par des anneaux. Chaque tige porte le nom de *chaînon*. Lorsqu'une de ces chaînes est tendue, la distance des centres de 2 anneaux situés aux extrémités d'un même chaînon est de 2 décimètres ou 20 centimètres, ce qui fait souvent dire, vu la petitesse des anneaux, que chaque chaînon vaut 2 décimètres. De cette manière, 5 chaînons successifs forment une longueur de 1 mètre ; on distingue les différents mètres dont se compose une chaîne en terminant chacun d'eux par un anneau de cuivre remplaçant l'anneau normal. Enfin les chaînons des extrémités, plus petits que les autres, sont terminés chacun par une poignée de même matière que la chaîne, et qui en complète la longueur.

Dans le décamètre, ou chaîne d'arpenteur proprement dite, le milieu est marqué par un anneau particulier portant une petite broche. Il en est de même de 5 en 5 mètres pour le double-décamètre.

Remarque. — Le commerce met encore en circulation des mesures en ruban, commodes à transporter; elles sont enroulées dans une boîte cylindrique. Elles sont de 1 mètre, de 5 mètres, de 10 mètres, de 20 mètres; il y en a même de 100 mètres. Ces mesures ne sont pas marquées et ne peuvent servir dans les mesurages officiels; elles sont très-commodes pour les usages particuliers, et pour cela très-employées.

75. Pour évaluer la longueur d'une pièce d'étoffe, les dimensions d'une chambre, la longueur d'un mur, d'une allée de jardin, on emploie de préférence le mètre comme unité fondamentale.

Pour les grandeurs plus petites, les dimensions d'un livre, celles des différentes parties du corps humain, d'un meuble, d'une vitre, etc..., on prendra pour unité le décimètre ou le centimètre.

Enfin, pour les très-petites longueurs que la science envisage, on se sert du millimètre.

76. Les grandes longueurs, celles des routes, des canaux, des chemins de fer, s'évaluent au moyen du décamètre, de l'hectomètre, du kilomètre, du myriamètre, mais plus spécialement à l'aide du kilomètre. Ces dernières mesures sont appelées pour cela, *mesures itinéraires* et *géographiques*. Elles sont mises en évidence sur les routes, par des bornes appelées *kilométriques*, placées de kilomètre en kilomètre, et sur chacune desquelles est inscrite la distance de cette borne à un certain point de départ, pris comme origine. Entre 2 bornes kilométriques sont placées, de 100ᵐ en 100ᵐ, des bornes plus petites, triangulaires, marquant les hectomètres dont se compose chaque kilomètre.

Il est bon de remarquer en passant, que le kilomètre est, à peu de chose près, le quart de l'ancienne *lieue de poste*, nom donné actuellement à une distance de 4 000 mètres.

77. Le *mesurage* des longueurs s'effectue d'une manière très-simple : supposons en effet qu'il s'agisse d'abord de l'évaluation de la longueur d'une table, on se servira du mètre.

Cette mesure sera portée tout le long de la table autant de fois que possible ; si par exemple elle est contenue 4 fois exactement, l'on dira que la table a 4 mètres. Si, au contraire, après avoir porté 4 fois le mètre, on n'arrive pas tout à fait au bout, qu'il reste une portion de table inférieure à 1 mètre, on porte sur cette nouvelle longueur le décimètre, lui aussi, autant de fois que possible. Supposons que le décimètre étant porté 7 fois, il reste encore une petite longueur inférieure à 1 décimètre, on portera sur cette longueur le centimètre, et le millimètre sur le nouveau reste ; de telle sorte que si ces deux dernières mesures sont contenues, l'une 9 fois, la seconde 4 fois, la longueur **mesurée** de la table sera de :

$$4^m,794.$$

On aurait, de la même manière, employé toute autre mesure que le mètre.

Si maintenant on se propose de mesurer une longueur sur le terrain, avec la chaîne d'arpenteur, on devra tout d'abord commencer par tracer ou du moins par déterminer sur le terrain la ligne suivant laquelle doit se faire le mesurage. Pour cela, l'on commencera par planter dans la direction voulue, une série de piquets nommés *jalons*, formant la ligne droite à mesurer : la géométrie enseigne le moyen d'établir cette ligne.

Cela fait, on porte la chaîne d'arpenteur le long de la ligne jalonnée autant de fois que possible ; puis on achève le mesurage à l'aide des parties dont se compose cette chaîne, absolument comme on le fait pour le mètre avec les parties inférieures. Ainsi une longueur de $48^m,60$ sera **mesurée** en portant 4 fois la chaîne entière, ce qui donnera **40 mètres** ;

la cinquième fois 8 mètres seulement de la chaîne seront contenus, et reconnus par les huit anneaux de cuivre qui les terminent; enfin 3 chaînons, au bout du huitième mètre, donneront le complément de 60 centimètres à ajouter à 48 mètres pour avoir la mesure cherchée.

78. Certains résultats moyens sont assez curieux à noter; dans bien des circonstances leur connaissance peut être d'une très-grande utilité.

Ainsi, l'on a reconnu par exemple que :

Le doigt d'un homme de moyenne taille est d'environ $0^m,02$ de largeur.

La main, dans les mêmes conditions, est à peu près de $0^m,1$; ce qui permet de mesurer approximativement le mètre en plaçant 10 mains à la suite et au contact.

Enfin, un homme moyen, marchant au pas ordinaire, fait 4 pas pour parcourir 3 mètres, ce qui met son pas à environ $0^m,75$. — Cette remarque permet de mesurer au pas d'assez grandes distances, et peut rendre par suite de grands services.

La durée de la marche permet d'arriver au même but; car on a observé qu'un homme moyen, au pas ordinaire, fait un hectomètre en $1^{minute},33$, c'est-à-dire 1 kilomètre en $13^m,3$, ou enfin, en supposant la marche soutenue, 1 myriamètre en 133 minutes, c'est-à-dire en 2 heures 13 minutes.

79. Enfin, et pour compléter ces notions, nous donnerons ici en terminant les valeurs de certaines mesures itinéraires françaises usuelles rapportées au mètre, ainsi que quelques mesures employées sans cesse dans la marine.

Le mille métrique ou 1 kilomètre,	$1\ 000^m$
La lieue de 4 kilomètres,	$4\ 000^m$
La lieue de 25 au degré,	$4\ 445^m$
La lieue marine ou géographique de 20 au degré,	$5\ 556^m$
Le mille marin de 60 au degré ou d'une minute,	$1\ 852^m$
La brasse de 5 pieds,	$1^m,624$
Le nœud ou 120me partie du mille marin,	$15^m,432$
L'encablure de 100 toises,	$194^m,904$
L'encablure nouvelle.	$200^m,000$

PROBLÈMES

sur les mesures de longueur.

(1) Énoncer, de la plus grande à la plus petite, toutes les unités de longueur, multiples et sous-multiples du mètre, contenues dans les nombres suivants :

$$647^m \qquad 8\ 046^m,78$$
$$18^m,642 \qquad 290\ 674^m,96$$
$$406^m,72 \qquad 600\ 704^m,09^c.$$
$$364^m,064$$

(2) Exprimer chacun des nombres précédents, en prenant successivement pour unité :

Le décamètre,
Le centimètre,
Le kilomètre,
Le décimètre,
L'hectomètre,
Le myriamètre,
Le millimètre.

(3) Écrire en un seul nombre, en prenant le mètre pour unité principale, chacune des longueurs suivantes :

13 kilomètres 8 hectomètres 9 mètres.
4 décimètres 2 millimètres.
28 hectomètres 9 décamètres 8 décimètres 3 millimètres.
128 hectomètres 3 mètres 4 centimètres.
4 décimètres 9 millimètres.
18 centimètres 3 millimètres.

(4) Écrire en un seul nombre, en prenant l'hectomètre pour unité principale, chacune des longueurs suivantes :

8 myriamètres 3 kilomètres 9 décamètres.
5 décamètres 6 centimètres.
13 kilomètres 4 hectomètres.
4 mètres 9 centimètres.
8 décamètres 3 mètres 6 centimètres.
5 mètres 8 millimètres.
4 décimètres 5 millimètres.

(5) Écrire en un seul nombre, en prenant le centimètre pour unité, chacune des longueurs suivantes :

24 hectomètres 8 mètres 4 décimètres 3 millimètres.

56 décamètres 8 mètres 9 millimètres.

609 décimètres 3 millimètres.

7 millimètres.

3 kilomètres 1 décamètre 6 mètres.

(6) Écrire en un seul nombre, en prenant le décimètre pour unité, chacune des longueurs suivantes :

13 décamètres 64 centimètres.

29 hectomètres 4 mètres 6 millimètres.

125 mètres 9 centimètres.

24 décimètres 3 millimètres.

13 millimètres.

(7) Écrire en un seul nombre, en prenant le décamètre pour unité, chacune des longueurs suivantes :

3 mètres 4 décamètres 8 millimètres.

21 kilomètres 4 hectomètres 6 décimètres.

325 décamètres 7 décimètres 2 millimètres.

5 mètres 6 centimètres.

8 décimètres 2 millimètres.

(8) Écrire en un seul nombre, en prenant le kilomètre pour unité fondamentale, chacune des longueurs suivantes :

2 mètres 4 centimètres.

56 myriamètres 3 kilomètres 8 décamètres.

9 hectomètres 6 décamètres 3 mètres.

354 mètres 9 décimètres.

5 décamètres 2 décimètres.

(9) Écrire en un seul nombre, en prenant le myriamètre pour unité principale, chacune des longueurs suivantes :

6 décamètres 5 mètres 4 décimètres.

234 kilomètres 4 mètres.

8 hectomètres 9 décamètres 8 décimètres.

7246 décamètres 8 décimètres.

234027 mètres 4 centimètres.

(10) Écrire en un seul nombre, en prenant le millimètre pour unité principale, chacune des longueurs suivantes :

67 kilomètres 9 décamètres 8 décimètres.

208 mètres 4 centimètres.

24 décimètres 9 millimètres.

1203 centimètres.

26 décamètres 8 millimètres.

CHAPITRE II.

Mesures de surface ou de superficie.

80. On entend en général par l'expression *surface* d'un corps, la partie visible de ce corps, ce qu'on peut en apercevoir, en toucher, sans pénétrer dans la matière qui le compose. Tout corps est terminé par une surface qui en suit tous les contours, et dont la forme est la forme même de ce corps.

Une surface ne peut exister isolément, sans un corps dont elle soit la limite ; néanmoins, on peut faire abstraction de la substance, de l'existence même du corps, pour ne considérer que sa surface isolée. D'après cela, nous pouvons dire que :

81. Mesurer une surface, c'est chercher combien de fois cette surface en contient une autre choisie pour une unité, ou une partie aliquote de cette unité.

82. L'unité de surface a, le plus ordinairement, la forme d'un carré, c'est-à-dire d'une case de damier, figure terminée par 4 lignes ou côtés de même longueur. Le plus souvent, le côté de ce carré unité est égal à l'unité de longueur.

83. Dans le système métrique décimal, *l'unité de surface est un carré ayant un mètre sur chaque côté ;* on lui donne le nom de *mètre carré*, et on l'indique par le signe *m.q.* (*).

84. Les multiples du mètre carré sont :

Le *décamètre carré ;* c'est un carré ayant 1 décamètre de côté ; il se désigne par *Dm.q.*

(*) *q* est ici pour représenter le mot *carré*, d'après l'ancienne orthographe *quarré ; m. c.* étant réservé, nous le verrons plus loin, pour les mesures de volume.

L'*hectomètre carré ;* ou carré ayant 1 hectomètre *de côté ;* il se désigne par *Hm.q.*

Le *kilomètre carré ;* ou carré ayant un kilomètre *de côté ;* il se désigne par *Km.q.*

Le *myriamètre carré ;* ou carré ayant un myriamètre *de côté ;* il se désigne par *Mm.q.*

Les sous-multiples sont :

Le *décimètre carré ;* c'est un carré ayant un décimètre *de côté ;* il se désigne par *dm.q.*

Le *centimètre carré ;* ou carré ayant un centimètre *de côté ;* il se désigne par *cm.q.*

Le *millimètre carré ;* ou carré ayant un millimètre *de côté ;* il se désigne par *mm.q.*

85. *Chacune de ces unités vaut* 100 *unités de l'ordre immédiatement inférieur, ou la centième partie d'une unité de l'ordre supérieur.*

En effet, concevons par exemple le mètre carré représenté par la figure A B C D. Le mètre contenant 10 décimètres, et le décimètre carré ayant 1 décimètre dans chaque sens, nous pouvons supposer, placés sur la longueur A B, 10 décimètres carrés, formant dans l'intérieur du mètre carré, une bande occupant 1 décimètre de hauteur : cette bande est donc contenue elle-même 10 fois dans toute la surface du mètre carré, qui renferme par suite 10 fois 10, ou cent décimètres carrés.

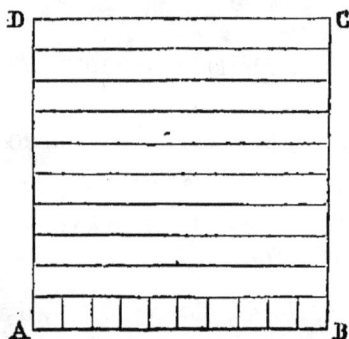

Si AB étant un décamètre, nous concevons encore le

carré ABCD, le même raisonnement nous montrera cette surface contenant 100 mètres carrés ; et de même évidemment pour toutes les autres unités, multiples ou sous-multiples du mètre carré ; nous pouvons donc désormais former le tableau ou résumé suivant :

Le décam. carré vaut 100 mètres carrés.

L'hect. carré vaut 100 $Dm.q.$ ou 10 000 $m.q.$

Le kilom. carré vaut 100 $Hm.q.$ ou 10 000 $Dm.q.$ ou 1 000 000 $m.q.$

Le myr. carré vaut 100 $Km.q.$ ou 10 000 $Hm.q.$ ou 1 000 000 $Dm.q.$ ou enfin 100 000 000 $m.q.$

De même pour les sous-multiples :

Le centim. carré vaut 100 $mm.q.$

Le décim. carré vaut 100 $cm.q.$ ou 10 000 $mm.q.$

Le mètre carré vaut 100 $dm.q.$ ou 10 000 $cm.q.$ ou bien encore 1 000 000 $mm.q.$

86. On voit d'après cela, que les multiples et sous-multiples du mètre carré paraissent se soustraire à la loi décimale ; et si l'on considère leurs valeurs relatives, leurs noms semblent ne pas être en harmonie avec la nomenclature générale.

Une simple remarque suffit pour détruire cette apparence d'irrégularité. En effet, considérons par exemple le kilomètre carré : par définition, cette unité est un carré ayant un kilomètre de côté ; l'expression kilo ne s'applique donc pas ici à l'unité de surface, *mètre-carré*, mais bien à la simple unité de longueur, le *mètre*, contenue 1000 fois dans le côté du carré que désigne l'expression considérée. Ainsi on ne doit pas dire *kilo mètre-carré*, mais bien *kilomètre carré* ; la nomenclature est donc rigoureusement appliquée ici ; il en est de même pour les autres multiples ou sous-multiples. Quant à la loi décimale, elle est encore observée, avec cette seule différence que les différentes unités ou subdivisions sont de 100 en 100, au lieu d'être de 10 en 10 comme pour les longueurs.

87. Il est très-facile de conclure du tableau précédent, les relations qui existent entre deux unités quelconques de la série des mesures carrées. Le nombre de fois que la plus grande renferme la plus petite, sera exprimé par l'unité suivie d'autant de fois deux zéros qu'il faut parcourir de rangs dans la table de nomenclature pour aller de l'une à l'autre de ces deux unités :

Ex. : du *kilomètre carré* au *décimètre carré* il y a 4 rangs à parcourir, le premier contient donc le second 100 000 000 fois, nombre donné par l'unité suivie de 8 zéros.

88. L'écriture et la lecture des nombres qui expriment des unités de surface, multiples ou sous-multiples du mètre carré, se déduisent immédiatement de la remarque qui précède, car les décimètres carrés valant 0,01 de mètre carré seront exprimés avec 2 chiffres décimaux ; de même les centimètres carrés seront représentés par 4 chiffres décimaux, et les millimètres carrés par 6. En un mot, il faut 2, 4 ou 6 chiffres décimaux pour représenter les sous-multiples du mètre carré.

Ex. : Pour représenter 8 mètres carrés, 19 décimètres carrés, on écrira

$$8^{mq},19;$$

car il faut voir dans l'expression énoncée, 8 mètres carrés, plus 19 centièmes de *mq*.

De même on représentera 4 mètres carrés, 8 centimètres carrés, c'est-à-dire 4 mètres carrés, 8 dix-millièmes de mètre carré, par

$$4^{mq},0008;$$

Et enfin

$$8^{mq},000015$$

est la représentation de la mesure : 8 mètres carrés et 15 millim. carrés.

89. Si donc, d'après cela, on veut écrire le résultat de la mesure d'une surface, énoncée au moyen des diverses unités sous-multiples du mètre carré, on écrira à la suite de la partie entière consacrée aux mètres carrés, une, deux ou trois tranches de *deux* chiffres représentant respectivement les unités énoncées, le premier chiffre à gauche de l'une quelconque de ces tranches étant remplacé par un zéro, lorsque le nombre des unités que doit représenter cette tranche est moindre que 10.

Ainsi une surface renfermant 4 m.q., 34 décim. carrés, 8 centim. carrés, 19 mill. carrés, sera représentée par :

$$4^{m.q.},34.08.19.$$

nombre dans lequel on pourra supprimer les points qui séparent les tranches :

$$4^{m.q.},340819.$$

Si maintenant le nombre est énoncé au moyen d'une partie entière, d'ailleurs quelconque, et de la plus petite unité sous-multiple employée dans la mesure, il suffit de reconnaître la valeur décimale de cette seconde unité relativement à la principale, puis d'écrire le nombre total résultant de cette évaluation, comme on a appris à le faire pour les nombres décimaux.

Ex. : 48 kilom. carrés et 798 décam. carrés; le décamètre carré étant la dix-millième partie du kilom. carré, le nombre se réduira à 48 kilom. q. et 798 dix-millièmes, c'est-à-dire

$$48^{Km.q.},0798.$$

90. S'il s'agit maintenant d'énoncer un nombre écrit représentant une mesure carrée, l'on aura soin tout d'abord, de partager, par la pensée au moins, la partie décimale en tranches de 2 chiffres, de la gauche à la droite, en plaçant un zéro à la droite de la dernière, si cela est nécessaire pour la compléter. Puis on énoncera le nombre ainsi préparé : soit en lisant successivement la partie entière et les différentes tranches qui la suivent; soit en lisant la partie entière, puis la partie décimale affectée du nom des unités de sa dernière tranche; soit enfin en lisant le nombre d'un seul bloc, comme si c'était un nombre entier, et lui donnant le nom des unités de sa dernière tranche.

Ex. : Le nombre

$$9^{\text{Dm.q.}},674298$$

s'énonce :

1° $9^{\text{Dm.q.}}$, $67^{\text{m.q.}}$, $42^{\text{dm.q.}}$, $98^{\text{cm.q.}}$.

2° $9^{\text{Dm.q.}}$,$674\,298^{\text{cm.q.}}$.

3° $9674298^{\text{cm.q.}}$.

De même le nombre

$$19^{\text{m.q.}},43068,$$

qui n'est autre que $19^{\text{m.q.}}$,430680 se lira :

1° $19^{\text{m.q.}}$,$43^{\text{dm.q.}}$,$6^{\text{cm.q.}}$,$80^{\text{mm.q.}}$.

2° $19^{\text{m.q.}}$,$430\,680^{\text{mm.q.}}$.

3° $19\,430\,680^{\text{mm.q.}}$.

91. Enfin, une mesure ayant été exprimée à l'aide d'une unité de surface, si l'on veut l'évaluer en prenant une autre unité, il suffit évidemment de transporter la virgule à droite de la tranche qui exprime des unités de l'ordre dont on veut se servir ; pour cela il suffit de reculer cette virgule vers la droite ou vers la gauche, suivant le cas, d'autant de tranches de deux chiffres qu'il faut parcourir de rangs pour aller de l'ancienne unité à la nouvelle, ce qui ne change rien aux parties qui composent le nombre.

Ex. : On veut exprimer

$$4^{\text{m.q.}},647983$$

en prenant le dm.q. pour unité ; on aura :

$$464^{\text{dm.q.}},7983.$$

le même nombre, rapporté au décamètre carré, deviendrait :

$$0^{\text{Dm.q.}},04647983.$$

92. Aucune de ces mesures n'est effective ; c'est au moyen des mesures de longueur, et par des procédés qu'enseigne la géométrie, que l'on arrive à évaluer les surfaces, en mesurant différentes longueurs qui leur sont inhérentes, et combinant les nombres abstraits qui en résultent suivant la forme affectée par la surface.

93. Le mètre carré est pris pour unité dans l'évaluation des surfaces le plus ordinairement sous nos yeux, telles que celles qui font partie de nos habitations, murs, plafonds, planchers, cours, parterres, etc...

Les unités inférieures ou sous-multiples sont employées pour les surfaces de petites dimensions, comme une feuille de papier, le dessus d'un meuble, une glace, un livre, une boîte, etc.

Les unités supérieures au mètre carré, nommées souvent mesures *topographiques* et réduites plus spécialement au kilomètre carré et au myriamètre carré, sont employées dans l'évaluation de la surface d'un pays. L'hectomètre carré n'est pour ainsi dire jamais employé comme unité de mesure.

Mesures agraires.

94. Enfin, pour la mesure des grands jardins, des domaines, et en général des terrains d'une certaine étendue, on se sert du décamètre carré, auquel on donne alors le nom d'*are* (*), et dont on fait l'unité fondamentale des mesures agraires.

L'are est donc représenté *par un carré ayant dix mètres de côté*, et vaut par conséquent 100 mètres carrés.

L'are a un multiple et un sous-multiple : l'*hectare* et le *centiare*.

L'hectare (**) vaut 100 ares, c'est-à-dire 100 fois 100 ou 10000 mètres carrés ou encore 1 hectomètre carré; *il vaut donc un carré ayant 100 mètres de côté.*

(*) Du mot latin *area* signifiant *surface*.
(**) Pour hecto-are.

Le centiare est la centième partie de l'are, et *vaut par conséquent un mètre carré.*

95. Dans l'évaluation des terrains on est dans l'usage d'énoncer séparément les hectares, ares et centiares dont se compose la surface, bien que pour l'écriture, l'une seule de ces unités soit choisie pour former la partie entière ; l'hectare s'emploie de préférence pour les grandes étendues.

96. *Conversion.* — Une surface étant évaluée à l'aide du mètre carré ou des unités qui en dérivent directement, on peut très-simplement l'exprimer en unités agraires ; il suffit pour cela de placer la virgule, dans le nombre qui représente la mesure de la surface, après la tranche des unités de même valeur que l'unité agraire que l'on veut prendre pour base, c'est-à-dire : après la tranche des décamètres carrés, l'are étant pris pour unité ; après la tranche des *hectomètres* carrés, l'hectare étant pris pour unité ; enfin après les mètres carrés pour le centiare.

Ex. : $8^{Km.q.}$,698642 représentant une surface à exprimer en ares, on placera la virgule après la tranche 86, des décamètres carrés :

$$86986^{a},42$$

Cette mesure, rapportée à l'hectare, serait :

$$869^{Ha},8642$$

représentant 869 hectares, 86 ares, 42 centiares.

Si, inversement, on veut revenir des mesures agraires à une mesure de surface dérivant du mètre carré, il suffit de se rappeler les valeurs relatives des mesures des deux séries, et de placer la virgule en conséquence. En effet, soit

$$426\,478^{a},987,$$

à évaluer en hectomètres carrés, par exemple, on aura évidemment :

$$4264^{Hm.q.},78987,$$

ou, si on l'aime mieux :

$$42^{\text{Km.q.}}, \ 64^{\text{Hm.q.}}, \ 78^{\text{Dm.q.}}, \ 98^{\text{m.q.}}, \ 70^{\text{dm.q.}};$$

ce qui donne la surface au moyen des multiples et des sous-multiples du mètre carré.

Remarque. — Il est bien entendu que les mesures agraires ne sont pas plus effectives que celles qui découlent immédiatement du mètre carré.

————

PROBLÈMES
sur les mesures de surface.

(1) Décomposer en multiples et sous-multiples du mètre carré les superficies suivantes :

$84632^{\text{m.q.}},6273,$ $30029608^{\text{dm.q.}},704,$

$605^{\text{m.q.}},30089,$ $86405^{\text{cm.q.}},602$

$290647^{\text{m.q.}},045,$ $0^{\text{m.q.}},03869,$

$264^{\text{Dm.q.}},70098,$ $0^{\text{Dm.q.}},07629,$

$3060074^{\text{Hm.q.}},0072065,$ $0^{\text{dm.q.}},0009.$

(2) Écrire et énoncer chacune de ces superficies, en prenant successivement pour unité principale :

     Le mètre carré,

     Le décimètre carré,

     Le centimètre carré,

     Le millimètre carré,

ainsi que chacun des multiples du mètre carré.

(3) Combien y a-t-il d'unités métriques carrées des différents ordres, dans chacune des superficies suivantes :

$18476^{\text{a.}},749,$ $0^{\text{a.}},039006,$

$386^{\text{Ha.}},07465,$ $0^{\text{Ha.}},029076.$

$39072^{\text{c.a.}},896,$

(4) Convertir en mesures agraires, l'are étant pris pour unité principale, les superficies suivantes :

$164^{\text{mq.}},642,$ $360427^{\text{dm.q.}},372$

$3867^{\text{Dm.q.}},9627,$ $13^{\text{Kl.m.q.}},0729086.$

$3^{\text{Hm.q.}},62796,$

(5) Convertir les mêmes superficies en hectares, puis en centiares.

(6) Écrire en un seul nombre, en prenant le **mètre carré** pour unité principale, chacune des superficies suivantes :

8 hectomètres carrés, 4 décam. carrés, 25 mètres carrés, 19 décim. carrés, 6 centim. carrés.

24 kilomètres carrés, 8 décamètres carrés, 76 décimètres carrés.

125 myriam. carrés, 67 hectom. carrés.

2 décimètres carrés, 12 millim. carrés.

68 centimètres carrés, 9 millim. carrés.

518 décamètres carrés, 21 décimètres carrés.

(7) Écrire en un seul nombre, en prenant l'hectomètre carré pour unité principale, chacune des superficies suivantes :

174 décamètres carrés, 4 mètres carrés, 9 décim. carrés.

246 mètres carrés, 16 centimètres carrés.

9 kilomètres carrés, 16 décamètres carrés, 3 décimètres carrés.

58 hectomètres carrés, 3 mètres carrés, 28 décim. carrés.

2408 décimètres carrés, 19 millim. carrés.

8 mètres carrés, 56 centimètres carrés.

(8) Écrire en un seul nombre, en prenant le décimètre carré pour unité principale, chacune des superficies suivantes :

209 décamètres carrés, 9 mètres carrés.

9 kilomètres carrés, 8 hectom. carrés, 4 décam. carrés, 11 mèt. carrés.

14 décamètres carrés, 42 centim. carrés.

128 hectomètres carrés, 4 mètres carrés, 98 centimètres carrés.

34876 centimètres carrés.

784269 millimètres carrés.

3 centim. carrés, 9 millim. carrés.

(9) Écrire en un seul nombre, en prenant le décamètre carré pour unité principale, chacune des superficies suivantes :

9 mètres carrés, 9 décim. carrés.

1174 décimètres carrés.

78604 centimètres carrés.

3 kilom. carrés, 21 décam. carrés, 9 mètres carrés, 4 décim. carrés.

8472 mètres carrés, 6 décim. carrés.

6 décimètres carrés, 7 centim. carrés.

(10) Écrire en un seul nombre, en prenant successivement pour unité : l'are, l'hectare, le centiare, chacune des superficies suivantes :

478 hectares, 8 ares, 13 centiares.

47 hectares, 9 centiares.

107 ares, 62 centiares.

9 ares, 3 centiares.

64327 ares, 90 centiares.

CHAPITRE III.

Mesures de volume ou de solidité.

97. On entend par *volume* ou *solidité* d'un corps, la quantité plus ou moins grande d'espace que ce corps occupe, quelle qu'en soit d'ailleurs la forme.

98. Mesurer la solidité d'un corps, c'est donc chercher le nombre d'unités de volume et de parties aliquotes de l'unité de volume, pouvant occuper ensemble autant de place que ce corps.

99. L'unité de volume a ordinairement la forme d'un *cube*, c'est-à-dire d'un dé à jouer, solide terminé par 12 lignes droites égales appelées *arêtes*, formant entre elles 6 carrés égaux nommés *faces* du cube. Le plus souvent, le côté de ce solide unité est égal à l'unité de longueur. Il résulte de là, que les six faces qui le terminent représentent chacune l'unité de surface correspondante.

100. Dans le système métrique décimal, *l'unité de volume est un cube ayant un mètre sur chaque côté;* on lui donne le nom de *mètre cube*, et on le désigne par le signe *m. c.* Chacune des faces du mètre cube est un mètre carré.

101. Aucune unité multiple du mètre cube n'est employée : Les plus gros volumes sont évalués au moyen du mètre cube, par milliers et par millions de mètres cubes.

Les sous-multiples sont :

Le *décimètre cube*, représenté par *dm. c.*; c'est un cube ayant un décimètre *sur chaque côté*, et par suite un décimètre carré pour chaque face.

Le *centimètre cube*, représenté par *cm. c.*; c'est un cube ayant un centimètre *sur chaque côté;* chacune de ses faces est un centimètre carré.

Le *millimètre cube*, représenté par *mm.c.;* c'est un cube ayant un millimètre sur chaque côté; chacune de ses faces est un millimètre carré.

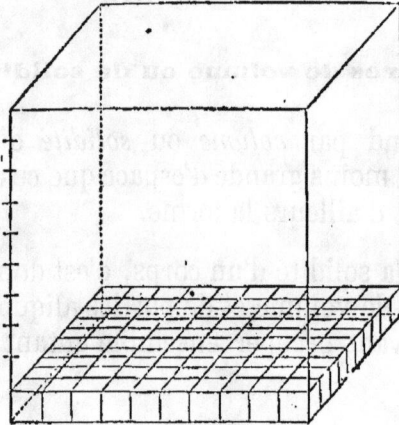

102. *Chacune de ces unités est la* MILLIÈME *partie de l'unité précédente ou immédiatement supérieure, et par conséquent vaut* 1000 *unités de l'ordre inférieur.*

En effet, concevons une caisse pouvant contenir exactement un mètre cube, c'est-à-dire présentant un vide de la forme et de la valeur d'un mètre cube; cette caisse aura 1 mètre sur chaque dimension et par conséquent 1 mètre carré ou 100 décimètres carrés de fond.

Cela posé, puisque le décimètre cube a un décimètre carré de face, il nous sera toujours facile de placer au fond de notre caisse 100 décimètres cubes occupant exactement la surface de ce fond, et formant une couche ou tranche de 1 décimètre de hauteur. Mais la caisse ayant 1 mètre ou 10 décimètres de profondeur, pourra contenir encore 9 couches semblables; le mètre cube, c'est-à-dire le volume capable d'emplir la caisse, se composera donc de 10 couches superposées, renfermant chacune 100 décimètres cubes, c'est-à-dire 1000 décimètres cubes.

Un raisonnement en tout semblable ferait voir que le décimètre cube vaut 1000 centim. cubes, et le centim. cube 1000 millim. cubes. Nous pouvons donc, **comme résumé,** former le tableau suivant :

Le centim. cube vaut 1 000 *mm.c.*

Le décim. cube vaut 1 000 *cm.c.* ou encore 1 000 000 *mm.c.*

Le mètre cube vaut 1 000 *dm.c.* ou 1 000 000 *cm.c.* ou encore 1 000 000 000 *mm.c.*

103. On voit d'après cela, que les unités cubiques ou unités de volume, tout en suivant la loi décimale comme les précédentes, présentent des subdivisions de 1000 en 1000 fois plus petites, tandis que ces subdivisions sont de 100 en 100 fois plus petites pour les surfaces de 10 en 10 fois plus petites pour les longueurs.

104. Une remarque se présente ici, analogue à celle qui a été faite plus haut pour les unités de surface, au sujet de l'apparente irrégularité introduite dans la nomenclature générale : Le décimètre cube, par exemple, étant un cube construit avec le décimètre pour côté, l'expression *déci* ne s'applique pas à l'unité de volume, le mètre cube, mais bien à l'unité de longueur, le mètre, contenant 10 fois le côté du cube que désigne l'expression considérée. Ainsi on ne doit pas dire *déci mètre-cube*, mais bien *décimètre cube;* l'expression *déci*, ainsi rapprochée du nom de l'objet auquel elle se rapporte, ne donne donc pas un résultat en désaccord avec la nomenclature.

105. L'écriture et la lecture des nombres qui expriment des unités de volume, sous-multiples du mètre cube, se font suivant une loi bien simple, en se basant sur les valeurs relatives de ces différentes unités.

En effet, le décimètre cube par exemple, étant la millième partie du mètre cube, sera exprimé par l'unité décimale du troisième ordre, les unités du deuxième et du premier ordre servant alors à représenter les dizaines et les centaines de décimètres cubes contenues dans le volume mesuré ; en un mot, les trois premiers chiffres décimaux sont consacrés aux décim. cubes.

De même, le centimètre cube étant la millionième partie du mètre cube, sera exprimé par l'unité du sixième ordre décimal, les unités des cinquième et quatrième ordres représentant, par suite, les dizaines et les centaines de centimètres cubes contenues dans le volume à mesurer. La seconde tranche de trois chiffres décimaux est donc consacrée aux centimètres cubes.

De la même manière on verrait que la troisième tranche de trois chiffres décimaux est consacrée aux millimètres cubes.

106. En résumé, nous voyons qu'il faut 3, 6 ou 9 chiffres décimaux pour représenter les sous-multiples du mètre cube.

Ex. : Soit à écrire

$$4^{\text{m.c.}} \text{ et } 18^{\text{dm.c.}} ;$$

nous devons considérer 18 comme des millièmes, la mesure s'écrira donc

$$4^{\text{m.c.}},018.$$

De même dans

$$2^{\text{m.c.}} \text{ et } 427^{\text{cm.c.}} ,$$

427 représente des millionièmes de mètre cube, on devra donc écrire :

$$2^{\text{m.c.}},000427.$$

Enfin, les millimètres cubes étant la billionième partie du mètre cube, on représentera

$$8^{\text{m.c.}} \text{ et } 546^{\text{mm.c.}}$$

par l'expression :

$$8^{\text{m.c.}},000000546.$$

107. Si donc, d'après cela, l'on veut écrire le résultat de la mesure d'un volume, énoncé au moyen des diverses unités sous-multiples du mètre cube, on écrira à la suite de la partie entière consacrée aux mètres cubes, une, deux ou trois tranches de *trois* chiffres, représentant respectivement les unités énoncées, le premier ou les deux premiers chiffres de l'une quelconque de ces tranches étant remplacés par un ou deux zéros, lorsque le nombre des unités que doit représenter cette tranche est moindre que 100 ou que 10. L'une quelconque des 2 premières tranches est remplacée par 3 zéros, lorsque la mesure énoncée ne contient pas d'unités correspondantes à cette tranche.

Ainsi un volume renfermant $13^{m.c.}$, $49^{dm.c.}$, $347^{cm.c.}$ et $8^{mm.c.}$ sera représenté par :

$$13^{m.c.},049.347.008.$$

nombre dans lequel les points qui séparent les tranches peuvent être supprimés.

108. Si maintenant le nombre est énoncé au moyen d'une partie entière, d'ailleurs quelconque, et de la plus petite unité sous-multiple employée dans la mesure, il suffit de reconnaître la valeur décimale de cette seconde unité, relativement à celle que représente la partie entière, puis d'écrire le nombre total résultant de cette évaluation, comme on a appris à le faire pour les nombres décimaux.

Ex.: Soit à écrire 24 mètres cubes, 56078 centimètres cubes ; le centimètre cube étant la millionième partie du mètre cube, la mesure énoncée sera représentée par :

$$24^{m.c.},056078.$$

De même, si l'on énonçait 8 décim. cubes, 40469 millim. cubes, on écrirait :

$$8^{dm.c.},040469.$$

109. S'il s'agit maintenant d'énoncer un nombre écrit, représentant une mesure cubique, on aura soin tout d'abord, de séparer, au moins par la pensée, la partie décimale en tranches de *trois* chiffres, de la gauche à la droite, en plaçant un ou deux zéros à la droite de la dernière, si cela est nécessaire pour la compléter. Puis l'on énoncera le nombre ainsi préparé : soit en lisant successivement la partie entière et les différentes tranches qui la suivent, chacune d'elles portant le nom des unités qu'elle représente ; soit en lisant la partie entière, puis la partie décimale affectée du nom des unités de sa dernière tranche; soit enfin en lisant le nombre d'un seul bloc, comme si c'était un nombre entier, et lui donnant le nom des unités de sa dernière tranche.

Ex.: Le nombre

$$48^{m.c.},419069208$$

s'énoncera donc d'après cela :

1° $48^{m.c.}$, $419^{dm.c.}$, $69^{cm.c.}$, $208^{mm.c.}$,

2° $48^{m.c.}$, $419069208^{mm.c.}$.

3° $48419069208^{mm.c.}$.

De même, le nombre

$$7^{m.c.},0468,$$

qui équivaut à $7^{m.c.},046800$, s'énoncera :

1° $7^{m.c.}$, $46^{dm.c.}$, $800^{cm.c.}$.

2° $7^{m.c.},46800^{cm.c.}$.

3° $7046800^{cm.c.}$.

110. Enfin une mesure ayant été prise et exprimée à l'aide d'une unité de volume, si on veut l'évaluer en prenant une autre unité, il suffit évidemment de transporter la virgule à droite de la tranche qui exprime des unités de l'ordre dont on veut se servir; ce qui revient à reculer cette virgule, vers la droite ou vers la gauche, suivant le cas, d'autant de tranches de trois chiffres qu'il faut parcourir de rangs dans la nomenclature pour aller de l'ancienne unité à la nouvelle; ce déplacement ne change évidemment rien aux parties qui composent le nombre.

Ex.: On veut exprimer

$$8^{m.c.},673942679$$

en prenant le centimètre cube pour unité; le centimètre cube étant, dans la nomenclature, au deuxième rang après le mètre cube, on reculera la virgule de 2 fois 3 rangs, ou 6 rangs vers la droite, ce qui donnera :

$$8673942^{cm.c.},679.$$

Si, de même, on voulait rapporter

$$46^{cm.c.} 374,$$

au décimètre cube, on reculerait la virgule de 3 rangs vers la gauche, ce qui donnerait

$$0^{dm.c.},046374.$$

111. De même que pour les surfaces, aucune de ces mesures n'est effective ou réelle. C'est en mesurant les dimensions des corps, c'est-à-dire les lignes qui expriment ces dimensions, et en combinant entre eux les nombres abstraits qui en résultent, qu'on arrive à évaluer les volumes des corps. La géométrie enseigne les procédés à suivre dans chaque cas particulier.

112. Le mètre cube est pris pour unité, dans l'évaluation des travaux de terrassement, dans le mesurage de la grosse maçonnerie, des bois de construction : en un mot, les gros volumes s'évaluent en mètres cubes. Il n'est pas d'usage de se servir des multiples du mètre cube; on comprendrait cependant l'emploi du *décamètre cube*, de l'*hectomètre cube*, etc. pour l'évaluation de volumes comme ceux de la lune, de la terre, du soleil, etc.

Les petits volumes sont appréciés, suivant leur grosseur, au moyen du décimètre cube, du centimètre cube, et même du millimètre cube, lorsqu'ils atteignent la petitesse des fragments sur lesquels on opère souvent en physique et en chimie.

BOIS DE CHAUFFAGE.

113. Enfin les bois de chauffage, coupés pour la vente en bûches d'environ 1 mètre de longueur, sont mesurés à l'aide du mètre cube, qui prend dans ce cas le nom de *stère.*

Le stère, unité fondamentale de mesure, se représente par *st.* et n'a qu'un seul multiple :

Le *décastère,* qui vaut 10 stères, représenté par *D.st.*

De même, le stère n'a qu'un seul sous-multiple :

Le *décistère,* qui vaut un dixième de stère, et qui est désigné par *d.st.* Le décistère valant un dixième de stère, correspond à 100 décimètres cubes.

L'écriture décimale s'applique ici directement dans toute sa simplicité.

114. Le stère est une mesure effective, employée dans tous les chantiers : il se compose de deux panneaux ou montants en bois, ayant 1 mètre de largeur, fixés verticalement, à 1 mètre de distance, sur un plancher appelé *sole,* et retenus contre le renversement par des contre-fiches prenant appui sur le prolongement de cette sole.

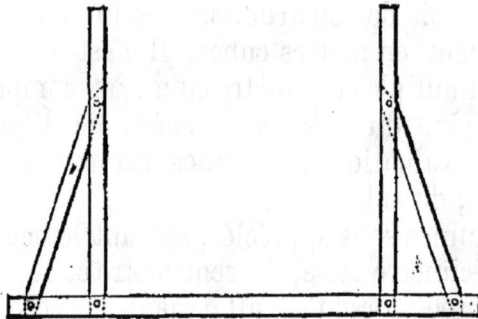

115. Les bûches sciées à environ un mètre de longueur, se placent en travers et s'empilent jusqu'à un point d'arrêt ou d'affleurement, marqué par une rondelle d'étain, sur un des montants divisé en décimètres et en centimètres.

Si les bûches ont juste 1 mètre de long, la rondelle est placée à 1 mètre de la sole, c'est-à-dire que les montants ont 1 mètre de hauteur ; mais le plus souvent il n'en est pas ainsi, et en général le bois de chauffage est scié à un peu plus d'un mètre, ce qui fait donner aux montants moins de 1 mètre de hauteur : à Paris, par exemple, où les bûches ont 1^m,137, les montants sont réduits à 0^m,88 (*).

116. Le décastère n'est pas une mesure effective, mais deux autres mesures sont encore en usage dans les chantiers :

Le *double stère* ou 2 stères,

Le *demi-décastère* qui vaut 5 stères.

Ces deux mesures établies sur des soles de 1 mètre de largeur ne diffèrent du stère que par l'écartement des montants qui est de :

2 mètres pour le double stère.

5 mètres pour le demi-décastère.

Les montants ont 1 mètre pour le bois scié à 1 mètre, et 0^m,88 pour les bois de 1^m,137.

A Paris et dans beaucoup d'autres localités, pour éviter l'écartement un peu grand de 5 mètres, dans le demi-décastère, on place les montants seulement à 3 mètres l'un de l'autre, et on leur donne par compensation en hauteur :

1^m,667 pour le bois de 1 mètre,

1^m,466 pour le bois de 1^m,137,

de manière à toujours obtenir le même volume, de 5 stères, sous une forme un peu différente et plus commode.

117. Le décistère est employé comme unité fondamentale et, sous un autre nom, sert au mesurage des bois de charpente : on lui donne alors le nom de *solive*. Il représente, dans ce cas, une pièce de bois équarrie de 2 mètres de long et de 5 décimètres carrés de section.

MESURES DE CAPACITÉ.

118. On donne le nom de *capacité*, à l'étendue ou à la grandeur d'un creux, c'est-à-dire à l'étendue de l'espace vide qui peut être occupé par un volume.

(*) Dans tous les cas, la hauteur des montants est calculée de telle sorte que le stère rempli contienne 1 mètre cube de bois, y compris les vides.

Les objets creux, les mesures creuses, servent à contenir et à maintenir les corps qui, ainsi que les liquides et les grains, ont trop de mobilité dans leurs diverses parties pour pouvoir prendre isolément une forme déterminée.

119. *Déterminer la capacité d'un vase : c'est trouver, sous le rapport du volume, la quantité de liquide qui peut emplir ce vase.*

120. Les mesures de capacité doivent donc se rattacher intimement à celles de volume; aussi a-t-on pris pour unité de mesure, dans ce cas, l'étendue de la place occupée par une unité cubique déterminée.

121. L'unité de mesure de capacité est le *litre*, espace ou creux qui peut être exactement rempli par un corps ayant 1 décimètre cube de volume.

122. Le litre employé dans les mesurages n'a pas la forme cubique; il en est de même des mesures qui en découlent : cette forme eût été incommode et coûteuse; on lui a substitué très-avantageusement la forme cylindrique (*), avec quelques modifications suivant les usages; nous y reviendrons.

123. Les multiples du litre sont :

Le *décalitre*	qui vaut	10 litres	représenté par	D.l.
L'*hectolitre*	—	100^1	—	H.l.
Le *kilolitre*	—	1000^1	(mesure fictive)	K.l.

Les sous-multiples sont :

Le *décilitre*	ou	0^1,1	représenté par	d.l.
Le *centilitre*	ou	0^1,01	—	c.l.
Le *millilitre*	ou	0^1,001	(mesure fictive)	m.l.

124. On voit que ces mesures dérivées suivent, pour la valeur relative aussi bien que pour la désignation, les mêmes lois que les mesures de longueur.

(*) La forme cylindrique est celle qu'affectent les verres des lampes, dans leur partie non coudée. C'est aussi celle des tuyaux de poêle dans leurs parties droites.

125. Si on les compare aux unités cubiques ou unités de volume, on remarque facilement que :

Le litre	contenant	$1^{dm.c.}$
Le kilolitre	contient	$1^{m.c.}$
Le millilitre	—	$1^{cm.c.}$

puis, dans les intervalles on observe que :

Le décalitre	renferme	$10^{dm.c.}$
L'hectolitre	—	$100^{dm.c.}$

et que de même :

Le décilitre	renferme	$100^{cm.c.}$
Le centilitre	—	$10^{cm.c.}$

On voit, d'après cela, qu'un simple déplacement de la virgule sert à transformer les unités de capacité **en unités de volume**, et réciproquement.

126. Il est essentiel de remarquer que, bien que l'expression *litre* s'applique par définition à un espace vide, on conserve cette même expression, pour désigner le volume de la substance qui remplit exactement cet espace ; il en est de même des expressions dérivées du litre : ainsi l'on dit un décalitre de blé, pour désigner le volume de blé remplissant un décalitre. Les capacités ne sont donc considérées qu'au point de vue des volumes qu'elles représentent.

127. Les mesures effectives autorisées en France par la loi, sont au nombre de 13, commençant à l'hectolitre ou 100 litres, et finissant au centilitre ou 0,01 de litre. Entre ces deux limites, chaque mesure a son double et sa moitié, ce qui rend le mesurage beaucoup plus commode.

128. Ces 13 mesures se divisent en deux grandes catégories :

1° Les mesures pour les liquides;

2° Les mesures pour les matières sèches, telles que les graines, les céréales, différents légumes, le charbon de bois, le coke, etc.

1° Mesures pour les liquides.

129. Les mesures de cette catégorie sont elles-mêmes divisées en trois classes : les *grandes mesures*, les *petites mesures* pour les liquides autres que le lait et l'huile, et les mêmes *petites mesures pour le lait et l'huile.*

130. Les grandes mesures, au nombre de cinq, sont construites en cuivre, en tôle ou en fonte; leur profondeur est égale à leur diamètre intérieur ou largeur, ce sont :

			Profondeur et largeur en millimètres.
L'hectolitre	valant	100^l	503,1
Le demi-hectolitre	—	50^l	399,3
Le double décalitre	—	20^l	294,2
Le décalitre	—	10^l	233,5
Le demi-décalitre	—	5^l	185,3

Ces mesures doivent être étamées intérieurement et pourvues de deux anses latérales.

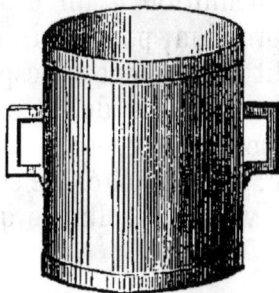

131. Les petites mesures sont au nombre de huit : celles destinées aux liquides autres que le lait et l'huile, sont construites en étain et munies d'une anse. Leur profondeur intérieure est double de leur diamètre ou largeur. Ce sont :

				Prof. intér. en millim.	Diam. intér. en millim.
Le double litre	valant	2	litres	216,7	108,4
Le litre	—	1		172,0	86,0
Le demi-litre	—	0,5		136,6	68,3
Le double décilitre	—	0,2		100,6	50,3
Le décilitre	—	0,1		79,9	39,9

		Prof. intér. en millim.	Diam. intér. en millim.
Le demi-décilitre	— 0,05	63,4	31,7
Le double centilitre	— 0,02	46,7	23,4
Le centilitre	— 0,01	37 1	18,5

132. Les petites mesures destinées à l'huile et au lait sont en fer-blanc ; la profondeur est égale au diamètre intérieur ou à la largeur :

	Profondeur et diamètre en millimètres.
Double litre	136,6
Litre	108,4
Demi-litre	86,0
Double décilitre	63,4
Décilitre	50,3
Demi-décilitre	39,9
Double centilitre	29,5
Centilitre	23,4

133. Les mesures destinées au lait, à l'exception du double litre et du litre, sont munies d'une anse à crochet

qui permet de plonger la mesure dans le liquide, et de la suspendre au bord du vase contenant le lait. Les deux autres mesures portent une anse ordinaire.

134. Les vins, les eaux-de-vie, les huiles pourraient être vendus et expédiés dans des tonneaux ou futailles en bois, qui seraient construits de telle sorte, que leurs capacités répondissent aux mesures métriques de volume. C'est ainsi qu'on pourrait employer uniquement dans le commerce, des fûts de 50 litres, 100^l, 200^l, 500^l, 1000^l, c'est-à-dire représentant le demi-hectolitre, l'hectolitre, le double hectolitre, le demi-kilolitre, et le kilolitre.

Il serait à désirer, pour la facilité des transactions commerciales, que l'autorité supérieure prescrivît ces mesures sur tout le territoire français. Malheureusement, il n'en est pas ainsi, et une variété fâcheuse existe dans les mesures employées. Ces mesures ou *fûts* sont nommées *barriques* ou *foudres*, ou encore *pipes* ou *quartaux*, suivant leur contenance et leur mode d'emploi.

135. La barrique, qui sert principalement aux expéditions, varie de contenance avec les localités ; c'est ainsi que nous la trouvons, par exemple :

De 220 litres environ, en Bourgogne ;
De 220 à 230 litres, dans le Bordelais ;
De 230 litres environ, en Bretagne, etc.

Les grands tonneaux, foudres, pipes, etc., varient encore davantage et atteignent des dimensions, et par suite, des contenances considérables (*).

2° Mesures pour les matières sèches.

136. Les mesures de capacité employées pour les matières sèches, sont au nombre de onze. Elles sont ordinai-

---

(*) On peut citer comme exemple, la tonne ou foudre de l'Électeur de Heidelberg, contenant plus de 45,000 litres, c'est-à-dire 200 barriques bordelaises environ.

rement construites en bois de chêne, de noyer ou de hêtre. Chacune de ces mesures est consolidée à la partie

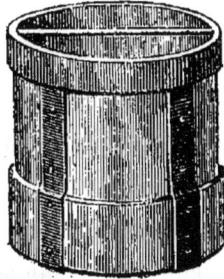

supérieure par une doublure extérieure en tôle rabattue, qui préserve les bords d'une usure trop rapide. Des bandes longitudinales en tôle servent encore à assurer la solidité de ces mesures.

Toutes ces mesures peuvent encore être construites en tôle. Dans ce cas, elles sont étamées intérieurement.

137. Dans tous les cas, pour chacune de ces mesures la profondeur est égale à la largeur ou diamètre.

	Profondeur et largeur en millimètres.
Hectolitre	503,1
Demi-hectolitre	399,3
Double décalitre	294,2
Décalitre	233,5
Demi-décalitre	185,3
Double litre	136,6
Litre	108,4
Demi-litre	86,C
Double décilitre	63,4
Décilitre	50,3
Demi-décilitre	39,9

Remarque. — Toute mesure de capacité doit porter son nom sur la surface extérieure.

PROBLÈMES

sur les mesures de volume.

(1) Décomposer en mètres cubes et en sous-multiples du mètre cube les volumes suivants :

$24^{m.c.},276839654,$ $4^{dm.c.},09,$

$8^{m.c.},027004865,$ $26^{cm.c.},84276,$

$319^{m.c.},2090468,$ $386^{cm.c.},0008,$

$6^{m.c.},00462,$ $0^{m.c.},0000862,$

$18^{m.c.},4279,$ $0^{m.c.},2000507,$

$58^{dm.c.},70869,$ $0^{dm.c.},8064,$

$129^{dm.c.},009864,$ $0^{dm.c.},00008092.$

(2) Ecrire et énoncer chacun de ces volumes en prenant successivement pour unité principale :

Le mètre cube,

Le décimètre cube,

Le centimètre cube,

Le millimètre cube.

(3) Ecrire en un seul nombre, en prenant le mètre cube pour unité principale, chacun des volumes suivants :

121 mètres cubes, 345 décimètres cubes, 64 centimètres cubes, 504 millimètres cubes.

8 mètres cubes, 4 décimètres cubes, 12 centimètres cubes.

14 mètres cubes, 69 centimètres cubes, 98 millimètres cubes.

58 décimètres cubes, 608 centimètres cubes, 9 millimètres cubes.

6428 centimètres cubes, 79 millimètres cubes.

39 millimètres cubes.

(3) Ecrire en un seul nombre, en prenant le décimètre cube pour unité principale, chacun des volumes suivants :

65 mètres cubes, 36 décimètres cubes, 4 centimètres cubes.

4 mètres cubes, 28 centimètres cubes, 598 millimètres cubes.

26740 centimètres cubes, 39 millimètres cubes.

8 centimètres cubes, 31 millimètres cubes.

3004629 millimètres cubes.

1269 millimètres cubes.

(5) Ecrire en un seul nombre, en prenant le millimètre cube pour unité principale, chacun des volumes suivants :

16 mètres cubes, 35 centimètres cubes.

2327 décimètres cubes, 9 centimètres cubes.

7420 centimètres cubes, 41 millimètres.

(6) Combien y a-t-il d'unités métriques cubiques des différents ordres, dans chacune des mesures suivantes :

$$4864^{st.},96 \qquad 83^{D.st.},09 \qquad 19086^{d.st.}.$$

(7) Ecrire, en prenant le stère pour unité principale, les volumes suivants :

$38^{m.c.},748$ $0^{m.c.},036$

$13^{dm.c.}07886$ $0^{dm.c.},0854$

$4698^{dm.c.},9.$

(8) Ecrire, en prenant le décastère pour unité principale, les volumes suivants :

$420^{dm.c.},0786$ $0^{dm.c.},04869$

$9^{m.c.},4006$ $0^{m.c.},086$

$189^{dm.c.},6$

(9) Ecrire les volumes indiqués dans les 2 exercices précédents, en prenant le décistère pour unité principale.

(10) Ecrire, en prenant successivement pour unité principale, le stère, le décastère et le décistère, les volumes suivants :

48 décastères 9 décistères.

284 stères 4 décistères.

26049 décistères.

2 stères 8 décistères.

6 décistères.

————

PROBLÈMES

sur les mesures de capacité.

(1) Décomposer en multiples et sous-multiples du litre les résultats suivants :

$4864^{lit.},639$ $860960046^{c.l.},9$

$8642^{H.l.},0398$ $0^{lit.},067$

$60079^{D.l.},07656$ $0^{D.l.},0865$

$390008^{d.l.},37$ $0^{H.l.},4096$

$298^{K.l.},070609$ $0^{K.l.},042086.$

(2) Ecrire et énoncer chacune des capacités précédentes, en prenant successivement pour unité principale, le litre, chacun de ses multiples et chacun de ses sous-multiples.

(3) Ecrire en un seul nombre, en prenant le litre pour unité principale, chacune des capacités suivantes :

48 hectolitres, 9 décalitres, 8 décilitres, 3 centilitres.
1347 décalitres, 49 centilitres.
8 kilolitres, 35 litres.
825 litres, 24 millilitres.
3 décilitres, 9 millilitres.

(4) Ecrire les mêmes capacités, en prenant l'hectolitre pour unité principale.

(5) Ecrire en un seul nombre, en prenant le décilitre pour unité principale, chacune des capacités suivantes :

243 décalitres, 9 litres, 8 décilitres, 8 millilitres.
462 litres, 4 centilitres.
64 hectolitres, 5 litres.
6 centilitres, 2 millilitres.
8 kilolitres, 69 litres.

(6) Ecrire les mêmes capacités, en prenant successivement le kilolitre et le décalitre pour unité principale.

(7) Ecrire en un seul nombre, en prenant le centilitre pour unité principale, chacune des capacités suivantes :

39 litres, 8 décilitres.
8 décalitres, 45 millilitres.
26 hectolitres, 5 litres, 13 centilitres.
454 décilitres, 3 millilitres.
464 millilitres.

(8) Ecrire en un seul nombre, en prenant le millilitre pour unité, chacune des capacités exprimées dans les exercices (3), (5), (7).

(9) Evaluer, en prenant successivement pour unité principale :
        Le mètre cube,
        Le décimètre cube,
        Le centimètre cube,
        Le millimètre cube,
les volumes correspondants aux capacités exprimées dans le numéro (1).

(10) Evaluer, en prenant successivement pour unité : le litre, le centilitre, l'hectolitre, les capacités correspondant aux volumes suivants :

$24^{m.c.},864297$ $13^{dm.c.},0789$

$0^{dm.c.},00842$ $46079^{cm.c.},7083$

$0^{cm.c.},0987$ $0^{m.c.},03864.$

(11) Evaluer, en prenant successivement pour unité : le décalitre, le décilitre, le kilolitre, les capacités correspondant aux volumes suivants :

$210^{m.c.},03086$ $0^{m.c.},0480629$

$46027^{dc.m.},9$ $0^{dm.c.},002089$

$0^{cm.c.},09807$ $0^{cm.c.},000048.$

(12) Evaluer, en les décomposant en mètres cubes, décimètres cubes, etc., les volumes correspondant aux capacités suivantes :

36 hectolitres, 5 litres, 4 centilitres.
48 décalitres, 9 centilitres, 4 millilitres.
37428 litres, 26 centilitres.
2009 décalitres, 29 millilitres.
24 kilolitres, 4 décalitres, 57 centilitres.

(13) Evaluer, en les décomposant au moyen des multiples et des sous-multiples successifs du litre, les capacités correspondant aux volumes suivants :

32 mètres cubes, 24 décimètres cubes, 9 centimètres cubes.
2407 mètres cubes, 300 décimètres cubes.
269 millimètres cubes.
97 décim. cubes, 208 centim. cubes, 29 millim. cubes.
8604 décimètres cubes, 69 millimètres cubes.
21 centimètres cubes, 108 millimètres cubes.
180028 centimètres cubes, 58 millimètres cubes.
16030087 millimètres cubes.

(14) Evaluer, en les décomposant en décastères, stères, décistères, les volumes correspondant aux capacités énoncées dans l'exercice (12).

(15) Evaluer, en les décomposant au moyen des multiples et des sous-multiples du litre, les capacités correspondant aux volumes suivants :

2048 stères, 8 décistères.
340089 décistères.
69 décastères, 4 stères.
24000 décastères, 9 décistères.
800400 stères.

CHAPITRE IV.

Mesures de poids.

138. L'unité de mesure pour les poids est le *gramme* : c'est le poids d'un *centimètre cube d'eau distillée, à la température de 4° du thermomètre centigrade* (*). C'est à cette température que l'eau est le plus resserrée possible, et que par conséquent une même quantité d'eau occupe le plus petit espace possible.

139. Les multiples du gramme sont :

Le *décagramme*	ou	10 gr.	représenté par	Dg.
L'*hectogramme*	—	100	—	Hg.
Le *kilogramme*	—	1000	—	Kg.
Le *myriagramme*	—	10000	—	Mg.

Les sous-multiples sont :

Le *décigramme*	ou	0gr.,1	représenté par	dg.
Le *centigramme*	—	0gr.,01	—	cg.
Le *milligramme*	—	0gr.,001	—	mg.

La désignation myriagramme est très-peu usitée.

140. On voit que pour ces mesures la nomenclature métrique décimale s'emploie dans toute sa pureté. Il résulte évidemment de là, que le changement d'unité s'opère, pour ces mesures, par les mêmes déplacements de la virgule que pour les mesures de longueur.

141. Il est bon de remarquer immédiatement la cor-

(*) On peut compléter cette notion, en ajoutant que le poids est rapporté à une pression atmosphérique nulle, c'est-à-dire que la pesée est supposée faite dans le vide. — L'étude de la physique permet seule de bien comprendre cette définition complète du gramme.

respondance qui existe entre ces diverses mesures et les unités de volume et de capacité, ainsi :

Le *kilogramme* valant 1000$^{gr.}$, représente le poids de 1000$^{cm.c.}$ d'eau, dans les conditions précédentes, c'est-à-dire le poids du *décimètre cube* ou du *litre* d'eau distillée, etc.

De même, le *milligramme* ou 0,001 de gramme est le poids de 0,001 de centimètre cube ou de 1 *millimètre* cube, ou enfin, de 0,001 de millilitre d'eau distillée, etc.

142. Nous devons ajouter que la détermination des unités usuelles de poids du système métrique a été faite en partant du *kilogramme :* on a fixé avec beaucoup de soin le poids du *décimètre cube* d'eau distillée, à 4°; et la *millième* partie de ce poids a été prise ensuite comme valeur du *gramme.*

143. Dans l'évaluation du poids des corps, lorsque le résultat doit être très-grand, comme cela arrive pour le chargement des bâtiments, on emploie deux autres unités que les précédentes :

1° Le *quintal métrique* valant 100$^{Kg.}$
2° Le *tonneau* ou la
    tonne de mer } valant 1000$^{Kg.}$

Le tonneau représente donc en poids : 1000 litres, 1000$^{dm.c.}$, ou enfin 1$^{m.c.}$ d'eau distillée, dans les conditions du gramme. Nous pouvons même dire, qu'au point de vue pratique, le tonneau est le poids de 1 mètre cube d'eau douce ordinaire ; la différence entre les poids de l'eau ordinaire et de l'eau distillée, étant parfaitement négligeable, au point de vue industriel et commercial.

Remarque. — Nous ferons, en passant, une utile remarque au sujet d'une expression souvent mal comprise : lorsqu'on parle de l'importance d'un navire, on dit que c'est un bâtiment de *tant* de tonneaux, 800 tonneaux par exemple : cela veut dire, dans l'exemple choisi, que le poids du chargement complet, est de 800 tonneaux ou de 800000 kg. :

Le bâtiment entièrement chargé déplace alors 800 mètres cubes d'eau douce de plus que lorsqu'il est vide (*).

144. Les poids usités dans le commerce se divisent tout d'abord en deux grandes catégories :

1° Les poids en fonte de fer ;

2° Les poids en cuivre.

1° Poids en fonte de fer.

145. Nous en avons de deux sortes : 1° Les poids de 50$^{Kg.}$ et de 20$^{Kg.}$ qui ont la forme d'une pyramide tron-

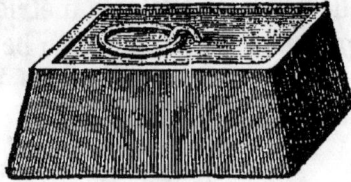

N° 1.

quée rectangulaire (n° 1), c'est-à-dire que leur base est un rectangle, et que le poids se rétrécit par le haut ; les angles sont arrondis. 2° Les autres poids en fonte ont la forme

N° 2.

(*) La mesure connue sous le nom de *tonneau* ou *tonne de mer* représentait, d'après l'ordonnance royale de 1681, un poids de 20 quintaux de 2 000 livres anciennes, environ 979 kilogrammes. — L'adoption du système métrique a fait porter la tonne à 10 quintaux métriques ou 1000 kilogrammes ; ce poids prend alors le nom de *tonneau métrique*.

Les Anglais ont également un tonneau de mer ; il surpasse le nôtre de 15 kilog., et est, par conséquent, de 1 015 kilogrammes.

L'ordonnance de 1681 parle également d'un tonneau de volume dont elle a fait une capacité de 42 pieds cubes, c'est-à-dire 1$^{m.c.}$,439$^{dm.c.}$,550$^{cm.c.}$, ou environ 1$^{m.c.}$,440$^{dm.c.}$. Ce tonneau sert à l'évaluation des chargements, en marchandises de faible poids sous un fort volume.

d'une pyramide tronquée à six pans, et à arêtes vives (n° 2).
— Chacun de ces poids porte à sa partie supérieure un anneau de fer par lequel on le soulève. — La valeur du poids
est écrite en dessus. Voici la nomenclature des poids en
fonte permis par la loi et usités dans le commerce :

50 kilogrammes valant . . . . . 50000 grammes.
20   —   20000
10   —   10000
 5   —   5000
 2   —   2000
 1   —   1000

Le demi-kilog. marqué 5 hectog. . .   500
Le double hectog. marqué 2 hectog.   200
L'hectogramme, marqué 1 hectog. .   100
Le demi-hectogramme, marqué 1/2 hect.   50

2° Poids en cuivre.

146. Ces poids sont de trois sortes : 1° Les *poids cylindriques*, surmontés d'un bouton, 2° les poids en lames
minces, et 3° les poids à godets.

1° Les poids cylindriques, à deux exceptions près, ont la

hauteur de la partie cylindrique égale au diamètre; les
deux exceptions sont pour les poids de 1 et 2 grammes
dont le diamètre est supérieur à la hauteur.

Ces poids sont :

POIDS.	INDICATIONS MARQUÉES.
Le poids de 20 kilog.	20 kilogrammes.
Le myriagramme ou 10 kilog. . .	10 —
Le demi-myriag. ou 5 kilog. . .	5 —
Le double kilogramme.	2 —
Le kilogramme.	1 —
Le demi-kilogramme.	500 grammes
Le double hectogramme. . . .	200 —
L'hectogramme . . . . , .	100 —
Le demi-hectogramme.	50 —
Le double décagramme.	20 —
Le décagramme.	10 —
Le demi-décagramme.	5 —
Le double gramme.	2 —
Le gramme.	1 —

2° Les *poids en lames* sont en cuivre et en argent, ordinairement carrés et coupés sur les coins. Les poids en argent ont quelquefois la forme circulaire et sont munis
d'un petit appendice qui sert à les saisir plus facilement.

Voici le tableau de ces poids en lames :

Le demi-gramme.	5 décigrammes.
Le double décigramme.	2 —
Le décigramme.	1 —
Le demi-décigramme.	5 centigrammes.
Le double centigramme. . . .	2 —
Le centigramme.	1 —
Le demi-centigramme.	5 milligrammes.
Le double milligramme.. . . .	2 —
Le milligramme.	1

3° Enfin, *les poids à godets* sont une série de poids creux, s'emboîtant bien exactement les uns dans les autres et ayant la forme conique. Les poids d'une série, la boîte comprise, forment un total de 1 kilogramme, de 500 grammes, de 200 ou de 100 gr., suivant la série. Le dernier poids intérieur, celui qui remplit le dernier godet est de 1 gramme.

147. Il est utile de remarquer que dans le commerce de détail, le demi-kilogramme est souvent pris pour unité; on le nomme alors *livre*, la valeur de 500 grammes représentant à peu de chose près l'ancienne *livre poids*. Or, la livre se décomposait en 16 *onces,* et l'habitude de compter par once est loin d'être détruite ; nous dirons donc que :

La livre	vaut	500	grammes.
La demi-livre	—	250	—
Le quart	—	125	—
Le demi-quart	—	62	,50
L'once	—	31	,25
La demi-once	—	15	,625

Si l'on veut se rendre compte de la différence qui existe entre ces mesures et les mesures anciennes correspondantes, il suffira de savoir que l'ancienne livre poids valait 489^{gr},516; la différence est donc de 10^{gr},484 au profit de la livre nouvelle.

Il est bon aussi de savoir que la médecine prescrit encore assez souvent des médicaments à la dose d'un certain nombre de grains. Or, le grain est la 576me partie de l'once. Si donc on rapporte le grain, soit à l'ancienne, soit à la nouvelle livre, on trouve que sa valeur est de :

53 milligrammes pour l'ancienne livre,
54 — pour la nouvelle.

Ce qui fait à très-peu près 5 centigrammes pour la valeur du grain.

Remarque importante. — Il est urgent de se rappeler pourtant, que dans les actes publics ou sous seing privé, les écritures de commerce, les étiquettes des magasins, il est expressément défendu par la loi de se servir des dénominations de poids et mesures autres que celles qui découlent immédiatement du système métrique.

148. Enfin nous ajouterons encore que, jusqu'à une certaine limite de grosseur, les diamants et les perles fines s'évaluent d'après leur poids, et suivant une loi déterminée. L'unité de poids choisie dans ce cas est le *carat*, représentant 0^{gr},212 ou 212 milligrammes.

Le carat se subdivise en 2, 4, 8, 16, 32, 64 parties égales, qui sont des subdivisions usitées de cette unité spéciale.

Le diamant a deux valeurs différentes, suivant qu'il est brut ou qu'il a subi la taille ; la taille en augmente considérablement le prix (*).

PROBLÈMES

sur les mesures de poids.

(1) Décomposer en multiples et sous-multiples du gramme les poids suivants :

$230864^{m.g.}$	$2708^{H.g.}2093$
$8642^{c.g.},32$	$0^{H.g.},00872$
$9040078^{d.g.},09$	$87094^{K.g.},09086$
$406809^{gr.},078$	$0^{K.g.},020986$
$0^{gr.},408$	$0^{M.g.},287096$
$0^{D.g.},78079$	$374^{M.g.},3400289.$
$1984^{D.g.},2487$	

(*) La valeur d'un diamant brut s'obtient en élevant au carré son poids évalué en carats, et en multipliant le résultat par 50. Le produit exprime en francs la valeur cherchée.

La valeur d'un diamant taillé s'obtient en élevant au carré le double du poids en carats, et en multipliant le résultat par 50. Le produit obtenu représente en francs la valeur du diamant. — On estime à peu près que la taille fait perdre au diamant la moitié de son poids.

(2) Écrire et énoncer chacun des poids précédents, en prenant successivement pour unité principale, le gramme, chacun de ses multiples et chacun de ses sous-multiples.

(3) Écrire en un seul nombre, en prenant le gramme pour unité principale, chacun des poids suivants :

28 kilogrammes, 4 décagrammes, 9 centigrammes.
4609 hectogrammes, 6 grammes, 36 milligrammes.
920 décagrammes, 5 décigrammes, 8 milligrammes.
74039 décigrammes, 4 centigrammes.
24 centigrammes, 3 milligrammes.
17428 centigrammes.
23 milligrammes.

(4) Écrire les mêmes poids, en prenant l'**hectogramme** pour unité.

(5) Écrire en un seul nombre, en prenant le **décagramme** pour unité, chacun des poids suivants :

35 hectogrammes, 8 grammes, 13 centigrammes.
15 myriagrammes, 9 décagrammes, 8 milligrammes.
128 kilogrammes, 34 grammes, 18 centigrammes.
19 grammes, 25 centigrammes.
28 décigrammes, 4 milligrammes.
18604 décigrammes.
20728 centigrammes.

(6) Écrire les mêmes poids, en prenant successivement pour unité principale, le kilogramme et le décigramme.

(7) Écrire en un seul nombre, en prenant le **centigramme** pour unité, chacun des poids suivants :

4604 grammes, 31 milligrammes.
7864 décigrammes, 64 milligrammes.
136429 milligrammes.
2 milligrammes.
609 hectogrammes, 64 centigrammes.
12 kilogrammes, 4 décagrammes, 8 grammes, 25 **centigrammes**.
47864 décagrammes, 249 milligrammes.

(8) Écrire en un seul nombre, en prenant le **milligramme** pour unité, chacun des poids exprimés dans les exercices (3), (5), (7).

(9) Évaluer, en prenant successivement pour unité principale, le gramme, le décigramme, le centigramme, le milligramme, le

poids de chacun des volumes suivants qu'on supposera représenter
de l'eau pure dans les conditions du gramme :

468639$^{\text{m.l.}}$	0$^{\text{lit.}}$,069
0$^{\text{c.l.}}$,69	0$^{\text{D.l.}}$,4087
3908$^{\text{c.l.}}$,39	0$^{\text{H.l.}}$,028473
49$^{\text{d.l.}}$,79	394$^{\text{H.l.}}$,3986
806$^{\text{lit.}}$,9047	26$^{\text{D.l.}}$,2908

(10) Même question pour les volumes suivants, de la même eau :

8427646$^{\text{mm.c.}}$	0$^{\text{m.c.}}$,08642
37$^{\text{cm.c.}}$,82	32$^{\text{m.c.}}$,78064
2403$^{\text{dm.c.}}$,8429	7$^{\text{m.c.}}$,08609
0$^{\text{dm.c.}}$,078	

(11) Évaluer les poids des mêmes volumes d'eau, en prenant
successivement pour unité l'hectogramme, le décagramme, le kilogramme, le myriagramme.

(12) Évaluer, en prenant successivement pour unité, le litre, le
centilitre, l'hectolitre, le décalitre, le décilitre, le kilolitre, le millilitre, les volumes d'eau pure dans les conditions du gramme, dont
les poids sont respectivement :

72$^{\text{gr.}}$,724	6209869$^{\text{m.g.}}$	0$^{\text{K.g.}}$,2698
0$^{\text{gr.}}$,08	2086$^{\text{D.g.}}$,089	34$^{\text{K.g.}}$,28
864$^{\text{d.g.}}$,279	0$^{\text{D.g.}}$,7864	415$^{\text{M.g.}}$,098074
0$^{\text{d.g.}}$,09	1268$^{\text{H.g.}}$,207	0$^{\text{M.g.}}$,08076
42$^{\text{c.g.}}$,396	0$^{\text{H.g.}}$,084097	
0$^{\text{c.g.}}$,72	36864$^{\text{K.g.}}$,2072	

(13) Évaluer, en prenant successivement pour unité, le mètre
cube et chacun de ses sous-multiples, les volumes d'eau pure dont
les poids sont respectivement :

8420$^{\text{gr.}}$,642	0$^{\text{c.g.}}$,06	0$^{\text{H.g.}}$,02136
0$^{\text{gr.}}$,706	360842$^{\text{m.g.}}$,6	810$^{\text{K.g.}}$,9989
3$^{\text{d.g.}}$,08	541$^{\text{D.g.}}$,7207	6095$^{\text{K.g.}}$,08
4622$^{\text{d.g.}}$,27	0$^{\text{D.g.}}$,090986	0$^{\text{K.g.}}$,0726
26709$^{\text{c.g.}}$,09	220$^{\text{H.g.}}$,569	3421$^{\text{M.g.}}$,29

(14) Évaluer, en prenant le tonneau de mer pour unité, les poids
suivants :

69284690576$^{\text{gr.}}$	12$^{\text{H.g.}}$,30	227$^{\text{M.g.}}$,029
801649087$^{\text{D.g.}}$,9	428964$^{\text{K.g.}}$,64	0$^{\text{M.g.}}$,0829
128$^{\text{D.g.}}$,87	0$^{\text{K.g.}}$,642	
306829$^{\text{H.g.}}$,28	39$^{\text{K.g.}}$,76	

(15) Évaluer les mêmes poids en prenant le quintal métrique
pour unité.

(16) Exprimer, en prenant successivement pour unité le kilogramme, le décagramme et le gramme, les poids suivants :

1840$^{t.m.}$,69684   24$^{t.m.}$,089   462984$^{q.m.}$,6947   9$^{q.m.}$,663875

(17) Évaluer, en prenant l'hectolitre pour unité, les volumes des deux masses d'eau pure, dans les conditions du gramme, dont les poids sont respectivement :

489$^{t.m.}$,682 et 1294$^{q.m.}$,078.

(18) Évaluer, en prenant le tonneau de mer pour unité, les poids des masses d'eau pure dont les volumes sont respectivement :

8645$^{H.l.}$,649   37962$^{K.l.}$,908   584$^{D.l.}$,29
5789000$^{lit.}$ 2126819$^{H.l.}$

(19) Évaluer directement les mêmes poids, en prenant le quintal métrique pour unité.

(20) Évaluer, en prenant successivement pour unité le tonneau de mer et le quintal métrique, les poids des masses d'eau pure dont les volumes sont respectivement :

468$^{m.c.}$,25   36004$^{m.c.}$,987   63048639$^{dm.c.}$,9   286400047$^{cm.c.}$

CHAPITRE V.

Monnaies.

149. Les *monnaies* sont des disques métalliques en or, en argent ou en cuivre, ayant une valeur conventionnelle, reconnue par la loi, et contre lesquels on échange des produits ou des services.

150. L'unité monétaire usitée en France depuis l'introduction du système métrique est nommée *Franc*. C'est un petit disque pesant 5 grammes, ayant 23 millimètres de largeur ou diamètre, 1 millimètre d'épaisseur, et composé, dans le principe, de 4$^{gr.}$,5 d'argent pur et 0$^{gr.}$,5 de cuivre; sa composition est actuellement de 4$^{gr.}$,175 d'argent pur et 0$^{gr.}$,825 de cuivre. (n° 154).

D'après cela, le franc se rattache au système métrique, par ses dimensions et par son poids.

151. Les noms usités pour désigner les multiples et les sous-multiples dans les autres mesures, ne sont pas employés pour les pièces formant les multiples et les sous-multiples du franc.

Le *déci-franc* et le *centi-franc* portent les noms de *décime* et de *centime;* ce dernier est beaucoup plus usité, et l'on dit mieux 10 centimes que 1 décime.

152. Pour chacune de ces pièces, les dimensions et le poids sont déterminés par la loi.

Chaque pièce porte, d'un côté l'effigie du souverain ou l'emblème du gouvernement sous lequel elle a été frappée, et de l'autre côté sa valeur légale.

153. Les monnaies se divisent en France en :

Monnaie d'argent,
Monnaie d'or,
Monnaie de cuivre ou de bronze, nommée aussi monnaie de *billon.*

154. *La monnaie d'argent* est composée des pièces suivantes :

	POIDS.	DIAMÈTRE OU LARGEUR.
La pièce de 5 francs	25 grammes	37 millim.
— 2 —	10 —	27 —
— 1 —	5 —	23 —
— 50 centimes	2,5 —	18 —
— 20 —	1 —	15

Le métal servant à la composition des pièces de 5 francs est formé, en poids, de 9 parties d'argent pur et de 1 partie de cuivre, c'est-à-dire que pour former, par exemple, 1000 kilogrammes de ces pièces, on prend 900 kilog. d'argent pur avec 100 kilog. de cuivre; de même on formera 100 kilog. en prenant 90 kilog. d'argent avec 10 kilog. de cuivre.

Il résulte de là, que 1 kilog. de l'alliage correspondant est formé de $0^{Kg.},9$ d'argent pur et de $0^{Kg.},1$ de cuivre; ou, ce qui revient au même, de $0^{Kg.},90$ d'argent et de $0^{Kg.},10$ de cuivre; ou enfin, de $0^{Kg.},900$ d'argent pur et de $0^{Kg.},100$ de cuivre.

On dit alors que cet alliage renferme 0,9 d'argent pur

ou de fin, ou encore, qu'il est à 0,9 de fin; de même, qu'il renferme 0,90 ou 0,900 d'argent pur, ou qu'il est à 0,90 ou à 0,900 de fin.

Ces trois portions égales : 0,9, 0,90, 0,900 qui représentent la quantité d'argent pur que renferme 1 kilog. de pièces de 5 francs en argent, sont ce que l'on nomme le *titre* de cette monnaie ou de l'alliage qui la forme. Nous reviendrons plus tard sur ce que l'on doit entendre, en général, par l'expression *titre d'un alliage*.

Remarque. — Dès l'origine de l'application du système métrique, toutes les pièces d'argent étaient formées avec le même alliage, c'est-à-dire étaient au même titre : 0,9, 0,90, ou 0,900. Une loi du 27 juin 1866 arrête que les pièces de 1 fr., de 2 fr., de 50 centimes et de 20 centimes seront désormais formées d'un alliage au titre de 0,835, c'est-à-dire renfermant, pour 1 kilogramme, 0^Kg.,835 d'argent pur et 0^Kg.,165 de cuivre. Ces pièces conservent d'ailleurs leur poids et leur diamètre.

155. *La monnaie d'or* est formée entièrement d'un alliage composé de 9 parties d'or pur pour 1 partie de cuivre; son titre est donc le même que celui du premier des deux alliages précédents, c'est-à-dire 0,9, 0,90, ou 0,900.

Les pièces d'or en circulation actuellement en **France**, sont les suivantes :

		POIDS EN GRAMMES	DIAMÈTRE EN MILLIMÈTRES.
La pièce de	100 francs	32,258	35
—	50 —	16,129	28
—	40 —	12,9032	26
—	20 —	6,4516	21
—	10 —	3,2258	19
—	5 —	1,6129	17

On ne fabrique plus de pièces de 40 francs.

156. On voit, d'après ce qui précède, que la monnaie d'or est plus précieuse que la monnaie d'argent. Il résulte en effet des valeurs et des poids qui précèdent, que la monnaie d'or, à poids égal, vaut 15,5 fois plus que la monnaie d'argent, valeur de circulation. Nous reviendrons plus tard sur ces *valeurs relatives*.

Remarque. — Le cuivre introduit dans la monnaie d'argent et dans la monnaie d'or, a pour but de donner de la dureté aux deux métaux précieux qui forment la base de ces monnaies, et qui sont trop mous pour qu'on puisse les employer seuls.

157. *La monnaie de cuivre*, ou mieux de *bronze*, est formée, par kilogramme : de 0$^{Kg.}$,95 de cuivre pur, de 0$^{Kg.}$,04 d'étain, et de 0$^{Kg.}$,01 de zinc.

Les pièces qui la composent sont au nombre de 4, et formées à raison de 1 gramme par centime :

		POIDS EN GRAMMES.	DIAMÈTRE EN MILLIM.
La pièce de	10 centimes	10	30
—	5 —	5	25
—	2 —	2	20
—	1 —	1	15

158. De ce qui précède il résulte que la monnaie de cuivre vaut, à poids égal, 20 fois moins que la monnaie d'argent ; ainsi la pièce de 5 centimes pèse 5 grammes, et il en faut 20 pour former 1 franc représenté par une pièce d'argent de 5 grammes.

Remarque. — Nous verrons plus tard, que pour ce qui regarde la monnaie de cuivre, la valeur commerciale n'est pas dans les mêmes conditions de circulation générale que celle des monnaies d'argent et d'or.

159. Il est très-utile de remarquer que les pièces d'argent et de cuivre non usées, peuvent être employées dans les pesées ; ainsi, en se reportant aux poids précédemment cités, on en déduira facilement la formation du kilogramme en prenant :

40	pièces de	5	francs en argent.
100	—	2	—
200	—	1	—
400	—	50	centimes,
1000	—	20	—

de même, en prenant :

100	pièces de	10	centimes en cuivre.
200	—	5	—
500	—	2	—
1000	—	1	—

Enfin, et bien que les poids des pièces d'or ne soient pas exprimés en nombres ronds de grammes, on peut encore obtenir le poids de 1 kilog. en prenant :

31	pièces de	100 francs.
62	—	50
155	—	20
310	—	10
620	—	5

Remarque.— Les remarques qui précèdent font comprendre pourquoi, dans les banques où se font d'énormes maniements d'argent, on ne perd pas son temps à compter les pièces ; le pesage est un mode bien plus expéditif et toujours employé pour les sommes un peu considérables.

160. Les nombres obtenus dans les trois petits tableaux qui précèdent, et qui indiquent le nombre de pièces de chaque sorte que l'on peut fabriquer avec 1 *kilogramme* employé d'alliage monétaire, sont ce qu'on nomme la *taille ;* ainsi l'on dit que la taille est de 31 pour les pièces de 100 fr., de 310 pour les pièces de 10 fr., de 200 pour les pièces de 1 franc, etc....; cela veut dire, qu'il faut employer ou dépenser un kilog. d'or monnayé pour fabriquer 31 pièces de 100 fr., ou 310 de 10 fr., etc., etc.

161. *Tolérance.* — Il est aisé de comprendre qu'il est impossible de fabriquer d'un seul coup, des pièces de monnaie ayant rigoureusement le poids voulu d'après les tableaux qui précèdent. D'un autre côté, il est très-important que les erreurs de fabrication soient maintenues dans des limites convenablement restreintes. L'État a donc été naturellement conduit à permettre une certaine erreur, soit en plus, soit en moins; cette erreur est ce que l'on nomme la *tolérance de poids;* elle est exprimée par une certaine fraction du poids légal, et représente un certain écart correspondant, soit en plus, soit en moins:

MONNAIE D'OR.

PIÈCES.	TOLÉRANCE EN MILLIÈMES.	ÉCART CORRESPONDANT EN MILLIGRAMMES.
100 francs.	1	32
50.	2	32
40.	2	26
20.	2	13
10.	2,5	8
5.	3	5

MONNAIE D'ARGENT.

5 francs.	3	75
2.	5	50
1.	5	25
50 cent.	7	17,5
20.	10	10

MONNAIE DE CUIVRE.

10 cent.	10	100
5	10	50
2	15	30
1	15	15

162. Pour bien se rendre compte de ce que représente ce tableau, il suffit de considérer une pièce, celle de 50 francs par exemple; la tolérance correspondante, 2 millièmes, veut dire que l'erreur de fabrication peut être, en plus ou en moins, les 2 millièmes, au plus, du poids légal $16^{gr.},129$, c'est-à-dire, d'après l'écart correspondant, 32 milligrammes; la pièce de 50 francs peut donc peser au plus $16^{gr.}161$, et au moins $16^{gr.},097$; ces deux nombres étant obtenus en augmentant et en diminuant successivement $16^{gr.},129$ de $0^{gr.},032$.

163. Enfin il existe encore la *tolérance de titre*, aussi indispensable que la première ; elle est fixée à 2 millièmes du titre absolu, soit en dessus, soit en dessous, pour les monnaies d'or et d'argent.

164. *Billets de banque.* — Pour compléter ce que nous avons à dire des monnaies, nous ajouterons qu'il existe encore une valeur représentative, constituant le *papier-monnaie,* généralement admise dans les affaires. Cette valeur se divise en billets de banque de 1000 francs, de 500 fr., de 200 fr., de 100 fr. et de 50 francs. On y a ajouté, depuis peu, des coupures de 25 francs et de 20 francs.

PROBLÈMES

sur les monnaies.

(1) Décomposer en francs, décimes et centimes, chacune des sommes suivantes :

$$468^f,24 \quad 14^f,03 \quad 6704^f,72 \quad 0^f,64 \quad 0^f,70$$
$$3248 \text{ décimes, } 60842 \text{ centimes}$$

(2) On voudrait payer 20876^f,75 en donnant le plus possible de billets de mille francs, le surplus en monnaie ; combien donnera-t-on de billets et quelle somme comptera-t-on en monnaie ?

(3) Que faut-il donner pour payer 276 048^f,80 le plus possible en pièces ou billets de 100^f, le surplus en monnaie ?

(4) Que faut-il donner pour payer 60 864^f,25 le plus possible en pièces de 10 francs, le surplus en monnaie moindre ?

(5) Combien chacune des sommes exprimées dans les 4 exercices qui précèdent contient-elle de pièces de 1 décime ?

AVANTAGES DU SYSTÈME MÉTRIQUE.

165. Le premier avantage du système métrique est d'avoir pour base une partie aliquote de la circonférence de la terre, base aussi invariable que la terre elle-même, et de présenter un ensemble d'unités, qui bien que de natures différentes, dépendent toutes et simplement de l'unité fondamentale, le *mètre*.

Notre système de mesures nous présente encore l'incomparable avantage d'une nomenclature simple et constante, uniquement basée sur le système décimal dont elle est la plus belle application. La facilité des calculs, la promptitude des transformations d'unités, sont des conséquences importantes et immédiates de cette heureuse application, tandis que notre ancien système n'était qu'un amas confus de mesures mal définies, variables souvent d'une ville à une autre, dont la nomenclature n'offrait aucune régularité, et n'ayant entre elles aucun rapport déterminé.

Treize mots spéciaux suffisent pour nommer toutes les nouvelles mesures, leurs multiples et leurs sous-multiples : *mètre, are, stère, litre, gramme, franc,* — *déca, hecto, kilo, myria;* — *déci, centi milli;* tandis que, comme nous l'avons dit en commençant, à Paris seulement on comptait 45 unités différentes dans l'ancien système.

L'emploi du système décimal, dans les subdivisions de nos mesures, rend le système métrique possible pour tous les peuples de la terre, puisque tous ont basé leur arithmétique sur le système décimal. De plus, aucun amour-propre national ne peut souffrir de l'introduction du nouveau système, attendu que d'un côté, les noms des nouvelles mesures sont tirés de deux langues mères communes, le grec et le latin, et qu'enfin la Commission chargée d'arrêter le système fut composée de savants de tous les pays, et dédia le système métrique : *à tous les temps, à tous les peuples.*

Le système métrique envahira un jour le monde entier ; déjà employé dans beaucoup de localités européennes, il est adopté par une partie du Nouveau Monde. C'est le seul usité dans les relations scientifiques. Une association de savants anglais cherche depuis longtemps à l'introduire en Angleterre. Enfin, en ce moment, une commission internationale travaille à son établissement dans toute l'Europe.

CHAPITRE VI.

Mesures chronométriques

NE FAISANT PAS PARTIE DU SYSTÈME MÉTRIQUE.

166. Lors de la création du système métrique, on a essayé d'assujettir le temps à la division décimale. L'adoption momentanée de cette division jeta une telle confusion dans les habitudes civiles, dans le classement des saisons, dans les habitudes agricoles, dans les travaux astronomiques, qu'on s'empressa de revenir à l'ancienne, essentiellement basée sur les grands mouvements planétaires et sur les habitudes religieuses.

167. La terre que nous habitons est une vaste boule presque ronde, assujettie à deux mouvements simultanés principaux :

1° Elle tourne sur elle-même d'une manière régulière, comme une orange que l'on ferait tourner avec la main autour d'une aiguille qui la traverserait par le milieu, et de part en part ; ce mouvement est dit de *rotation*.

2° Tout en tournant sur elle-même, la terre tourne autour du soleil, en parcourant toujours le même circuit, et dans le même temps total ; ce second mouvement est dit de *translation*.

La ligne fictive, autour de laquelle le mouvement de rotation semble se faire, est nommée *axe* de la terre ou *ligne des pôles ;* les *pôles* sont les points où cette ligne perce la surface de la terre. En chacun de ces deux points, la boule terrestre subit un *aplatissement* qui en détruit la rondeur.

168. L'astronomie nous enseigne, que pendant la durée d'une translation complète autour du soleil, la terre fait 365 rotations, plus environ un quart de rotation autour de son axe. Ces rotations successives, rapportées aux retours successifs du soleil au même point du ciel, ne se font pas dans des temps rigoureusement égaux ; mais comme ces intervalles diffèrent peu les uns des autres et que d'ailleurs, dans une série de translations successives, il y a périodicité dans les variations de durée, d'une rotation à la suivante, nous pouvons supposer toutes ces durées égales et remplacées par une durée moyenne entre les 365 qui s'exécutent pendant le mouvement de translation.

Chacune de ces durées se nomme *jour ;* c'est l'unité de temps fondamentale. Elle se compose approximativement du temps qui s'écoule depuis l'instant où le soleil paraît à l'horizon, au moment de son lever, jusqu'au moment où, le lendemain, le soleil reparaît à nos yeux. Le jour, unité de temps, est donc ainsi composé de deux périodes, le jour proprement dit, durant lequel le soleil nous éclaire, et la nuit, qui comprend le temps pendant lequel le soleil disparaît ou se couche.

Le jour est divisé en 24 *heures*, l'heure comprend 60 *minutes*, et la minute 60 *secondes*. Des instruments nommés *chronomètres* nous donnent ces divisions du temps ; les montres et les pendules sont des chronomètres.

Il est d'usage de compter chaque jour civil ou complet, à partir de *minuit*, c'est-à-dire du milieu de la nuit. Le milieu du jour total coïncide donc ainsi avec le milieu du jour éclairé ; cet instant, qui marque la douzième heure du matin, se nomme *midi*.

169. *L'année,* prise pour grande unité de temps, est la durée d'une translation de la terre autour du soleil. Mais, comme cette durée ne comprend pas un nombre exact de rotations de la terre, ou de jours, on est convenu de prendre pour année civile ou usuelle, la durée de 365 rotations ou 365 jours. De cette manière, l'année se termine au moment où la terre a encore environ un quart de rotation à effectuer pour que sa translation soit entièrement accomplie, c'est-à-dire que l'année est en avance sur la translation, d'un quart de rotation ou d'un quart de jour. Cette avance ayant lieu tous les ans, au bout de 4 ans l'année a gagné 4 quarts ou 1 jour sur la translation ; l'on rétablit l'équilibre en prolongeant d'un jour l'année, qui devient alors de 366 jours et prend le nom d'*année bis-sextile*. Ainsi de 4 ans en 4 ans les années se composent de 366 jours ; les nombres qui désignent ces années, c'est-à-dire leurs *millésimes*, renferment 4 un nombre exact de fois : 1648, 1764, 1832, etc.

170. Une petite erreur se glisse alors dans le calcul du temps, provenant de ce que ce n'est pas tout à fait un quart de rotation que la terre doit encore accomplir, en sus de 365 qui composent l'année, pour achever sa translation ; un quart de rotation demande 6 heures, tandis qu'en marchant encore pendant 5 heures, 48 minutes, 51 secondes, la terre arriverait au bout de sa translation, qui est d'après cela de 365 jours, 5 heures, 48 minutes, 51 secondes. Il résulte de là qu'on ajoute un peu trop en augmentant tous les 4 ans l'année d'un jour.

L'erreur ainsi commise disparaît presque complétement à l'aide de la rectification suivante :

Les années dont le millésime est terminé par au moins 2 zéros, c'est-à-dire se compose d'un nombre exact de centaines, ne sont pas bissextiles, bien que leurs millésimes contiennent 4 un nombre exact de fois ; il faut excepter cependant les années de cette catégorie dont le millésime est composé d'un nombre exact de fois 4 centaines et qui restent de 366 jours, tandis que les années 1700, 1800, 1900 ont été ou seront de 365 jours. D'après cela, les années 1600, 2000, 2400 ont été ou seront bissextiles. Ce que l'on peut encore mettre en évidence, en considérant les millésimes composés de nombres consécutifs de centaines, et remarquant que ceux qui correspondent aux années bissextiles se retrouvent de 4 en 4, à partir d'un quelconque, composé d'un nombre exact de fois 4 centaines :

1600	1700	1800	1900	2000	2100	2200
366	365	365	365	366	365	365

Une erreur se glisse encore dans l'établissement du temps, mais cette fois on peut la considérer comme négligeable, car elle consiste en un jour de trop tous les 4000 ans environ.

171. On nomme *siècle* une période composée de 100 années. Les années *séculaires* sont celles dont le millésime est terminé par 2 zéros au moins :

1200, 1800, 2000, etc.

172. On nomme *ère* un moment fixe déterminé, à partir duquel on compte une grande période historique. L'ère chrétienne est l'année de la naissance de Jésus-Christ; c'est à dater du premier jour de cette année que sont comptés nos années et nos siècles.

Pour évaluer les années écoulées avant cette époque, on compte en remontant, depuis ce moment jusqu'à la création du monde.

173. L'an 1 a commencé avec l'année de la naissance de Jésus-Christ. Le Ier siècle a commencé avec cet an 1 et a fini avec l'an 100, de telle sorte que le IIe siècle, commencé avec l'an 101, s'est terminé avec l'an 200, et ainsi de suite. Il résulte de là que les années 1830, 1853, 1865, etc., font partie du XIXe siècle.

174. La lune, nommée aussi satellite de la terre, tourne autour de notre globe, en nous renvoyant la lumière qu'elle reçoit du soleil. Cette révolution a lieu 12 fois dans le courant d'une année, ce qui a donné la première idée du partage de l'année en 12 périodes nommées *mois*. Ces périodes n'ont d'analogie avec les révolutions de la lune que par leur nombre, attendu que pour des raisons dans lesquelles nous ne pouvons entrer ici, les mois sont inégaux et n'ont pas la même durée que les révolutions lunaires.

Voici le tableau des mois, avec leurs durées respectives pour une année ordinaire :

Janvier.	31 jours.
Février.	28 —
Mars.	31 —
Avril.	30 —
Mai.	31 —
Juin.	30 —
Juillet	31 —
Août.	31 —
Septembre.	30 —
Octobre.	31 —
Novembre.	30 —
Décembre.	31 —

Dans les années bissextiles, le mois de février a 29 jours.

175. L'année commence le 1er janvier, au milieu de la nuit qui sépare ce jour du 31 décembre, c'est-à-dire le 31 décembre à minuit.

176. L'année est encore divisée en 4 grandes périodes, nommées *saisons,* qui correspondent à des positions particulières de la terre par rapport au soleil ; ces saisons, qui ont des durées inégales, sont :

1° Le *printemps,* qui commence du 19 au 21 mars, et finit du 19 au 21 juin.

2° L'*été,* qui commence du 19 au 21 juin, et se termine vers le 23 septembre.

3° L'*automne,* qui commence vers le 23 septembre et se termine vers le 21 décembre.

4° L'*hiver,* qui commence vers le 21 décembre et finit du 19 au 21 mars.

177. L'été est la saison la plus longue ; viennent ensuite le printemps, l'automne, et l'hiver qui est la saison la plus courte. Ces saisons n'ont d'ailleurs pas rigoureusement la même durée, d'une année à l'autre :

VALEURS MOYENNES.

Le printemps dure. . . .	92,9 jours.
L'été.	93,6 —
L'automne	89,7 —
L'hiver.	89,0 —
	365,2 jours.

178. Dans nos climats l'été commence par le jour total dont la partie non éclairée ou nuit est de la plus courte durée; c'est pendant ce jour que le soleil est le plus long-temps possible au-dessus de l'horizon. Ce moment est nommé *solstice d'été*.

A dater de cet instant la partie éclairée du jour va sans cesse en diminuant; on dit que les jours deviennent plus courts; les nuits vont en augmentant.

On arrive ainsi, vers le 23 septembre, au moment dit *équinoxe d'automne*, et auquel commence cette saison; ce jour-là, la nuit est de même durée que le jour pour tous les points de la terre.

Les jours proprement dits vont, pour nous, toujours en diminuant et les nuits en augmentant, et l'on arrive ainsi vers le 21 décembre, au moment nommé *solstice d'hiver*, commençant cette saison, et présentant le jour total dont la partie éclairée est de la plus courte durée, et par consé-quent dont la nuit est la plus longue de l'année.

A dater de cet instant la partie éclairée du jour va sans cesse en augmentant, et la nuit en diminuant, jusque vers le 21 mars, au moment nommé *équinoxe de printemps*. Ce jour-là, qui commence le printemps, le jour proprement dit est de même durée que la nuit pour tous les points du globe.

Enfin, à compter de ce dernier instant, les jours conti-nuent à augmenter et les nuits à diminuer jusqu'à notre point de départ, le solstice d'été correspondant au plus long jour éclairé de l'année.

179. Il existe encore, comme complément de ce ta-bleau, une division fondamentale du temps, dont l'origine religieuse se retrouve dans la *Genèse;* c'est la période nommée *semaine* et composée de 7 jours:

Lundi, mardi, mercredi, jeudi, vendredi, samedi, dimanche.

L'année de 365 jours se compose de 52 semaines, plus un jour; l'année bissextile comporte 2 jours en sus des 52 semaines.

180. On nomme *calendrier*, un tableau contenant, à partir du 1ᵉʳ janvier, les mois et les jours de l'année, avec l'indication des fêtes pour chaque jour.

Le calendrier en usage en France et chez tous les peuples de la chrétienté, excepté les Grecs et les Russes, est dit *calendrier grégorien;* il provient d'une réforme connue sous le nom de *réforme grégorienne,* introduite en 1582 par ordre du pape Grégoire XIII, dans le calendrier alors en usage, *le calendrier Julien,* que les Grecs et les Russes ont conservé, et qui est en ce moment de douze jours en retard sur le nôtre. Le calendrier Julien ne diffère du nôtre, qu'en ce que toutes les années dont les millésimes contiennent 4 un nombre exact de fois, sont bissextiles, sans aucune exception pour les années séculaires. La première année julienne a commencé 45 ans avant Jésus-Christ.

Le calendrier Julien provient d'une correction, faite par Jules César, au calendrier égyptien, alors en usage, par l'introduction de l'année bissextile.

181. Les fêtes religieuses se divisent en deux catégories, les fêtes fixes et les fêtes mobiles.

Les fêtes fixes, au nombre de 9, sont les suivantes :

La Circoncision, 1ᵉʳ janvier.

L'Epiphanie, jour des Rois, 6 janvier.

La Purification ou Chandeleur, 2 février.

L'Annonciation, 25 mars.

La saint Jean-Baptiste, 24 juin.

L'Assomption, 15 août.

La Nativité de la Sainte Vierge, 8 septembre.

La Toussaint, 1ᵉʳ novembre.

Noël, 25 décembre.

Les fêtes mobiles, au nombre de 12, dépendent de l'époque à laquelle arrive la fête de Pâques. Or, Pâques a été fixé par l'Église au 1ᵉʳ dimanche qui suit la première pleine lune arrivant après le 20 mars. Il résulte de là, que cette fête peut tomber au plus tôt le 22 mars et jamais plus tard que le 25 avril. — Pâques une fois fixé, les autres fêtes se déterminent ainsi :

2° La Septuagésime, 63 jours avant Pâques.
3° La Quinquagésime, dimanche gras, 49 jours avant Pâques.
4° Les Cendres, mercredi après le dimanche gras.
5° Le dimanche de la Passion, 14 jours avant Pâques.
6° Le dimanche des Rameaux, dimanche avant Pâques.
7° La Quasimodo, dimanche après Pâques.
8° L'Ascension, 40 jours après Pâques.
9° Les Rogations, les 3 jours qui précèdent l'Ascension.
10° La Pentecôte, 50 jours après Pâques.
11° La Trinité, dimanche qui suit la Pentecôte.
12° La Fête-Dieu, le jeudi après la Trinité.

Chaque saison possède en outre une période de 3 jours de jeûne; ces périodes sont : le mercredi, le vendredi, le samedi, des semaines qui suivent les *Cendres,* la *Pentecôte,* le 14 *septembre* et le 13 *décembre.*

182. *Le cycle solaire* est une période de 29 années juliennes, après laquelle les jours de la semaine reviennent dans le même ordre et aux mêmes dates du mois.

183. *Le cycle lunaire,* nommé encore le *nombre d'or,* est une période de 19 années juliennes, après laquelle les nouvelles lunes reviennent aux mêmes jours de l'année.

184. *L'épacte* est le nombre de jours écoulés depuis la dernière nouvelle lune d'une année jusqu'à la fin de cette année; on peut dire, d'après cela, que l'épacte est le quantième ou l'âge de la lune au premier jour de l'année.

185. On est dans l'usage de désigner les jours de l'année par des lettres; ainsi les 7 premiers jours sont représentés par A B C D E F G, les 7 suivants reprennent les mêmes désignations, et ainsi de suite pour toute l'année. — La lettre qui représente le dimanche, pour une année ordinaire, est dite *lettre dominicale.* — Les années bissextiles ont deux lettres dominicales, la première qui va jusqu'au 24 février et la deuxième qui part du 25 février.

LIVRE III.

OPÉRATIONS FONDAMENTALES

SUR LES NOMBRES ENTIERS ET DÉCIMAUX.

NOTIONS PRÉLIMINAIRES.

186. Toute transformation d'un nombre, toute combinaison de deux ou plusieurs nombres, s'effectue à l'aide de procédés plus ou moins compliqués, qu'on nomme *opérations*.

187. Toutes les combinaisons possibles reposent sur quatre opérations dites *fondamentales*, et que l'on nomme souvent les quatre règles de l'arithmétique; ces quatre règles sont :

1° L'addition,
2° La soustraction,
3° La multiplication,
4° La division.

Chacune de ces opérations est désignée d'une manière abrégée par un signe spécial déterminé.

188. La *preuve* d'une opération est une nouvelle opération, semblable ou non à la première, et destinée à en vérifier l'exactitude. La preuve, étant une opération, est susceptible elle-même d'être entachée d'erreur; mathématiquement parlant, elle ne prouve donc rien et donne seulement plus de croyance, quand elle est bonne, à l'exactitude du résultat obtenu. Il résulte de là que la meilleure définition de la preuve est la suivante :

La preuve est une seconde opération destinée à augmenter les probabilités de l'exactitude de la première.

6.

189. L'exposition complète d'une opération comprend six choses distinctes :

1° *La définition*, qui indique, d'une manière claire et précise, le but que l'opération permet d'atteindre.

2° *La règle générale*, qui indique la marche détaillée que l'on doit suivre pour satisfaire à la définition.

3° *La démonstration*, qui comprend la suite des raisonnements à faire pour montrer que la règle générale remplit le but qu'on se propose.

4° *L'exemple*, qui est une application ou un modèle de ce qui est énoncé dans la règle générale.

5° *L'usage*, qui indique, d'une manière générale, les cas dans lesquels l'opération doit être employée.

6° *La preuve*, définie plus haut.

190. La pratique, non raisonnée, des opérations constitue le *calcul*.

CHAPITRE PREMIER.

ADDITION.

Nombres entiers et décimaux.

191. DÉFINITION. — *L'addition a pour but de former un nombre, qui contienne à lui seul toutes les unités ou parties d'unités contenues dans plusieurs nombres donnés.*

Le résultat de cette opération se nomme *somme* ou *total*.

192. L'addition à effectuer se représente par le signe $+$, que l'on place entre les nombres à ajouter, et qui s'énonce *plus*. Ainsi :

$$24 + 16$$

signifie qu'il faut ajouter 16 à 24 et s'énonce :

$$24 \text{ plus } 16.$$

193. Le signe = placé entre deux nombres, ou entre une combinaison indiquée de 2 ou plusieurs nombres, et une quantité de même valeur, s'énonce *égale*, et indique que les deux résultats se valent ; ainsi :

$$24 + 16 = 40$$

est une égalité s'énonçant

$$24 + 16 \text{ égale } 40$$

194. On distingue deux cas dans l'addition générale des nombres entiers ou décimaux :

1° *Ajouter un nombre entier, moindre que dix, à un autre nombre entier quelconque.*

2° *Ajouter deux nombres quelconques entiers ou décimaux.*

Premier cas.

195. Soit à ajouter 6 à 27 ; la seule méthode à suivre, est d'ajouter successivement 6 unités à 27, ou, ce qui revient au même, de s'élever, dans la suite des nombres, à partir de 27, d'autant de rangs qu'il y a d'unités dans 6, ce que l'on fera facilement en comptant sur les doigts et en disant successivement avec leur aide : 28, 29, 30, 31, 32, 33.

La pratique du calcul conduit vite et facilement à faire de tête de semblables additions, et à dire tout de suite, par exemple, 34 et 8 font 42.

196. Comme application nous pouvons remarquer que lorsqu'on a à ajouter plusieurs nombres d'un seul chiffre : 7, 6, 8, 5, par exemple, on peut opérer par la méthode indiquée, en ajoutant successivement le second nombre 6 au premier 7 ; le troisième nombre 8, au résultat obtenu 13 ; le nombre suivant 5, au nouveau résultat 21 ; et ainsi de suite, s'il y avait d'autres nombres. On obtient ainsi 26 pour la somme des nombres précédents.

Remarque. — Constatons enfin, que la somme devant contenir toutes les parties des différents nombres à ajouter, il est indifférent de suivre tel ou tel ordre dans l'addition de plusieurs nombres.

Deuxième cas.

197. Soit à ajouter plusieurs nombres quelconques.

D'après la définition, la somme doit renfermer toutes les parties contenues dans ces différents nombres ; elle contiendra donc toutes les unités de chaque ordre, entier ou décimal, renfermées dans les nombres donnés. De là résulte la règle suivante :

198. RÈGLE GÉNÉRALE. — *Pour additionner plusieurs nombres, entiers ou décimaux :*

L'on place ces nombres les uns sous les autres, de telle sorte que les unités d'un même ordre se correspondent dans une même colonne verticale, c'est-à-dire soient les unes au-dessous des autres.

On souligne le dernier nombre ; puis, commençant par la droite, et allant vers la gauche, on fait la somme des chiffres contenus dans chaque colonne ; si cette somme ne surpasse pas 9, on l'écrit telle qu'on la trouve ; sinon, on la décompose en unités qu'on écrit sous la colonne, et en dizaines que l'on reporte à la colonne suivante.

On continue de même jusqu'à la dernière colonne à gauche, sous laquelle on écrit le résultat tel qu'on le trouve.

Premier exemple. — Soit à additionner les nombres entiers : 468   7645   8049   654.

$$
\begin{array}{r}
468 \\
7645 \\
8049 \\
\underline{654} \\
16816
\end{array}
$$

Une fois les nombres disposés comme il est dit plus haut, l'on commence par la droite en disant :

8 et 5 font 13, et 9 font 22, et 4 font 26 ; je pose 6 et je retiens 2. — 2 et 6 font 8, et 4 font 12, et 4 font 16, et 5 font 21 ; je pose 1 et je retiens 2. — 2 et 4 font 6, et 6 font 12, et 6 font 18 ; je pose 8 et je retiens 1. — 1 et 7 font 8, **et 8 font 16 que je pose.**

Deuxième exemple. — Soient les nombres 647,26 3842,467 964,89 749,9864.

On observe que pour les nombres décimaux toutes les virgules doivent se trouver dans une même colonne verticale :

$$
\begin{array}{r}
647,26 \\
3842,467 \\
964,89 \\
749,9864 \\
\hline
6204,6034
\end{array}
$$

On opère de même que dans le premier exemple, en remarquant que pour les nombres décimaux les dernières colonnes à droite ne sont pas nécessairement complètes comme cela arrive pour les nombres entiers :

On additionne absolument comme s'il n'y avait pas de lacunes, en supposant remplacés par des zéros tous les chiffres décimaux qui manquent aux nombres qui en ont le moins. Ainsi l'on dira dans l'exemple qui précède :

4 font 4, je le pose. — 7 et 6 font 13, je pose 3 et je retiens 1. — 1 et 6 font 7, et 6 font 13, et 9 font 22, et 8 font 30, je pose 0 et je retiens 3 ; et ainsi de suite, comme pour les nombres entiers, à cela près que l'on place une virgule au résultat, sous la colonne des virgules ; on obtient ainsi pour total, le nombre 6204,6034.

199. Dans la pratique, on doit, pour procéder d'une manière plus expéditive, supprimer le mot *font*, que nous avons introduit dans toutes les additions partielles, pour mieux faire saisir le mécanisme de l'opération ; ainsi dans l'opération ci-après, nous donnons comme type la marche suivante :

$$
\begin{array}{r}
6984 \\
239 \\
8746 \\
3975 \\
\hline
19944
\end{array}
$$

4 et 9... 13, et 6... 19, et 5... 24; on pose 4, *sans rien
dire*, et l'on retient mentalement 2.— 2 et 8... 10, et 3...13,
et 4... 17, et 7... 24; on pose de même 4 et l'on retient 2.
—2 et 9... 11, et 2... 13, et 7... 20, et 9... 29; on pose
9, etc.; 2 et 6... 8, et 8... 16, et 3... 19 que l'on pose. Le
résultat est 19944.

200. On peut même aller plus loin, et s'exercer de
bonne heure à ne pas prononcer le chiffre qu'on ajoute : on
nomme seulement alors les différentes sommes partielles ;
on pose le chiffre des unités, sans le dire, et l'on reporte la
retenue à la colonne suivante ; ainsi, dans l'exemple qui
précède, on dira, en parcourant les colonnes de haut en
bas :

Pour la 1re : 4... 13... 19... 24 ; on passe à la seconde,
avec la retenue 2, et l'on dit de même 2... 10... 13... 17...
24, et ainsi de suite pour les autres colonnes.

201. PREUVE. — *Pour faire la preuve d'une addition, on
peut recommencer l'opération, en comptant, dans chaque colonne, de bas en haut, si l'opération directe a été faite de
haut en bas, et inversement dans le cas contraire.*

Les chiffres ne se présentant pas dans le même ordre, il
est probable que les mêmes erreurs ne seront pas faites.

*On peut encore faire la preuve de l'addition en ajoutant
les nombres 2 à 2, 3 à 3, etc., et additionnant les résultats,
la somme définitive doit être la même que dans l'opération
directe.*

Usages de l'addition.

202. Les divers usages de l'addition peuvent se résumer dans l'énoncé général suivant :

Connaissant les diverses parties d'un tout, DÉTERMINER CE
TOUT.

———

EXERCICES ET PROBLÈMES
sur l'addition.

Faire les additions suivantes :

(1) $8 + 9 + 7 + 2 + 6 + 5 + 4 + 9$.

(2) 36 + 47 + 39 + 24 + 53.

(3) 349 + 208 + 469 + 874 + 639.

(4) 65 + 2815 + 346 + 206 + 98 + 7459.

(5) 76409 + 36868 + 390478 + 76428 + 88798.

(6) 32976 + 4468094 + 38696347 + 809643 + 93076 + 860649879 + 870466998.

(7) 9803 + 6946586 + 7364 + 50982754 + 639864 + 397 + 646372963 + 2887642 + 99877996 + 17160354.

(8) 6286402 + 1602169 + 629 + 398647 + 808640796 + 3982696 + 380986428 + 32064 + 6294298 + 5427 + 236542719.

(9) 6473 + 2968 + 326 + 74263 + 74 + 3908 + 2996 + 86345 + 269 + 7426 + 2669 + 109 + 98987 + 809 + 62654.

(10) 22368 + 58531 + 9407 + 8716 + 5402 + 976 + 696989 + 3298 + 91 + 9643 + 216217 + 3086 + 78 + 36429 + 296086.

(11) 48,54 + 37,39 + 127,45 + 21,72.

(12) 4,287 + 64,248 + 0,647 + 8,289.

(13) 347,64 + 0,278 + 6,65 + 324,786 + 996,2947 + 16,86 + 71,2897.

(14) 4615,27 + 389 + 3674,5 + 0,694 + 88,2979 + 4642,59 + 63864 + 2,741 + 390,7864 + 63047,286.

(15) 0,07864 + 0,0029 + 0,02648 + 0,0002649 + 0,654 + 0,2638676 + 0,00607 + 0,0000964 + 0,8909684.

(16) 274,54 + 3729,027 + 31,489 + 86947,63 + 0,7964 + 0,03864 + 464,2975 + 84,29 + 0,99896 + 8978,32967.

(17) 827,60 + 24,45 + 364,75 + 9,84 + 187,82 + 10,20 + 329,78 + 215,94 + 65,32 + 864,95 + 0,78 + 52,32 + 883,74 + 9642,24 + 3,67 + 62,84 + 319,27 + 51,28 + 6,50 + 219,39.

(18) 316,247 + 8,9 + 0,387 + 642,47 + 6560 + 28,9096 + 0,392 + 51,6 + 3427,975 + 529,96 + 22764,798 + 10864,2709 5,75 + 365,45 + 0,7798 + 928,739 + 2069,807 + 29,36 + 827,8765 + 57,395.

(19) Un employé faisant le relevé de ses comptes à la fin d'une année, trouve qu'il lui reste 440ᶠ,45 sur ses appointements, après avoir dépensé 965ᶠ,45 pour sa nourriture, 560ᶠ pour son habillement, 650ᶠ pour son logement, 124ᶠ,60 pour son blanchissage et

859^f,50 pour dépenses diverses. Quels sont ses appointements par an ?

(20) Un écolier avait 36 billes ; il en gagne 24 à un premier camarade, 16 à un second, 43 à un troisième, 145 à un quatrième et 167 a un dernier. Combien en possède-t-il alors ?

(21) Un homme est né en 1823. En quelle année aura-t-il 74 ans ?

(22) On prend, pour former de l'encre d'imprimerie, 979 gr. d'huile de lin, 735 gr. d'arcanson, 245 gr. de mélasse, 125 gr. de litharge et 245 gr. de noir léger. Quel poids d'encre forme-t-on ainsi ?

(23) Combien faut-il revendre une maison qui a coûté 216700 francs pour gagner 36840 francs ?

(24) Un chêne a été planté 68 ans avant un orme âgé de 57 ans. Quel est l'âge de ce chêne ?

(25) Lorsque l'année est bissextile, combien s'écoule-t-il de jours depuis le 1er janvier jusqu'à la fin du 24 juillet ?

(26) En 1858, un employé gagnait 1200 francs par an. A dater de 1859, il a été augmenté de 125 fr. ; l'année suivante de 135 fr., puis de 145 fr. l'année d'après, et ainsi de suite, l'augmentation ayant toujours été de 10 francs plus forte une année sur la précédente. Que gagnait cet employé en 1866 ?

(27) Un marchand a vendu successivement 8$^{H.l.}$,25 de blé pour 173^f,25 ; puis 48$^{D.l.}$,50 pour 101^f,85 ; 3645$^{lit.}$,60 pour 765^f,60 ; 28$^{H.l.}$4$^{lit.}$ pour 588^f,80 ; et enfin 56 $^{D.l.}$28$^{d.l.}$ pour 118^f,48. Combien a-t-il vendu d'hectolitres de blé et pour quelle somme ?

(28) Un orfèvre a 6 lingots qui pèsent : le 1er, 3$^{K.g.}$,385 ; le 2e, 8$^{H.g.}$,688 ; le 3e, 6$^{K.g.}$4$^{D.g.}$,9$^{gr.}$; le 4^e, 230$^{D.g.}$,27 ; le 5^e, 987$^{d.g.}$,35 ; et le 6^e,19$^{H.g.}$4$^{D.g.}$6$^{d.g.}$ On demande le poids de ces 6 lingots, le kilog. étant pris pour unité.

(29) Depuis le déluge jusqu'à la construction du temple de Jérusalem, on compte 1336 ans ; depuis cette époque jusqu'à la fondation de Rome, 266 ans ; depuis ce temps jusqu'à la naissance de Jésus-Christ, 752 ans ; enfin, depuis cette époque jusqu'à nos jours, 1871 ans. Combien compte-t-on d'années depuis le déluge jusqu'à nous ?

(30) Une terre se compose de 5 parties : la 1re de 24$^{H.a.}$8$^{a.}$25$^{c.a.}$; la 2^e de 879^a,60 ; la 3^e de 42628$^{m.q.}$; la 4^e de 72$^{H.a.}$,679 ; et la 5e de 39864^a,45. Quelle est son étendue totale en hectares ?

(31) 5 frères ont fait un héritage dans les conditions suivantes : le 1er a touché 75698 fr.; le 2e a reçu 2467 fr. de plus que le premier ; le 3e 2598 fr. de plus que le 2e ; le 4e 3265 fr. de plus que le 3e; le 5e enfin, a eu pour sa part 90695 fr.. Quel était le montant de l'héritage et combien le 2e, le 3e et le 4e ont-ils reçu ?

(32) Pour constater d'une manière sérieuse la production du froment en France, on a divisé le pays en 10 régions géographiques comprenant tous les départements. On demande quelle a été la production totale en France pendant l'année 1865, sachant que cette production s'est répartie de la manière suivante :

1re région	(nord-ouest)..	9990076	H.l.
2e —	(nord).........	22513417	
3e —	(nord-est).....	11501777	
4e —	(ouest)........	13847945	
5e —	(centre).......	8869342	
6e —	(est)..........	10398649	
7e —	(sud-ouest)...	7870750	
8e —	(sud)..........	4732623	
9e —	(sud-est)......	5363679	
10e —	(Corse)........	342570	

(33) Un particulier achète une propriété de 250465 fr.; donne à son fils 182800 fr.; dépense en mariant sa fille, dot comprise, 268496 fr.; fait à cette occasion divers dons s'élevant à 4687 fr.; et conserve pour lui 470800 fr. Quelle était sa fortune primitive ?

(34) 6 boules sont rangées une à une, en ligne droite, à partir d'un fossé dans lequel on veut les réunir. La 1re est à 6m,75 du fossé ; la 2e, à 13m,42 de la 1re ; la 3e, à 24m,85 de la 2e; la 4e, à 9m,69 de la 3e ; la 5e, à 32m,60 de la 4e, et la 6e, à 25m,86 de la 5e. Un homme partant du fossé va chercher ces 6 boules une à une pour les mettre dans le fossé. Quel chemin aura-t-il fait lorsqu'il déposera la dernière boule ?

(35) Un homme né en 1806 s'est marié à 24 ans ; 3 ans après son mariage il a eu un enfant qui est mort à 13 ans ; 12 ans plus tard il a perdu sa femme, à laquelle il n'a survécu que de 8 ans. A quel âge est-il mort, et en quelle année ?

(36) On a fondu ensemble, pour la fabrication de crayons lithographiques : 14D.g.,625 de savon marbré ; 1H.g.,95 de suif épuré ; 243gr.,75 de cire vierge ; 975d.g. de gomme laque et 0K.g.,04875 de noir de fumée dégraissé. Combien de grammes de crayon lithographique a-t-on obtenus ainsi ?

(37) Un peintre a fait pour un propriétaire, à différentes époques, les travaux suivants : $18^{m.q.},5078$ de peinture à l'huile ; $24^{m.q.},65$ de peinture à la colle ; $368^{dm.q.},76$ peinture à l'huile ; $4^{m.q.},60$ peinture à l'huile ; $2^{Dm.q.},6790$ peinture à la colle ; $13^{dm.q.},26$ peinture à l'huile ; $326^{cm.q.}$ peinture à l'huile ; $27^{m.q.},679$ peinture à la colle ; $647^{dm.q.},35$ peinture à la colle. On demande, en mètres carrés, l'étendue :

1° Des surfaces peintes à l'huile ;

2° Des surfaces peintes à la colle ;

3° De toute la peinture fournie par le peintre.

(38) On remarque dans les Alpes : le mont Blanc, qui surpasse le mont Géant de 604 mètres ; le Géant, qui a 370 mètres de plus que le mont Viso ; le mont Viso, qui a 343 mètres de plus que le mont Cenis ; le mont Thabor, inférieur à ce dernier de 321 mètres ; le mont Buet, qui a 63 mètres de moins que le mont Thabor. On demande la hauteur du mont Blanc, sachant que celle du mont Buet est de 3109 mètres au-dessus du niveau de la mer.

(39) Parmi les principales montagnes des Pyrénées, on remarque : le Nethou, de 137 mètres de plus que les Posets ; les Posets, de 10 mètres de plus que la Maladetta ; le mont Perdu, de 23 mètres de moins que la Maladetta ; le Cylindre, inférieur de 36 mètres au mont Perdu ; le Pic du midi d'Ossau, qui a 401 mètres de moins que le Cylindre ; le mont d'Hory, de 958 mètres de moins que le Pic du Midi. Quelle serait la hauteur d'une montagne formée par la superposition des précédentes, sachant que le mont d'Hory est à 1986^m au-dessus du niveau de la mer?

(40) Un particulier a payé une dette de la manière suivante : la 1re fois il a donné $345^f,45$; la 2e fois $869^f,90$; la 3° fois $241^f,25$ de plus que la 2° ; la 4° fois $139^f,60$ de plus que la 1re ; la 5° fois $218^f,65$ de plus que la 3° ; la 6° fois $1248^f,90$; la 7° fois $82^f,55$ de plus que la 2° et la 3° réunies ; enfin, la 8° fois, autant que les 4 premières fois réunies. Combien a-t-il payé ainsi en tout?

(41) Quelle longueur obtiendrait-on en mettant bout à bout, au contact et en ligne droite, toutes les pièces de monnaie du système français, chacune d'elles prise une seule fois. Quelle somme toutes ces pièces représenteraient-elles? Quel serait leur poids total?

(42) Dans des travaux de terrassement, des ouvriers ont extrait en une semaine les quantités de terre suivantes : le lundi $64^{m.c.},845$; le mardi $348^{dm.c.}$ de plus que le lundi ; le mercredi $67^{m.c.},38^{dm.c.}$; le jeudi $3^{m.c.},450$ de plus que le mercredi ; le vendredi $6420^{dm.c.}$ de plus que la veille ; et le samedi $72647^{dm.c.}$. **Combien de mètres**

cubes et de décimètres cubes ces ouvriers ont-ils extraits pendant cette semaine ?

(43) Une administration a brûlé en 7 années : la 1re année 64$^{st.}$,8 de bois ; la 2e année 8$^{Dt.s.}$,27, la 3e 4$^{st.}$2$^{d.s.}$ de plus que la 1re; la 4e 9$^{st.}$,9 de plus que la 2e; la 5e 128$^{d.s.}$ de plus que la 3e, la 6e 24$^{st.}$ de plus que la 1re ; et la 7e 3$^{D.s.}$8$^{d.s.}$ de plus que la 4e. Combien cette administration a-t-elle brûlé de décastères, stères et décistères de bois pendant ces 7 années ?

(44) Combien s'est-il écoulé de jours depuis le 1er janvier 1800 jusqu'au 25 mai 1810 ?

(45) Un conseil d'administration a tenu séance : en 1856, du 3 janvier au 4 mars exclusivement ; en 1857, du 10 janvier au 15 mars exclusivement ; en 1858, du 20 janvier au 3 avril exclusivement ; en 1859, du 12 janvier au 27 avril inclusivement ; en 1860, du 5 février au 14 mai inclusivement ; en 1861, du 12 mars au 8 juillet inclusivement ; en 1862, du 16 juin au 20 septembre inclusivement ; en 1863, du 4 mai au 17 août inclusivement, et en 1864, du 12 février au 30 avril inclusivement. Combien de jours ont duré, en tout, les séances de ce conseil pendant ces 9 années?

CHAPITRE II.

SOUSTRACTION.

Nombres entiers et décimaux.

203. *La soustraction a pour but de retrancher d'un plus grand nombre, toutes les unités et parties d'unité d'un nombre plus petit.*

Le résultat de cette opération se nomme *reste*, *excès* ou *différence*. Ces trois noms viennent des différents usages de la soustraction.

204. La soustraction à effectuer se représente par le signe (—) que l'on place entre les deux nombres à soustraire, et qui s'énonce *moins;* ainsi :

$$26 - 7,$$

s'énonce

$$26 \text{ moins } 7$$

et indique que 26 doit être diminué de 7.

205. Pour soustraire, l'un de l'autre, deux nombres de plusieurs chiffres, il faut d'abord savoir soustraire un nombre d'un seul chiffre, d'un nombre quelconque :

RÈGLE. — *Pour soustraire un nombre d'un seul chiffre d'un nombre quelconque, il suffit de s'abaisser, dans la suite des nombres, à partir du plus grand nombre donné, d'autant de rangs qu'il y a d'unités dans le plus petit.*

Le plus simple moyen d'en arriver là est de compter sur les doigts ; ainsi pour soustraire 7 de 24, on dira, en levant successivement 7 doigts :

23, 22, 21, 20, 19, 18, 17. — 17 est le résultat cherché.

Avec un peu d'habitude, on doit arriver à faire tout de suite et de tête, de semblables soustractions.

206. On distingue deux cas dans la soustraction générale des nombres entiers ou décimaux :

1° *Chaque chiffre du plus petit nombre est inférieur, ou au plus égal au chiffre de même rang du nombre le plus grand.*

2° *Les deux nombres à retrancher sont absolument quelconques.*

207. Dans chacun de ces cas la soustraction sera bien évidemment effectuée lorsqu'on aura retranché du plus grand nombre toutes les parties du plus petit. Or, chaque partie du plus petit nombre ne peut être retranchée que de la partie de même nature du plus grand ; donc :

Premier cas.

208. — Dans le premier cas il suffit, pour effectuer la soustraction, d'observer la marche suivante :

RÈGLE. — *On place les deux nombres l'un au-dessous de l'autre, de manière à faire correspondre les unités de même ordre ; puis l'on retranche successivement chaque chiffre du plus petit nombre de son correspondant dans le plus grand.*

L'ensemble des chiffres obtenus, chacun d'eux écrit au-dessous de celui qui l'a fourni, forme le résultat cherché.

Exemple. — Soit à retrancher 3864 de 9876, on écrira :

$$
\begin{array}{r}
9\,876 \\
3\,864 \\
\hline
6\,012
\end{array}
$$

puis l'on dira :

4 ôté de 6 reste 2, que l'on pose au-dessous de 4 ; 6 ôté de 7 reste 1 ; 8 ôté de 8 reste 0 ; 3 ôté de 9 reste 6. Le résultat est 6012.

On aurait de même, pour les deux nombres décimaux 68,493 et 31,452

$$
\begin{array}{r}
68,493 \\
31,452 \\
\hline
37,041
\end{array}
$$

2 de 3 reste 1 ; 5 de 9 reste 4 ; 4 de 4 reste 0 ; 1 de 8 reste 7 ; 3 de 6 reste 3. Résultat 37,041.

209. Avant de passer au second cas nous établirons le principe suivant :

PRINCIPE. — *La différence entre deux nombres, et en général entre deux grandeurs, ne change pas, lorsqu'on augmente ou lorsqu'on diminue ces deux nombres ou ces deux grandeurs de la même quantité.*

En effet, l'on comprend que si un nombre en surpasse un autre de 15 unités par exemple, et si l'on augmente ces 2 nombres de 3, il y aura toujours 15 unités d'excès pour le plus grand.

De même, si un bâton a 2 mètres de plus qu'un autre, il aura toujours ces 2 mètres en excès, alors même qu'on les aura augmentés ou diminués simultanément d'une même longueur.

Le principe énoncé peut donc être considéré comme parfaitement admissible.

Second cas.

210. Cela posé, passons au second cas, et supposons que l'on ait à retrancher le nombre entier 25 687, du nombre 346 249.

On peut toujours commencer par écrire les 2 nombres l'un au-dessous de l'autre, comme pour le premier cas ; l'on place habituellement le plus petit en dessous.

$$
\begin{array}{r}
346\ 249 \\
25\ 687 \\
\hline
230\ 562
\end{array}
$$

L'opération une fois disposée, l'on dira :

7 ôté de 9 reste 2 ; 8 de 4, cela ne se peut ; on augmente alors 4 de 10 et l'on dit : 8 ôté de 14 reste 6 que l'on pose ; ayant augmenté le nombre supérieur de 10 dizaines ou de 1 centaine, il faut alors, par compensation, augmenter d'autant le nombre inférieur ; on dira donc : 1 de retenu et 6 font 7 ; 7 ôté de 2, cela ne se peut ; on augmente de même encore de 10 le chiffre supérieur 2, ce qui donne 12 ; puis 7 ôté de 12 reste 5 ; on retient 1 pour la même raison que précédemment ; 1 et 5 font 6 ; 6 de 6 reste 0 ; 2 de 4 reste 2 ; enfin on place le chiffre 3, duquel on n'a rien à retrancher.

Le résultat est 320 562.

211. Ce qui précède étant une fois compris l'on pourra, dans la pratique, se borner à dire de la manière suivante : 7 de 9 reste 2 ; 8 de 14 reste 6 et je retiens 1 ; 1 et 6.... 7 ; 7 de 12 reste 5 et je retiens 1 ; 1 et 5.... 6 ; 6 de 6 reste 0 ; 2 de 4 reste 2 ; 0 de 3 reste 3.

212. Pour deux nombres décimaux l'on devra opérer exactement de la même manière, les 2 nombres ayant été préalablement disposés comme il est dit pour les nombres entiers :

Ainsi soit à retrancher 384,657 de 4437,59

$$
\begin{array}{r}
4437,59 \\
384,657 \\
\hline
3752,933
\end{array}
$$

Remarquant que les 2 nombres peuvent, comme dans l'exemple choisi, ne pas avoir le même nombre de chiffres décimaux, l'on devra supposer remplacés par des zéros les chiffres décimaux qui peuvent manquer dans l'un des nombres. On dira donc ici :

7 de 10 reste 3 et je retiens 1 ; 1 et 5... 6 ; 6 de 9 reste 3 ; 6 de 15 reste 9, et je retiens 1 ; 1 et 4....5 ; 5 de 7 reste 2 ; 8 de 13 reste 5 et je retiens 1 ; 1 et 3.... 4 ; 4 de 11 reste 7 et je retiens 1 ; 1 de 4 reste 3. Le résultat est 3752,933.

On doit avoir soin de placer la virgule dans la colonne des virgules.

213. De même que dans l'addition, il est bon de s'habituer de bonne heure à abréger la marche de l'opération en enlevant les mots inutiles ; ainsi, les mots *reste* et *je retiens*, qui se reproduisent aux différentes soustractions partielles, peuvent être sous-entendus, et l'on doit se borner à dire :

7 de 10... 3 ; 1 et 5... 6, de 9... 3 ; 6 de 15... 9 ; 1 et 4...5 ; de 7... 2 ; 8 de 13... 5 ; 1 et 3... 4, de 11... 7 ; 1 de 4... 3.

De ce qui précède résulte la règle générale suivante :

214. RÈGLE GÉNÉRALE. — *Pour soustraire l'un de l'autre deux nombres quelconques entiers ou décimaux :*

On place le plus petit au-dessous du plus grand, de telle sorte que les unités d'un même ordre soient dans une même colonne verticale ; on souligne le plus petit nombre.

Puis, commençant par la droite, et allant vers la gauche, on retranche successivement chaque chiffre inférieur de son correspondant supérieur ; on place le résultat au-dessous.

Si un chiffre inférieur est plus grand que son correspondant supérieur, on augmente ce dernier de 10 ; on effectue la soustraction, en ayant soin d'augmenter ensuite de 1 le chiffre inférieur suivant.

Lorsque le nombre des chiffres décimaux n'est pas le même dans les deux nombres, on suppose remplacés par des zéros les chiffres décimaux qui manquent au nombre qui en a le moins.

215. *Preuve.* — La preuve d'une soustraction peut se faire par l'addition ou par la soustraction :

1° *Par l'addition.* — Puisque le plus petit nombre retranché du plus grand donne le reste : en restituant ce plus petit nombre, c'est-à-dire en l'ajoutant au reste, on devra obtenir le plus grand nombre.

2° *Par la soustraction.* — Le plus petit nombre et le reste forment à eux deux le plus grand nombre ; si donc on retranche le reste obtenu du plus grand nombre, on devra obtenir le plus petit nombre.

Ainsi, dans le dernier exemple choisi, l'on pourra faire la preuve des deux manières suivantes :

1° En ajoutant 384,657 au reste 3752,933 ; on devra obtenir 4137,59.

2° En retranchant le reste 3752,933 de 4137,59, on devra obtenir 384,657.

Usages de la soustraction.

216. Nous pouvons justifier ici les trois dénominations du résultat de la soustraction, en donnant une idée générale des problèmes qui conduisent à cette opération.

1° *Si l'on se propose de trouver ce qui reste d'une certaine somme, lorsqu'on en prend une partie déterminée*, l'on arrive au résultat en retranchant la partie de toute la somme ; le nom de *reste* convient à ce résultat.

2° *Lorsqu'on veut savoir de combien une quantité en surpasse une autre de même nature*, c'est encore une soustraction qu'il faut effectuer ; le résultat prend dans ce cas le nom d'*excès*.

3° Enfin, un dernier usage de la soustraction consiste à *déterminer la différence qui existe entre deux grandeurs de même nature :* le résultat prend naturellement, dans ce cas, le nom de *différence*.

217. *Preuve de l'addition, par la soustraction.* — Considérons l'addition suivante :

$$
\begin{array}{r}
3864 \\
\hline
2598 \\
487 \\
5679 \\
4288 \\
2798 \\
\hline
19714 \\
15850
\end{array}
$$

Première méthode. — Si l'on additionne de nouveau, en négligeant le premier nombre 3 864, par exemple, la somme 15850 devra être moindre que la première, de la valeur du nombre négligé ; donc, en retranchant cette seconde somme, de la première, le reste devra être égal au nombre négligé 3864.

Deuxième méthode. — Si l'on recommence l'opération, en allant de gauche à droite : la première colonne donnera

16 pour total; ce nombre retranché du nombre 19, écrit sous la colonne, donnera la retenue, 3, provenant de la colonne immédiatement à droite : de telle sorte que, si l'on supprimait la colonne de gauche, la somme des colonnes restantes serait 3714.

Additionnant de même la seconde colonne, considérée comme une nouvelle première; retranchant la somme 32 du nombre 37 écrit sous cette colonne, on aura pour reste la retenue 5, provenant de la colonne suivante à droite; de telle sorte encore que si les deux premières colonnes étaient supprimées la somme des deux autres serait 514.

Si, de même, on additionne la troisième colonne; si l'on retranche la somme 47, de 51 écrit au-dessous, le reste 4 sera la retenue de la dernière colonne.

Enfin, la somme 44, écrite au-dessous de cette colonne, devra toujours donner zéro pour reste, puisqu'il n'y a pas de retenue provenant d'une colonne suivante. La preuve consiste donc à trouver zéro à la dernière soustraction partielle.

$$
\begin{array}{r}
3864 \\
2598 \\
487 \\
5679 \\
4288 \\
2798 \\
\hline
19714 \\
3540
\end{array}
$$

Pour faire cette preuve on écrit les différents restes que l'on barre successivement chaque fois qu'on passe à une nouvelle colonne.

––––––––

EXERCICES ET PROBLÈMES
sur la soustraction.

Effectuer les soustractions suivantes :

97 — 53,	48 — 27,
47 — 32,	68 — 51,
62 — 56,	54 — 36,
845 — 32,	649 — 217,
3872 — 96,	6493 — 2874,

$$740864 - 39487, \qquad 600702 - 240867,$$
$$290006208 - 60789069, \qquad 48211067 - 9678488,$$
$$62730000 - 39846021, \qquad 8624950201 - 687542,$$
$$1200746379 - 964873, \qquad 31000240653 - 1786008,$$
$$100020624 - 860947, \qquad 100004060 - 3070409.$$

(2) Effectuer les soustractions suivantes :

$$184,72 - 39,42, \quad 26,4078 - 12,3894, \quad 384,07486 - 92,4598,$$
$$96,57 - 7,6542, \quad 125,004 - 39,79086, \quad 0,0698 - 0,0389,$$
$$0,465 - 0,398407, \quad 46,539 - 0,07649, \qquad 3,27 - 0,000986,$$
$$524 - 34,6207, \qquad 3459 - 0,0498, \qquad 58,497 - 57,6487,$$
$$0,002986 - 0,002894, \qquad 0,04 - 0,0386, \quad 84026,3984 - 908,079.$$

(3) Du nombre 462863 ôter la somme suivante :

$$34826 + 3799 + 27356.$$

(4) Du nombre 670,428 ôter la somme suivante :

$$24,6294 + 3,086472 + 285,76.$$

(5) Du nombre 4287 ôter la somme suivante :

$$0,926 + 97,86472 + 987 + 45,78$$

(6) Du nombre 0,00627853 ôter la somme suivante :

$$0,00426 + 0,0000765 + 0,00098 + 0,0004786$$

(7) De la somme :

$$32076 + 486 + 65427 + 3864$$

ôter la somme suivante :

$$2943 + 17864 + 937 + 46379 + 39.$$

(8) De la somme :

$$64,82 + 948,7 + 32,3078 + 647,48639$$

ôter la somme suivante :

$$349,4278 + 0,746 + 72,92 + 815,3 + 6,74238.$$

(9) De la somme :

$$262874 + 382 + 5743 + 48 + 963472$$

ôter la somme suivante :

$$6,427 + 379,8 + 0,4673 + 5,47 + 842,67.$$

(10) De la somme :

$$0,3256 + 0,03829 + 0,4578 + 0,0029876 + 0,426$$

ôter la somme suivante :

$$0,92764 + 0,0003969 + 0,02986 + 0,008996.$$

(11) Que reste-t-il d'une longueur de 48$^{Kl.m.}$6$^{D.m.}$8$^{m.}$9$^{d.m.}$ lorsqu'on en ôte 26$^{H.m.}$4$^{D.m.}$5$^{d.m.}$? Exprimer le résultat en prenant le mètre pour unité.

(12) D'une longueur de 12$^{H.m.}$,786 on retranche successivement

les parties suivantes : $8^{D.m.}$,69 $12^{m.}$,65 $864^{d.m.}$,3. Que reste-t-il, en prenant le décamètre pour unité ?

(13) D'une superficie de $2748^{m.q.}$,7264 on retranche $13^{Dm.q.}$ $6^{m.q.}$ $9^{dm.q.}$ $39^{cm.q.}$, que reste-t-il ? Evaluer le reste en prenant le mètre carré pour unité.

(14) D'un terrain ayant $8^{H.a.}7^{a.}9^{c.a.}$ on retranche une superficie de $348^{Dm.q.}$,69. Evaluer le reste, en prenant l'are pour unité.

(15) D'une superficie de $1386479^{m.q.}$,98 on retranche $29^{H.a.}8^{a.}$ $13^{c.a.}$. Evaluer le reste en décamètres carrés.

(16) D'un volume de $98^{m.c.}$,78642 l'on ôte $96898^{dm.c.}$,748. Evaluer le reste en centimètres cubes.

(17) D'un volume de $96^{m.c.}98^{d.mc.}9^{cm.c.}$ on ôte $8^{m.c.}$,3998. Evaluer le reste en prenant le décimètre cube pour unité.

(18) D'un volume de $36^{dm.c.}$ $4^{cm.c.}$ on ôte $2476^{cm.c.}$,9649. Evaluer le reste en prenant le millimètre cube pour unité.

(19) D'un tas de bois de $18^{D.s.}9^{st.}$ on a brûlé $72^{st.}$,8. Combien en reste-t-il de décistères ?

(20) D'un tas de bois de $48^{D.s.}$ on a vendu 2996 décistères. Evaluer le reste en prenant le stère pour unité.

(21) D'un bassin contenant $18000^{lit.}$ d'eau l'on a retiré $54^{H.l.}36^{d.l.}$. Combien reste-t-il de décalitres ?

(22) D'un bassin plein d'eau et d'une contenance de $480^{m.c.}$ $67^{dm.c.}$ $96^{cm.c.}$ on a retiré $986^{H.l.}$,79. Evaluer ce qui reste d'eau, en prenant le litre pour unité.

(23) Un bassin contient $24^{K.l.}8^{H.l.}9^{lit.}$ d'eau ; l'on en retire la valeur de $8^{m.c.}$,7439. Evaluer le reste en prenant le décilitre pour unité.

(24) Un vase contient $2^{lit.}$,789 d'eau ; l'on en retire 89 centilitres. Evaluer le reste en centimètres cubes.

(25) D'un vase contenant 7989900 millimètres cubes d'eau, l'on retire $24^{c.l.}$,987. Evaluer le reste en prenant le centimètre cube pour unité.

(26) D'une caisse pesant $31^{K.g.}$,786, on retire un objet pesant $59^{D.g.}$,798. Evaluer en grammes le poids restant.

(27) D'un bloc pesant $24^{M.g.}$ $8^{H.g.}6^{gr.}$, on détache un morceau du poids de $398^{D.g.}$,84. Evaluer le poids restant en prenant le kilogramme pour unité.

(28) D'un chargement de 248 tonneaux de mer, on retire 699 quintaux métriques. Combien reste-t-il de kilogrammes ?

(29) D'un chargement pesant $4231^{q.m.}$,786, on enlève $39889^{K.g.}$,98. Evaluer le reste en prenant le tonneau de mer pour unité.

(30) Un vase contient 36$^{\text{H.g.}}$8$^{\text{d.g.}}$ d'un liquide, on en retire 958927 milligrammes. Evaluer le reste en prenant le centigramme pour unité.

(31) Une personne possédant 4876^f,80, dépense 2998^f,95. Combien lui reste-t-il ?

(32) Un particulier avait 348^f,25 sur lui en entrant dans un magasin, il lui reste en sortant 69^f,85. Combien a-t-il dépensé ?

(33) Le mont Cenis, dans les Alpes, a 343 mètres de moins d'élévation que le mont Viso, dont la hauteur est de 3836 mètres. Quelle est la hauteur du mont Cenis ?

(34) Une personne est née en 1763 et morte en 1849. Quel âge avait-elle ?

(35) 227 années se sont écoulées depuis la naissance de Louis XIV jusqu'en 1865. En quelle année Louis XIV est-il né ?

(36) Un particulier fait un achat se montant à 2432^f,75, il lui manque 985^f,80 pour le solder comptant. Combien a-t-il sur lui ?

(37) Le Chimborazzo, montagne du Pérou, a 6530 mètres de hauteur. De combien son sommet serait-il dépassé par le mont Blanc et le mont Thabor superposés, sachant que le 1er a 4810 mètres et le 2° 3172 ?

(38) Un commerçant ayant besoin d'argent fait présenter 3 factures : l'une de 418^f,75 ; la 2e de 1287^f,80 ; la 3e de 849^f,65 ; il a à faire un paiement de 3785^f,50. Que lui faudra-t-il ajouter au montant de ses factures ?

(39) Un négociant ayant acheté : 84$^{\text{H.l.}}$,38 de blé, puis 236$^{\text{D.l.}}$,76 et 16789$^{\text{lit.}}$ du même blé, en revend successivement : une 1re fois 6$^{\text{H.l.}}$,458 ; une 2e fois 89$^{\text{D.l.}}$,39 ; une 3e fois 879$^{\text{d.l.}}$; une 4e fois 18$^{\text{H.l.}}$ 9$^{\text{lit.}}$ 3$^{\text{d.l.}}$. Exprimer ce qui lui reste de son achat, en prenant le décalitre pour unité.

(40) Une propriété ayant coûté 125800 fr., et dans laquelle on a dépensé 47820 fr., est vendue en 3 lots : le 1er de 65400 fr., le 2e de 82600 fr., le 3e de 76900 fr. Quel bénéfice a-t-on réalisé ?

(41) Un marchand a vendu : le lundi, pour 748^f,75 ; le mardi, pour 1269^f,20. Quelle est la différence des deux ventes ?

(42) Une personne interrogée sur un achat qu'elle vient de faire répond : si j'avais acheté 3256$^{\text{gr.}}$,76, j'aurais 16$^{\text{H.g.}}$,9874 de plus. Evaluer son achat en prenant le décagramme pour unité.

(43) Une personne fait un achat de 28^f,35 et donne en payement une pièce de 50 fr. Que doit-on lui rendre ?

(44) Un carrossier a besoin de 126^m,75 de drap pour confectionner une commande de plusieurs voitures ; il en achète un ballot de 64^m,50 qu'il joint à ce qu'il a déjà. Il se trouve ainsi que, la commande finie, il lui restera 32^m,85 de ce drap. Combien en avait-il avant ?

(45) Louis XI est mort 160 ans avant Louis XIII, lequel est mort 35 ans avant la paix de Nimègue. Louis XIV est mort 37 ans après la paix de Nimègue et 59 ans avant Louis XV, lequel est mort en 1774. — Donner les dates de la mort de Louis XIV, de la paix de Nimègue, de la mort de Louis XIII et de celle de Louis XI.

(46) On verse dans un flacon 2$^{lit.}$,6187 d'eau distillée dans les conditions du gramme. Le flacon pèse alors 2942$^{gr.}$,74. Quel est son poids lorsqu'il est vide ?

(47) 5 objets ont coûté : le 1er 348^f,40, le 2e 259^f,75, le 3e 174^f,15, le 4e 379^f,40 ; on ne se souvient pas du prix du 5e, mais l'on sait que la facture totale se monte à 1497^f,30. On voudrait retrouver le prix de ce 5e objet.

(48) Pendant l'année 1820, il s'est consommé dans toute l'étendue de la Grande-Bretagne pour 143933184 francs de bière. L'Ecosse, à elle seule, en a eu pour 5258520 francs ; l'Irlande en a consommé pour 660048 francs de moins que l'Ecosse. Pour combien a-t-on consommé de bière en Angleterre en 1820 ?

(49) Une personne achète des marchandises au comptant. Si elle avait eu sur elle 840 fr. de plus, et qu'elle eût alors acheté en tout pour 3460 fr., il lui serait resté 125 fr. Pour combien a-t-elle acheté ?

(50) Un bassin, d'une contenance totale de 96$^{m.c.}$,723, ne contient en ce moment que 198$^{H.l.}$,498. Evaluer, en prenant le décalitre pour unité, ce qu'il faut y verser d'eau pour l'emplir.

CHAPITRE III.

MULTIPLICATION

PRÉLIMINAIRES.

218. DÉFINITION GÉNÉRALE. — *La multiplication a pour but, deux nombres étant donnés, l'un nommé* MULTIPLICANDE *et* *l'autre* MULTIPLICATEUR, *d'en former un troisième nommé* PRODUIT, *qui se compose avec le multiplicande de la même manière que le multiplicateur est composé avec l'unité.*

Le multiplicande et le multiplicateur sont nommés *facteurs* du produit.

219. La multiplication s'indique par le signe ($\times$) ou par un simple point, placé entre les deux nombres à multiplier ; chacun de ces signes s'énonce *multiplié par.* — Ainsi :

$$34 \times 8 \text{ ou } 34 \cdot 8$$

indiquent indifféremment la multiplication de 34 par 8 et s'énoncent également : 34 multiplié par 8.

220. La multiplication des nombres, entiers ou décimaux, peut se diviser en deux parties distinctes :

1° *Multiplier un nombre, entier ou décimal, par un nombre entier ;*

2° *Multiplier un nombre, entier ou décimal, par un nombre décimal.*

Ce qui revient à supposer successivement, le multiplicande étant d'ailleurs un nombre entier ou décimal :

1° Le multiplicateur, un nombre entier ;

2° Le multiplicateur, un nombre décimal.

---

§ Ier. — **Multiplicateur entier.**

221. Supposons que l'on se propose de multiplier, par exemple, 68 par 28 :

D'après la définition générale qui précède cela revient à former un nombre qui soit composé avec 68 de la même manière que 28 est composé avec l'unité.

Or, 28 renferme 28 fois l'unité, le produit devra donc contenir 28 fois le multiplicande 68 ; il s'obtiendra donc en prenant ou en répétant 28 fois ce multiplicande.

Il en serait évidemment de même s'il s'agissait de multiplier 3,45 par 28.

On peut donc dire d'une manière générale :

222. Définition. — *La multiplication d'un nombre, entier ou décimal, par un nombre entier, a pour but de former un nombre qui renferme ou qui contienne le premier nombre, nommé* multiplicande, *autant de fois qu'il y a d'unités dans le second nombre, nommé* multiplicateur.

Ou bien encore :

La multiplication d'un nombre, entier ou décimal, par un nombre entier, a pour but de répéter le premier nombre, nommé multiplicande, *autant de fois qu'il y a d'unités dans le second nombre, nommé* multiplicateur.

223. On peut remarquer, d'après cela, que la multiplication, dans ce cas, peut s'effectuer à l'aide d'une simple addition ; ainsi le produit de 84,27 par 8 peut être obtenu en ajoutant 8 nombres égaux chacun à 84,27 :

$$
\begin{array}{r}
84,27 \\
84,27 \\
84,27 \\
84,27 \\
84,27 \\
84,27 \\
84,27 \\
84,27 \\
\hline
674,16 \text{ produit cherché.}
\end{array}
$$

224. Cette façon d'opérer deviendrait impraticable si le multiplicateur était quelque peu grand ; on ne peut donc l'employer d'une manière générale ; et comme la multiplication donne un moyen expéditif, dans tous les cas, d'effectuer une addition dans laquelle tous les nombres sont égaux, l'on dit quelquefois que :

La multiplication est une addition abrégée.

L'on doit simplement entendre par là, que : .

La multiplication d'un nombre, entier ou décimal, par un nombre entier est une méthode abrégée pour effectuer l'addition de plusieurs nombres égaux entre eux.

225. La multiplication par un nombre entier comprend quatre cas principaux :

1° *Multiplier l'un par l'autre deux nombres d'un seul chiffre;*

2° *Un nombre entier de plusieurs chiffres, ou un nombre décimal, par un nombre d'un seul chiffre;*

3° *Un nombre entier quelconque par un nombre composé d'un chiffre significatif suivi d'un ou plusieurs zéros;*

4° *Un nombre quelconque, entier ou décimal, par un nombre entier de plusieurs chiffres.*

Premier cas.

226. *Deux nombres d'un seul chiffre; —* par exemple 7×5 :

Cela revient à répéter 5 fois le multiplicande 7, ou à ajouter 5 nombres égaux à 7 :

$$7 + 7 + 7 + 7 + 7.$$

La somme, 35, est le produit cherché.

Le secours des doigts peut être utile ici, comme dans l'addition des nombres d'un seul chiffre; en effet, chaque doigt représentant 7 unités, l'on dira, en levant successivement 5 doigts :

7 et 7.... 14, et 7.... 21, et 7.... 28, et 7.... 35.

Un peu d'habitude permet d'arriver promptement à dire de tête, et tout de suite, le produit de deux nombres d'un seul chiffre. L'on peut même, en opérant comme on vient de le dire pour les nombres d'un seul chiffre, former et s'exercer à dire de tête les produits des nombres de 2 chiffres jusqu'à une limite plus ou moins reculée, suivant le plus ou moins de mémoire dont on peut disposer.

227. Pour aider la mémoire, on peut former un petit tableau dit : *Table de multiplication,* et attribué à Pythagore. Ce tableau contient habituellement les produits des 9 premiers nombres deux à deux, et répond à notre premier cas. On peut le prolonger jusqu'à une limite quelconque, afin de donner plus d'aide au calcul mental; nous le donnons jusqu'à 9 fois 9.

228. TABLE DE MULTIPLICATION OU DE PYTHAGORE.

1	2	3	4	5	6	7	8	9
2	4	6	8	10	12	14	16	18
3	6	9	12	15	18	21	24	27
4	8	12	16	20	24	28	32	36
5	10	15	20	25	30	35	40	45
6	12	18	24	30	36	42	48	54
7	14	21	28	35	42	49	56	63
8	16	24	32	40	48	56	64	72
9	18	27	36	45	54	63	72	81

229. Pour former le tableau qui précède, on écrit d'abord les 9 premiers nombres sur une première ligne horizontale.

La seconde ligne se forme en ajoutant chaque nombre de la première ligne à lui-même; cette seconde ligne contient donc les produits des 9 premiers nombres par 2.

La troisième ligne s'obtient en ajoutant chaque nombre de la seconde à son correspondant de la première. Or, chaque nombre de la seconde ligne renferme 2 fois son correspondant de la première; la somme de ces deux nombres, c'est-à-dire le nombre résultant, de la troisième ligne, se compose donc de 3 fois le correspondant de la première; par suite, la troisième ligne est formée des produits des 9 premiers nombres par 3.

La quatrième ligne se forme de même en ajoutant chaque nombre de la troisième à son correspondant de la première, et contient dès lors les produits des 9 premiers nombres par 4.

On continue de la même manière pour former les autres lignes, et l'on arrive ainsi aux produits des 9 premiers nombres :

Par 5, dans la cinquième ligne ;
Par 6, dans la sixième ;
Etc., etc......

jusqu'à la neuvième ligne qui renferme ainsi les produits par 9.

230. *Usage de la table.* — Soit à trouver, par exemple, le produit de 8 par 7 :

On cherche 8 dans la première ligne horizontale; puis l'on descend, au-dessous de 8, jusqu'à la septième ligne qui donne le produit cherché, 56.

Règle. — *On cherche le multiplicande dans la première ligne horizontale; puis l'on descend, au-dessous de ce nombre, jusqu'à la ligne dont le rang est marqué par le multiplicateur; le nombre auquel on arrive est le produit cherché.*

Deuxième cas.

231. *Un nombre quelconque, entier ou décimal, par un nombre d'un seul chiffre.*

1° Soit d'abord à former le produit

$$348 \times 6;$$

l'opération revient à faire la somme de 6 nombres égaux à 348 :

$$
\begin{array}{r}
348 \\
348 \\
348 \\
348 \\
348 \\
348 \\
\hline
\end{array}
$$

2088 est le produit cherché.

Or, la colonne des unités donne pour résultat 8 répété 6 fois, ou 8×6 ;

Celle des dizaines : 4×6, augmenté de la retenue provenant de la colonne précédente, ou de 8×6 ;

La colonne des centaines donne de même : 3×6, augmenté de la retenue de la colonne précédente, ou de 4×6, et ainsi de suite, s'il y avait d'autres colonnes.

L'addition revient donc ici à multiplier chaque chiffre du multiplicande, 348, par 6, en tenant compte chaque fois de la retenue faite sur le résultat précédent.

2° Soit maintenant proposé le produit

$$3,48 \times 6 ;$$

cela revient à répéter 6 fois 348 centièmes, c'est-à-dire à multiplier 348 par 6, en faisant en sorte que le résultat représente des centièmes : pour que ce dernier point soit observé il suffit de séparer, à la droite du produit 348×6, deux chiffres décimaux, c'est-à-dire autant qu'il y en a à la droite du multiplicande.

De ce qui précède résulte alors la marche suivante :

232. RÈGLE. *Pour multiplier un nombre quelconque, entier ou décimal, par un nombre d'un seul chiffre, on multiplie successivement, en allant de la droite vers la gauche, et sans faire attention à la virgule, s'il y en a une, chaque chiffre du multiplicande par le chiffre multiplicateur, en ayant soin, pour chaque produit partiel, d'écrire les unités et de reporter les dizaines, s'il y en a, au produit partiel suivant.*

On sépare sur la droite du produit, s'il y a lieu, autant de chiffres décimaux qu'il y en a à la droite du multiplicande.

L'opération se dispose habituellement de la manière suivante :

Multiplicande.	. . . . .	348	3,48
Multiplicateur	. . . . .	6	6
Produit.	. . . . .	2088	20,88

Puis, au lieu de dire, comme on en prend trop souvent la fâcheuse habitude :

6 fois 8 font 48; en 48 je pose 8 et je retiens 4; 6 fois 4 font 24; 24 et 4 de retenue font 28; etc., etc....

l'on pose chaque fois le chiffre des unités sans le dire, et l'on ajoute la retenue au produit suivant, sans dire *je retiens.*

Ainsi l'on doit s'habituer vite à s'exprimer de la manière suivante :

$$6 \text{ fois } 8. \ . \ . \ 48;$$
$$6 \text{ fois } 4. \ . \ . \ 24; \text{ et } 4. \ . \ . \ 28;$$
$$6 \text{ fois } 3. \ . \ . \ 18; \text{ et } 2. \ . \ . \ 20.$$

233. *Remarque I.* — On peut, le plus souvent, dans le cas qui nous occupe, se dispenser de placer le multiplicateur au-dessous du multiplicande, et écrire tout de suite en faisant l'opération :

$$3,48 \times 6 = 20,88.$$

234. *Remarque II.* — Lorsqu'on sait multiplier de tête les nombres d'un seul chiffre par des nombres supérieurs à 9 : par 11, 12, 13......, etc., par exemple, on peut, en suivant la marche précédente, multiplier un nombre quelconque, entier ou décimal, par ceux de ces facteurs dont l'usage est familier : ainsi l'on formerait tout de suite le produit $643,27 \times 12$ en employant l'une ou l'autre des dispositions suivantes :

$$643,27 \times 12 = 6519,24.$$

$$
\begin{array}{r}
643,27 \\
12 \\
\hline
6519,24
\end{array}
$$

En disant simplement :

12 fois 7. . . . . 84;
12 fois 2. . . . . 24, et 8. . . 32;
12 fois 3. . . . . 36, et 3. . . 39;
Etc., etc....

Troisième cas.

235. *Un nombre entier quelconque par un chiffre significatif suivi d'un ou plusieurs zéros.*

236. 1° Prenons d'abord pour multiplicateur l'unité suivie d'un ou plusieurs zéros; par exemple :

$$348 \times 1000.$$

Pour obtenir le résultat cherché, il suffit de répéter 348, mille fois, ce qui revient à rendre ce nombre 1000 fois plus grand; or, la numération nous a appris (n° 31) que pour rendre un nombre entier 1000 fois plus grand, il faut placer trois zéros à sa droite, ce qui donne ici :

$$348 \times 1000 = 348000.$$

Il résulte de là que :

237. Règle. — *Pour multiplier un nombre entier par l'unité suivie d'un ou plusieurs zéros il suffit de placer à la droite de ce nombre autant de zéros qu'il s'en trouve à la droite de l'unité au multiplicateur.*

238. 2° Prenons maintenant un chiffre significatif quelconque ; et soit, par exemple, à former le produit :

$$348 \times 400.$$

On peut supposer, pour cette opération, le multiplicande 348 écrit 400 fois dans une colonne verticale, comme pour une addition :

$$
\begin{array}{r}
348 \\
348 \\
348 \\
348 \\
\hline
348 \\
348 \\
348 \\
348 \\
\hline
348 \\
\ldots \\
\ldots \\
\ldots
\end{array}
$$

La somme de ces 400 nombres donne bien 348×400.

Or, 400 pouvant être considéré comme le produit de 4 par 100, ou 4 répété 100 fois, les 400 nombres qui composent la somme précédente peuvent être décomposés en 100 groupes de 4 nombres chacun ; chaque groupe ainsi formé a pour valeur totale 348×4 ou 1392 ; la somme des 100 groupes, c'est-à-dire le produit de 1392 par 100, ou enfin 139200, est donc la somme des 400 nombres ci-dessus ou le produit de 348 par 400, nombre que l'on a formé en multipliant 348 par 4 et en plaçant ensuite deux zéros à la droite du résultat. De là la règle suivante :

239. RÈGLE. — *Pour multiplier un nombre entier quelconque par un autre nombre entier, suivi d'un ou plusieurs zéros, il suffit de multiplier le premier nombre par le second, abstraction faite des zéros qui terminent celui-ci, et de placer les zéros négligés à la droite du praduit obtenu.*

Quatrième cas.

240. *Un nombre quelconque, entier ou décimal, par un nombre entier de plusieurs chiffres.*

1° Considérons d'abord le produit

$$348 \times 276,$$

dans lequel le multiplicande est un nombre entier.

L'opération revient à répéter 348.....276 fois ou 200 fois, 70 fois et 6 fois, en ajoutant ensuite les trois résultats. On peut également dire que c'est répéter 348, successivement 6 fois, 70 fois et 200 fois, en ajoutant les résultats ; ou enfin, multiplier successivement 348 par 6, par 70 et par 200, en ajoutant ensuite les trois produits partiels obtenus.

Or, on sait multiplier 348 par 6 qui est un nombre d'un seul chiffre ;

Le produit par 70 s'obtiendra en multipliant 348 par 7, et plaçant un zéro à la droite du résultat.

On aura de même le produit par 200, en multipliant 348 par 2, et plaçant deux zéros à la droite du produit obtenu.

Maintenant, si l'on a soin de placer le multiplicateur au-dessous du multiplicande, puis d'écrire les produits partiels au-dessous du multiplicateur, de la manière suivante :

$$
\begin{array}{ll}
348 & \text{multiplicande.} \\
276 & \text{multiplicateur} \\
\hline
2088 & 1^{\text{er}} \text{ produit partiel.} \\
24360 & 2^{\text{e}} . . \text{id} . . . \text{id.} \\
69600 & 3^{\text{e}} . . \text{id} . . . \text{id.} \\
\hline
96048 & \text{produit total,}
\end{array}
$$

On remarquera que :

Le zéro placé à la droite du produit par 7 n'a d'autre effet que de placer le premier chiffre de ce produit au rang des dizaines exprimées par le chiffre multiplicateur 7, c'est-à-dire au-dessous de ce chiffre lui-même.

De même, les deux zéros placés à la droite du produit par 2 ont pour unique effet de placer le premier chiffre à droite de ce produit, au rang des centaines exprimées par le chiffre multiplicateur 2, c'est-à-dire enfin, au-dessous de ce chiffre lui-même.

Ces différents zéros n'ayant d'ailleurs aucune influence dans l'addition, l'on pourra donc les supprimer, ou mieux ne pas les écrire du tout, si l'on a soin, en multipliant, de placer le premier chiffre à droite de chaque produit sous le chiffre multiplicateur qui le forme.

2° Proposons-nous maintenant d'effectuer le produit suivant :

$$64,278 \times 96,$$

dans lequel le multiplicande est un nombre décimal.

Le résultat cherché devant se composer de 96 fois 64278 *millièmes*, on le formera évidemment en effectuant le produit

$$64278 \times 96,$$

et en indiquant que le nombre obtenu représente des *millièmes*, ce qui se fera en séparant à sa droite 3 chiffres décimaux, c'est-à-dire autant qu'il y en a à la droite du multiplicande.

De tout ce qui précède résulte donc la règle suivante :

241. RÈGLE GÉNÉRALE. — *Pour multiplier un nombre quelconque, entier ou décimal, par un nombre entier quelconque :*

On place le multiplicateur au-dessous du multiplicande et l'on souligne.

On multiplie successivement, sans faire attention à la virgule qu'il peut contenir, tout le multiplicande par chaque chiffre du multiplicateur.

On écrit les différents produits partiels obtenus les uns sous les autres, de manière que le premier chiffre à droite de chacun d'eux soit placé dans la même colonne verticale que le chiffre multiplicateur qui l'a formé.

On additionne ces produits partiels, et l'on a le produit cherché en séparant, s'il y a lieu, sur la droite du résultat, autant de chiffres décimaux qu'il y en a au multiplicande.

1er *Exemple.* — Soit à former le produit

$$8746 \times 957;$$

On dispose ainsi le calcul :

$$
\begin{array}{r}
8746 \\
957 \\
\hline
61222 \\
43730 \\
78714 \\
\hline
8369922
\end{array}
$$

Puis, l'on multiplie 8746 par le chiffre des unités, 7, du multiplicateur ; on écrit le premier chiffre, 2, du produit obtenu, sous le chiffre 7 ;

On multiplie ensuite 8746 par le second chiffre, 5, en plaçant le premier chiffre, 0, du résultat, dans la même colonne verticale que 5 ;

Enfin l'on multiplie 8746 par le dernier chiffre, 9, et l'on place le premier chiffre, 4, du produit formé, dans la même colonne verticale que 9.

On souligne ; on fait la somme des trois produits partiels obtenus et l'on a le produit total cherché, 8369922.

2ᵉ *Exemple.* — Soit à multiplier maintenant 246,97 par 876 ; on dispose l'opération comme précédemment :

$$
\begin{array}{r}
246,97 \\
876 \\
\hline
148182 \\
172879 \\
197576 \\
\hline
216345,72
\end{array}
$$

Puis, l'on effectue le calcul comme s'il s'agissait de multiplier 24697 par 876, c'est-à-dire, comme le dit la règle, sans s'occuper de la virgule. Enfin l'on sépare sur la droite du produit deux chiffres décimaux, autant qu'il y en a à la droite du multiplicande.

242. *Remarque I.* — Si un ou plusieurs zéros se trouvent disséminés dans le multiplicateur, la règle précédente permet de n'en tenir aucun compte :

En effet, soit à multiplier 58436 par 7004, par exemple, cela revient à répéter le multiplicande, 7000 fois et 4 fois, en ajoutant les deux résultats.

Or, le produit par 7000 s'obtiendra en plaçant 3 zéros à la droite du produit par 7, ce qui reportera le premier chiffre de ce produit sous le chiffre 7 lui-même, ainsi que l'indique la règle.

L'opération se présentera donc ainsi :

$$
\begin{array}{r}
58436 \\
7004 \\
\hline
233744 \\
409052 \\
\hline
409285744
\end{array}
$$

243. *Remarque II.* — Lorsque le multiplicande est une fraction décimale, il peut se faire que le nombre des chiffres du produit entier primitif, trouvé d'après la règle, soit inférieur au nombre des chiffres décimaux qui doivent être séparés à la droite de ce premier résultat.

Dans ce cas, ainsi qu'il est aisé de s'en rendre compte, on doit remplacer les chiffres décimaux manquants par des zéros décimaux placés, en nombre suffisant, à la gauche du résultat trouvé.

Soit, par exemple, à former le produit

$$0{,}000764 \times 38$$

c'est-à-dire à multiplier 764 *millionièmes* par 38.

Le résultat devra exprimer des *millionièmes ;* son dernier chiffre à droite devra donc être au rang des millionièmes, c'est-à-dire occuper le sixième rang décimal, ce que l'on ne pourra obtenir qu'en remplaçant, par des zéros placés à gauche, les chiffres décimaux susceptibles de manquer.

On disposera le calcul ainsi :

$$0,000764$$
$$\underline{38}$$
$$\overline{6112}$$
$$2292$$

$\overline{\text{0,029032}}$ produit rectifié.

Le produit primitif, 29032, n'ayant que 5 chiffres, alors que le multiplicande a six chiffres décimaux, l'on place un zéro décimal à gauche de ce produit, une virgule à la gauche de ce zéro, puis un nouveau zéro à gauche de la virgule, pour remplacer la partie entière absente. C'est ainsi que l'on obtient, dans l'exemple choisi, 0,029032 pour produit définitif.

----

§ II. — **Multiplicateur décimal.**

244. — 1° Soit d'abord le produit :

$$8264,78 \times 3,956.$$

L'opération proposée revient, d'après la définition générale (n° 218), à former un nombre qui soit composé avec le multiplicande 8264,78, de la même manière que le multiplicateur, 3,956, est composé avec l'unité.

Or, le nombre 3,956 ou 3956 *millièmes* se compose de 3956 fois la *millième* partie de l'*unité* ; le produit devra donc renfermer 3956 fois la *millième* partie du *multiplicande* 8264,78.

Mais la *millième* partie de 8264,78 étant *mille* fois moindre que ce nombre, s'obtient en y reculant la virgule de trois rangs vers la gauche (n° 52), ce qui donne 8,26478 ; l'on est donc conduit alors à répéter 3956 fois 8,26478, c'est-à-dire à multiplier ce nombre par 3956, ce qui rentre dans la première partie, le multiplicateur étant un nombre entier.

L'on multipliera alors 826478 par 3956, les deux nombres donnés considérés comme nombres entiers ; puis l'on séparera, sur la droite du produit, 5 chiffres décimaux, autant qu'il en existe actuellement au multiplicande réel, 8,26478 ; c'est-à-dire enfin, autant que les deux facteurs primitifs, 8264,78 et 3,956, en possèdent à eux deux.

2° Si le multiplicande est un nombre entier comme dans le produit

$$826478 \times 3,956$$

le raisonnement est absolument le même ; il conduit à multiplier 826,478 par 3956, et par suite à la même conséquence que précédemment : séparer trois chiffres décimaux à la droite du produit des deux nombres considérés comme nombres entiers.

Si nous rapprochons ces conséquences des résultats trouvés dans la première partie, nous en pourrons conclure la règle générale suivante :

245. RÈGLE GÉNÉRALE. — *Pour multiplier l'un par l'autre deux nombres dont l'un, au moins, renferme des décimales :*

On multiplie ces deux nombres, abstraction faite des virgules, comme si c'étaient des nombres entiers ; puis, à la droite du résultat, l'on sépare autant de chiffres décimaux qu'il s'en trouve, en somme, à la droite de ces deux nombres.

Les exemples précédents nous donnent les opérations suivantes :

8264,78	826478
3,956	3,856
49 58868	4958 868
413 2390	41323 90
7438 302	743830 2
24794 34	2479434
32695,46968	3269546,968

246. *Remarque.* — Supposons que l'on se propose de multiplier les deux fractions décimales

0,0078 et 0,00023.

La règle générale qui précède conduit à multiplier 78 par 23, ce qui donne 1794; puis à séparer 9 chiffres décimaux sur la droite de ce résultat qui ne contient que quatre chiffres en tout.

Pour lever cette difficulté, nous ferons observer que, puisque le résultat doit contenir 9 chiffres décimaux, son dernier chiffre à droite doit représenter des *billionièmes;* donc, pour obtenir le véritable produit, il faut placer à la gauche de 1794, assez de zéros pour que le dernier chiffre, 4, occupe le neuvième rang décimal.

Le résultat cherché est donc 0,000001794.

L'opération se présente ainsi :

$$
\begin{array}{r}
0,0078 \\
0,00023 \\
\hline
234 \\
156 \\
\hline
0,000001794
\end{array}
$$

et nous pouvons ajouter alors, comme complément à la règle générale, que :

Lorsque le résultat ne renferme pas autant de chiffres qu'il y a de décimales à séparer, l'on y supplée en plaçant assez de zéros à la gauche de ce résultat, pour que le dernier chiffre à droite exprime des unités de l'ordre décimal que l'on doit obtenir.

Cas particulier.

247. — *Multiplication de deux nombres entiers terminés par des zéros.*

Soit à effectuer le produit

648700×92000.

D'après la règle (n° 239) du troisième cas de la multiplication, et par extension, ce produit s'obtiendra en plaçant 3 zéros à la droite du produit de 648700 par 92.

Or, multiplier 648700 par 92 c'est répéter 92 fois 6487 *centaines*, ce que l'on peut faire en multipliant 6487 par 92, et en indiquant que le produit représente des *centaines*, c'est-à-dire en plaçant 2 zéros à sa droite.

Le résultat définitif s'obtiendra donc en effectuant d'abord le produit

$$6487 \times 92,$$

et en plaçant à la droite de ce nombre, 2 + 3 ou 5 zéros, autant qu'il s'en trouve, en tout, à la droite des deux facteurs.

De là la règle suivante :

248. RÈGLE. — *Pour multiplier l'un par l'autre deux nombres entiers terminés par un ou plusieurs zéros, il suffit de multiplier ces deux nombres, abstraction faite des zéros qui les terminent, et de placer à la droite du produit obtenu autant de zéros qu'on en a négligés à la droite des deux nombres donnés.*

249. DÉFINITION. — *On nomme produit de plusieurs nombres ou facteurs, le résultat que l'on obtient en multipliant : le premier nombre ou facteur, par le second ; le résultat obtenu, par le troisième facteur ; ce nouveau résultat, par le quatrième facteur ; et ainsi de suite jusqu'à l'entier épuisement des facteurs ou nombres donnés.*

Exemple : le produit des nombres 34, 48, 9, 62 et 7, lequel s'indiquera :

$$34 \times 48 \times 9 \times 62 \times 7$$

s'obtiendra : en multipliant d'abord 34 par 48, ce qui donnera 1632 ; puis, 1632 par 9, ce qui donnera 14688 ; puis, de même, 14688 par 62 ; et enfin, le nouveau produit trouvé par 7.

L'on trouvera ainsi 6374592.

249 bis. *Remarque I.* — D'après ce qui a été dit plus haut, l'on voit que :

Lorsque quelques facteurs d'un produit de plusieurs nombres entiers sont terminés par un ou plusieurs zéros, on néglige ces zéros, dans la multiplication, et on les place à la droite du dernier produit obtenu.

Exemple : soit à effectuer le produit

$$48000 \times 5200 \times 9 \times 1700.$$

L'on commence par calculer

$$48 \times 52 \times 9 \times 17,$$

ce qui donne 157248; puis, plaçant 7 zéros à la droite de ce nombre, on obtient le résultat définitif :

$$1572480000000.$$

249 ter. *Remarque II. — Lorsque dans un produit de plusieurs facteurs quelques-uns contiennent des décimales, on effectue les produits successifs sans tenir compte des virgules; puis l'on sépare, sur la droite du dernier résultat, autant de décimales qu'il s'en trouve, en somme, à la droite des facteurs décimaux.*

C'est une conséquence de la règle n° 245.

Exemple : On effectuera le produit

$$4,32 \times 27 \times 3,6 \times 0,04 \times 41$$

sans faire attention aux trois virgules; puis l'on séparera 5 chiffres décimaux à la droite du produit trouvé, ce qui donnera pour résultat 688,64256.

———

Intervertissement des facteurs d'un produit de deux nombres. Preuve de la multiplication.

250. PRINCIPE. — *Le produit de deux nombres ne change pas lorsqu'on renverse l'ordre des facteurs, c'est-à-dire, lorsque l'on prend le multiplicateur pour multiplicande et inversement.*

Soit en effet à multiplier les deux nombres 4 et 5, il s'agit de démontrer que

$$4 \times 5 = 5 \times 4.$$

4×5 représente le résultat qu'on obtient en répétant 4, 5 fois ; or, 4 est l'ensemble de 4 unités, 1 1 1 1; si donc on répète cet ensemble 5 fois et qu'on additionne toutes les unités, on aura le produit 4×5. Cela fournit le tableau suivant :

$$
\begin{array}{cccc}
1 & 1 & 1 & 1 \\
1 & 1 & 1 & 1 \\
1 & 1 & 1 & 1 \\
1 & 1 & 1 & 1 \\
1 & 1 & 1 & 1
\end{array}
$$

dont il suffit d'ajouter les unités. — Or, la somme peut se faire, soit en prenant les cinq lignes horizontales composées chacune de 4 unités, ce qui donne 4×5 ; soit en prenant les 4 colonnes verticales, de 5 unités chacune, ce qui donne alors 5×4 ; les deux produits 4×5 et 5×4 étant deux représentations d'une même somme, sont égaux entre eux, ce qui démontre le principe énoncé.

251. *Remarque.* — Ce principe s'étend évidemment à 2 nombres décimaux, car si l'on avait à multiplier 3,45 par 6,7, on remarquerait que le résultat cherché ne serait autre que le produit

$$345 \times 67$$

à la droite duquel on séparerait 3 chiffres décimaux ; or,

$$345 \times 67 = 67 \times 345 ,$$

et si l'on sépare 3 chiffres décimaux à la droite de ce dernier résultat, on aura le produit

$$6,7 \times 3,45.$$

Le principe est donc vrai pour les nombres décimaux.

252. *Preuve de multiplication.* — Du principe précédent résulte immédiatement cette conséquence :

RÈGLE. — *Pour faire la preuve d'une multiplication on recommence l'opération en changeant l'ordre des facteurs, c'est-à-dire en prenant le multiplicateur pour multiplicande, et inversement.*

OPÉRATION.

$$47,4$$
$$32$$
$$\overline{948}$$
$$1422$$
$$\overline{1516,8}$$

PREUVE.

$$32$$
$$47,4$$
$$\overline{12\ 8}$$
$$224$$
$$128$$
$$\overline{1516,8}$$

EXERCICES

sur la multiplication.

NOMBRES ENTIERS.

(1) Effectuer les multiplications suivantes :

34×7	627×8
3409×6	5008×4
7849×5	9806×3
6425×2	386×57
4239×48	2605×54
629785×79	2107864×85
7264×837	84209×789
3472×807	412084×975
6105720×306	2754×3896
17408×6087	42968×2709
9642078×8007	6118397×4168
583129×76428	3540068×539086
98712865×270096	520986×747985
6227907×900807	2964208×740006
299687456×1680749	36427854×9876532
$260708429 \times 97008647$	$928630245 \times 870007089.$

(2) Effectuer les produits suivants :

42687×65400	74029×705000
3648000×1798	238070000×3967
9435800×386000	4593000×4900
30480000×6900	620000×88740
790004800×4008000	$3090000 \times 6008900.$

(1) Effectuer les produits suivants :

864,26 × 397	6402,9876 × 4285
0,04862 × 9876	74,625 × 9823
0,1664 × 3125	726 × 8,34
90867 × 19,674	418 × 7,6498
4398 × 0,0726	809654 × 52,68
86,42 × 9,46	425,7649 × 92,647
325,764 × 28,9654	64,82 × 9,65783
0,00386472 × 7287,65	629,72 × 0,0987
965,425 × 37,64	78,328 × 3,625
3,46857 × 0,9386	0,8648 × 0,9675.

(2) Effectuer les produits suivants :

0,68429 × 0,0257	0,0062 × 0,0074
0,00098027 × 0,0586	0,00108 × 0,016
0,00020084 × 0,0125	684000 × 0,079
546700 × 0,8642	540000 × 37,486
7420000 × 3,58	0,007942 × 92000
0,8643 × 6270000	85,427 × 78600000
0,0000786 × 2400	0,00302078 × 246000
0,0030 × 5800000.	

Principes relatifs à la multiplication.

253. Principe I. — *Le produit de plusieurs nombres ou facteurs ne change pas, quel que soit l'ordre dans lequel on effectue la multiplication.*

Nous avons précédemment démontré ce principe pour 2 facteurs, entiers ou décimaux, à propos de la preuve de la multiplication. Nous allons voir qu'il est vrai pour un nombre quelconque de facteurs. Mais, pour cela, nous allons considérer plusieurs cas particuliers.

Premier cas.

254. *Le produit de plusieurs facteurs ne change pas lorsqu'on intervertit l'ordre des deux derniers facteurs.*

1° Considérons d'abord le produit de 3 facteurs :

$$6 \times 3 \times 5.$$

Par définition, on doit multiplier 6 par 3 et répéter 5 fois le résultat ; or, le produit de 6 par 3, ou 6 répété 3 fois, est représenté par l'ensemble suivant :

$$6 \quad 6 \quad 6$$

L'ensemble de ces trois 6, répété 5 fois, donnera un total représentant bien le produit cherché. Ce produit sera donc la somme des 6 contenus dans le tableau suivant :

$$
\begin{array}{ccc}
6 & 6 & 6 \\
6 & 6 & 6 \\
6 & 6 & 6 \\
6 & 6 & 6 \\
6 & 6 & 6
\end{array}
$$

La somme faite en prenant les 5 lignes horizontales donnera, puisque chaque ligne vaut 6×3 :

$$6 \times 3 \times 5$$

La somme faite en prenant les 3 colonnes verticales donnera, puisque chaque colonne représente 6×5 :

$$6 \times 5 \times 3.$$

Les deux produits $6 \times 3 \times 5$ et $6 \times 5 \times 3$ représentant la même somme, sont donc égaux. Le principe est donc vrai pour 3 facteurs.

2° Soit maintenant le produit quelconque

$$6 \times 2 \times 3 \times 8 \times 9,$$

ce produit doit être égal à :

$$6 \times 2 \times 3 \times 9 \times 8.$$

En effet, dans ces deux produits, avant de multiplier par les 2 derniers facteurs, on doit avoir fait, par définition, le produit de tous ceux qui les précèdent, c'est-à-dire le produit

$$6 \times 2 \times 3 \text{ ou } 36$$

qui leur est commun. Ces deux produits peuvent donc s'écrire :

$$36 \times 8 \times 9$$
$$36 \times 9 \times 8$$

et par conséquent sont égaux, d'après ce que nous venons de dire pour un produit de 3 facteurs ; d'où il résulte que :

$$6 \times 2 \times 3 \times 8 \times 9 = 6 \times 2 \times 3 \times 9 \times 8$$

ce qu'il s'agissait de démontrer.

Second cas.

255. *On peut, dans un produit quelconque, changer l'ordre de 2 facteurs consécutifs quelconques, sans que la valeur du produit soit altérée.*

Soit le produit :

$$6 \times 2 \times 3 \times 8 \times 9 \times 7 \times 5,$$

dans lequel on voudrait intervertir l'ordre des facteurs consécutifs 8 et 9.

Avant d'employer les facteurs qui suivent les deux que l'on se propose de déplacer, on devra, par définition, effectuer le produit :

$$6 \times 2 \times 3 \times 8 \times 9;$$

c'est ce produit effectué qu'il faudra multiplier par 7 et par 5 ; or, d'après ce qui précède :

$$6 \times 2 \times 3 \times 8 \times 9 = 6 \times 2 \times 3 \times 9 \times 8;$$

Il sera donc indifférent de multiplier l'un ou l'autre de ces deux résultats par 7 et par 5 ; donc enfin :
$$6 \times 2 \times 3 \times 8 \times 9 \times 7 \times 5 = 6 \times 2 \times 3 \times 9 \times 8 \times 7 \times 5$$
ce qu'il fallait démontrer.

256. Ce dernier cas une fois démontré, nous remarquerons que, de proche en proche, on pourra faire occuper au facteur 9, par exemple, toutes les places possibles ; et ceci étant vrai pour un facteur quelconque, on en conclut que les facteurs peuvent être placés dans un ordre quelconque, ce qui démontre le principe général énoncé.

257. *Remarque.* — Ce principe s'applique évidemment aux nombres décimaux, dont la multiplication se ramène à celle des nombres entiers.

258. PRINCIPE II. — *Pour multiplier un nombre par le produit de plusieurs facteurs, on peut le multiplier successivement par les différents facteurs de ce produit.*

Soit à former le produit

$$56 \times 24;$$

24 étant le produit des facteurs 2, 3, 4, cela revient à démontrer que :

$$56 \times 24 = 56 \times 2 \times 3 \times 4.$$

Or on sait, d'après ce qui précède, que

$$56 \times 24 = 24 \times 56.$$

Dans ce second produit, 24 occupant la 1re place, peut être remplacé par le produit des facteurs qui le composent, attendu que ce produit devra toujours être effectué avant la multiplication par le dernier facteur 56; donc :

$$24 \times 56 = 2 \times 3 \times 4 \times 56;$$

d'où résulte, en mettant 56 à la 1re place dans ces 2 produits égaux :

$$56 \times 24 = 56 \times 2 \times 3 \times 4,$$

ce qu'il fallait démontrer.

259. PRINCIPE III. — *Dans un produit de plusieurs facteurs, on peut grouper deux ou plusieurs facteurs sans changer la valeur du produit.*

Soit en effet le produit :

$$6 \times 2 \times 3 \times 8 \times 9 \times 7 \times 5.$$

Il s'agit de démontrer que l'on peut former à part le produit des facteurs 3, 9, 7, par exemple, et écrire le produit total sous la forme

$$6 \times 2 \times 189 \times 8 \times 5$$

189 étant égal à $3 \times 9 \times 7$.

En effet, nous pouvons d'abord mettre les trois facteurs en question au commencement du produit :

$$3 \times 9 \times 7 \times 6 \times 2 \times 8 \times 5,$$

puis faire le produit 189 de ces 3 facteurs, à cause de la place qu'ils occupent :

$$189 \times 6 \times 2 \times 8 \times 5.$$

Nous pourrons enfin mettre 189 à une place quelconque :

$$6 \times 2 \times 189 \times 8 \times 5,$$

ce qui démontre le principe énoncé.

Remarque. — Il résulte évidemment de là, qu'on peut grouper les facteurs : deux à deux, trois à trois, etc., d'une manière quelconque.

260. Ce dernier principe est très-avantageux pour la simplification des calculs, lorsque plusieurs facteurs combinés donnent facilement des résultats pour lesquels le calcul devient plus commode. Ainsi, par exemple, soit le produit :

$$13 \times 25 \times 3 \times 4 ;$$

En remarquant que $25 \times 4 = 100$, le produit proposé prend de suite la forme simple

$$13 \times 3 \times 100$$

et donne ainsi facilement, 3900.

On ne saurait trop s'habituer aux simplifications de ce genre que le calcul présente bien souvent.

Puissances des nombres.

261. DÉFINITION. — *On appelle puissance d'un nombre le produit de plusieurs facteurs égaux à ce nombre.*

Ainsi le produit

$$3 \times 3 \times 3 \times 3$$

est une puissance de 3.

On simplifie l'écriture d'une puissance d'un nombre en plaçant à la droite de ce nombre et un peu au-dessus un petit chiffre indiquant le nombre de facteurs composant la puissance; ce nombre est l'*exposant* de la puissance; la valeur qu'il indique est le *degré* de cette puissance; on écrira donc, d'après cela :

$$3 \times 3 \times 3 \times 3 = 3^4$$

s'énonçant 3 puissance 4, — l'exposant 4 indique une puissance du 4° degré.

Remarque. — Il faut bien se garder de confondre 3^4 avec 3×4; la première quantité vaut en effet 81, tandis que la seconde est simplement égale à 12.

262. On donne le nom de *carré* à la seconde puissance d'un nombre : c'est le produit de ce nombre par lui-même :

$$5^2 = 5 \times 5 \text{ ou } 25$$

est le carré de 5.

On appelle *cube* d'un nombre la troisième puissance de ce nombre ; ainsi :

$$5^3 = 5 \times 5 \times 5 \text{ ou } 125$$

est le cube de 5.

263. PRINCIPE IV. — *Le produit de deux puissances d'un même nombre est encore une puissance de ce nombre dont l'exposant est égal à la somme des exposants des facteurs.*

En effet, soit à multiplier 3^2 par 3^4. Cela revient à multiplier le produit

$$3 \times 3$$

par le produit

$$3 \times 3 \times 3 \times 3 ;$$

or, d'après un principe démontré plus haut (n° 258), on obtiendra le résultat en multipliant le premier produit, successivement par tous les facteurs du second, ce qui donnera comme résultat définitif :

$$3 \times 3 \times 3 \times 3 \times 3 \times 3,$$

c'est-à-dire le produit de tous les facteurs 3 qui entrent dans les deux puissances, et par conséquent une puissance de 3, (3^6), composée d'autant de facteurs qu'il s'en trouve en somme dans les deux puissances à multiplier, et ayant pour exposant la somme des exposants des facteurs ; ce qui démontre le principe énoncé.

Remarque. Ce principe s'applique évidemment au produit de plusieurs puissances d'un même nombre ; ainsi :

$$3^2 \times 3^4 \times 3^3 = 3^9.$$

264. On peut remarquer, comme application des puissances, que :

L'unité suivie d'un certain nombre de zéros représente une puissance de 10 dont l'exposant est égal au nombre des zéros qui suivent l'unité ; en effet :

$$10000 = 10 \times 10 \times 10 \times 10 \text{ ou } 10^4.$$

265. Chaque facteur 10 contient le facteur 2 et le facteur 5, car $10 = 2 \times 5$; par conséquent dans le produit précédent, ces nombres 2 et 5 entrent chacun 4 fois, et l'on a d'après cela :

$$10^4 = 2^4 \times 5^4,$$

c'est-à-dire que toute puissance de 10 est le produit de 2 puissances, de 2 et de 5, ayant chacune même exposant que la puissance de 10.

———

EXERCICES
sur la multiplication.

(1) Effectuer les produits suivants :

$$4827 \times 346 \times 13 \times 5400 \times 75.$$
$$2400 \times 7480 \times 8000 \times 940.$$
$$618 \times 4 \times 25 \times 12 \times 800.$$
$$67300 \times 348 \times 920000.$$
$$900 \times 740 \times 27 \times 130 \times 74800.$$

(2) Effectuer les produits suivants :

   $64,39 \times 13,4 \times 9,785 \times 48 \times 3000$

   $0,078 \times 36,4 \times 0,45 \times 948.$

   $3100 \times 0,28 \times 64,379 \times 240000.$

   $0,0786 \times 0,45 \times 0,0032 \times 0,0006294.$

   $5246 \times 0,007253 \times 0,00092 \times 0,00001.$

   $10 \times 100 \times 0,001 \times 0,1 \times 1000 \times 0,000001.$

   $0,01 \times 200 \times 0,003 \times 1000.$

   $1000 \times 0,4 \times 3000 \times 10 \times 600 \times 0,01.$

   $10000 \times 0,01 \times 10 \times 0,001 \times 36,478.$

(3) Former le carré de chacun des nombres suivants :

48	585	92423	7800	38071.
364	3876	640	8000	760700.

(4) Former le carré de chacun des nombres suivants :

8,4	37,45	0,26	0,0006	3,0065.
6,56	9,743	0,027	0,0000798	87,000964.

(5) Calculer les puissances suivantes :

8^2	126^2	$54,45^2$	$0,27^2$	$0,00035^2$
$13,6^3$	65^4	$624,3^3$	$0,037^3$	$0,00061^3.$
$12,42^2$	$8,3^2$	$9,6^4$	$0,4^4$	$0,0021^5.$

(6) Effectuer les produits suivants :

   $2^3 \times 3^2 \times 7$

   $2^2 \times 3^4 \times 5^2 \times 11$

   $3^2 \times 11^2 \times 13 \times 17^3$

   $2^4 \times 5^2 \times 7^3 \times 11 \times 13$

   $5^3 \times 7 \times 17^2 \times 19 \times 23^2.$

(7) Effectuer les produits suivants :

   $3,4^2 \times 6,72^3 \times 1,12$

   $17,04^9 \times 219,4 \times 0,078^2$

   $518,49 \times 0,54^3 \times 10^2 \times 11,5^2$

   $0,06^2 \times 0,007^3 \times 0,03^5 \times 100^2$

   $26,4^2 \times 18,08^3 \times 10^4 \times 0,01^3 \times 25^2.$

(8) Evaluer chacun des produits suivants au moyen d'une puissance du nombre correspondant, puis calculer cette puissance :

   $2^2 \times 2^4 \times 2$

   $3 \times 3^2 \times 3^3 \times 3$

   $5 \times 5^4 \times 5^2$

   $7^2 \times 7^3 \times 7.$

   $11 \times 11^3 \times 11^2 \times 11^3.$

(9) Représenter le produit des deux nombres $2^2 \times 3 \times 5^4 \times 11$ $\times 13^2$ et $2^4 \times 3^2 \times 7 \times 11^2$ en écrivant une seule fois chaque facteur avec l'exposant qui lui correspond.

(10) Même question pour les nombres suivants :

$$2^3 \times 7 \times 11^2 \times 13 \text{ et } 2 \times 3^2 \times 5 \times 7^2 \times 13$$
$$2^4 \times 3^2 \times 5^2 \times 13 \text{ et } 3^7 \times 5 \times 7 \times 11^5$$
$$2^2 \times 3^2 \times 5 \times 7^2 \text{ et } 2^3 \times 5^2 \times 11 \text{ et } 3^2 \times 5^2 \times 7 \times 13$$
$$2 \times 3^4 \times 7 \times 11^4 \text{ et } 3^2 \times 7^2 \times 11 \times 13 \text{ et } 2^3 \times 5^2 \times 17$$

Principaux usages de la multiplication.

266. Les principaux cas dans lesquels on est conduit à la multiplication sont les suivants :

1° *Connaissant la valeur, le poids, la grandeur d'un certain objet, déterminer la valeur, le poids, la grandeur de plusieurs objets identiques au premier et pris ensemble.*

Exemple. — Une barrique de vin a coûté 135 francs, combien coûtent 24 barriques du même vin ?

La barrique coûtant 135 francs,
24 barriques coûteront 24 fois plus, ou :

$$135 \text{ fr.} \times 24 = 3240 \text{ francs.}$$

Autre ex. Un décimètre cube de bronze pèse $8^{Kg.},75$, combien pèsent $3^{dm.c.},24$ du même bronze ?

Pour avoir le poids de 2, 3... *décimètres cubes*, il faudrait multiplier le poids de $1^{dm.c.}$ par 2, 3..., représentant le nombre des décimètres cubes ; donc, pour avoir le poids cherché, il faut, par extension, multiplier $8^{Kg.},75$, poids de $1^{dm.c.}$, par le nombre de dm.c., 3,24. La partie entière du résultat exprimera, en *kilogrammes*, le poids de $3^{dm.c.},24$.

$$8^{Kg.},75 \times 3,24 = 28^{Kg.},35.$$

2° *Déterminer combien d'objets de même valeur on peut avoir pour une certaine somme, lorsqu'on connait le nombre qu'on en peut avoir pour 1 franc.*

Ou bien encore :

Déterminer ce que l'on peut avoir, soit en poids, soit en lon-gueur, soit en volume, etc., d'une certaine marchandise, pour une somme déterminée, sachant ce que l'on peut avoir de cette marchandise, soit en poids, soit en longueur, soit en volume, etc., pour 1 franc.

Exemple. — On a acheté 8 oranges pour 1 franc; com-bien aurait-on d'oranges, aux mêmes conditions, pour 7 francs?

Si pour 1 fr. on a 8 oranges,
pour 7 fr. on en aura 7 fois plus, ou :

$$8 \times 7 = 56 \text{ oranges.}$$

Autre ex. — Pour 1 franc, on a eu $2^m,65$ de ruban, combien aura-t-on du même ruban pour 3 fr. 20?

Si pour 1 franc, on a eu $2^m,65$ de ruban; pour 2, 3, 4, etc., francs, on aura 2, 3, 4, etc., plus de ruban, ce qu'on obtiendra en multipliant $2^m,65$ par 2, 3, 4, etc., c'est-à-dire par le nombre de francs destinés à l'achat. Donc, par extension, on devra multiplier $2^m,65$ par 3,20 représentant, en francs, la somme employée :

$$2^m,65 \times 3,20 = 8^m,48.$$

3° *Une grandeur étant exprimée au moyen d'une certaine unité, représenter cette grandeur, en prenant pour unité une subdivision de la première unité. Ou encore, et plus générale-ment :*

Une grandeur étant exprimée au moyen d'une certaine unité, représenter cette grandeur, en prenant une nouvelle unité au moyen de laquelle la première est évaluée.

Exemple. — Une machine a mis 9 heures à confectionner un ouvrage, en combien de minutes cet ouvrage a-t-il été exécuté?

Chaque heure vaut 60 minutes,
Les 9 heures de travail valent 9 fois plus de minutes qu'une seule heure, ou :

$$60^m \times 9 = 540 \text{ minutes.}$$

Remarque. — On aurait pu demander le nombre de se-condes écoulées :

Dans ce cas on remarquerait que : chaque minute valant 60 secondes, les 60 minutes composant 1 heure, valent ensemble 60 fois plus de secondes, ou :

$$60^s \times 60 = 3600 \text{ secondes.}$$

Connaissant alors la valeur, 3600, de 1 heure en secondes, on serait conduit à multiplier ce nombre par 9, pour avoir le nombre de secondes écoulées pendant les 9 heures de travail :

$$3600^s \times 9 = 32400 \text{ secondes.}$$

Autre ex. — Quel serait le nombre représentant le poids d'un objet, pesant $28^{K.g.},275$, si l'on se servait, pour peser cet objet, d'une unité de poids 12 fois plus petite que le kilogramme ?

Si l'unité de mesure devenait 12 fois plus petite, elle serait, par cela même, contenue 12 fois plus dans toute grandeur qu'elle servirait à mesurer ; le nombre exprimant la mesure serait donc 12 fois plus grand ; il serait donc ici :

$$28,275 \times 12 = 339,30.$$

Autre exemple. — Exprimer en francs la valeur de 2845 *florins d'Autriche*, sachant que le florin d'Autriche vaut 2 fr. 60.

Le florin valant 2 fr. 60,
2845 florins valent 2845 fois plus, ou :

$$2,60 \times 2845 = 7397 \text{ francs.}$$

Autre exemple. — Exprimer en francs la valeur de 245 *réaux*, sachant que le réal (pièce de monnaie espagnole) vaut 0 fr. 26.

Le réal valant 0 fr. 26,
245 réaux valent 245 fois plus, ou :

$$0,26 \times 245 = 63^f,70.$$

Remarque. — Comme conséquence de cette 3e application de la multiplication, on conclut que : pour rapporter au centiare une superficie évaluée en hectares, il faut multiplier par 10 000, le nombre qui exprime l'évaluation en hectares, attendu qu'un hectare vaut 10 000 centiares.

On sait d'ailleurs qu'on multiplie par 10 000 en reculant la virgule de 4 rangs vers la droite.

De même on passera de l'hectolitre au décilitre, en multipliant par 1000, c'est-à-dire en reculant la virgule de 3 rangs vers la droite. Et ainsi de même pour toutes les autres mesures.

4° *Sachant ce que fait ou ce que gagne un ouvrier en 1 jour, déterminer ce que fait ou ce que gagne cet ouvrier en plusieurs jours.*

Ou bien encore :

Sachant le chemin parcouru en 1 heure par un courrier, une locomotive, calculer le chemin que parcourraient ce courrier, cette locomotive, en un certain nombre d'heures.

Exemple. — Un ouvrier fait habituellement, par journée de travail, $3^m \cdot 45$ d'un certain ouvrage et gagne 6 fr. 50 par jour. Que fera-t-il et que gagnera-t-il en 15 jours également employés ?

Si, en un jour, le travail est de $3^m,45$, et le gain de 6 fr. 50,

En 15 jours, le travail et le gain seront 15 fois plus forts. On aura donc :

Pour le travail : $3^m,45 \times 15 = 51^m,75$.
Pour le gain : $6^f,50 \times 15 = 97^f,50$.

Autre exemple. — Une locomotive marche régulièrement, à raison de 36 kilomètres par heure ; quel chemin ferait-elle ainsi, en marchant 8 heures sans changer son allure ?

Si la locomotive fait 36 kilomètres par heure,

En 8 heures, elle fera 8 fois plus, ou :

$$36^{Km} \cdot \times 8 = 288 \text{ kilomètres.}$$

5° *Déterminer la superficie de certaines figures particulières, le volume de certains corps particuliers, à l'aide de procédés donnés par la géométrie et basés sur la multiplication.*

Nous renvoyons à la géométrie, ou aux exercices à faire en classe, pour les applications relatives à ce 5° cas.

7.

PROBLÈMES

sur la multiplication.

(1) Que coûtent 48 mètres de velours à 18 francs le mètre ?

(2) Un troupeau de 76 vaches s'est vendu sur le pied de 256 fr. par tête. Combien a-t-il rapporté ?

(3) Un voyageur fait régulièrement 48 kilomètres par jour. Quel Quel chemin parcourrait-il ainsi en 65 jours ?

(4) On estime que l'éclair nous apparaît au moment de sa production, tandis que le son parcourt, dans l'air, environ 340 mètres par seconde.

Cela posé, à quelle distance s'est produit un coup de tonnerre qui a été entendu 8 secondes après l'apparition de l'éclair correspondant ?

(5) Un employé gagne 345 francs par mois ; que gagne-t-il par an ?

(6) L'heure est composée de 60 minutes ; combien y a-t-il de minutes en 226 heures ?

(7) Combien y a-t-il de mois dans 345 années ?

(8) Que coûtent 254 mètres de drap à 13f,75 le mètre ?

(9) Une vis avance à chaque tour de 1c.m.642 ; de combien avance-t-elle en 15 tours ?

(10) Quel est le prix de 24 paniers d'oranges contenant chacun 45 oranges à 0f,22 la pièce ?

(11) On peut former un savon mou supérieur en employant :

0Kg.,375.... huile de lin,

0 ,500.... huile de colza,

0 ,125.... acide oléique non distillé.

Combien faudra-t-il de chacune de ces substances pour préparer un poids 245 fois plus considérable de ce même savon ?

(12) Le minerai de nickel de Frensbourg, dans le comté de Saïn, contient par kilogramme :

Nickel	0 Kg.,253,
Arsenic	0 ,117,
Antimoine	0 ,477,
Soufre	0 ,153.

Combien aura-t-on de chacune de ces substances dans 48Kg.,525 du minerai ?

(13) Le ciment de Boulogne-sur-Mer renferme, pour 1 kilogramme :

$$54^{\text{D.g.}}\text{de chaux,}$$
$$31 \quad \text{d'argile,}$$
$$15 \quad \text{d'oxyde de fer,}$$

Exprimer en kilogrammes, la composition de $385^{\text{Kg.}},60$ de ce ciment.

(14) On prépare une belle cire à cacheter rouge, en combinant avec 1 gramme de gomme laque les substances suivantes :

Térébenthine...	$0^{\text{gr.}},440,$
Résine..........	$0 \quad ,060,$
Vermillon.......	$0 \quad ,660,$
Essence.........	$0 \quad ,060.$

Combien devra-t-on prendre de chacune de ces 4 dernières substances pour entrer en composition avec $2^{\text{Kg.}},450$ de gomme laque ?

(15) La ration journalière du marin français a été arrêtée par une commission, en 1848, de la manière suivante :

Pain ou équivalent en biscuit ou farine..............	$1^{\text{Kg.}}$
Viande fraîche ou équivalent en viande salée........	$300^{\text{gr.}}$
Fèves, pois ou haricots..........................	120
Beurre...............................	15
Huile d'olive	6
Café................................	20
Oseille 10 gr. ou choucroute..........	20
Vin.................................	460
Eau-de-vie..........................	60
Sel marin...........................	22

On demande, d'après cela, la consommation en kilogrammes, de chacune de ces substances, par un équipage de 475 hommes pendant une traversée commencée le matin du 27 janvier 1864 et terminée le soir du 18 mars suivant.

(16) Un employé est augmenté de 706 francs par an ; il a ainsi 475f,50 à dépenser par mois. A combien s'élevaient ses appointements avant sa dernière augmentation ?

(17) Quel est le poids d'un sac, pesant vide, 128 grammes, et contenant actuellement 32 pièces de 5 francs en argent, 28 de 2 francs et 75 de 1 franc ?

(18) 1 litre de lait pèse $1^{\text{Kg.}},03$. Quel serait le poids d'un vase plein de lait, sachant que ce vase, vide, pèse $15^{\text{Kg.}},420$, et que, plein d'eau pure, dans les conditions du gramme, il pèse $428^{\text{Kg.}},740$?

(19) On a acheté 396 kilog. d'essence de térébenthine à 0f,92 le kilog.; on en revend : 142 kilog. à 0f,985 ; 98Kg.,650 à 0f,995 ; et le reste à 0f,94. Combien gagne-t-on ?

(20) Une personne a acheté 345 kilog. d'amidon qu'elle revend 276 francs, en réalisant un bénéfice de 0f,12 par kilog. Combien avait-elle payé ses 345 kilog., et quel bénéfice total a-t-elle ainsi réalisé ?

(21) On a partagé une certaine somme entre 453 personnes ; chacune a reçu 328f,60. Quelle était la somme partagée ?

(22) Un militaire rentrant au pays, y arrive au bout de 32 jours, ayant fait 28 kilomètres par jour. Quelle distance avait-il à parcourir, sachant qu'il s'est reposé les quatre dimanches ?

(23) En vendant 356 mètres de drap 5340 fr., on a gagné 3f,25 par mètre. Quel était le prix d'achat ?

(24) Un particulier qui possède un revenu de 345f,35 par mois reçoit 19 mois d'arriéré ; il solde sur ce qui lui revient ainsi : 23 mois de pension à 180f,25 par mois, et de plus, pour 1267f,85 de factures. Que lui reste-t-il ?

(25) Pour solder 45 douzaines de mouchoirs à 24f,60 la douzaine, et 132 mètres de toile à 4f,80 le mètre, on a donné 64 mètres de drap à 16f,70 le mètre et le reste en argent. Quelle somme a-t-on ainsi versée ?

(26) 3285 chevaux de remonte ont été payés, l'un dans l'autre, 625 fr.; les frais de remonte se sont élevés à 8969 fr. A combien est revenue cette remonte ?

(27) Deux courriers partent en même temps de 2 villes A et B, se dirigeant l'un vers l'autre ; le premier fait 38 kilomètres et dépense 5f,85 par jour ; le second fait 42 kilomètres et dépense 6f,45 dans le même temps. Ces deux courriers se rencontrent après 12 jours de marche. On demande quelle est la distance des 2 villes A et B, et ce que chaque courrier aura dépensé lorsqu'il rencontrera l'autre ?

(28) Deux courriers partent en même temps de 2 villes A et B, et vont à la rencontre l'un de l'autre ; le premier fait par jour, 12 kilomètres de plus que l'autre ; ils se rencontrent après 17 jours de marche, le premier ayant fait 442 kilomètres. Quelle est la distance des deux villes ?

(29) Deux courriers partent ensemble d'une même ville et vont dans le même sens ; l'un fait 28 kilomètres par jour, l'autre en fait

36. A quelle distance seront-ils l'un de l'autre après 13 jours de marche ?

(30) Deux courriers partent en même temps de 2 villes A et B, et vont l'un vers l'autre : le premier faisant 24 kilomètres par jour, le second en faisant 32 ; après 14 jours de marche, ils sont à 45 kilomètres l'un de l'autre, sans s'être encore rencontrés. Quelle est la distance des deux villes A et B ?

(31) Même problème, en supposant les 2 courriers à 758 kilomètres l'un de l'autre, au bout de 24 jours de marche et après s'être mutuellement dépassés.

(32) Un lycée est éclairé au gaz pour lequel on compte $0^f,35$ par mètre cube ; 8 études contiennent chacune 6 becs consommant chacun $13^{D.l.},65$ par heure. Quelle est la dépense de ces 8 études, en gaz, pour trois mois d'hiver, à raison, en moyenne, de 4 heures d'éclairage par jour ?

(33) Une machine à fouler le raisin peut fouler par heure 4276 kilogrammes de raisin. On sait de plus qu'avec cette machine on obtient, pour chaque kilogramme de raisin foulé, $0^{lit.},65$ de vin. Evaluer, en prenant l'hectolitre pour unité, la quantité de vin que peut fournir cette machine en 56 heures ?

(34) Un navire débarque 118 barriques de vin contenant chacune 228 litres ; chaque fût vide pesant 32 kilogrammes, et chaque litre pesant 994 grammes, on propose d'évaluer en kilogrammes le poids dont le navire s'est allégé.

(35) L'huile de colza valant $118^f,60$ les 100 kilogrammes, on demande le prix de revient, à Paris, de 47 quintaux 78 kilog. d'huile de colza, indépendamment des frais de transport, les droits d'entrée étant évalués à $28^f,10$ par quintal métrique.

(36) On prétend que 1 kilogramme de lait donné à un veau produit $0^{Kg.},07$ de viande. Cela admis, on demande le prix de la viande produite par $8^{D.l.}2^{d.l.}$ de lait, sachant que le litre de lait pèse $1^{Kg.},03$ et que la viande de veau coûte $1^f,70$ le kilogramme.

(37) Quel prix peut-on espérer retirer de la vente de $8^{H.a.},65$ de terrains défrichés, classés de la manière suivante : 125 ares de 1ro classe donnant un revenu net de $52^f,75$ par hectare ; $3^{H.a.},80$ de 2e classe, rapportant $42^f,40$ par hectare ; $2^{H.a.}64^a$ de 3e classe, produisant net $31^f,20$ par hectare ; le reste, de 4e classe, ne donnant que $20^f,60$ par hectare ? On sait de plus que le prix moyen de vente est 27 fois le revenu net.

(38) Un marchand a acheté 4 barriques d'eau-de-vie contenant chacune 130 litres; il a payé l'une des barriques 210 fr., une seconde, 190 fr.

On demande le prix des 2 autres ensemble, sachant que le marchand a réalisé, sur son marché, un bénéfice net de 325 fr. en vendant toute son eau-de-vie, étendue de 75 litres d'eau, à raison de 1f,80 le litre.

(39) Un boucher a acheté un troupeau de 28 moutons qu'il a payés par tête, 17f,40; il dépense pour chaque mouton : 1f,70 de droits d'octroi, 1f10 de menus frais, 0f,60 d'abattage. Chaque mouton lui produit en moyenne 3$^{K.g.}$,28 de peau qu'il vend 0f,95 le kilog., 21$^{K.g.}$,50 de viande qu'il débite à 0f,85 le kilog., 298 décagrammes de suif qu'il vend 0f,90 le kilogramme.

Combien son marché lui rapporte-t-il?

(40) On a ensemencé, avec de la graine de luzerne, une prairie de 3$^{H.a.}$28$^{ar.}$75$^{c.a.}$, à raison de 30 kilogrammes par hectare. Combien a-t-on dépensé, en graine, à raison de 1f,65 le kilogramme?

(41) Le poids de la paille de froment est, en moyenne, de 167 kilogrammes par hectolitre de grain.

On demande de calculer, sur cette base, ce qu'on espère retirer en paille, d'un champ de froment de 3$^{H.a.}$42$^{a.}$23$^{c.a.}$, donnant moyennement 15$^{H.l.}$8$^{D.l.}$ à l'hectare.

(42) On voudrait connaître la valeur du produit de : 2$^{H.a.}$,48 ensemencés en blé, 3$^{H.a.}$,698 en orge, 2$^{H.a.}$,64 en seigle, et 3$^{H.a.}$8^{ar}32$^{c.a.}$ ensemencés en avoine, fournissant en moyenne, par hectare, et respectivement: 10$^{H.l.}$,05 de blé, 13$^{H.l.}$,62 d'orge, 9$^{H.l.}$,85 de seigle, et 16$^{H.l.}$,25 d'avoine, aux prix moyens de : 32f,25 par hectolitre pour le blé, 18f,40 pour l'orge, 23f,80 pour le seigle, et 8f15 pour l'avoine.

(43) Les vins paient par hectolitre, à leur entrée dans Paris, 10 francs de droits d'octroi, 8 francs de droits d'entrée, plus 2 décimes par franc sur chacun des deux droits précités. Que devrait-on payer, d'après cela, pour l'entrée de 3 barriques contenant: la 1re, 231$^{lit.}$,80, la 2e, 228$^{lit.}$,85 et la 3e, 245$^{lit.}$,75?

(44) Un marchand de vin traiteur a fait venir à Paris 25 barriques de vin d'une contenance moyenne de 2$^{H.l.}$35$^{lit.}$; le prix d'achat est de 1880 francs, le transport est de 12f, 80 par barrique, et les droits d'octroi et d'entrée sont de 0f,22 par litre; enfin les autres menus frais se montent, jusqu'au moment de la vente, à 38f, 85. **Avant la mise en bouteille, ce vin est mouillé, à raison de 25 litres**

d'eau par hectolitre ; enfin, ainsi préparé, il est écoulé à raison de 1f,20 le litre. Quel est le bénéfice total du traiteur ?

(45) La France a tiré de la Turquie, en 1854, et consommé 505475 hectolitres de froment, représentant une valeur de 29f,10, en moyenne, par hectolitre. Elle a expédié dans ce pays 13356 quintaux métriques de la même denrée, lui donnant une rentrée de 53f,90, en moyenne, par quintal métrique. L'hectolitre de blé pesant moyennement 75 kilogrammes, on demande de déterminer le nombre de kilogrammes réellement extraits de la Turquie, durant cette année ; déterminer également la différence entre les capitaux ainsi échangés.

CHAPITRE IV.

DIVISION.

PRÉLIMINAIRES.

267. Définition générale. — *La division a pour but, deux nombres étant donnés, l'un nommé* dividende, *l'autre* diviseur, *d'en former un troisième, nommé* quotient, *qui multiplié par le diviseur reproduise le dividende.*

Ce que l'on peut encore exprimer en disant que :

La division a pour but : un produit de deux facteurs étant donné, ainsi que l'un de ces facteurs, trouver l'autre.

268. La division se représente par le signe (:), que l'on place entre le dividende et le diviseur ; ainsi :

$$48 : 6$$

signifie et s'énonce 48 divisé par 6.

269. — La division des nombres, entiers ou décimaux, peut se décomposer en deux parties distinctes :

1° *Diviser un nombre, entier ou décimal, par un nombre entier ;*

2° *Diviser un nombre, entier ou décimal, par un nombre décimal.*

Ce qui revient à supposer successivement, le dividende étant d'ailleurs entier ou décimal :

1° Le diviseur, un nombre entier ;

2° Le diviseur, un nombre décimal.

---

§ I. — Diviseur entier.

270. Supposons, par exemple, que l'on se propose de diviser 84 par 12 :

Cela revient, d'après la définition générale, à chercher un nombre qui, multiplié par 12, donne 84 pour résultat.

Soit 7 ce nombre ; il s'ensuit que l'on aura :

$$84 = 7 \times 12,$$

ce qui veut dire que 84 se compose de 12 fois 7, c'est-à-dire de 12 parties, chacune égale à 7.

D'après cela le quotient, 7, exprime la grandeur de chacune des parties que l'on obtient en partageant 84 en 12 parties égales.

De là résulte une manière particulière d'envisager la division, lorsque le diviseur est un nombre entier :

271. Définition particulière. — I. *La division d'un nombre, entier ou décimal, par un nombre entier, a pour but de partager le premier nombre, nommé* DIVIDENDE, *en autant de parties égales qu'il y a d'unités dans le second nombre nommé* DIVISEUR.

Le résultat se nomme QUOTIENT.

272. De l'exemple qui précède nous pouvons conclure que, si l'on a

$$84 = 7 \times 12,$$

l'on peut également écrire (n° 250) :

$$84 = 12 \times 7.$$

Cette nouvelle forme nous montre que le dividende 84 se compose de 7 fois le diviseur 12, et que par suite le quotient, 7, exprime le nombre de fois que ce diviseur est contenu dans le dividende.

De là résulte cette nouvelle définition de la division, applicable seulement au cas où le dividende est au moins égal au diviseur, c'est-à-dire contient au moins une fois ce diviseur :

273. DÉFINITION PARTICULIÈRE. — **II.** *La division a pour but de déterminer combien de fois un nombre donné, nommé* DIVISEUR, *est contenu dans un autre nombre donné, nommé* DIVIDENDE.

Le résultat se nomme QUOTIENT.

274. La division tire son nom de la première définition particulière (n° 271) ; en effet, *diviser* signifie *partager :*

DIVIDENDE, par son origine latine, veut dire : *qui doit être partagé* ou *divisé.*

DIVISEUR signifie : *qui doit partager* ou *diviser.*

Le QUOTIENT tire également son nom du latin, du mot *quotiens,* qui veut dire : *autant de fois, combien de fois.*

275. L'opération, telle que nous venons de la considérer (n°s 270 et 272, division de 84 par 12), n'est qu'un cas très-particulier de la division, même de la division des nombres entiers.

En effet, nous avons supposé, ce qui arrive le plus rarement, le dividende partageable exactement en autant de parties égales qu'il y a d'unités dans le diviseur 12, ou, ce qui revient au même, nous avons pris pour exemple un dividende, 84, contenant le diviseur, 12, un nombre exact de fois.

Or, les nombres composés d'un nombre exact de fois 12 sont moins nombreux que ceux qui ne contiennent pas ce nombre un nombre exact de fois. En effet :

$$12 \times 2 \text{ ou } 24$$
$$12 \times 3 \ldots 36$$
$$12 \times 4 \ldots 48$$
etc.,

sont les seuls nombres composés d'un nombre exact de fois 12. Entre 2 consécutifs quelconques, de ces nombres, il y en a 11 qui ne contiennent pas 12 exactement.

De même l'on verrait que :

Sur 127 nombres entiers consécutifs, par exemple, 126 ne contiennent pas 127 un nombre exact de fois, etc., etc.

Il résulte de là que :

Les nombres qui ne contiennent pas exactement un nombre donné sont plus nombreux que ceux qui renferment ce nombre un nombre exact de fois.

Exception. — *Le nombre 2 fait seul exception à cette règle :*

Il y a autant de nombres qui renferment un nombre exact de fois 2, que de nombres ne contenant pas exactement ce nombre.

276. DÉFINITION. — *Tout nombre qui en contient exactement un autre est nommé* MULTIPLE *de cet autre.*

Ainsi, 48, 72, 84 sont des multiples de 12, attendu que :

$$48 = 12 \times 4$$
$$72 = 12 \times 6$$
$$84 = 12 \times 7$$

On peut encore dire, d'après cela :

On nomme MULTIPLE *d'un nombre le produit de ce nombre par un nombre entier quelconque.*

277. Il résulte de ce qui précède que, le plus généralement :

La division a pour but de chercher le plus grand nombre, entier ou décimal, dont le produit, par le diviseur, est contenu dans le dividende.

S'il s'agit de deux nombres entiers devant donner pour quotient un nombre entier, on dira alors que :

L'opération revient à diviser, par le diviseur, le plus grand multiple de ce diviseur contenu dans le dividende.

Dans ce dernier cas, le résultat obtenu, qui indique alors le plus grand nombre de fois que le dividende contient le diviseur, est nommé :

Quotient à moins d'une unité près, ou simplement encore *quotient;* c'est un résultat *approximatif* ou *approché.*

Nous verrons plus loin comment cette dénomination se modifie lorsque le quotient *approché* est un nombre décimal.

278. Dans toute division donnant un quotient approché, le dividende surpasse *le produit du diviseur par le résultat trouvé,* d'un certain nombre que l'on peut obtenir en retranchant ce produit du dividende.

Ce nombre, cet *excès,* se nomme RESTE de la division.

Il résulte évidemment de là, que : si l'on ajoute ce reste au produit en question, l'on doit obtenir pour somme le dividende.

On peut, d'après cela, quelle que soit la méthode assignée pour diviser deux nombres, donner la règle suivante pour faire la preuve d'une division.

PREUVE. — *Pour faire la preuve d'une division, l'on multiplie le diviseur par le quotient, et l'on ajoute le reste, s'il y en a un, à ce produit; on doit obtenir pour résultat le dividende.*

279. Le nom de *quotient, à moins d'une unité près,* donné plus haut au quotient entier approché d'une division inexacte, se justifie de la manière suivante :

Soit le nombre 92, qui se compose de 84 + 8, c'est-à-dire de 7 fois 12, plus huit.

Si l'on avait à diviser 92 par 12, on devrait trouver 7 pour quotient et 8 pour reste : 92 contenant 12, au moins 7 fois et moins de 8 fois.

Or, si l'on nomme QUOTIENT EXACT le nombre, quel qu'il soit, qui multiplié par le diviseur, ou multipliant ce diviseur, donne pour produit le dividende, il est facile de voir

que ce nombre est compris entre 7 et 8, et que par conséquent il se compose de 7 augmenté de moins d'une unité.

C'est pour cette raison que 7, différant à son tour de ce
quotient exact de moins d'une unité, est nommé *quotient
à moins d'une unité près.*

280. La division d'un nombre, entier ou décimal, par
un nombre entier comprend 4 cas :

1° *Le diviseur n'a qu'un seul chiffre et le dividende est un
nombre entier moindre que* 10 *fois le dividende ;*

2° *Le dividende et le diviseur, l'un et l'autre entiers, renferment chacun plusieurs chiffres, et le dividende est moindre
que* 10 *fois le diviseur ;*

3° *Le dividende est un nombre entier quelconque renfermant au moins* 10 *fois le diviseur ;*

4° *Le dividende est un nombre décimal.*

Premier cas.

281. *Le diviseur n'a qu'un seul chiffre, et le dividende
est un nombre entier moindre que* 10 *fois le diviseur.*

Pour reconnaître si une division appartient à ce cas,
l'on place un 0 à la droite du diviseur composé d'un seul
chiffre, et l'on doit obtenir un résultat plus grand que le
dividende.

Le quotient entier, exact ou approché, ne doit alors avoir
qu'un seul chiffre.

1° Soit, par exemple, à diviser 32 par 8 (division du
1er cas, attendu que 32 est moindre que 80).

L'opération revient (n° 273) à chercher combien de fois
8 est contenu dans 32, ce que l'on peut trouver à l'aide
de plusieurs soustractions successives :

Une première donne :

$$32 - 8 = 24 ;$$

une seconde,

$$24 - 8 = 16 ;$$

une troisième,

$$16 - 8 = 8 ;$$

une quatrième et dernière donnerait enfin 0 pour reste; d'où il résulte évidemment que 8 est contenu 4 fois exactement dans 32, ou que 4 est le quotient cherché.

2° Si l'on avait cette autre division :

$$35 : 8,$$

on ferait encore quatre soustractions successives :

$$35 - 8 = 27;$$
$$27 - 8 = 19;$$
$$19 - 8 = 11;$$
$$11 - 8 = 3;$$

mais la dernière donnant alors 3 pour reste, 4 serait le *quotient à moins d'une unité près*, et l'on aurait :

$$35 = 8 \times 4 + 3.$$

Il résulte de là que :

RÈGLE. — *Pour diviser, par un nombre d'un seul chiffre, un nombre entier moindre que* 10 *fois le diviseur, on retranche successivement, autant de fois que possible, le diviseur du dividende, jusqu'à ce que l'on obtienne pour reste, soit zéro, soit un nombre moindre que le diviseur.*

Le nombre des soustractions effectuées est le quotient cherché : exact dans le 1er *cas, à moins d'une unité dans le second.*

282. On peut opérer d'une manière plus commode et plus simple à l'aide de la table de multiplication. En effet :

Si, pour l'exemple 32 : 8, on cherche le diviseur 8 dans la première ligne horizontale, on remarquera que tous les nombres rangés verticalement au-dessous de ce diviseur, jusqu'à la 9ᵉ ligne, sont les divers produits de 8 par les nombres d'un seul chiffre, c'est-à-dire les nombres qui contiennent 8 moins de 10 fois; 32 se trouvant parmi ces nombres, dans la *quatrième* ligne horizontale, 4 est le quotient cherché.

Dans le second exemple, 35 : 8, on remarquera que 35 est compris entre les deux multiples consécutifs de 8,

32 et 40, c'est-à-dire entre 4 fois 8 et 5 fois 8; 4 est donc bien le quotient cherché, avec un reste, 35 — 32 ou 3.

On peut donc, dans le premier cas, suivre aussi la marche suivante :

Chercher le diviseur dans la première ligne horizontale de la table de multiplication; puis, descendre verticalement au-dessous de ce diviseur, jusqu'à son plus grand multiple contenu dans le dividende; le rang de ce multiple ou de la ligne horizontale qui le contient est le quotient cherché, exact ou approché, suivant qu'il correspond ou non au dividende exact.

Avec un peu d'habitude, on doit arriver à faire ces divisions de tête.

Deuxième cas.

283. *Le dividende et le diviseur, l'un et l'autre entiers, renferment chacun plusieurs chiffres, et le dividende est moindre que 10 fois le diviseur.*

Pour reconnaître si une division proposée dépend de ce cas, il suffit de placer ou simplement de supposer un zéro à la droite du diviseur : le résultat doit être plus grand que le dividende.

284. *Méthode dite par tâtonnements.* — Soit à diviser 2679 par 489, division du second cas, puisque 4890 est supérieur à 2679 :

On se propose alors de trouver le plus grand nombre d'un seul chiffre dont le produit, par 489, peut être retranché du dividende 2679, ou, ce qui revient au même, le plus grand nombre entier tel que le produit de 489 par ce nombre soit contenu dans 2679.

Ce produit doit renfermer, entre autres parties, le produit des 4 *centaines* du diviseur par le quotient cherché : or, ce dernier produit devant être un nombre de *centaines*, ne peut être contenu que dans les 26 *centaines* du dividende. Si donc on cherche combien de fois 26 *centaines* contiennent 4 *centaines*, ou combien de fois 26 contient 4, on aura le chiffre cherché, ou un chiffre trop fort, 26 *centaines* pouvant contenir encore d'autre *centaines*, retenues provenant du produit de 89 par le quotient cherché.

26 divisé par 4 (nᵒˢ 281 et 282) donne 6 pour quotient et 2 pour reste ; le quotient est donc *au plus* égal à 6.

Pour essayer 6, on fait le produit :

$$489 \times 6 \text{ ou } 2934,$$

nombre supérieur au dividende 2679 ; ce dernier **ne con**tient donc pas 6 fois 489.

En diminuant alors 6 de 1, essayant de la même manière le nouveau chiffre 5, on trouve :

$$489 \times 5 = 2445,$$

résultat inférieur à 2679, et qui montre que 5 est le plus grand nombre dont le produit, par 489, peut être **retranché** de 2679. 5 est le quotient cherché ; le reste est :

$$2679 - 2445 = 234.$$

De là, la règle suivante :

285. RÈGLE. — *Pour diviser l'un par l'autre deux nombres entiers plus grands que 10 lorsque le dividende est moindre que 10 fois le diviseur, c'est-à-dire lorsque le quotient ne doit avoir qu'un seul chiffre :*

On divise, par le chiffre des plus hautes unités du diviseur, la totalité des unités de même ordre contenues dans le dividende. On obtient ainsi le quotient cherché ou un chiffre trop fort.

Pour l'essayer, on multiplie le diviseur par ce chiffre, et l'on retranche le résultat du dividende, si cela est possible. Si la soustraction ne peut se faire, on diminue d'une unité le chiffre trouvé ; on recommence l'essai avec le nouveau chiffre, et l'on continue de la même manière jusqu'à ce que le produit d'essai puisse se retrancher du dividende : le dernier chiffre essayé est le quotient cherché.

286. Dans la pratique du calcul, on dispose l'opération de la manière suivante :

Dividende. 2679 | 489 diviseur.

Reste . . . 234 | 5   quotient.

Puis on a soin (au lieu de faire d'abord le produit du diviseur par le quotient, puis de retrancher ce produit du dividende), de retrancher ce produit, au fur et à mesure de sa formation, en opérant ainsi :

5 fois 9... 45 ; de 49, reste 4 ;

5 fois 8... 40, et 4... 44 ; de 47, reste 3 ;

5 fois 4... 20, et 4... 24 ; de 26, reste 2.

Dans chacune de ces soustractions, l'on a opéré d'après le même principe que dans la soustraction ordinaire, en augmentant les deux nombres d'une même quantité (n° 208) :

Ainsi, en disant :

5 fois 9... 45 ; de 49, reste 4,

on augmente le chiffre 9 de 40 unités, de manière à rendre la soustraction possible. Tout le dividende se trouve, par cela même, augmenté de 40 unités ou de 4 dizaines, ce que l'on compense en augmentant de 4, le produit,

5 fois 8... 40,

du chiffre des dizaines du diviseur par le quotient 5.

Il en est de même pour les autres soustractions partielles.

On ne doit écrire le chiffre du quotient qu'après avoir fait de tête un essai convenable du chiffre supposé bon.

287. Il est bien entendu que le reste devant toujours être inférieur au diviseur si, dans la pratique du calcul, on arrive à un reste égal ou supérieur au diviseur, c'est que l'on a pris, par mégarde, un chiffre trop faible pour quotient.

Dans tous les cas :

La plus grande valeur possible du reste est égale au diviseur diminué d'une unité.

Remarque. — Nous recommandons formellement d'éviter, même au début, de placer le produit du diviseur par le quotient essayé sous le dividende, pour faire la soustraction; il vaut infiniment mieux s'habituer tout de suite à opérer en suivant la marche détaillée plus haut; l'on y gagne en temps et en bonne habitude.

288. *Autre méthode par tâtonnements.* Soit encore à trouver le quotient de 2679 par 489, division reconnue pour être du second cas.

On peut concevoir l'opération comme consistant à trouver le nombre de fois que le diviseur 489 est contenu dans le dividende 2679.

Or, si l'on prend 400 pour diviseur, au lieu de 489, on remarquera que ce premier nombre, moindre que le second, est contenu au moins autant de fois que lui dans le dividende 2679. Si donc on divise 2679 par 400, l'on aura un quotient au moins égal au quotient cherché, peut-être plus grand, mais jamais plus petit que ce quotient, ce qui limite l'indécision dans un sens.

Ainsi donc, sauf vérification du chiffre trouvé, l'on est conduit à diviser 2679 par 400, c'est-à-dire à chercher combien de fois 4 *centaines* sont contenues dans le dividende, ou mieux, dans les 26 *centaines* que renferme ce dividende; ce qui revient enfin à trouver combien de fois 4, *chiffre des plus hautes unités du diviseur*, est contenu dans 26, *totalité des unités de même ordre du dividende*, ou à diviser 26 par 4, division du 1er cas.

26 divisé par 4 donne 6 pour quotient et 2 pour reste; le quotient cherché est donc au plus égal à 6.

Pour s'assurer si le chiffre 6 est bon, il suffit de remarquer que si cela est, le dividende doit contenir 6 fois le diviseur. On multipliera donc le diviseur par 6, comme il a été dit plus haut; si le résultat ne surpasse pas le dividende 2679, le chiffre est évidemment bon. Si, au contraire, le produit est supérieur à 2679, le quotient est trop fort; on le diminue d'une unité, l'on recommence l'essai, et l'on continue de la même manière jusqu'à ce que le produit d'essai puisse se soustraire de 2679.

Le dernier chiffre essayé est le quotient cherché.

L'on est encore conduit, comme conséquence, à la règle donnée n° 285.

Troisième cas.

289. *Le dividende est un nombre entier renfermant au moins* 10 *fois le diviseur.*

Pour reconnaître si une division proposée rentre dans ce cas, il suffit de placer un zéro à la droite du diviseur : le résultat doit être inférieur ou au plus égal au dividende.

Soit, par exemple, à diviser 396927 par 846, division du troisième cas, attendu que 8460 est inférieur à 396927.

L'opération peut être considérée (n° 271) comme le partage du dividende en 846 parties égales, ou du moins, comme le partage, en 846 parties égales, *de la plus grande partie possible* de ce dividende.

Ce partage peut évidemment s'effectuer successivement, en commençant par les plus hautes unités, et en passant, de proche en proche, aux unités des ordres inférieurs.

Or, les *centaines de mille* du dividende, partagées en 846 parties égales, ne peuvent pas donner de *centaines de mille ;* car, pour que chaque part (c'est-à-dire le quotient) renfermât *une seule centaine de mille*, il faudrait qu'il y en eût au moins 846 au dividende.

De même, les 39 *dizaines de mille* ne donneront pas de *dizaines de mille*, et les 396 *unités de mille* ne pourront non plus donner *une seule unité de mille*.

Mais les 3969 *centaines* peuvent être partagées en 846 parties égales, contenant chacune un nombre de *centaines* moindre que 10, que l'on déterminera par une division du second cas, celle de 3969 par 846 :

1er dividende partiel. 3969	846 diviseur.
1er reste. 585	4 *centaines* du quotient.

On trouve ainsi 4 *centaines* pour chaque part, c'est-à-dire au quotient ; et ces *centaines* multipliées par 846 donnent 3384 *centaines*, formant la partie de 3969 *centaines* qui peut être partagée exactement en 846 parties égales.

3969 — 3384 ou 585, est le nombre des *centaines* non partageables ou le reste du partage des *centaines* du dividende.

Ce nombre de *centaines* équivaut à 5850 *dizaines* qui, jointes aux 2 du dividende, donnent 5852 *dizaines* à partager en 846 parties égales, toujours par une division du second cas :

2° dividende partiel. 5852 | 846
2° reste . . . . . 776 | 6 *dizaines* du quotient.

On obtient ainsi : 6 *dizaines* à ajouter à chaque part ou au quotient déjà trouvé, et pour reste, **776** *dizaines* non partageables sous cette forme.

Ce reste vaut à son tour 7760 *unités* qui, augmentées des 7 *unités* du dividende total, donnent, en dernier lieu, 7767 *unités* à partager en 846 parties égales par une troisième division du second cas :

3° dividende partiel, 7767 | 846
3° et dernier reste.. 153 | 9 *unités* du quotient.

Ce dernier quotient trouvé, 9, représente les *unités* du quotient total, lequel est alors 469. Le reste, 153, trouvé à cette dernière division partielle, est le reste définitif ou total du partage, ou de la division que l'on se proposait d'effectuer.

L'ensemble des opérations qui précèdent conduit facilement à la règle suivante :

290. RÈGLE GÉNÉRALE. — *Pour diviser l'un par l'autre deux nombres entiers quelconques lorsque le dividende contient au moins 10 fois le diviseur :*

On place le diviseur à la droite du dividende dont on le sépare par un trait vertical. On souligne le diviseur sous lequel on écrit le quotient à mesure qu'on le forme.

On sépare, sur la gauche du dividende, assez de chiffres, pour que le nombre obtenu ainsi contienne le diviseur au moins une fois et moins de 10 fois : ce nombre est le PREMIER DIVIDENDE PARTIEL.

On le divise par le diviseur, en suivant la règle du deuxiè-
me cas, ce qui donne le premier chiffre du quotient, et le
PREMIER RESTE, *à la droite duquel on abaisse le chiffre sui-*
vant du dividende.

On obtient ainsi le SECOND DIVIDENDE PARTIEL, *sur lequel on*
opère comme sur le précédent ; et l'on continue de la même ma-
nière jusqu'à ce qu'on ait abaissé tous les chiffres du dividende.

L'ensemble des chiffres obtenus, écrits sous le diviseur,
forme le quotient cherché.

291. Voici maintenant la disposition générale du calcul
et la marche complète de l'opération :

$$
\begin{array}{ll}
\text{Dividende.} \ldots \ldots \text{ 396927} & |\ \text{846 diviseur.} \\
2^e \text{ dividende partiel. 5852} & \overline{\ 469 \text{ quotient.}} \\
3^e \text{ dividende partiel. 7767} & \\
\text{Reste} \ldots \text{ 153} &
\end{array}
$$

On sépare par un point 4 chiffres à la gauche du dividende pour obtenir le *premier dividende partiel*, 3969, contenant 846 au moins une fois et moins de 10 fois, puis l'on
dit :

En 39 combien de fois 8 ? il y est 4 fois :

> 4 fois 6, 24, de 29 .... 5 ;
> 4 fois 4, 16, et 2, 18 ; de 26 .... 8 ;
> 4 fois 8, 32, et 2, 34 ; de 39 .... 5.

On abaisse le chiffre suivant, 2, du dividende, ce qui
donne le *second dividende partiel* 5852, et l'on dit de même :

En 58 combien de fois 8 ? il y est 6 fois :

> 6 fois 6, 36 ; de 42 .... 6 ;
> 6 fois 4, 24, et 4, 28 ; de 35 .... 7 ;
> 6 fois 8, 48, et 3, 51 ; de 58 .... 7 ;

puis on abaisse encore le chiffre suivant, 7, du dividende,

En 77 combien de fois 8? il y est 9 fois :

9 fois 6, 54, de 57 .... 3 ;
9 fois 4, 36, et 5, 41 ; de 46 .... 5 ;
9 fois 8, 72, et 4, 76 ; de 77 .... 1.

Le quotient est 469, et le reste 153.

292. *Remarque.* — Soit proposé d'effectuer la division suivante :

$$346017425 : 846$$

Disposons le calcul d'après la méthode générale qui précède :

$$
\begin{array}{r|l}
346017425 & 846 \\ \cline{2-2}
7617 & 409004 \\
3425 & \\
41 &
\end{array}
$$

Après avoir reconnu que les plus hautes unités du quotient doivent être des *centaines de mille ;* après avoir obtenu le premier reste, 76 *centaines de mille*, et formé le second dividende partiel, 761, représentant les *dizaines de mille* à partager en 846 parties égales : on voit que 761 ne contenant pas 846, le quotient ne peut renfermer de *dizaines de mille.*

On place alors un zéro au rang des *dizaines de mille*, c'est-à-dire à la droite du 4 obtenu précédemment au quotient ; puis, convertissant 761 *dizaines de mille* en 7610 *unités de mille* auxquelles on adjoint les 7 du dividende, on a 7617 *unités de mille* à partager, lesquelles donnent 9 *unités de mille* au quotient et 3 pour reste.

Le même raisonnement se fait à l'égard du nouveau dividende partiel, 34, inférieur à 846 :

On place un zéro au quotient et l'on abaisse le chiffre suivant du dividende, 2.

Le nombre obtenu, 342, ne contenant pas non plus 846, le même raisonnement conduit encore à placer un nouveau zéro au quotient, à abaisser un nouveau chiffre, 5, du dividende, et amène enfin à diviser 3425 par 846.

Le dernier chiffre du quotient est 4, et le reste définitif, 41.

De là résulte une addition à la règle générale qui précède :

293. *Lorsque, dans le courant d'une division, un dividende partiel est moindre que le diviseur, on place un zéro au quotient, l'on abaisse le chiffre suivant du dividende, et l'on continue de la même manière jusqu'à ce que la division puisse s'achever.*

294. *Nombre des chiffres du quotient.* — Si l'on veut savoir, avant de commencer l'opération, combien le quotient renfermera de chiffres, il suffit de remarquer que les plus hautes unités de ce quotient doivent toujours être de la même nature que celles que représente le premier dividende partiel :

Le nombre des chiffres du quotient sera donc toujours marqué par le rang qu'occupe, de droite à gauche, le chiffre des unités du premier dividende partiel.

Exemple. — Soit à diviser :

$$7684279 \text{ par } 6542;$$

le premier dividende partiel 7684, exprimant des *unités de mille*, le quotient renfermera 4 chiffres.

Quatrième cas.

295. *Le dividende est un nombre décimal quelconque.*
Soit proposé d'effectuer l'opération :

$$845,72 : 37.$$

Cela revient à partager 845,72 en 37 parties égales. Or, le dividende 845,72 représente 84572 *centièmes*, que l'on partagera en 37 parties égales en divisant 84572 par 37, à la condition que le quotient exprime des *centièmes*.

Cette condition sera remplie si l'on sépare, à la droite de ce quotient, deux chiffres décimaux, c'est-à-dire autant que le dividende proposé en renferme lui-même.

De là la règle suivante :

296. Règle. — *Pour diviser un nombre décimal par un nombre entier, l'on effectue la division sans faire attention à la virgule du dividende, comme si ce nombre était un nombre entier ; puis l'on sépare, sur la droite du quotient, autant de chiffres décimaux qu'il y en a à la droite du dividende proposé.*

On obtient ainsi le quotient : exact, si le reste est nul ; dans le cas contraire, approché à *moins d'une unité du dernier ordre décimal du dividende.*

$$
\begin{array}{r|l}
845{,}72 & \underline{37} \\
105 & 22{,}85 \\
317 & \\
212 & \\
27 &
\end{array}
$$

297. Le résultat obtenu est approché à moins d'un *centième ;* il est facile de se rendre compte de ce fait en constatant que le véritable quotient est compris entre

22,85 et 22,86,

nombres qui diffèrent entre eux de 1 *centième* et par conséquent, du véritable quotient, de moins de 1 *centième.*

298. *Remarque.* — On peut placer la virgule au quotient dans le courant de l'opération en raisonnant de la manière suivante :

Le partage, en 37 parties égales, de la partie entière du dividende, 845, donne 22 *unités* pour chaque part, avec 31 pour reste.

Or, 31 *unités* valent 310 *dixièmes,* qui joints aux 7 que renferme le dividende, donnent 317 *dixièmes* à partager en 37 parties égales :

Le quotient correspondant est 8 *dixièmes.* On place 8 à la droite de 22, après avoir mis une virgule à la droite de ce dernier nombre.

Le reste, 21 *dixièmes,* converti en *centièmes,* donne 210 centièmes, qui joints aux 2 du dividende, donnent 212 centièmes pour nouveau dividende partiel, 5 *centièmes* pour quotient et enfin 27 *centièmes* pour reste.

On est alors conduit à cette autre règle :

299. RÈGLE. — *Pour diviser un nombre décimal par un nombre entier, l'on effectue la division de la partie entière du dividende; puis, plaçant une virgule à la droite du quotient obtenu, l'on continue la division, en abaissant successivement, à la droite du dernier reste entier et de ceux qui le suivent, les différents chiffres décimaux du dividende.*

On a ainsi le quotient : exact, ou à moins d'une unité du dernier ordre décimal du dividende.

300. Il peut arriver que le dividende soit moindre que le diviseur; il peut encore se faire que ce dividende soit une simple fraction décimale :

Il est bien facile de voir que la règle indiquée (n° 296) subsiste encore dans ces deux cas :

Soit en effet à diviser :

$$8,64732 \text{ par } 945;$$

cela revient à partager 864732 *cent millièmes* en 945 parties égales :

8,64732	945
1423	915
4782	0,00915 quotient vrai.
57	

On obtient ainsi pour quotient, 915 *cent millièmes* que l'on écrit, d'après la règle de numération, en plaçant 2 zéros décimaux à la gauche de 915.

Le quotient vrai est donc 0,00915, et la règle se trouve bien appliquée, car elle enseignerait, dans ce cas, à séparer 5 chiffres décimaux à la droite du quotient.

Le même raisonnement conduirait à la même conséquence pour une fraction décimale.

301. *Remarque.* — On peut encore placer la virgule au quotient dans le courant de l'opération :

8,64732	945
1423	0,00915
4782	
57	

en considérant les partages successifs de la partie entière, puis des parties décimales du dividende, ainsi qu'on l'a fait plus haut (n° 298) :

On place ici un zéro au quotient pour la partie entière, ce zéro résultant du partage de 8 *unités* en 945 parties égales; puis 2 autres zéros, pour les partages successifs de 86 *dixièmes* et de 864 *centièmes*.

Viennent ensuite les 3 chiffres de 915, pour exprimer le partage des *millièmes*, des *dix-millièmes* et des *cent-millièmes*.

Cas particulier.

302. *Lorsque le diviseur n'a qu'un seul chiffre et que le dividende est d'ailleurs un nombre quelconque, entier ou décimal,* il est possible de simplifier la marche ordinaire.

Soit en effet proposée l'opération :

$$2783,65 : 6.$$

Cela revient à partager 2783,65 en 6 parties égales, ou à prendre la sixième partie de ce nombre.

On peut alors se dispenser d'écrire les restes successifs, et l'on place les différents chiffres du quotient au-dessous du dividende, à mesure qu'on les trouve :

2783,65
6°. . . . . 463,94 avec 1 centième de reste.

Ainsi l'on dit :

La 6° partie, ou simplement le 6° de 27 est 4, pour 24 (plus grand multiple de 6 contenu dans 27), et il reste 3.

Le nouveau dividende partiel est 38, dont le 6° est 6, pour 36, avec 2 pour reste.

8.

De même le nouveau dividende partiel est 23, dont le 6ᵉ est 3, pour 18, avec 5 pour reste.

Le 6ᵉ de 56 est 9 pour 54 ; reste 2.

Enfin, le 6ᵉ de 25 est 4, pour 24 ; reste 1.

Telle est la marche à suivre toutes les fois que le diviseur est un nombre d'un seul chiffre ; il est même très-bon d'en pousser l'application un peu plus loin et de pouvoir prendre au moins le 11ᵉ et le 12ᵉ d'un nombre quelconque sans être dans la nécessité de poser la division.

Méthode d'essai.

303. Dans la formation du quotient d'un nombre, entier ou décimal, par un nombre entier de plusieurs chiffres, on peut déterminer les différents chiffres cherchés par un procédé sûr, n'exigeant aucune multiplication du diviseur, aucune soustraction d'essai, et par suite, bien préférable à la méthode enseignée plus haut (n° 285).

Ce procédé est basé sur le raisonnement suivant :

Puisque le produit du diviseur par un chiffre quelconque du vrai quotient doit être, *au plus*, égal au dividende partiel correspondant ; réciproquement :

Si l'on divise ce dividende partiel par le chiffre correspondant du quotient, le résultat ainsi obtenu doit être *au moins* égal au diviseur.

Si donc, dans l'essai d'un chiffre, ce quotient est moindre que le diviseur, le chiffre essayé est trop fort.

Prenons comme exemple la division suivante :

$$\begin{array}{r|l} 2589634 & 3786 \\ 31803 & \overline{684} \\ 15154 & \\ 10 & \end{array}$$

et supposons que, pour déterminer le premier chiffre du quotient, l'on dise :

En 25 combien de fois 3 ? il y est **7** fois, le chiffre **8** étant évidemment trop fort.

Pour essayer **7,** on divise mentalement le **dividende**

partiel 25896 par 7, on en prend le 7ᵉ, et l'on compare les différents chiffres obtenus successivement à ceux du diviseur 3786 :

Le 7ᵉ de 25 est **3**, pour 21 ; reste 4 ;
Le 7ᵉ de 48 est **6**, pour 42.

Il est inutile d'aller plus loin, attendu que le second chiffre trouvé, 6, étant moindre que le second chiffre, 7, du diviseur, cela suffit pour conclure que le 7ᵉ de 25896 est moindre que 3786 et que, par suite, **7** est trop fort. On passe alors à 6 :

Le 6ᵉ de 25 est **4**, pour 24.

Le premier chiffre 4, étant supérieur au premier chiffre du diviseur, 6 est bien le vrai chiffre du quotient.

Pour le second dividende partiel, 31803, l'on opère de la même manière :

Le quotient de 31 par 3 paraît être 9, **pour 27** ; l'essai donne :

Le 9ᵉ de 31 est **3**, pour 27 ; reste 4 ;
Le 9ᵉ de 48 est **5**, pour 45.

Le second chiffre, 5, étant moindre que le second chiffre, 7, du diviseur, le chiffre essayé, 9, est trop fort.

L'essai du chiffre suivant, 8, donnera :

Le 8ᵉ de 31 est **3**, pour 24 ; reste 7 ;
Le 8ᵉ de 78 est **9**, pour 72.

8 est bon, puisque le second chiffre trouvé, 9, est supérieur au second chiffre, 7, du diviseur.

Enfin, le 3ᵉ dividende partiel, 15154, donne pour l'essai de 4 :

Le 4ᵉ (ou le quart) de 15 est de **3**, pour 12 ; reste 3 ;
Le quart de 31 est **7**, pour 28, reste 3 ;
Le quart de 35 est **8**, pour 32, reste 3 ;
Le quart de 34 est **8**, pour 32.

Le 4º chiffre, 8, étant supérieur au 4º chiffre, 6, du diviseur, 4, est bien le chiffre cherché.

Avec un peu d'habitude cette méthode devient très-expéditive. Elle est d'ailleurs tout aussi bien applicable à un dividende décimal.

Quotient prolongé en décimales.

304. Lorsque la division de deux nombres entiers (nᵒˢ 283, 289) ne se fait pas exactement, les méthodes qui précèdent conduisent à un nombre qui diffère du véritable résultat d'une quantité moindre qu'une unité, ce que nous avons nommé quotient à moins d'une unité.

Ainsi, par exemple, le quotient de 46 par 7 est 6, à moins d'une unité près, et s'il s'agit du partage de 46 oranges entre 7 personnes, chaque part se composera de 6 oranges et il restera 4 oranges qui ne pourront être partagées, ou du moins, qui ne permettront pas de donner une orange de plus à chaque personne.

Or, si dans certains cas il est permis de laisser de côté le reste ainsi obtenu, pour ne considérer que le quotient approché à moins d'une unité entière, il arrive souvent aussi que ce reste est trop important pour qu'on le néglige en totalité : on est alors conduit à pousser plus loin le partage.

Exemple. — Soit à partager 858 grammes d'une substance très-précieuse entre 24 personnes :

$$
\begin{array}{c|c}
858 & 24 \\ \hline
138 & 35,75 \\
180 & \\
120 & \\
0 & \\
\end{array}
$$

La division de 858 par 24 donne d'abord 35, c'est-à-dire que chaque part se compose déjà de 35 grammes. Mais il reste ainsi 18 grammes que l'on ne peut négliger et qu'il faut partager encore.

Pour y arriver, on remarque que chaque gramme valant
10 décigrammes ou *dixièmes* de gramme, les 18 grammes
restants valent 180 *dixièmes* que l'on peut partager en
24 parties égales, chaque partie devant représenter alors
des *dixièmes* ou des décigrammes.

On place donc un zéro à la droite du reste 18, une virgule à la droite du quotient trouvé, 35 ; puis, divisant
180 par 24, on a 7 *dixièmes* à ajouter à chaque part ; ces
dixièmes se placent au quotient à la droite de la virgule, et
le quotient, ou la part de chaque personne, devient alors
35$^{gr.}$,7.

Le reste, 12, ainsi obtenu représente évidemment des
dixièmes qui, convertis à leur tour en *centièmes* par l'adjonction d'un zéro, donnent 120 *centièmes* à partager en
24 parties : le quotient, 5 *centièmes*, mis à la droite du précédent, donne 35$^{gr.}$,75 pour la grandeur de chaque part.

Le dernier reste étant zéro, on voit que le partage est
achevé au moyen des parties décimales, et que chaque personne a exactement 35$^{gr.}$,75.

Si le reste avait été autre que zéro, l'on aurait continué
de la même manière, en ajoutant chaque fois un zéro et
plaçant les nouveaux chiffres obtenus à la droite les uns
des autres, à la suite du quotient déjà trouvé.

On peut donc conclure de là que :

305. RÈGLE. — *Pour prolonger en décimales le quotient de
deux nombres entiers, on place un zéro à la droite du dernier
reste trouvé ; l'on met une virgule à la droite du dernier chiffre
obtenu au quotient ; puis on continue la division, en plaçant
chaque fois un nouveau zéro à la droite du reste que l'on vient
d'obtenir, jusqu'à ce qu'on arrive, soit à un reste nul, soit à un
quotient renfermant le nombre de chiffres décimaux que l'on se
propose de trouver.*

*Dans ce dernier cas le quotient est obtenu à moins d'une unité
décimale de l'ordre du dernier chiffre trouvé.*

306. *Remarque.* — On peut également se proposer de
trouver le quotient d'un nombre décimal par un nombre

entier, à moins d'une unité décimale donnée, d'un autre ordre que celui du dernier chiffre décimal du dividende :

Le même raisonnement que celui du n° 304 conduit à établir la marche suivante :

307. RÈGLE. — *Pour obtenir le quotient d'un nombre décimal par un nombre entier, à moins d'une unité d'un ordre décimal déterminé, on prolonge le quotient en décimales, en plaçant, s'il le faut, des zéros à la droite du dividende, jusqu'à ce qu'on ait obtenu le nombre de chiffres décimaux que comporte l'approximation demandée.*

Exemple : Soit à déterminer le quotient de 846,57 par 34, à moins de 0,0001 :

$$
\begin{array}{r|l}
846,57 & 34 \\ \cline{2-2}
166 & 24,8991 \\
30\ 5 & \\
3\ 37 & \\
310 & \\
40 & \\
6 &
\end{array}
$$

On a d'abord opéré comme s'il s'était agi du partage de 846,57 en 34 parties égales ; on a ainsi obtenu 24,89 pour quotient, et pour reste 31, représentant des *centièmes*.

Or ces 31 *centièmes* peuvent être convertis en 310 *millièmes*, comme dans le cas étudié plus haut (n° 304) et dans lequel rentre alors la suite de l'opération.

308. *Remarque I.* — On peut encore, lorsqu'on est fixé, dès le début de l'opération, sur le nombre des chiffres décimaux que l'on désire obtenir au quotient, disposer tout de suite le dividende de manière à suivre de point en point la règle de division d'un nombre décimal par un nombre entier (n° 296).

Il suffit pour cela, avant d'entamer le calcul, de placer à la droite du dividende les zéros que l'on est à même de mettre, un à un, à la suite des différents restes de l'opération prolongée :

1° Si le dividende est un nombre entier, le nombre

de ces zéros est égal précisément au nombre des chiffres décimaux que l'on veut obtenir au quotient ou que comporte l'approximation demandée : ainsi, s'il s'agit d'obtenir le quotient de :

$$8642 \text{ par } 98,$$

avec 4 chiffres décimaux, c'est-à-dire à moins de 0,0001 près, on disposera le calcul de la manière suivante :

$$
\begin{array}{r|l}
8642,0000 & 98 \\
802 & \overline{88,1836} \\
18\ 0 & \\
8\ 20 & \\
360 & \\
660 & \\
27 & \\
\end{array}
$$

2° Si le dividende est un nombre décimal ne renfermant pas assez de chiffres décimaux pour pouvoir répondre à l'approximation demandée, on y supplée par un nombre convenable de zéros ; ainsi, si l'on se propose de trouver à moins de 0,000001 près (c'est-à-dire, avec 6 chiffres décimaux) le quotient de

$$9387,5435 \text{ par } 729,$$

on effectuera la division de

$$9387,543500 \text{ par } 729$$

d'après la règle connue.

309. *Remarque II.* — Si le dividende renferme plus de chiffres que n'en demande l'approximation, on supprime ou l'on néglige les chiffres en excès au dividende.

Ainsi, pour obtenir, à moins de 0,001 près, le quotient de

$$578,42736 \text{ par } 24,$$

on ne tient compte, dans l'opération, que du dividende 578,427 ; la partie négligée ainsi, 0,00036, étant moindre que 0,001 et ne pouvant par conséquent influer sur le nombre des *millièmes* du quotient :

$$\begin{array}{r|l} 578{,}42736 & \underline{24} \\ 98 & 24{,}101 \\ 2\ 4 & \\ 027 & \\ 3 & \end{array}$$

§ II. — **Diviseur décimal.**

Cette seconde partie de la division repose entièrement sur le principe suivant :

310. PRINCIPE.—*Le quotient de deux nombres ne change pas lorsqu'on multiplie ou lorsqu'on divise ces deux nombres par un troisième. Le reste de la division, s'il y en a un, est seulement multiplié ou divisé par ce troisième nombre.*

Considérons, pour fixer les idées, la division de 45 par 7, qui donne 6 pour quotient et 3 pour reste, et supposons que l'on veuille recommencer l'opération après avoir multiplié le dividende et le diviseur par 4.

D'après ce qui a été dit de la composition du dividende ou de la preuve de la division (n° 278), on a :

$$\underline{45} = \underline{7 \times 6} + \underline{3}.$$

Si l'on rend simultanément 4 fois plus grands les deux nombres égaux,

$$\underline{45} \text{ et } \underline{7 \times 6} + \underline{3},$$

les résultats seront encore égaux.

Or, $\underline{7 \times 6} + \underline{3}$ est une somme composée de deux parties que l'on rendra 4 fois plus grande en multipliant par 4 chacune de ses parties,

$$\underline{7 \times 6} \text{ et } \underline{3};$$

ces parties deviendront alors, en indiquant seulement les calculs :

$$7 \times 6 \times 4 \text{ ou } \underline{(7 \times 4)} \times 6 \text{ et } 3 \times 4,$$

et l'on aura ainsi :

$$\underline{45 \times 4} = \underline{(7 \times 4)} \times 6 + \underline{3 \times 4,}$$

relation qui exprime que 45×4 se compose de 6 fois 7×4 et de 3×4. Cette dernière partie étant moindre que 7×4, exprimera le reste de la division de 45×4 par 7×4, dont 6 est alors le quotient.

Le quotient n'a donc pas changé, mais le reste se trouve multiplié par 4 ; ce qui démontre la première partie du principe énoncé.

En revenant de la seconde division à la première on reconnaît la vérité de la seconde partie du principe qui, dès lors, est entièrement démontré.

311. Ce principe une fois établi, nous remarquerons que, lorsque le *diviseur est un nombre décimal*, on peut considérer 3 cas, suivant que le dividende renferme :

    1° *Autant,*
    2° *Plus,*
ou 3° *Moins*

de chiffres décimaux que le diviseur.

Cela posé, et d'après le principe qui précède (n° 310) :

312. *On peut toujours, sans changer le quotient, et quel que soit le dividende, multiplier les deux nombres donnés par l'unité suivie d'autant de zéros qu'il y a de chiffres décimaux au diviseur, de manière à transformer ce diviseur en un nombre entier.*

Alors :

Premier cas.

313. *Si le dividende a le même nombre de chiffres décimaux que le diviseur :*

Les deux nombres deviennent, par la multiplication énoncée, *deux nombres entiers,*

Ainsi, soit à diviser :

$$348,24 \text{ par } 7,65 ;$$

en multipliant de part et d'autre par 100, c'est-à-dire par l'unité suivie de deux zéros, l'opération revient à diviser 34824 par 765 :

$$
\begin{array}{c|l}
34824 & 765 \\
\cline{2-2}
4224 & 45 \\
399 &
\end{array}
$$

Le quotient est 45 et le reste 3,99.

Deuxième cas.

314. *Si le dividende a plus de chiffres décimaux que le diviseur :*

Le dividende transformé renferme encore un certain nombre de décimales, et l'opération revient cette fois à la division *d'un nombre décimal par un nombre entier.*

Soit proposé, par exemple :

$$1341,68427 : 28,364.$$

Il y a 3 chiffres décimaux au diviseur ; on multiplie donc les deux nombres donnés par 1000, ce qui ramène la division à celle de 1341684,27 par 28364 :

$$
\begin{array}{c|l}
1341684,27 & 28364 \\
\cline{2-2}
207124 & 47,30 \\
8576\ 2 & \\
67\ 07 &
\end{array}
$$

Le quotient est 47,30 et le reste 0,06707.

Troisième cas.

315. *Si enfin le dividende a moins de chiffres décimaux que le diviseur :*

On est conduit à suppléer aux chiffres décimaux qui manquent au dividende par des zéros placés à la droite de ce nombre. La division est alors ramenée à celle du prémier cas (n° 313) ; c'est-à-dire à celle *de deux nombres entiers*.

Soit comme exemple :

$$74{,}53 : 3{,}9876;$$

les 4 chiffres décimaux du diviseur conduisent à multiplier les deux nombres par 10000, ce qui amène à la division de 745300 par 39876 :

$$
\begin{array}{r|l}
745300 & 39876 \\ \cline{2-2}
346540 & 18 \\
27532 &
\end{array}
$$

Le quotient est 18 et le reste 2,7532.

316. Dans les trois cas que nous venons d'examiner la division est donc toujours ramenée à celle d'un *nombre entier ou décimal par un nombre entier*.

Rapprochant alors tout ce qui vient d'être dit de ce qu'on a vu pour le cas d'un diviseur entier, on en conclut la règle suivante, qui est applicable à tous les cas de la division des nombres décimaux :

317. RÈGLE GÉNÉRALE. — *Pour diviser l'un par l'autre deux nombres, dont l'un au moins renferme une partie décimale, on recule la virgule, s'il y a lieu, dans les deux nombres, d'autant de rangs vers la droite qu'il y a de chiffres décimaux au diviseur, en plaçant, si cela est nécessaire, des zéros à la droite du dividende.*

Puis, l'on divise les deux nombres obtenus, l'un par l'autre, comme si c'étaient deux nombres entiers, sans faire attention aux décimales que peut encore renfermer le dividende ; et l'on sépare sur la droite du quotient, autant de chiffres décimaux qu'il a pu en rester à la droite du dividende après le déplacement de la virgule.

318. REMARQUE. — *Dans tous les cas, le reste véritable, s'il y en a un, s'obtient en séparant, sur la droite du reste trouvé, autant de chiffres décimaux qu'il y en avait pri-*

mitivement à la droite de celui des deux nombres donnés qui en renfermait le plus.

319. L'opération étant ainsi toujours ramenée à la division d'un nombre, entier ou décimal, par un nombre entier, il est facile de voir que, pour obtenir le quotient, à moins d'une unité décimale déterminée, il suffit, une fois les deux nombres préparés ou modifiés d'après la règle (n° 317), de pousser la division de ces deux nombres, en décimales, comme il est dit aux n°s 305 et 307, jusqu'à ce qu'on ait au quotient le nombre de chiffres décimaux voulu.

Exemple. Soit à trouver, à moins de 0,00001 près, le quotient de

6742,58739 par 84,624 ;

on commence par reculer la virgule de trois rangs vers la droite, ce qui donne :

6742587,39 : 84624,

puis, l'on cherche le quotient de ces deux nombres avec cinq décimales, ce qui se fait en divisant :

6742587,39000 par 84624,

après avoir complété par des zéros les 5 chiffres décimaux que doit avoir le dividende ; ou bien encore en plaçant successivement les 3 zéros à ajouter, dans le courant de l'opération, comme il suit :

```
6742587,39  | 84 624
 818907     |—————————
  57291 3   | 79,67701
   6516 99
    593 310
     94200
      9576
```

Le véritable reste est ici : 0,00009576.

320. Lorsque le dividende est moindre que le diviseur, on agit comme il vient d'être dit pour le déplacement de la virgule; puis l'on opère d'après ce qu'enseignent les n⁰ˢ 300 et 301.

---

§ III. — **Compléments.**

321. *Quotient d'un nombre, entier ou décimal, par un nombre entier terminé par un ou plusieurs zéros.*

1° Supposons d'abord qu'on se propose de diviser

467284 par 9600.

Le quotient de ces deux nombres ne devant pas changer si on les divise simultanément par un même nombre, il est possible de supprimer les deux zéros qui terminent le diviseur en divisant ces deux nombres par 100, ce qui conduit à diviser

4672,84 par 96

et simplifie par conséquent l'opération proposée.

2° Si maintenant le nombre à diviser renferme des décimales, comme dans l'exemple :

84765,4397 : 19000,

la suppression des zéros du diviseur se fera en divisant les deux nombres par 1000, et conduira à diviser

84,7654397 par 19,

ce qui simplifiera le calcul de la même manière que dans l'exemple précédent.

Cela posé, si l'on remarque que tout nombre entier peut être considéré comme suivi de la virgule destinée à séparer les unités entières de la partie décimale que l'on pourrait placer à leur suite, on peut établir la règle suivante :

322. RÈGLE. — *Pour diviser un nombre, entier ou décimal, par un nombre entier terminé par un ou plusieurs zéros :*

On recule la virgule vers la gauche, dans le dividende, d'autant de rangs qu'il y a de zéros à la droite du diviseur, et l'on divise le nombre obtenu par le diviseur débarrassé des zéros qui le terminent.

On doit, dans tous les cas, rétablir la virgule, dans le reste, à la même place que celle qu'elle occupe dans le dividende proposé.

323. *Remarque.* — Lorsque le dividende et le diviseur sont l'un et l'autre entiers et terminés par des zéros, la règle qui précède conduit à supprimer ces zéros s'ils sont en même nombre de part et d'autre.

Sinon, l'on supprime les zéros du diviseur et l'on agit, pour le dividende, comme il est dit plus haut, en supprimant, suivant le cas, tout ou partie des zéros qui terminent ce nombre.

1° Pour diviser 2438000 par 39000, on divise

$$2438 \text{ par } 39,$$

et l'on place 3 zéros à la droite du reste, s'il y en a un ;

2° Pour diviser 54380000 par 7900 on divise

$$543800 \text{ par } 79$$

et l'on place 2 zéros à la droite du reste, s'il y en a un ;

3° Si enfin l'on veut diviser 87643500 par 964000, on effectue l'opération sur les nombres

$$87643,5 \text{ et } 964$$

et l'on place cette fois 2 zéros à la droite du reste possible.

Division par la méthode des multiples du diviseur.

324. Lorsque le quotient d'un nombre, entier ou décimal, par un nombre entier, doit avoir un grand nombre de chiffres, et que, par conséquent, certains chiffres sont exposés à se reproduire, il est assez avantageux de former d'avance une table des 9 premiers multiples du diviseur ; on évite par là de refaire plusieurs fois les mêmes multiplications.

Ainsi, soit à effectuer la division de

$$162275892401534 \text{ par } 439 :$$

On dispose l'opération de la manière suivante :

```
1622758924015334│ 439
1317..........│ ─────────────
          │ 369648957634
 3057..........
 2634..........
 ─────
  4235.........
  3951.........
  ─────
   2848........        439 × 2 =  878
   2634........         — × 3 = 1317
   ─────              — × 4 = 1756
    2149.......         — × 5 = 2195
    1756.......         — × 6 = 2634
    ─────            — × 7 = 3073
     3932......         — × 8 = 3512
     3512......,        — × 9 = 3951
     ─────
      4204.....
      3951.....
      ─────
       2530....
       2195....
       ─────
        3351...,
        3073...
        ─────
         2785..
         2634..
         ─────
          1513.
          1317.
          ─────
           1964
           1756
           ─────
            208
```

On cherche le premier dividende partiel 1622, dans la table des multiples du diviseur, disposés tout d'abord comme il est indiqué dans l'exemple choisi ; on trouve ce nombre compris entre le troisième, 1317, et le quatrième, 1756 ; on retranche le plus petit, 1317, de 1622, et l'on pose 3 pour premier chiffre du quotient.

Le nouveau dividende partiel, 3057, est de même cherché dans la colonne des multiples, et l'on continue de la même manière jusqu'à la fin de l'opération.

Remarque. — La marche ordinaire aurait exigé 12 multiplications, accompagnées de tâtonnements ; celle-ci donne simplement lieu à 8 produits, sans exiger aucun essai.

Les multiples du diviseur peuvent même se former sans le secours de la multiplication, en ajoutant successivement 8 fois le diviseur, d'abord à lui-même, puis, de proche en proche, aux nombres successifs ainsi formés, comme on le fait pour chaque nombre de la première ligne, dans la formation des lignes horizontales composant la table de multiplication.

EXERCICES

sur la division.

NOMBRES ENTIERS.

1° Effectuer les divisions suivantes :

(1) 48 par 6.
(2) 63 — 9.
(3) 35 — 7.
(4) 54 — 6.
(5) 72 — 9.

(6) 78 par 8.
(7) 41 — 6.
(8) 69 — 7.
(9) 51 — 8.
(10) 29 — 6.

2° Calculer les quotients suivants, exactement ou à moins d'une unité :

(11) 152 : 19.
(12) 819 : 91.
(13) 3456 : 432.
(14) 2996 : 649.
(15) 60869 : 8279.

(16) 196832 : 79864.
(17) 826094 : 288962.
(18) 2908642 : 876423.
(19) 56072986 : 5798642.
(20) 209807629 : 89649786.

3° Calculer les quotients suivants, exactement ou à moins d'une unité. Faire la preuve de chaque division par la multiplication :

(21) 16175 : 25.
(22) 78375 : 57.
(23) 9627 : 39.
(24) 27864 : 298.
(25) 187642 : 156.
(26) 208642 : 969.
(27) 8260786 : 286.
(28) 6986046 : 9864.
(29) 209690864 : 69864.
(30) 3640962864 : 289467.

(31) 646209867 : 3076.
(32) 3862964720 : 654078.
(33) 12800796047 : 4268793.
(34) 28680726539 : 8969.
(35) 300760400786 : 2868948.
(36) 806429072613 : 263.
(37) 126320078007 : 98.
(38) 4272638000709 : 4369869.
(39) 6000784297869 : 68.
(40) 279864007084296 : 978649

4° Effectuer les divisions suivantes, en prenant chaque fois la partie aliquote du dividende marquée par le diviseur :

(41) 86428 : 4.

(42) 635472 : 9.

(43) 2968037 : 6.

(44) 62790076 : 5.

(45) 29086273 : 7.

(46) 869427869 : 8.

(47) 219629038 : 6.

(48) 3276428642 : 12.

(49) 20072900764 : 11.

(50) 6542009643 : 13.

NOMBRES DÉCIMAUX.

1° Effectuer les divisions suivantes, et faire chaque fois la preuve par la multiplication :

(1) 46,37 : 9,24.

(2) 864,627 : 6,264.

(3) 17296,23 : 698,65.

(4) 920,76829 : 1,07068.

(5) 0,296872 : 0,002986.

(6) 0,0098647 : 0,0000026.

(7) 9,200768 : 0,007998.

(8) 68647,38 : 0,09.

(9) 28,63694 : 1,98079.

(10) 3642,298 : 59,364.

2° Effectuer les divisions suivantes, et faire chaque fois la preuve par la multiplication :

(11) 4622,39 : 49.

(12) 62078,637 : 296.

(13) 219,28976 : 4276.

(14) 0,0782964 : 364.

(15) 2074,62786 : 96942.

(16) 809,64276 : 27,35.

(17) 628627,3947 : 968,348.

(18) 8729,38642 : 0,069.

(19) 342,272829 : 8432,64.

(20) 6,427854 : 347,9.

(21) 0,00798764 : 0,00039.

(22) 0,08264292 : 13,546.

(23) 0,0629864 : 0,986.

(24) 0,000290876 : 0,000048.

(25) 386429,6548725 : 0,06987.

(26) 21928,27 : 54,386.

(27) 8640,298 : 149,027865.

(28) 627,6298 : 0,0072865.

(29) 180,078754 : 9,62765472.

(30) 0,00942 : 0,0000029.

3° Effectuer chacune des divisions suivantes, à moins de 0,001 près. Preuve par la multiplication :

(31) 86274 : 389.

(32) 654296 : 964268.

(33) 5642 : 4829.

(34) 82768974 : 3946.

(35) 2729879 : 89.

(36) 278,35 : 56.

(37) 864,29683 : 48.

(38) 6,3 : 17.

(39) 246876,396428 : 3645.

(40) 0,9684 : 12.

(41) 826,4267696 : 8,34.

(42) 32786,4286297 : 386,6.

(43) 2368,42968 : 58,627.

(44) 826,674967 : 0,3967.

(45) 0,0629 : 0,829.

(46) 0,60738649 : 0,00784.

(47) 3864,65 : 6,965.

(48) 42,926 : 37,86496.

(49) 6297,38 : 0,0649.

(50) 386297 : 0,48644.

(51) 36429,646 : 548,319.	(56) 0,48 : 0,006986.
(52) 862,7428 : 9,6429.	(57) 8,96 : 9,6427.
(53) 29,28409 : 0,06297.	(58) 20,6 : 3,869.
(54) 742,38 : 9,47.	(59) 0,683 : 0,0006987.
(55) 0,042967 : 0,000826.	(60) 642700 : 13,869.

4° Effectuer les quotients suivants, avec preuve par la multipli-cation :

(61) 8629 : 27,6 à moins de 0,00001 près.
(62) 326,76 : 0,064 à moins de 0,01 près.
(63) 0,0642 : 8,964 à moins de 0,0000001 près.
(64) 864 : 47679 à moins de 0,000001 près.
(65) 2643,976429 : 368,4 à moins de 0,01 près.
(66) 0,096 : 318,75 à moins de 0,00000001 près.
(67) 1862,34 : 0,986 à moins de 0,00001 près.
(68) 694,32 : 0,25 à moins de 0,00001 près.
(69) 22,5 : 0,075 à moins de 0,0000001 près.
(70) 9064,78 : 12,5 à moins de 0,0000001 près.

Principes relatifs à la division.

325. PRINCIPE I. — *Le quotient de deux nombres ne change pas lorsqu'on multiplie ou lorsqu'on divise ces deux nombres par un troisième. Le reste, s'il y en a un, est multiplié ou divisé par ce troisième nombre.*

Ce principe, rappelé ici pour mémoire, a été démontré au n° 310.

On en déduit, comme conséquence immédiate, que :

326. PRINCIPE II. — *Pour diviser, l'un par l'autre, deux nombres entiers terminés, l'un et l'autre, par un ou plusieurs zéros, on peut supprimer, à la droite de ces deux nombres, autant de zéros qu'il y en a à la droite de celui qui en renferme le moins, et diviser les deux résultats, ainsi simplifiés, l'un par l'autre.*

La suppression des zéros revient à diviser les deux nombres par l'unité suivie d'autant de zéros qu'on en supprime à la droite de chaque nombre (n° 323).

327. Principe III. — *Diviser un nombre successivement par plusieurs autres, revient à diviser ce nombre par le produit de tous les autres.*

Ce principe peut s'énoncer encore de la manière suivante :

Le quotient d'un nombre par le produit de plusieurs facteurs est le même que celui qu'on obtient : en divisant ce nombre par le premier facteur du produit ; puis, en divisant le quotient entier obtenu par le second facteur, et ainsi de suite jusqu'au dernier facteur du produit.

1° On peut d'abord supposer le nombre exactement divisible par le produit :

Soit, par exemple, à diviser 756 par 42, en remarquant que :

$$42 = 2 \times 3 \times 7.$$

La division de 756 par 42, donne 18 pour quotient,

$$756 : 42 = 18 \text{ ou } 756 = 42 \times 18.$$

Si l'on remplace, dans ce dernier produit, 42 par $2 \times 3 \times 7$, on obtient

$$756 = 2 \times 3 \times 7 \times 18,$$

résultat qu'on peut encore écrire (n° 259),

$$756 = 2 \times (3 \times 7 \times 18)$$

en considérant $(3 \times 7 \times 18)$ comme représentant le produit effectué de ces trois facteurs, 756 devenant alors un produit de deux facteurs.

D'après cette dernière remarque, si l'on divise 756 par le premier facteur 2, on trouve pour quotient le second facteur $(3 \times 7 \times 18)$; mais $756 : 2 = 378$, il en résulte donc :

$$378 = 3 \times 7 \times 18,$$

qu'on peut mettre sous la forme :

$$378 = 3 \times (7 \times 18)$$

en considérant de même (7×18), comme un produit effectué.

Si l'on divise ensuite 378, produit des facteurs 3 et (7×18), par le premier facteur 3, on obtient pour quotient (7×18),

$$378 : 3 = 126,$$

d'où résulte

$$126 = 7 \times 18.$$

Si donc enfin on divise le second quotient, 126, par 7, on arrive au résultat final 18, qui est précisément le quotient de 756 par le produit $42 = 2 \times 3 \times 7$. Ce qui établit le principe énoncé dans le cas d'une division exacte.

2° Si l'on suppose maintenant une division quelconque inexacte, par exemple, celle de 791 par 42 ; et qu'on la remplace par les divisions successives, par 2, par 3 et par 7, sans tenir compte des restes, on obtient encore le même quotient entier qu'en divisant tout de suite 791 par 42.

Nous admettrons la généralisation du principe suffisamment établie par la vérification suivante :

791	2					791	42
19	395	3				371	18
11	9	131	7			35	=
1	5	61	18				
	2	5	=				

328. Il résulte de ce principe, extrêmement utile dans la pratique, que pour avoir, par exemple, la *huitième* partie d'un nombre, en nombre entier, 8 étant reconnu égal à $2 \times 2 \times 2$, il suffit de prendre la moitié de ce nombre, puis la moitié du quotient, exact ou non, puis enfin, la moitié du nouveau quotient.

De même, en prenant successivement la moitié d'un nombre, le tiers du quotient et le cinquième du nouveau résultat, on obtient, en nombre entier, ou à moins d'une unité près, la 30me partie du nombre, 30 étant reconnu égal à $2 \times 3 \times 5$.

Il est très-urgent de s'habituer de bonne heure à décomposer ainsi, et de tête, les diviseurs simples.

329. Principe IV. — *Le quotient de deux puissances d'un même nombre est encore une puissance de ce nombre, dont l'exposant est égal à l'exposant du dividende diminué de celui du diviseur.*

Ainsi, le quotient de 3^6 par 3^4 est 3^{6-4} ou 3^2.

En effet, 3^4 étant égal à $3 \times 3 \times 3 \times 3$; diviser par 3^4 c'est diviser quatre fois de suite par 3 ; or, chaque division supprime un facteur 3 au dividende 3^6 qui en contient tout d'abord six ; après les quatre divisions il ne restera donc plus, du dividende, que deux facteurs 3, c'est-à-dire 3^2 ou 3^{6-4}, ce qu'il fallait démontrer.

330. Principe V. — *Pour diviser un produit de plusieurs facteurs par un nombre, il suffit, lorsque cela est possible, de diviser l'un de ces facteurs par ce nombre.*

Ainsi, pour diviser par 12, le produit $9 \times 15 \times 48 \times 27$, il suffit de diviser 48 par 12 ; le quotient est

$$9 \times 15 \times 4 \times 27.$$

En effet, 48 étant égal à 4×12, on peut écrire le produit donné sous la forme :

$$9 \times 15 \times 4 \times \underline{12} \times 27$$

ou encore de la manière suivante :

$$9 \times 15 \times 4 \times 27 \times \underline{12}.$$

Si l'on considère comme effectué, le produit $9 \times 15 \times 4 \times 27$, des quatre premiers facteurs, le produit total devient un produit de deux facteurs :

$$9 \times 15 \times 4 \times 27 \text{ et } 12 ;$$

lequel, divisé par l'un de ces facteurs, 12, donne pour résultat l'autre,

$$9 \times 15 \times 4 \times 27 ;$$

ce qu'il fallait démontrer.

Remarque. — Tous ces principes sont d'un grand secours pour le calcul ; ils sont la source d'une foule de simplifications auxquelles on ne saurait trop s'exercer.

EXERCICES
sur les principes relatifs à la division.

1° Effectuer les divisions suivantes :

(1) 48270000 : 6540000.

(2) 27486000 : 98400.

(3) 8643200 : 360000.

(4) 32800000 : 6100.

(5) 4978600 : 640000.

(6) 138642,3265 : 9400.

(7) 39864274,2768 : 327000.

(8) 83940000 : 56,428.

(9) 36496000 : 9834,57.

(10) 8000 : 2,64732.

2° Transformation de plusieurs divisions successives en une seule :

(11) Quel résultat obtiendrait-on en divisant 468742 par 12 ; puis, le quotient obtenu par 8 ; puis, le nouveau quotient par 6 ? Trouver ce résultat à l'aide d'une seule division.

(12) Trouver de même le dernier des quotients successifs de 968964 par 6, 3, 13, 5.

(13) Même question pour 864,729, divisé successivement par les nombres 3,45 5,30·8,20, 0,35.

(14) Même question pour 3279,64, divisé successivement par 0,28, 0,465 3,3 64,78 ; on voudrait le quotient définitif à moins de 0,00001.

(15) Trouver, à moins de 0,001, le nombre qui, multiplié successivement par les facteurs 42,4 0,36 13,5 24,74 32,75, donnerait pour produit 27948627,657.

(16) Calculer le quotient, à moins d'une unité, de 647865 par le produit 24 × 13 × 4 × 8, sans former ce produit.

(17) Calculer le quotient de 8462739,6427 par le produit 2,64× 36,57 × 9,619 × 8,7 × 6,34, sans former ce produit.

(18) Trouver, à moins de 0,00001, le nombre qui, multiplié successivement par les facteurs du produit 0,345 × 2,7 × 0,06 × 0,48 × 9,642, donnerait pour résultat 8,64298.

(19) Par quel nombre, à moins de 0,0001, faut-il multiplier, sans l'effectuer, le produit 42 × 57,6 × 18 × 45,75 × 17, pour obtenir 98863674,62 ?

(20) Quel facteur faut-il adjoindre au produit 26,42×13,4× 64 × 0,046 × 2,07, sans effectuer ce produit, pour obtenir 32746,29876 ? Calculer ce facteur à moins de 0,01.

Principaux usages de la division.

331. Les principaux cas dans lesquels on est conduit à la division sont les suivants :

332. 1° *Partager un certain nombre d'objets en plusieurs groupes égaux.*

Partager une certaine somme d'argent, également entre plusieurs personnes.

Répartir également, entre plusieurs personnes ou en plusieurs portions, un certain poids, un certain volume déterminé, d'une certaine substance.

Ce premier cas répond directement à la définition primitive de la division : *Diviser c'est partager*.

Exemple. — On voudrait partager 7500 litres de vin en 12 lots égaux, combien chaque lot renfermera-t-il de litres ?

Chaque lot renfermera la 12° partie de 7500 litres, c'est-à-dire :

$$7500 : 12 \text{ ou } 625 \text{ litres.}$$

Autre exemple. — 5 frères ont hérité de 685 000 francs qu'ils doivent se partager également, combien doit-il revenir à chacun ?

Chaque frère aura la 5° partie de 685 000 francs, c'est-à-dire :

$$685000 : 5 \text{ ou } 137000 \text{ francs.}$$

Autre exemple. — Un propriétaire voudrait répartir également 92$^{m.c.}$,360 de sable entre 8 petits jardins qu'il loue ; combien chaque jardin recevra-t-il de sable ?

Chaque jardin recevra la 8° partie de 92$^{m.c.}$,360, c'est-à-dire :

$$92,360 : 8 \text{ ou } 11^{m.c.},545.$$

333. 2° *Connaissant la valeur, le poids, la grandeur d'un certain nombre d'objets identiques, pris ensemble, déterminer la valeur, le poids, la grandeur d'un de ces objets.*

Exemple. — Un constructeur mécanicien a vendu dans une année 128 machines à battre le blé, représentant une valeur totale de 345440 francs ; en supposant toutes ces machines du même prix, quel a été le prix de chacune ?

128 machines coûtent ensemble 345440 francs.

1 seule coûte 128 fois moins, c'est-à-dire la 128ᵉ partie du prix total 345440 francs, ou enfin :

$$345440 : 128 = 3480.$$

Prix d'une machine, 3480 francs.

Autre exemple. — On a fabriqué $25^k,12$ de chocolat, en prenant $8^k,792$ de cacao, $13^k,816$ de sucre et $2^k,512$ de blanc ou farine ; combien entre-t-il de chacune de ces substances dans un kilogr. du même chocolat ?

Si la quantité fabriquée était $2^k, 3^k, 4^k...$, etc., les quantités des substances employées, entrant dans un kilog. seraient 2, 3, 4,... etc. fois plus faibles, c'est-à-dire que pour les obtenir, il faudrait diviser par 2, 3, 4,... etc. les quantités de ces substances, qui entrent dans la composition de 2, 3, 4,... kilog.

On conclut de là, par analogie et par extension, qu'il faut, dans tous les cas, diviser les quantités des substances composantes, par le poids total fabriqué ; c'est-à-dire que dans le cas actuel on a, pour 1 kilog. de chocolat fabriqué :

Cacao.	$8,792 : 25,12 =$	$0^k,350$
Sucre.	$13,816 : 25,12 =$	$0^k,550$
Blanc ou farine. .	$2,512 : 25,12 =$	$0^k,100$
	Total. . .	$1^k,000$

334. 3° *Sachant combien on peut avoir d'objets de même nature et de même valeur pour une certaine somme, déterminer combien on peut avoir de ces objets pour 1 franc.*

Ou encore, et plus généralement :

Sachant ce que l'on peut avoir d'une certaine substance, soit en poids, soit en longueur, soit en volume, pour une certaine somme, déterminer ce que l'on peut avoir de cette même substance, soit en poids, soit en longueur, soit en volume, pour 1 franc.

Exemple. — On a eu 32 bâtons de cire à cacheter pour 8 francs ; combien aurait-on de bâtons pour 1 franc?

Si pour 8 francs on a eu 32 bâtons,

Pour 1 franc on en aurait 8 fois moins, c'est-à-dire :

$$32 : 8 \text{ ou } 4 \text{ bâtons.}$$

Autre exemple. — On a acheté 6^{k},450 de thé pour 161^{f},25, combien aurait-on du même thé pour 1 franc?

Si 6^{k},450 coûtaient exactement 2, 3, 4,... francs, il faudrait diviser par 2, 3, 4,... etc., pour connaître la quantité de thé donnée pour un franc; attendu que pour 1 franc, on en aurait 2, 3, 4,... etc., fois moins que pour 2, 3, 4,... francs ; il faut donc diviser la quantité de substance achetée par le nombre abstrait de francs, représentant son prix.

On conclut de là, par analogie et par extension, que lorsque le prix n'est pas exprimé par un nombre exact de francs, il faut néanmoins diviser encore par le nombre abstrait représentant ce prix; on devra donc, dans l'exemple cité, diviser 6,450 par 161,25 :

$$6,450 : 161,25 = 0^{k},040$$

ou 40 grammes.

335. 4° *Connaissant le prix d'un objet, déterminer combien on peut avoir d'objets du même prix pour une somme donnée.*

Ou encore, et plus généralement :

Connaissant la quantité d'une certaine matière entrant dans la composition de 1 kilogr. d'une substance, déterminer quelle est la quantité de la substance composée qui contient un poids donné de la première matière.

Ce cas est une application directe de la seconde définition de la division :

Déterminer combien de fois un nombre est contenu dans un autre.

Exemple. — Un hectolitre de froment ayant coûté 24^{f},80, combien aurait-on d'hectolitres du même froment, au même prix, pour 1705 francs?

24^{f},20 étant le prix de 1 hectolitre :

9.

Autant de fois 24,80 est contenu dans 1705, autant d'hectolitres on pourra acheter pour 1705 francs. D'après la seconde définition de la division, il faut donc diviser 1705 par 24,80.

$$1705 : 24,80 = 68^{\text{h.l.}},75.$$

Autre exemple. — Le mastic de Sarrebourg, employé dans le moulage, est composé, pour un kilogr.: de $0^k,72$ de plâtre fin et de $0^k,28$ de colle forte ; combien pourrait-on préparer de mastic avec $2^k,10$ de colle forte et la quantité correspondante de plâtre?

Chaque kilogr. de mastic renfermant $0^k,28$ de colle forte, autant de fois 0,28 est contenu dans 2,10, autant de kilog. de mastic on pourra obtenir :

$$2,10 : 0,28 = 7^k,50 \text{ de mastic.}$$

336. 5° *Une grandeur étant exprimée au moyen d'une certaine unité, représenter cette grandeur en prenant pour unité un multiple de la première.*

Ou, plus généralement :

Une grandeur étant exprimée au moyen d'une certaine unité, représenter cette grandeur, en prenant une nouvelle unité dont on connaît l'évaluation au moyen de la première.

Ce cas rentre directement dans le précédent.

Exemple. — Un bassin contient, lorsqu'il est plein, 4 863 600 litres d'eau ; exprimer sa capacité en prenant le double décalitre pour unité.

Le problème revient simplement à trouver le nombre de doubles décalitres contenus dans 4 863 600 litres.

Le double décalitre vaut 20 litres, donc autant de fois 20 est contenu dans 4 863 600, autant il y a de doubles décalitres d'eau dans le bassin.

$$4\,863\,600 : 20 = 243\,180 \text{ doubles décalitres.}$$

Autre exemple. — Exprimer en *piastres d'Espagne* la somme 1827 francs, sachant que la piastre espagnole vaut $5^f,25$.

Chaque piastre valant $5^f,25$, autant de fois 5,25 est contenu dans 1827, autant il faut de piastres pour représenter 1827 francs :

$$1827 : 5,25 = 348 \text{ piastres d'Espagne.}$$

Autre exemple. — Exprimer en *piastres d'Egypte* la somme 1827 francs, sachant que la piastre égyptienne vaut $0^f,30$.

Chaque piastre valant $0^f,30$, autant de fois 0,30 est contenu dans 1827, autant il faut de piastres pour représenter 1827 francs.

$$1827 : 0,30 = 6090 \text{ piastres d'Egypte.}$$

Remarque. — Comme conséquence de cette 5° application de la division, on conclut que : pour rapporter au mètre cube un volume exprimé en décimètres cubes, il faut diviser par 1000 le nombre qui exprime l'évaluation du volume en décimètres cubes, attendu que le mètre cube vaut 1000 dm.c. ; on recule pour cela la virgule de trois rangs vers la gauche.

De même, on passe du centigramme à l'hectogramme, en divisant par 10000, c'est-à-dire en reculant la virgule de quatre rangs vers la gauche, l'hectogramme valant 10000 centigrammes.

337. 6° *Sachant ce que fait ou ce que gagne un ouvrier pendant un nombre déterminé de jours, trouver ce que fait ou ce que gagne cet ouvrier par jour.*

Ou bien encore ;

Sachant le chemin parcouru, en plusieurs heures, par un courrier ou une locomotive, calculer le chemin parcouru en 1 heure par ce courrier ou cette locomotive :

Exemple. — Un ouvrier a gagné en 65 jours $276^f,25$, combien a-t-il gagné par jour ?

En 1 jour il a gagné 65 fois moins qu'en 65 jours, ou :

$$276,25 : 65 = 4^f,25$$

Autre exemple. — Une locomotive marchant régulièrement ferait 120 kilomètres en 5 heures, combien fait-elle par heure?

En 1 heure elle fait 5 fois moins qu'en 5 heures, ou :

$$120 : 5 = 24 \text{ kilomètres.}$$

Tels sont les principaux cas dans lesquels rentrent à peu près toutes les applications de la division.

———

PROBLÈMES

sur la division des nombres entiers et des nombres décimaux et problèmes de récapitulation.

(1) Partager également 3684 entre 12 personnes.

(2) Un père laisse en mourant une fortune de 846720 fr. qui doit être partagée également entre ses cinq enfants et sa veuve. A combien s'élèvera chaque part?

(3) Un voyageur a fait 960 kilomètres en 30 jours. Combien a-t-il fait en moyenne par jour?

(4) Une personne laisse en mourant 51880 fr. à partager entre 9 personnes aux conditions suivantes : l'une d'elles doit prendre le cinquième de la somme; le reste sera partagé également entre les 8 autres. Combien reviendra-t-il à chaque personne?

(5) Un voyageur, marchant également chaque jour, a fait 720 kilomètres en 6 semaines; il s'est reposé le dimanche et le jeudi de chaque semaine. Combien a-t-il fait de kilomètres par jour?

(6) Pour 4500 fr. on a eu 180 mètres de drap. Quel a été le prix d'un mètre?

(7) On a partagé également une somme de 28476^f,45 entre 15 familles pauvres. Combien chaque famille a-t-elle reçu?

(8) On a payé 8642^f,25 pour 225 kilogrammes de marchandise. Quel a été le prix du kilogramme?

(9) Un fonctionnaire a 3480 fr. d'appointements par an et 2633^f,75 de revenu annuel. Combien a-t-il à dépenser par jour, l'année étant comptée de 365 jours?

(10) On voudrait répartir également 7 hectolitres 72 litres de vin en 965 bouteilles. Combien chaque bouteille devrait-elle contenir de centilitres?

(11) On voudrait partager une terre de 346 hectares 22 ares en 28 parties d'égale superficie. Combien chaque partie renfermera-t-elle d'hectares, ares et centiares?

(12) Un bassin contenant 3426 mètres cubes 478 décimètres cubes d'eau, est entièrement vidé par 296 ouvertures qui laissent passer l'eau en égale quantité. Combien passe-t-il de litres et centilitres d'eau par chacune de ces ouvertures, à moins d'un centilitre?

(13) On doit répartir également un dividende de 365708^f,75 entre 275 actionnaires. Quelle sera la part de chacun?

(14) La distance du soleil à la terre peut être évaluée approximativement à 147 500 000 kilomètres ; sachant que la lumière qui nous vient de cet astre met 8 minutes 13 secondes pour arriver jusqu'à nous, on demande quel chemin parcourt la lumière en une seconde?

(15) Un particulier achète une pièce de vin qu'il paye, les frais compris, 1285^f,82 ; la pièce contient 269 bouteilles. On demande à combien revient la bouteille?

(16) Un propriétaire a une maison occupée par cinq locataires ; l'un paye 4850 fr. par an, le 2e, 2676 fr., le 3e, 1876^f,85, le 4e, 648^f,70, et le 5e, 256^f,40. Combien cette maison rapporte-t-elle en location par jour?

(17) Une asperge grandit de 144 millimètres en 5 jours. En supposant sa croissance régulière, on demande de combien elle augmente en une heure, en une minute, à moins de 0,01 de millimètre?

(18) On verse 8 litres d'eau dans 120 litres de vin à 1^f,30 le litre. A combien revient le litre du mélange?

(19) Un marchand a acheté 25 kilog. de marchandise à 1^f,45 le kilog. ; il donne ensuite 3 francs à un commissionnaire pour la porter, plus 0^f,25 par kilog. pour la préparer à la vente, sur laquelle il veut gagner 0^f,75 par kilog., tous frais comptés. A quel prix doit-il mettre le kilog. de cette marchandise?

(20) Un observateur placé à 18 kilomètres 612 mètres d'un canon, compte 54^s,6 depuis le moment où il voit la lumière jusqu'à celui où le bruit arrive à son oreille. On demande combien de mètres le son a ainsi parcourus par seconde?

(21) On a partagé également 6052^f,50 entre plusieurs per-

sonnes ; chaque part a été de 22ʳ,50. Combien y avait-il de personnes ?

(22) Combien aurait-on de mètres de toile à 6 fr. le mètre pour 48 mètres de drap à 15 fr. le mètre ?

(23) Combien y a-t-il de pièces de 20 fr. dans un sac qui en contient pour 3640 francs ?

(24) Un voyageur a 972 kilomètres à faire pour arriver à sa destination ; il fait en moyenne 36 kilomètres par jour et voyage chaque jour. En combien de jours fera-t-il sa route ?

(25) Le prix du kilogramme étant de 215ʳ,75, combien aura-t-on de kilogrammes pour 5083ʳ,07 ?

(26) Combien y a-t-il de feuilles dans un volume de 560 pages in-8°, la feuille in-8° contenant 16 pages ?

(27) On a payé 3850 fr. avec des pièces de 5 fr. et de 2 fr., en prenant un égal nombre de pièces de chaque sorte. Combien a-t-on pris de chacune de ces pièces ?

(28) Des écoliers ont abattu ensemble 7588 noix dans un verger ; chacun a eu 271 noix. Combien y avait-il d'écoliers ?

(29) On a 28 kilogrammes 512 grammes d'alcool pesant 79 décagrammes 2 grammes le litre. Combien a-t-on de litres d'alcool ?

(30) On a payé un terrain à raison de 1110 fr. l'hectare, tous frais payés ; on a ainsi déboursé 152441ʳ,50. Combien ce terrain renferme-t-il d'hectares, ares et centiares, à moins d'un centiare ?

(31) Un marchand ayant acheté 450 douzaines de paires de gants pour 8640 fr., à combien lui revient la douzaine, et quel prix doit-il vendre chaque paire s'il veut réaliser sur le tout un bénéfice de 1350 fr. ?

(32) Déterminer le poids d'un lingot d'argent de 7646ʳ,40 qu'on a payé sur le pied de 202ʳ,50 le kilogramme.

(33) On veut changer du calicot à 1ʳ,70 le mètre contre 136 mètres de toile à 4ʳ,90 le mètre. Combien aura-t-on de mètres de calicot ?

(34) Un marchand a acheté 162 pièces de rubans, qu'il a payées 1944 fr. et qu'il a revendues 2592 fr. Combien a-t-il gagné sur chaque pièce ?

(35) Un employé touche 2600 fr. d'appointements par an, et ne dépense que 2180 fr. Combien mettra-t-il de temps pour économiser 5040 francs ?

(36) Un dictionnaire contient 904 pages, et chaque page renferme le même nombre de lignes. Sachant qu'il y a 65088 lignes dans tout le dictionnaire, on demande combien il y en a dans chaque page.

(37) Par quel nombre faut-il multiplier 7969, pour obtenir au produit 1864746?

(38) Sachant que l'huile d'olive pèse 0$^{K.g.}$,915 le litre, on demande combien il y a d'hectolitres, litres, décalitres, etc., dans 868$^{K.g.}$,1219 d'huile d'olive.

(39) On a payé, les frais compris, 300443 fr. pour le prix de 124 hectares 15 centiares. A combien revient l'hectare à moins de 0^f,01?

(40) Un particulier ayant acheté une pièce de vin contenant 280 bouteilles, a payé 164 fr. d'achat, 3^f,40 de frais de voiture, et 4^f,80 pour la mise en bouteilles. On demande à combien lui revient la bouteille de son vin?

(41) Un voyageur partant de Dunkerque pour aller à Toulon, veut passer par Paris et y rester 3 jours. On demande combien de jours durera son voyage, sachant qu'il y a 240 kilomètres de Dunkerque à Paris, 808 kilomètres de Paris à Toulon, et que ce voyageur doit faire 24 kilomètres le premier jour et 32 les jours suivants.

(42) Une personne a mis à la loterie 420 fois; elle a ainsi dépensé en tout 5400 fr.; puis elle a gagné : une 1re fois, 100 fr., une 2e fois, 140 fr., une 3e, 70 fr., et une 4e,50 fr. On demande combien elle a perdu chaque fois, l'une dans l'autre?

(43) Deux courriers ont 1500 kilom. à faire; le premier peut faire 100 kilom. par jour, le second 144 kilom. De combien de temps ce dernier peut-il retarder son départ, pour arriver en même temps que l'autre? On sait que chacun des deux marche 12 heures par jour.

(44) 7$^{Kg.}$,549$^{gr.}$ d'or ont été payés 3318^f,50. A combien revenaient le kilogramme et le gramme?

(45) 4 hectogrammes d'un alliage d'argent et d'or ont été payés 95^f,84. A quel prix cela met-il le kilogramme?

(46) Deux employés d'une même fabrique reçoivent une première fois, en commun, 186 fr. pour 16 journées de travail du premier et 24 du second. Une seconde fois ils reçoivent, encore ensemble, 212^f,25 pour 16 journées du premier et 29 du second. Que gagnent-ils chacun par jour?

(47) Un marchand ayant acheté 24 services de porcelaine à

125 fr. la pièce, en brise 3. Combien devra-t-il vendre chacun des restants pour gagner 780 fr. sur son marché ? Calculer le prix de vente à moins de un centime.

(48) Un fabricant a 3600 boîtes à confectionner ; un de ses ouvriers s'offre pour les faire en 24 jours ; un second peut les faire en 20 jours ; enfin un troisième propose de les faire en 30 jours. Les 3 ouvriers sont employés ensemble ; en combien de jours les boîtes seront-elles confectionnées et combien chaque ouvrier en fera-t-il ?

(49) Partager 1161 francs entre 3 personnes, de manière que la première ne reçoive que des pièces de 20 fr., la seconde des pièces de 5 fr. et la troisième des pièces de 2 fr., et qu'une fois le partage fait, chaque personne possède le même nombre de pièces.

(50) Partager 8640 francs entre deux personnes, de telle sorte que l'une d'elles reçoive 386 fr. de plus que l'autre.

(51) Deux voisins ont à eux deux une étendue de terrain de 845 hectares 38 ares ; l'un d'eux a 998 ares 45 centiares de plus que l'autre. Combien ont-ils chacun ?

(52) Deux bassins contiennent à eux deux 428 hectolitres 36 litres d'eau ; l'un des deux contient le triple de ce qui est dans l'autre. Combien y a-t-il de litres dans chaque bassin ?

(53) Trois magasins renferment ensemble 118 tonnes de blé ; il y a, dans le second, 2306 kilogrammes de plus que dans le premier ; et dans le troisième, 96 quintaux 63 kilogrammes de plus que dans le second. Combien y a-t-il de blé dans chaque magasin ?

(54) Partager 8520 francs entre 9 personnes, de telle sorte que chacune des 3 premières ait 248 fr. de plus que chacune des 6 autres.

(55) Partager 13517 francs entre 10 personnes, de telle sorte que chacune des cinq premières reçoive le triple de la part de chacune des cinq autres.

(56) Trois caves renferment chacune une certaine quantité de vin :

La 1re et la 2e cave contiennent ensemble $210^{H.l}$,115 ;

La 1re et la 3e contiennent ensemble 146 hectolitres 26 litres 64 centilitres ;

Enfin, la 2e et la 3e cave donnent un total de $18353^{lit.}$,38.

Combien y a-t-il d'hectolitres, litres et centilitres dans chaque cave, et combien en tout ?

(57) On a acheté un même poids de trois qualités de thé : la 1re, à 32f,60 le kilog., la 2e, à 38f,25, et la 3e, à 42f,15. La facture se monte à 322f,05 ; quel poids a-t-on eu de chaque qualité ?

(58) Deux personnes ont acheté en même temps : la 1re,13 kil. de sucre et 4 kilog. de café ; la 2e, 5 kilog. du même sucre et 2 kil. du même café. La facture de la première se monte à 36f,95, celle de la seconde à 16f,45. Combien coûte le kilogramme de chaque denrée ?

(59) On achète une première fois : 12m,50 de soie, 8m,40 de drap et 10m,80 de velours, pour la somme totale de 488f,75. Une seconde fois, on achète : 18m,60 de la même soie, 4m,20 du même drap et 5m,40 du même velours, pour 349f,35. On sait de plus que le mètre de velours coûte le double du prix du mètre de drap. Combien coûte le mètre de chacune de ces étoffes ?

(60) La roue d'un cabriolet fait 14700 tours, sans glissement, pour franchir une distance de 42K.m.350m.,70. Quelle est la longueur de la circonférence de cette roue ?

On demande également combien la roue fait de tours par heure, par minute et par seconde, sachant que la distance a été franchie, d'une manière régulière, en 3 heures 48 minutes 35 secondes ?

(61) Les 7 planètes principales qui font partie, avec la terre, de notre système solaire, forment ensemble un volume 2416,627 fois plus gros que celui de la terre. Le volume du soleil est lui-même 1279266,8 fois plus fort que celui de notre globe. On demande, d'après cela, de combien de fois le soleil est plus gros que l'ensemble des 7 planètes sus-mentionnées.

(62) 12 pièces d'étoffe contenant chacune 25m,80, ont coûté ensemble 5418f. Combien a-t-on payé le mètre ?

(63) On a payé à des ouvriers 6220f,80 pour 24 journées de travail à 3f,60 par journée d'ouvrier. Combien y avait-il d'ouvriers ?

(64) On a payé 4147f,20 à 36 ouvriers pour 24 journées de travail. Combien chaque ouvrier gagne-t-il par jour ?

(65) Un ouvrier qui fait 3m,50 de tissus par jour, a gagné en 30 jours 89f,25. Que gagne-t-il par mètre ?

(66) On achète 6 pièces de drap à raison de 19f,50 le mètre, et on gagne 865f,96 en les vendant en bloc 3828f,40. Combien chaque pièce de drap contient-elle de mètres ?

(67) Un marchand de vin achète 6 barriques de vin à raison de 310 fr. la barrique. Il ajoute, en tout, 120 litres d'eau, vend le mélange, ainsi préparé, 1f,50 le litre, et gagne 435 fr. sur la totalité. Combien chaque barrique contenait-elle de litres ?

(68) Deux trains partent en même temps de deux stations éloignées l'une de l'autre de 768 kilomètres ; ils vont l'un vers l'autre, sans s'arrêter, l'un d'eux faisant 34 kilom. à l'heure et l'autre 14. Au bout de combien de temps se croiseront-ils, et combien chacun aura-t-il fait alors de chemin ?

(69) Deux bateaux à vapeur marchant dans le même sens, partent en même temps de deux escales distantes de 204 kilomètres ; celui qui est en avant fait en moyenne 8Km.,125m. par heure ; l'autre, dans le même temps, fait 12Km.,375.

En combien de temps le second atteindra-t-il le premier, et à quelle distance des deux points de départ ?

(70) Deux bâtiments partent à 3 heures de distance l'un de l'autre, le premier parti file en moyenne 18 nœuds par minute, le second en file 25 dans le même temps ; ils suivent la même direction et sont supposés ne pas s'arrêter. Au bout de combien de temps, jours, heures et minutes, le plus rapide aura-t-il distancé l'autre de 180 lieues marines ? On demande, de plus, à combien de kilomètres et mètres chaque navire sera de son point de départ en cet instant.

On sait que la lieue marine est de 5556 mètres et le nœud de 15m,432.

(71) Un père qui a 52 ans de plus que son fils a, en même temps, 5 fois l'âge de celui-ci. Quel est l'âge de chacun ?

(72) Un père et son fils ont ensemble 91 ans ; l'âge du père est le sextuple de celui de son fils. Quel est l'âge de chacun ?

(73) Pierre et Paul ont à eux deux 80 francs ; si Pierre avait le double de ce qu'il a, il aurait 10 fr. de plus que ce que possède Paul. Combien ont-ils chacun ?

(74) Trois sœurs ont ensemble 38 ans : l'aînée a dix ans de plus que les 2 autres ensemble, et la plus jeune a deux ans de moins que la cadette. Quel est l'âge de chacune ?

(75) Trois frères ont ensemble 60 ans ; l'aîné et le cadet ont, à eux deux, 30 ans de plus que le plus jeune, et le cadet a 18 ans de moins que l'aîné et le jeune ensemble. Quel est l'âge de chacun ?

(76) Les trois parties d'une somme sont : la seconde, double de la première ; la troisième, triple de la seconde. Si l'on ajoute : le

triple de la première, augmenté de 40, au double de la seconde, augmenté de 32, et au quadruple de la troisième, augmenté de 56, on obtient pour résultat 500. Déterminer la somme et ses parties.

(77) Partager 227 en deux parties telles que leur produit soit égal à 10530 et qu'en augmentant l'une des parties de 26, le produit devienne 14742.

(78) Un marchand a acheté 18ᵐ,60 de drap blanc et 24ᵐ,70 de drap noir pour 972ᶠ,40 ; un mètre de drap noir coûte autant que 2 mètres de drap blanc. Quel est le prix du mètre de chaque drap ?

(79) Un marchand a acheté 4 barriques d'eau-de-vie, coûtant: 928 fr. d'achat, 272 fr. de droits, et 50 fr. de transport. On demande combien il faut qu'il vende le litre pour gagner 425 fr. sur son marché, sachant que chaque barrique contient 125 litres.

(80) Un petit débitant achète 12 litres d'eau-de-vie à 2ᶠ,50 le litre, pour la revendre, après addition d'eau, 10 centimes le verre. Il gagne ainsi 20 fr. Combien a-t-il ajouté d'eau, sachant que chaque litre contient 20 verres ?

(81) Le sac de farine étant de 157 kilog. net, et représentant, en moyenne, le produit de 3 hectolitres 12 litres de blé ; admettant de plus, que l'hectare produit moyennement 10ʰ·ˡ· ,85 de blé ; on demande quelles superficies de terre ensemencées il faut pour produire, soit un sac, soit un quintal métrique de farine.

(82) On admet qu'un sac de farine (157ᴷ·ᵍ· prob. 31) fournit 102 pains de 2 kilogrammes. Combien, d'après cela, le quintal de farine doit-il fournir au moins de pains de 2 kilog. ?

(83) Le poids moyen de l'hectolitre de blé étant 75 kilog., on demande quel poids de blé est nécessaire pour produire un quintal de farine.

(84) Quelle est la quantité de blé nécessaire pour faire un pain de 2 kilog. ?

(85) Quelle est la superficie de terre ensemencée qui produirait le blé nécessaire à la fabrication d'un pain de 2 kilog. ?

(86) On achète 100 hectolitres de blé pour 3150 francs ; les frais de transport et de mouture portent la farine qui en résulte à 64ᶠ,90 le quintal. Calculer les frais de transport et de mouture pour un quintal de farine et pour les 100 hectolitres de blé.

(87) Un marchand vend du seigle à 2 personnes : à la première

il donne 460 kilog. pour 134 fr. ; à une seconde, et sans avoir modifié son prix, il fournit 8$^{H.l.}$,35$^{lit.}$ pour 167 fr. Déduire de là le poids moyen de l'hectolitre de seigle.

(88) Lorsque le prix du quintal métrique d'orge est 24^f,85, l'hectolitre coûte en moyenne 16^f,90. Calculer d'après cela le poids moyen de l'hectolitre d'orge.

(89) On achète le même jour, chez le même marchand et au même prix : d'un côté, 6 hectolitres 50 litres d'avoine, pour 51^f,75 ; d'un autre côté, 750 kilog. pour 137^f,50. Calculer, d'après cela, le poids moyen de l'hectolitre d'avoine.

(90) En admettant comme moyennes les productions suivantes, par hectare : 10$^{H.l.}$,82 de blé ; 16$^{H.l.}$,12 d'avoine ; 13$^{H.l.}$,58 d'orge et 9$^{H.l.}$,87 de seigle ; et pour ces denrées, les prix moyens correspondants : 30^f, 8^f, 16^f et 20^f l'hectolitre : on demande quelles seraient les superficies ensemencées en avoine, en orge et en seigle qui rapporteraient chacune la même valeur qu'un hectare ensemencé en blé.

(91) On achète 2850 kilog. de foin sec botelé à 53^f,60 les 100 bottes. Le droit d'entrée en ville et le transport reviennent à 5^f,90 les 100 bottes de 5 kilog. chacune. On demande le prix de revient des 2850 kilog., et le prix de revient du quintal.

(92) On a acheté 25 quintaux de luzerne sèche bottelée ; les frais de transport et les droits d'entrée en ville ont été de 6^f,45 par 100 bottes. Le prix total de revient des 25 quintaux a été de 312^f,50. On voudrait savoir ce qu'on a payé sur place les 100 bottes de 5 kilog. chacune.

(93) Un champ ensemencé en froment produit moyennement 12 hectolitres 75 litres de grain par hectare, et 167 kilog. de paille par hectolitre de froment. Déterminer son étendue et sa production en froment, sachant qu'il donne moyennement 320 bottes de paille de 5 kilog. chacune.

(94) Un champ de 3 hectares 60 ares est ensemencé en seigle, et produit 10 hectolitres de seigle par hectare et 175 kilog. de paille par hectolitre de grain. On a payé sur place 409^f,50 la paille produite par ce champ. Combien a-t-on payé les 100 bottes de 5 kilog. chacune ?

(95) Une propriété contient 9 hectares 20 ares 30 centiares ensemencés en avoine, produisant 16 hectolitres par hectare. On a vendu sur place toute la paille produite 283^f,75, à raison de 20^f,50 les 100 bottes de 5 kilog. chacune. Quelle est, en moyenne, la quantité produite par hectolitre d'avoine ?

(96) On a acheté 12 bœufs 5913 francs. On demande le prix du kilogramme, sachant que chaque bœuf pèse, en moyenne, 365 kilogrammes.

(97) Un boucher a acheté dans une année 205632 fr. de veaux et de moutons : 960 veaux et 2142 moutons. Les veaux ont été payés en moyenne 1^f,75 le kilog., les moutons 1^f,50. On demande le poids moyen des veaux et celui des moutons, sachant que la dépense totale a été également répartie entre les deux sortes de bestiaux.

(98) Un boucher a fait transporter à 165 kilomètres, sur une ligne ferrée, 12 bœufs, 21 veaux et 45 moutons ; les frais de transport se sont élevés à 2079 fr. On demande ce qu'il a payé par tête de bétail, soit pour la distance entière, soit par kilomètre, sachant que le transport d'un bœuf coûte autant que celui de 3 veaux ou de 5 moutons.

(99) Un boucher a acheté un bœuf pesant 383 kilog., à raison de 1^f,04 le kilog.; il a payé 0^f,12 par kilogramme de droits d'octroi ; les frais de débit se sont élevés à 0^f,18 par kilog.

L'animal débité a produit :

51$^{K.g.}$,25 de cuir, vendu à raison de 0^f,56 le kilog. ;

37$^{K.g.}$,60 de suif, vendu à 0^f,825 le kilog. ;

288 kilog. de viande fournissant le détail suivant :

Un douzième, viande de luxe, vendu à 3 fr. le kilog.

Un tiers, viande de 1re catégorie, vendu à 1^f,95 le kilog. ;

Un quart, 2e catégorie, à 1^f,55 le kilog.;

Un tiers restant, 3e catégorie, vendu en moyenne à 1^f,10 le kilog.;

Enfin les abats et issues ont produit net 9^f,75.

On demande d'établir, d'après cela, le bénéfice réalisé par le boucher.

(100) Un fût d'huile d'olive contenant 106$^{lit.}$,50 a coûté 165^f,80. On demande le prix du quintal d'huile, sachant que le litre d'huile d'olive pèse 915 grammes.

(101) Le *millerole* est une unité de poids employée par les négociants du Midi, principalement de Marseille, dans le commerce des huiles. Le millerole représente 59 kilogrammes.

Un négociant de Marseille expédie à Rouen 65 milleroles d'huile d'olive à 82^f,75 chacun. Les frais de transport par mer étant évalués à 38^f,25 par tonneau métrique, et le poids de chaque millerole étant porté à 70 kilog.; pour tenir compte du poids des futailles, on demande à combien reviendra à Rouen le quintal métrique de cette huile.

(102) Le Midi de l'Italie nous fournit une grande partie des huiles d'olive consommées en France. On les vend au *cantaro* (poids de 89 kilogrammes). Leur prix s'évalue en ducats de 4^f,40 en moyenne.

On a acheté, à 18 ducats le cantaro, 275 cantaras d'huiles fines de Bari. Les frais de douane et d'embarquement, à Bari, évalués en ducats, se sont élevés à 32^d,67 ; les frais de douane et de débarquement, à Marseille, ont été de 28^f,96 le cantaro. Calculer, d'après cela, le prix de revient du quintal métrique de ces huiles, et le prix qu'il faudra les vendre, le décalitre, à Marseille, **pour** réaliser un bénéfice de 0^f,24 par litre.

(103) Sachant que 1280 cantaras d'huile d'olive ont été expédiés en 228 fûts ; on demande la capacité moyenne de chaque fût, sachant que le litre d'huile pèse 915 grammes.

(104) En une année la Belgique a livré à la France 21421120 quintaux métriques de houille, représentant une valeur de 45 626 985^f,50. Durant la même année, la France a expédié en Belgique 251013 kilog. de tissus de soie français, représentant une valeur de 34634773^f,74. On demande de calculer, d'après cela : le prix moyen du quintal de houille, le prix moyen du kilog. de tissus de soie, et le poids de houille qui représente la valeur d'un kilog. de ces tissus de soie.

(105) Dans le courant d'une année la France a reçu, de provenance anglaise et pour les travailler, 982767 kilog. de soies et bourres de soie, représentant une valeur de 45698665^f,50, et ayant acquitté pour 226036^f,41 de droits d'entrée. La même année, la France a expédié en Angleterre 837275 kilog. de tissus de soie représentant une valeur totale de 117385955 francs. On demande : le prix moyen du kilog. de soie brute, en tenant compte et sans tenir compte des droits d'entrée, le prix moyen du kilogramme de tissus de soie, et la valeur, en soie brute, d'un quintal métrique de tissus de soie.

(106) En France, les droits de douane subissent tous une augmentation d'un décime par franc, et qu'on nomme le décime additionnel.

Durant une certaine période il a été importé en France, tant par **navires français** que par navires étrangers, un certain nombre de **kilogrammes** de cuivre pur, de première fusion, pour lesquels on a payé 12755^f,71 de droits d'entrée, décime compris. Le quintal métrique paye 0^f,10 quand il est amené par navires français, et 3 francs par navires étrangers. Sachant que la quantité de cuivre, introduite par navires français, a été de 6843080 kilogrammes, on voudrait savoir combien il en a été introduit par navires étrangers.

(107) Un certain nombre de montres, dites de Genève, introduites en France, ont acquitté 45085^f,70 de droits d'entrée, décime additionnel compris. Dans ce nombre de montres se trouvaient 4720 montres à boîtier d'or, à mouvement simple et à roue de rencontre, sur chacune desquelles est prélevé un droit fixe de 3^f,10. 16269 francs ont été prélevés, décime compris, sur un certain nombre de montres à secondes, pour chacune desquelles le droit simple est de 6 francs. Enfin, le restant des droits a été prélevé sur 6425 montres à boîtier d'argent et à répétition.

On demande :

1° Le montant des droits prélevés, décime compris, sur les montres de la première catégorie ;

2° Le montant des droits fixes, décime non compris, prélevés sur les montres à secondes et le nombre de ces montres ;

3° Le montant des droits fixes, décime non compris, prélevés par montre de la troisième catégorie.

(108) On a payé 968616 francs de droits d'entrée, décime compris, pour 39136 chevaux et poulains ; les droits d'entrée, par cheval, décime non compris, sont de 25 francs. On demande quels sont les droits perçus par poulain, décime non compris, sachant que le nombre des chevaux introduits était le triple de celui des poulains.

(109) Quelle est l'étendue d'une vigne dont le soufrage a coûté 128^f,10, sachant que le quintal de soufre a coûté 31^f,25, la journée d'ouvrier 2^f,50, et qu'on a employé moyennement 1 décagramme de soufre par hectare et une journée d'ouvrier ?

(110) Une sucrerie en installation doit produire par an 1200 quintaux métriques de sucre de betterave. Quelle devra être l'étendue de la culture propre à l'alimenter, sachant qu'on compte retirer 320 quintaux de betterave de l'hectare et que la fabrication produira 750 décagrammes de sucre par 100 kilog. de betterave ? — On demande également quelle sera la valeur de la betterave récoltée, en en mettant la tonne à 16^f,25 ?

(111) On voudrait savoir combien il faut de litres de lait pour obtenir 664$^{K.g.}$,35 de beurre ; sachant que la fabrication est con-

duite de manière à donner en moyenne : 215 hectogrammes de beurre par quintal de crème, et 15 décagrammes de crème par kilogramme de lait. Le litre de lait pèse 1$^{K.g.}$,03.

(112) Une terre ensemencée en froment a produit 11012^f,40 ; son étendue est de 28 hectares 75 ares, et le froment a été vendu à raison de 34^f,20 l'hectolitre en moyenne. Sachant que l'hectolitre pèse 75 kilog., on demande quel est, en argent et en kilogrammes, le produit de l'hectare de cette terre.

(113) Une fabrique a soldé, pour le mois de mars, à 300 ouvriers, hommes et femmes, 24736^f,40 ; le mois a commencé un samedi et les ouvriers n'ont chômé que le dimanche. On demande combien il y a d'hommes et de femmes, sachant que chaque homme reçoit en moyenne 3^f,75 par jour, et chaque femme 2^f,20.

(114) Une forteresse renferme 245 hommes et possède, pour les nourrir, 3700 hectolitres de blé. On sait qu'avant d'être mis sous la meule, le blé subit un nettoyage dans lequel il se perd 2$^{K.g.}$,50 par 100 kilog. de blé ; 100 kilog. de blé nettoyé produisent 74 kilog. de farine ; et 100 kilog. de farine donnent 125 kilog. de pain. La ration de chaque homme est de 75 décagr. par jour. Pendant combien de jours les 245 hommes pourront-ils être nourris avec les 3700 hectolitres de blé pesant 75 kilog. l'hectolitre ?

(115) Dans une exploitation on cultive, pour l'élevage des bestiaux, un certain nombre d'hectares, en luzerne et en carottes. L'hectare, en luzerne, produit moyennement 2000 bottes et occasionne 80 fr. de frais de culture ; l'hectare, en carottes, donne 500 quintaux de carottes et demande 280 francs de frais de culture. On admet, d'ailleurs, que 100 kilog. de luzerne équivalent, pour la nourriture des bestiaux, à 280 kilog. de carottes ; et l'on sait que la luzerne vaut 595 fr. les 100 quintaux. On demande quelle est la plus avantageuse des deux cultures, et quelle est la différence ?

(116) Une marchande ayant acheté un certain nombre d'œufs à 7^f,50 le cent, en revend la moitié à 0^f,10 la pièce et se défait du reste à raison de 2 œufs pour 0^f,15 ; elle gagne ainsi 3 francs sur son marché. Combien avait-elle d'œufs ?

(117) Une mine de sel gemme donne moyennement, par kilogramme d'eau salée retirée de la mine et évaporée, 96 grammes de sel. Quel poids d'eau salée faudra-t-il évaporer pour obtenir 60 quintaux de sel ? Combien d'hectolitres d'eau douce faudra-t-il introduire dans la mine pour en retirer 548 quintaux d'eau salée ?

Si maintenant on suppose que chaque kilogramme de houille brûlée sous les chaudières d'évaporation produise $8^{K\cdot g\cdot}$,200 de vapeur, on demande quelles sont les quantités de houille qu'il faudra brûler pour obtenir les résultats précédents.

(118) Les envois de numéraire par la poste sont taxés à raison de 1 centime par franc expédié, plus un droit fixe de 2 décimes pour le timbre. Un négociant a versé à la poste 3272^f,60 ; quelle somme a-t-il dû expédier ?

(119) La récolte d'un vignoble a été vendue sur le pied moyen de 124^f,80 la barrique renfermant 226$^{K\cdot g\cdot}$,55 de vin. Sachant que ce vin pèse 985 grammes par litre, on demande le prix de l'hectolitre, à moins d'un centime.

(120) 4 hommes battent du blé au fléau ; chacun d'eux peut battre en un jour 70 gerbes, et chaque gerbe donne en moyenne 3 litres de grain ; la journée de chaque homme se paye 2^f,25 ; le travail terminé, on a obtenu 168 hectolitres de blé. On demande : combien de jours ont été employés ; combien il y a eu en tout de gerbes battues ; ce qu'a dû toucher chaque batteur ; et le prix du battage au fléau par hectolitre de grain.

CHAPITRE V.

Simplifications et abréviations dans la multiplication et la division.

338. Simplifier, abréger les calculs, c'est à la fois économiser du temps et diminuer les chances d'erreur, deux avantages précieux que ne perdent jamais de vue les personnes qui ont l'habitude de manier les chiffres.

On ne saurait trop simplifier la pratique du calcul; on doit de bonne heure s'en faire une loi rigoureuse, on s'y rompt facilement, et une fois le pli pris, on ne calcule plus sans abréviations.

Nous formulerons d'abord la simplification suivante :

RÈGLE. — *Pour multiplier deux nombres renfermant chacun deux chiffres et commençant l'un et l'autre par l'unité, on ajoute au premier les unités simples du second; on place un zéro à la droite du résultat, et l'on ajoute au nombre obtenu le produit des chiffres représentant les unités dans les deux nombres.*

Soit en effet à former le produit

$$18 \times 13;$$

l'effectuer revient à répéter 18, 13 fois, c'est-à-dire 10 fois plus 3 fois, ce qui donne

$$18 \times 10 + 18 \times 3;$$

or, la seconde partie, qui n'est autre que 3×18, se forme de même en répétant 3, 18 fois, ou 10 fois, plus 8 fois :

$$3 \times 10 + 3 \times 8;$$

Le produit total se compose donc des trois parties

$$18 \times 10 + 3 \times 10 + 3 \times 8.$$

Les deux premières, prises ensemble, représentent évidemment le produit détaillé, par 10, de la somme $18 + 3$ ou 21. Le produit cherché peut donc enfin se mettre sous la forme :

$$21 \times 10 + 3 \times 8 \text{ ou } 210 + 3 \times 8,$$

résultat obtenu d'après la règle énoncée, 21 étant la somme indiquée $18 + 3$.

Cette remarque permet de faire de tête bon nombre de calculs usuels.

339. La multiplication et la division par 5 et par les puissances de 5, offrent une série de simplifications qu'il est essentiel de bien noter :

340. 1° *Pour multiplier un nombre, entier ou décimal, par 5, il suffit de le multiplier par 10 et de prendre la moitié du résultat.*

En effet, $10 = 5 \times 2$; si donc, au lieu de multiplier un nombre par 5, on le multiplie par 10, on le multiplie par un nombre 2 fois plus fort; le résultat est alors 2 fois trop grand; donc, en en prenant la moitié on obtient le véritable produit cherché.

Exemple. — Pour multiplier 247 par 5, on prend la moitié de 2470, ce qui donne 1235.

De même, pour multiplier 13,54 par 5, on prend la moitié de 135,4, ce qui donne 67,7.

341. 2° *Inversement : pour diviser un nombre, entier ou décimal, par* 5, *il suffit de le diviser par* 10 *et de doubler le résultat.*

En effet : en divisant par 10, on divise par un nombre 2 fois trop fort; le résultat est donc 2 fois trop faible; en le doublant on a donc le véritable quotient cherché.

Exemple. — Pour diviser 487 par 5, il suffit de doubler 48,7, ce qui donne tout de suite 97,4.

De même on aura le 5° de 0,0348 en doublant 0,00348, d'où résulte 0,00696.

342. 3° *Pour multiplier un nombre, entier ou décimal, par* 25 *ou* 5^2, *il suffit de le multiplier par* 100 *ou* 10^2, *et de diviser le résultat par* 4 *ou* 2^2.

En effet : $100 = 25 \times 4$; si donc on prend 100 pour multiplicateur au lieu de 25, on multiplie par un nombre 4 fois trop fort; le résultat est donc 4 fois trop grand; en en prenant le quart, c'est-à-dire en divisant par 4, on obtient évidemment le produit cherché.

Exemple. — Pour multiplier 46,8 par 25, il suffit de prendre le quart de 4680, ce qui donne 1170.

De même, pour multiplier 0,376 par 25, il suffit de prendre le quart de 37,6 ou 9,4.

343. 4° *Inversement : pour diviser un nombre, entier ou décimal, par* 25, *il suffit de le diviser par* 100, *et de multiplier le résultat par* 4.

En effet, en divisant par 100, on divise par un nombre 4 fois trop fort; le résultat est 4 fois trop faible; en multipliant par 4 on a donc le véritable quotient cherché.

Exemple. — Pour diviser 364,9 par 25, on multiplie 3,649 par 4, ce qui donne tout de suite 14,596.

344. 5° *Pour multiplier un nombre, entier ou décimal, par 125 ou 5³, il suffit de le multiplier par 1000, ou 10³, et de diviser le résultat par 8 ou 2³.*

Même raisonnement que pour 5 et pour 25, en remarquant que $1000 = 125 \times 8$.

Exemple. — Pour multiplier 79,4 par 125, il suffit de prendre le 8ᵉ de 79400, ce qui donne 9925.

345. 6° *Inversement : pour diviser un nombre, entier ou décimal, par 125, il suffit de le diviser par 1000 et de multiplier le résultat par 8.*

Même raisonnement que pour 5 et pour 25, en observant toujours que $1000 = 125 \times 8$.

Exemple. — On aura le quotient de 94,65 par 125, en multipliant 0,09465 par 8, d'où résulte 0,7572.

346. En raisonnant identiquement de la même manière on établirait enfin les deux principes généraux suivants :

1° *Pour multiplier un nombre, entier ou décimal, par une puissance de 5, il suffit de le multiplier par la puissance correspondante de 10 et de diviser le résultat par la même puissance de 2.*

2° *Pour diviser un nombre, entier ou décimal, par une puissance de 5, il suffit de le diviser par la puissance correspondante de 10, et de multiplier le résultat par la même puissance de 2.*

347. Ces principes sont d'une grande importance dans la pratique du calcul ; en effet, toute puissance de 2 est inférieure à la puissance correspondante de 5 ; de plus, les opérations (multiplication et division) par les puissances de 2 sont toujours simples, soit directement, soit par décomposition ; une grande simplification dans les calculs résultera donc de l'application de ces principes : il suffira, pour cela, de savoir reconnaître les puissances de 5, ou tout au moins les premières :

$$5, \quad 5^2 = 25, \quad 5^3 = 125, \quad 5^4 = 625, \quad 5^5 = 3125, \text{ etc.}$$

Exemple. — Supposons qu'il s'agisse de multiplier 478,63 par 3125 ou 5^5 ; on multiplie par 100000 ou 10^5, ce qui revient à reculer la virgule de 5 rangs vers la droite ; puis l'on divise le nombre obtenu 47863000 par 2^5 ou 32, ce qui se fait très-simplement, en remarquant que $32 = 4 \times 8$, car alors (principe 3, n° 327) l'opération revient à prendre successivement le quart du nombre et le huitième du résultat :

Le quart de 47863000 ou 11965750
et le 8e de 11965750 ou 1495718,75.

$$478,63 \times 3125 = 1495718,75.$$

Autre exemple. — Soit à diviser 32,47 par 625 ou 5^4 ; on divise par 10000, en reculant la virgule de 4 rangs vers la gauche ; puis l'on multiplie le nombre obtenu, 0,003247 par 2^4 ou 16, ce qui peut se faire en multipliant par 8 et par 2 ou en multipliant deux fois par 4, puisque :

$$16 = 8 \times 2 = 4 \times 4.$$

On peut enfin, observant que $16 = 6 + 10$, multiplier par 6, et ajouter au résultat le produit par 10, c'est-à-dire le multiplicande 0,003247 vers la droite duquel on recule la virgule d'un rang, ce qui revient à une multiplication ordinaire avec un seul produit partiel effectif :

Produit par 6. 0,019482
—   10. 0,03247
$$\overline{\qquad\qquad 0,051952 = 32,47 : 625}$$

348. Enfin, on peut encore signaler, entre autres, les simplifications suivantes, comme conséquences des principes qui précèdent :

349. 1° *Pour multiplier un nombre, entier ou décimal, par 0,5 il suffit d'en prendre la moitié.*

En effet : d'après la numération décimale, 0,5 est 10 fois plus faible que 5 ; le produit d'un nombre par 0,5 est donc 10 fois plus faible que le produit de ce nombre par 5 Or, on multiplie un nombre par 5 (princ. 1, n° 340), en le multipliant par 10 et prenant la moitié du résultat; le produit de ce nombre par 0,5 étant 10 fois plus faible, s'obtiendra donc en divisant le premier par 10, ce qui revient alors simplement à prendre la moitié du nombre donné.

Exemple. — 34,8 × 0,5 représente la moitié de 34,8 ou 17,4.

350. 2° *Pour diviser un nombre, entier ou décimal, par 0,5, il suffit de le doubler*.

En effet : On divise un nombre par 5 (princ. 2, n° 341), en le divisant par 10 et doublant le résultat ; le quotient par un nombre 10 fois plus petit, 0,5, étant 10 fois plus grand, s'obtiendra donc en multipliant le premier quotient par 10, ce qui revient simplement à doubler le nombre donné.

Exemple. — On divise 8,42 par 0,5, en doublant 8,42, ce qui donne 16,84.

351. 3° *Pour multiplier un nombre, entier ou décimal, par 0,25, 0,125, il suffit d'en prendre le quart, le huitième*.

352. 4° *Pour diviser un nombre, entier ou décimal, par 0,25, 0,125, il suffit de le multiplier par 4, par 8*.

Mêmes raisonnements que pour les deux premiers principes, en observant : que 0,25 est 100 fois plus faible que 25 ; que 0,125 est 1000 fois plus faible que 125 ; et en appliquant les principes de la multiplication et de la division par 25 et 125.

Exemple. — 6,45 × 0,25 représente le quart de 6,45 ou 1,8125.

De même : 42,63 : 0,125 représente 42,63 × 8 ou 341,04.

353. Enfin nous terminerons ces simplifications par la règle suivante :

RÈGLE. — *Pour multiplier un nombre quelconque par un mul-*

tiplicateur composé de un ou plusieurs 9, suivis d'un chiffre quel-conque, il suffit de placer à la droite de ce nombre autant de zéros qu'il y a de chiffres au multiplicateur, et de retrancher du résul-tat le produit du multiplicande par l'excès de 10 sur le dernier chiffre du multiplicateur.

Ainsi, soit à multiplier

$$37642 \text{ par } 997 ;$$

on place 3 zéros à la droite du multiplicande, ce qui donne

$$37642000$$

et l'on retranche le produit 37642×3, 3 étant l'excès de 10 sur le dernier chiffre 7 ; on aura ainsi :

$$\begin{array}{r} 37642000 \\ 112926 \\ \hline 37529074 \end{array} \text{ produit cherché.}$$

En effet, 997 est égal à $1000 - 3$; l'opération revient donc à répéter 37642 1000 fois moins 3 fois, c'est-à-dire à placer 3 zéros à la droite de 37642 et à retrancher 3 fois ce nombre du résultat, comme l'indique la règle générale.

——

EXERCICES

sur les simplifications dans la multiplication et la division.

(1) Effectuer par abréviation ou former de tête et de suite chacun des produits suivants :

16×12	18×15	13×17	19×14	15×19
17×16	19×18	18×17	15×13	$14 \times 18.$

(2) Effectuer par abréviation ou former de tête et de suite chacun des produits suivants :

160×17	1800×19
190×15	160×19
13000×14	180×15
1500×16	170000×18
1200×13	$190000 \times 14.$

(3) Effectuer de même chacun des produits suivants :

1600 × 180	190 × 1400
150 × 180	13000 × 1700
1800 × 150	16000 × 1900
18000 × 1600	17000 × 13000
1800 × 180	19000 × 1900.

(4) Effectuer, de la manière la plus simple possible, chacun des produits suivants :

3824 × 5	64,26 × 5
0,0743 × 5	6789 × 25
38,742 × 25	0,0429 × 25
3463 × 125	29,347 × 125
0,0068 × 125	837 × 625
6,763 × 625	0,7429 × 625.

(5) Effectuer, de la manière la plus simple possible, chacun des produits suivants :

864 × 0,5	642,73 × 0,5
3,786 × 0,5	64289 × 0,05
58,642 × 0,05	0,0648 × 0,05
329 × 0,005	64,72 × 0,005.
0,0362 × 0,005	

3264 × 0,25	67,698 × 0,25
0428 × 0,25	298 × 0,025
326,79 × 0,025	0,76 × 0,025
5426 × 2,5	63,738 × 2,5
0,0084 × 2,5	

32689 × 0,125	268,742 × 0,125
0,06484 × 0,125	86286 × 1,25
84,6 × 1,25	0,70864 × 1,25
326 × 12,5	42,79 × 12,5
0,076894 × 12,5	38649 × 0,0125
28,7964 × 0,0125	0,07642 × 0,0125.

(6) Convertir en quotients les produits indiqués dans l'exercice (4) et effectuer, de la manière la plus simple possible, chacune des divisions résultantes.

(7) Convertir en quotients les produits indiqués dans l'exercice (5) et effectuer, de la manière la plus simple possible, chacune des divisions résultantes

(8) Effectuer, de la manière la plus simple possible, chacun des produits suivants :

$$327 \times 9 \qquad\qquad 8{,}642 \times 9$$
$$0{,}0287 \times 9 \qquad\qquad 4265 \times 99$$
$$36{,}42 \times 99 \qquad\qquad 0{,}0428 \times 99$$
$$67428 \times 999 \qquad\qquad 8{,}7649 \times 999$$
$$0{,}268 \times 999 \qquad\qquad 386{,}54 \times 9999$$

(9) Effectuer, de la manière la plus simple possible, chacun des produits suivants :

$$36849 \times 97 \qquad\qquad 36{,}426 \times 93$$
$$86{,}7 \times 94 \qquad\qquad 32{,}756 \times 98$$
$$0{,}0072694 \times 96$$

$$864{,}53 \times 998 \qquad\qquad 3296{,}42 \times 993$$
$$26{,}7464 \times 997 \qquad\qquad 0{,}06298 \times 996.$$
$$8543{,}4269 \times 994$$

$$42698 \times 9992 \qquad\qquad 86{,}764 \times 9996$$
$$0{,}046298 \times 9998 \qquad\qquad 0{,}006428 \times 9997.$$
$$326{,}8754 \times 9994$$

(10) Effectuer, de la manière la plus simple possible, chacun des produits suivants :

$$6429{,}68 \times 0{,}3 \qquad\qquad 326{,}84 \times 0{,}09$$
$$42{,}686 \times 0{,}009 \qquad\qquad 426{,}86 \times 0{,}99.$$
$$0{,}26894 \times 0{,}999$$

LIVRE IV.

PROPRIÉTÉS DES NOMBRES.

CHAPITRE PREMIER.

DIVISIBILITÉ.

354. On dit qu'un nombre est *divisible* par un autre lorsque la division du premier par le second s'effectue sans reste : ainsi 96 est divisible par 12.

Tout nombre divisible par un autre est donc un *multiple* de cet autre (n° 276) : 96 est un multiple de 12.

355. Tout nombre qui en divise exactement un autre est nommé *diviseur, sous-multiple, facteur* ou *partie aliquote* de cet autre : 12 est donc diviseur, sous-multiple, facteur ou partie aliquote de 96.

356. PRINCIPE I. — *Tout nombre qui en divise séparément plusieurs autres, divise aussi leur somme.*

Ce qui peut encore s'énoncer ainsi :

La somme de plusieurs multiples d'un nombre est encore un multiple de ce nombre.

Soient les nombres 36, 108, 60, divisibles par 12, ou multiples de 12 :

$$36 \text{ contient } 12 \quad 3 \text{ fois.}$$
$$108 \text{ contient } 12 \quad 9 \text{ fois.}$$
$$60 \text{ contient } 12 \quad 5 \text{ fois.}$$

La somme de ces trois nombres, $36 + 108 + 60$, contient donc 12, 3 fois $+$ 9 fois $+$ 5 fois, ou 17 fois ; cette somme est donc divisible par 12, et par conséquent un multiple de 12.

357. *Conséquence.* — *Lorsqu'un nombre en divise un autre, il divise tous les multiples de cet autre;*

Ou bien encore :

Tout multiple d'un nombre est divisible par tout diviseur de ce nombre.

En effet : 12 divisant 96, divise 96×4, attendu que ce produit n'est autre chose que $96 + 96 + 96 + 96$, c'est-à-dire la somme de 4 multiples de 12.

358. PRINCIPE II. — *Tout nombre qui en divise deux autres, divise leur différence.*

Ou bien encore :

La différence de deux multiples d'un nombre est encore un multiple de ce nombre.

Soient, en effet, 96 et 72, l'un et l'autre divisibles par 8 :

96 vaut 12 fois 8
72 vaut 9 fois 8

La différence $96 - 72$ renferme donc 8, 12 fois $- 9$ fois ou 3 fois; cette différence est donc divisible par 8 et par conséquent un multiple de 8.

359. *Conséquence.* — *Tout nombre divisant la somme de deux nombres et l'un de ces nombres divise exactement l'autre;*

Attendu que ce second nombre est la différence entre la somme et l'autre nombre.

360. PRINCIPE III. — *Si un nombre divise une partie d'une somme composée de deux parties, sans diviser l'autre, le reste de la division de la somme, par ce nombre, est le même que celui de la partie non divisible.*

Soient, en effet, les deux nombres 48 et 75, dont le premier est divisible par 12, le second donnant 3 pour reste ; on a :

$$48 = 12 \times 4$$
$$75 = 12 \times 6 + 3.$$

La somme, $48 + 75$, contient donc 12 4 fois $+$ 6 fois ou

10 fois, plus le reste 3, de la division de 75 par 12, ce qui démontre le principe énoncé.

Principaux caractères de divisibilité.

$$10 = 2 \times 5.$$

361. *Remarque.* — *Tout nombre terminé par un zéro étant divisible par* 10, *est aussi divisible par* 2 *et par* 5 (n° 357).

362. Principe I. — *Le reste de la division d'un nombre par* 2 *est le même que celui de la division de son dernier chiffre par* 2.

Soit, en effet, le nombre 4629 ; ce nombre peut se décomposer en :

$$4620 + 9$$

la première partie, composée des dizaines du nombre et par conséquent toujours terminée par un zéro ; la seconde, formée du chiffre des unités.

La première étant divisible par 2, le reste de la division du nombre par 2 doit être le même que celui de la division par 2, de la seconde partie, c'est-à-dire de son dernier chiffre (n° 360).

Il résulte de là que :

La condition nécessaire et suffisante pour qu'un nombre soit divisible par 2, *c'est que son dernier chiffre, c'est-à-dire le chiffre de ses unités soit divisible par* 2, *ou que ce nombre soit terminé par un* ZÉRO.

363. Comme complément de ce principe on tire les conséquences suivantes :

1° *Les chiffres* 0, 2, 4, 6, 8, *nommés chiffres* PAIRS, *sont les seuls qui puissent terminer les nombres divisibles par* 2, *que l'on nomme, par extension, nombres* PAIRS.

2° *Les chiffres* 1, 3, 5, 7, 9, *nommés chiffres* IMPAIRS, *terminent les nombres non divisibles par* 2, *que l'on nomme alors nombres* IMPAIRS.

3° *Le reste de la division d'un nombre impair par* 2, *est toujours* 1.

364. Principe II. — *Le reste de la division d'un nombre par 5 est le même que celui de la division de son dernier chiffre par 5.*

Même raisonnement que pour le diviseur 2 (princ. 1, n° 362).

Si l'on remarque que 5 est le seul chiffre significatif divisible par 5, on conclut immédiatement que :

La condition nécessaire et suffisante pour qu'un nombre soit divisible par 5, c'est que son dernier chiffre soit 0 ou 5.

$$100 = 4 \times 25.$$

365. *Remarque.* — *Tout nombre terminé par deux zéros étant composé d'un nombre exact de centaines, et par conséquent divisible par 100, est aussi divisible par 4 et par 25* (n° 357).

366. Principe III.— *Le reste de la division d'un nombre par 4, est le même que celui de la division par 4, du nombre formé par ses deux derniers chiffres.*

En effet, soit le nombre 7469 ; ce nombre peut se décomposer en :

$$7400 + 69,$$

la première partie, composée des centaines du nombre et par conséquent toujours terminée par deux zéros ; la seconde, formée de l'ensemble des deux derniers chiffres du nombre :

La première étant divisible par 4, le reste de la division du nombre, par 4, doit être le même que celui de la division par 4, de la seconde partie (n° 360), c'est-à-dire du nombre 69, formé par les deux derniers chiffres du nombre 7469.

On peut ajouter comme complément et comme conséquence :

La condition nécessaire et suffisante pour qu'un nombre soit divisible par 4, c'est que le nombre formé par l'ensemble de ses deux derniers chiffres soit divisible par 4, ou que ce nombre soit terminé par 2 zéros.

Ainsi les nombres 3224, 872, 6208, sont divisibles par

4, attendu que les nombres 24, 72, 08 qui les terminent sont des multiples de 4.

Au contraire, les nombres 1867, 32709, 847294 ne sont pas divisibles par 4, les nombres 67, 09, 94 qui les terminent n'étant pas des multiples de 4; de plus, ces trois derniers nombres, divisés par 4, donnant pour restes respectifs : 3, 1, 2, ces trois restes sont précisément ceux que l'on obtiendrait en divisant par 4 les nombres 1867, 32709 et 847294.

367. PRINCIPE IV. — *Le reste de la division d'un nombre par 25, est le même que celui de la division par 25, du nombre formé par ses deux derniers chiffres.*

Même raisonnement que pour le diviseur 4 (princ. 3, n° 366).

Il résulte immédiatement de ce principe que :

La condition nécessaire et suffisante pour qu'un nombre soit divisible par 25, c'est que le nombre formé par ses deux derniers chiffres soit divisible par 25, ou que ce nombre soit terminé par 2 ZÉROS.

Si maintenant on forme les différents multiples de 25 :

$$25, 50, 75, 100, 125, \text{etc.}$$

il est facile de remarquer que les seuls nombres de deux chiffres, divisibles par 25, sont : 25, 50, 75; ces trois nombres sont donc les seules terminaisons significatives que puissent avoir les nombres divisibles par 25. Il résulte alors de cette remarque que :

La condition nécessaire et suffisante pour qu'un nombre soit divisible par 25, c'est que ce nombre soit terminé par deux zéros ou par l'un des nombres 25, 50 ou 75.

Ainsi les nombres 8775, 6400, 980725, 39850 sont divisibles par 25.

Au contraire, les nombres 74279, 8723, 64605, 29870 ne sont pas divisibles par 25; de plus, les restes qu'on obtiendrait en divisant ces nombres par 25, sont précisément ceux qu'on trouverait en divisant 79, 23, 05, 70 par 25; **ces restes sont : 4, 23, 5, 20.**

$1000 = 8 \times 125.$

368. *Remarque.* — *Tout nombre terminé par trois zéros étant composé d'un nombre exact de mille, et par conséquent divisible par 1000, est aussi divisible par 8 et par 125* (n° 357).

369. PRINCIPE V. — *Le reste de la division d'un nombre par 8, est le même que celui de la division par 8, du nombre formé par ses trois derniers chiffres.*

Soit, en effet, le nombre 74862 qui peut se décomposer en :

$$74000 + 862.$$

La première partie, contenant les mille du nombre et terminée par trois zéros, est toujours divisible par 1000, et par suite par 8; le reste, s'il y en a un, est donc le même que celui de la division par 8 de la seconde partie 862, formée par les trois derniers chiffres du nombre 74862, ce qu'il s'agissait de démontrer.

D'où il résulte, comme complément et comme conséquence, que :

La condition nécessaire et suffisante pour qu'un nombre soit divisible par 8, c'est que le nombre formé par l'ensemble de ses trois derniers chiffres soit divisible par 8, ou que ce nombre soit terminé par 3 ZÉROS.

Ainsi les nombres 34072, 86424, 194008 sont divisibles par 8, car 072, 424, 008 sont des multiples de 8.

Au contraire, les nombres 76427, 38021 ne sont pas divisibles par 8; de plus, les restes 3 et 5, qu'on obtiendrait en divisant ces nombres par 8, sont précisément les mêmes que ceux que donnent les divisions des nombres 427 et 021 par 8.

370. PRINCIPE VI. — *Le reste de la division d'un nombre par 125, est le même que celui de la division par 125, du nombre formé par ses trois derniers chiffres.*

Même raisonnement que pour le diviseur 8 (princ. 5, n° 369).

Il résulte de ce principe que :

La condition nécessaire et suffisante pour qu'un nombre

soit divisible par 125, *c'est que le nombre formé par ses trois derniers chiffres soit divisible par 125, ou que ce nombre soit terminé par 3* ZÉROS.

Ainsi les nombres 786250, 42375, 364750 sont divisibles par 125, attendu que 250, 375, 750 sont des multiples de 125.

Au contraire, les nombres 28475, 186428 ne sont pas divisibles par 125, et les restes de ces nombres, divisés par 125, sont précisément les mêmes que ceux de 475 et 428 par le même diviseur.

Remarque. — On pourrait étendre ces caractères de divisibilité, par les puissances de 2 et de 5, jusqu'à une limite quelconque; on procéderait toujours de la même manière. Seulement, comme au delà de 8 et de 125, ces caractères perdent leur but pratique, nous ne nous en occuperons point ici.

Divisibilité par 9 et par 3.

371. PRINCIPE I. — *L'unité suivie d'un nombre quelconque de zéros est un multiple de 9, augmenté d'une unité.*

Soit en effet la division suivante :

$$
\begin{array}{r|l}
10000 \ldots & 9 \\
10 & \overline{1111} \\
10 & \\
10 & \\
1 \ldots & \\
\ldots & \\
\ldots &
\end{array}
$$

dans laquelle le dividende est formé de l'unité suivie d'un nombre quelconque de zéros : chaque dividende partiel étant 10, chaque reste est égal à 1, quel que soit le zéro auquel on s'arrête, ce qui démontre le principe énoncé.

372. PRINCIPE II. — *Tout nombre composé d'un chiffre significatif suivi d'un nombre quelconque de zéros est un multiple de 9, augmenté de la valeur du chiffre significatif.*

Soit, en effet, le nombre 40000, composé de 10000×4, **c'est-à-dire** de 4 dizaines de mille :

Chaque dizaine de mille se compose d'un multiple de 9, augmenté de 1 ; les 4 dizaines de mille, prises ensemble, valent donc quatre multiples de 9, augmentés de 4, ou simplement :

un multiple de 9, plus 4,

puisque quatre multiples de 9, pris ensemble, valent un multiple de 9 (n° 356).

Remarque. — Ce principe s'étend évidemment au cas où, au lieu d'un chiffre significatif, on a un nombre quelconque suivi de plusieurs zéros ; ainsi 2400, par exemple, vaut un multiple de 9, augmenté de 24.

373. Principe III. — *Un nombre quelconque est composé d'un multiple de 9, augmenté de la somme de ses chiffres pris en valeur absolue.*

Soit en effet le nombre 64825 ; ce nombre peut se décomposer en :

$$60000 + 4000 + 800 + 20 + 5 ;$$

chacune des quatre parties se compose (n° 372) d'un multiple de 9, augmenté du chiffre qui la précède : donc l'ensemble des cinq parties, c'est-à-dire le nombre lui-même, se compose de :

Quatre multiples de 9, augmentés de la somme $6 + 4 + 8 + 2 + 5$, c'est-à-dire enfin de :

Un multiple de 9, augmenté de la somme 25, des chiffres pris en valeur absolue, ce qui démontre le principe énoncé.

Remarque. — Si l'on convient de représenter, d'une manière générale, par m. 9, l'expression générale *multiple de* 9 ; si de plus on admet, comme représentation de la valeur d'une somme effectuée, l'expression $(6 + 4 + 8 + 2 + 5)$, contenant entre deux parenthèses les différentes parties de cette somme, réunies par le signe *plus*, on pourra écrire le principe précédent sous la forme :

$$64825 = \text{m. } 9 + (6 + 4 + 8 + 2 + 5).$$

374. Principe IV. — *Le reste de la division d'un nombre* *par* 9 *est le même que le reste de la division par* 9, *de la somme des valeurs absolues de ses chiffres.*

Ce principe est évidemment une conséquence de la décomposition qui précède, car puisqu'on a :

$$64825 = m.\ 9 + (6 + 4 + 8 + 2 + 5),$$

le nombre 64825 se compose de deux parties, dont l'une, la première, est divisible par 9 ; donc le reste de la division du nombre total par 9 est le même que celui de la seconde partie, c'est-à-dire de la somme des chiffres pris en valeur absolue, ce qui démontre le principe énoncé.

Il résulte de là, que :

La condition nécessaire et suffisante pour qu'un nombre soit divisible par 9, *c'est que la somme des valeurs absolues de ses chiffres soit divisible par* 9.

Ainsi, par exemple, le nombre 82746 est divisible par 9, attendu que $8 + 2 + 7 + 4 + 6 = 27$, qui est un multiple de 9.

Le nombre 64825, pris précédemment pour exemple, n'est pas divisible par 9, car $6 + 4 + 8 + 2 + 5 = 25$ qui n'est pas un multiple de 9. On voit de plus ici que 25 divisé par 9 donnant 7 pour reste, 7 est le reste de la division de 64825 par 9.

375. *Remarque.* — Il est essentiel de noter que dans la pratique il est tout à fait inutile de faire réellement la somme de tous les chiffres du nombre.

En effet : le reste de la division de cette somme par 9 peut s'obtenir en en retranchant 9, autant de fois que possible ; il est donc bien plus simple d'enlever 9 des différentes sommes partielles, à mesure que ces sommes atteignent ou surpassent 9. On doit par conséquent passer, sans y prendre garde, sur tous les 9 que le nombre peut contenir ; on agit de même avec les chiffres tels que 1 et 8, 2 et 7, 3 et 6, 4 et 5, qui se rencontrent ensemble et dont la somme est très-visiblement 9.

On peut enfin remarquer que pour retrancher 9 d'une somme partielle on peut simplement se borner à ajouter les chiffres de cette somme ; ainsi le reste de la division de 17 par 9 est évidemment $1 + 7 = 8$, c'est une conséquence du principe IV (n° 374). En appliquant ces remarques au nombre 6798194275645 on se borne à dire :

6 et 7, 13, reste 4 ;
4 et 4, 8, et 5, 13, reste 4 ;
4 et 6, 10, reste 1.

1 est donc le reste de la division du nombre donné par 9.

376. PRINCIPE V. — *Tout nombre est composé d'un multiple de 3, augmenté de la somme de ses chiffres pris en valeur absolue.*

Ceci résulte évidemment du principe III (n° 373), puisqu'un multiple de 9 est aussi un multiple de **3**.

Il résulte de là que :

377. PRINCIPE VI. — *Le reste de la division d'un nombre par 3 est le même que celui de la division par 3, de la somme des valeurs absolues de ses chiffres.*

Même raisonnement qu'au n° 374.

On conclut enfin de là que :

*La condition nécessaire et suffisante pour qu'un **nombre** soit divisible par 3, c'est que la somme des valeurs **absolues** de ses chiffres soit divisible par 3.*

378. *Remarque.* — Les principes de divisibilité qui précèdent, bien qu'établis pour les nombres entiers, s'appliquent également aux nombres décimaux et aux fractions décimales ayant un nombre limité de chiffres ; attendu que, d'après la numération, un nombre décimal peut être considéré comme un nombre entier d'unités décimales de l'ordre de son dernier chiffre ; ainsi, 24,678 représente 24678 millièmes, et 0,00372 n'est autre chose que 372 cent-millièmes. Les principes de divisibilité s'appliquent donc aussi bien aux nombres **24,678** et 0,00372 qu'aux nombres entiers 24678 et 372.

Il est utile de remarquer qu'en plaçant à la droite d'un nombre décimal un nombre suffisant de zéros, ou en prolongeant convenablement en décimales la division d'un nombre entier, on arrive toujours à effectuer exactement la division d'un nombre, entier ou décimal, par une puissance quelconque de 2 ou de 5.

Preuve par 9 de la multiplication et de la division.

379. *Multiplication. — Le reste de la division par* 9, *d'un produit de deux facteurs, est égal au reste de la division par* 9, *du produit formé en multipliant, l'un par l'autre, les restes que l'on obtient en divisant par* 9, *les deux facteurs du produit.*

Prenons en effet pour exemple le produit 385×53 ; on a, d'après ce qui précède :

$$385 = m. \ 9 + 7$$
$$53 = m. \ 9 + 8$$

Cela posé, 385 se composant d'un multiple de 9, augmenté de 7, le produit de ce nombre par 53 contient 53 multiples de 9, augmentés de 53 fois 7, c'est-à-dire qu'il peut se représenter ainsi :

$$m. \ 9 + 7 \times 53.$$

Le produit, mis sous cette forme, se compose de deux parties dont l'une est divisible par 9 ; le reste de la division de ce produit par 9 ne peut donc provenir que de la deuxième partie, 7×53, ou 53×7 ; or, 53 se compose, à son tour, d'un multiple de 9, augmenté de 8 ; le produit 53×7 contient donc 7 multiples de 9, augmentés de 7 fois 8, c'est-à-dire qu'il peut se mettre sous la forme :

$$m. \ 9 + 7 \times 8.$$

La première partie est divisible par 9 ; le reste de la division par 9 est donc le même que celui de la division de la seconde partie, 7×8 ; ce qui veut dire que ce dernier reste est bien celui de la division par 9, du produit total 385×53, ce qui démontre le principe énoncé.

380. On dispose l'opération et la preuve de la manière suivante :

$$
\begin{array}{r|l}
385 \ldots 7 & \\
53 \ldots 8 & 56 \ldots 2 \\
\hline
1155 & \\
1925 & \\
\hline
20405 \ldots \ldots \ldots 2.
\end{array}
$$

381. *Remarque.* — Il résulte de la formation du reste de la division par 9, que par la preuve ainsi établie, on ne vérifie réellement que la somme des chiffres du produit, mais nullement ce produit lui-même ; la preuve étant reconnue bonne, il n'y a donc pas de certitude pour l'exactitude de l'opération. Cependant, comme les compensations qui doivent s'établir entre les chiffres d'un produit faux, pour que la vérification puisse néanmoins se faire, sont assez rares, on peut dire que la preuve étant bonne, il est probable que l'opération l'est également. Cette dernière remarque conduit donc à l'adoption de la preuve par 9 dans la pratique du calcul.

382. *Division.* — Lorsqu'une division est faite sans faute, le dividende se compose exactement du produit du diviseur par le quotient, augmenté du reste ; si donc on retranche le reste du dividende, on doit obtenir le produit exact du diviseur par le quotient.

La preuve par 9, de la division, est fondée sur cette remarque, et peut s'indiquer de la manière suivante :

Pour faire la preuve par 9 d'une division, l'on retranche le reste du dividende ; puis on opère comme pour la multiplication, en traitant le nombre obtenu comme un **produit,** le diviseur et le quotient comme ses facteurs :

Exemple. — Soit à vérifier la division de 7843 par 65.

$$
\begin{array}{r|l}
7843 & 65 \ \ldots \ldots \ 2 \\
134 & \overline{120. \ \ldots \ . \ 3} \ \Big| \ 6 \\
43 & \\
\hline
7800 \ \ldots \ldots \ldots \ 6
\end{array}
$$

383. *Remarque.* — Les preuves qui viennent d'être exposées s'appliquent tout aussi bien à la multiplication et à la division des nombres décimaux ; il faut seulement faire abstraction de la nature décimale des restes et ne considérer ces restes que comme des unités ; cela revient à considérer les nombres sur lesquels on opère comme des nombres entiers.

Exemple. — Soit à multiplier 3,7642 par 0,047 (n° 245).

$$
\begin{array}{r|l}
3,7642 \ \ldots \ . \ 4 & \\
0,047. \ \ldots \ . \ 2 & 8 \\
\hline
263494 & \\
150568 & \\
\hline
0,1769174 \ \ldots \ldots \ 8 &
\end{array}
$$

L'opération revient, en effet, à multiplier 37642 par 47 et à faire exprimer au résultat des unités du 7e ordre décimal ; la preuve s'applique donc au produit 37642×47.

Autre exemple. — Soit maintenant à diviser 8,56 par 2,4, le quotient devant être calculé à moins de 0,001 près. Disposant le calcul d'après la règle connue (n°s 305 et 306) :

$$
\begin{array}{r|l}
8\ 5600 & 24 \ \ldots \ . \ 6 \\
1\ 36 & \overline{3,566. \ . \ . \ 2} \ \Big| \ 3 \\
160 & \\
160 & \\
16 & \\
\hline
85584. \ \ldots \ldots \ . \ 3
\end{array}
$$

L'opération revient en effet à trouver le quotient de 85600 par 24, à moins d'une unité, et à faire exprimer à ce nombre des unités du 3e ordre décimal ; la preuve s'applique donc à la division de 85600 par 24.

EXERCICES

sur les caractères de divisibilité.

(1) Former les restes de la division par : 2, 5, 4, 25, 8, 125, de chacun des nombres :

6482	3767
42389	257805
462870	650298
367525	3277841
2198645	7684239.

(2) Former les restes de la division par 9 et par 3, de chacun des nombres :

262836	40776842
908164358	3640986435
65349908716	729098617
2642981764	3625734861
576429807	47265432996321.

(3) Former les restes de la division par : 2, 5, 4, 25, 8, 125, de chacun des nombres :

87,642	367,8427
0,46295	42,72986
5,74286	0,0058649
6,76435	0,0486275
376,27498	3287,28465.

(4) Former les restes de la division par 9 et par 3, de chacun des nombres :

267,3687	4,369547
0,0384762	3469,27685
26472,3865	376789,74
0,0490956423	0,00028694
257,645328	4,549569372.

PREUVE PAR 9.

(1) Appliquer la preuve par 9 à chacun des produits :

346 × 248	4623 × 582
7647 × 378	5426 × 782
3657 × 958	26296 × 596
28963 × 8371	69839 × 7468
4027857 × 6439	26784 × 3492

$$86,427 \times 3,2843 \qquad 746,2743 \times 8,274$$
$$4766,26 \times 6,276 \qquad 217,6986 \times 0,46534$$
$$0,0276439 \times 0,00687 \qquad 24,6467 \times 0,0819$$
$$429,3842 \times 3,29864 \qquad 7,6432 \times 0,036474$$
$$0,0086564 \times 0,38647 \qquad 86,7429 \times 0,174639.$$

(2) Appliquer la preuve par 9 à chacun des quotients :

$$4632 : 76 \qquad 38947 : 684$$
$$22486 : 178 \qquad 269436 : 864$$
$$42706 : 97 \qquad 864296 : 364$$
$$2607842 : 6897 \qquad 9463564 : 9876$$
$$36060485 : 296 \qquad 83647586 : 67694.$$

$$3648,3645 : 874 \qquad 264,7642 : 7864$$
$$24364,5764 : 9867 \qquad 0,064738 : 948$$
$$266,467643 : 8,764 \qquad 8742,3897 : 0,08642$$
$$58,6479986 : 786,79 \qquad 0,008427 : 26,73$$
$$86,426 : 3,7646 \qquad 836,2674 : 5,6473.$$

CHAPITRE II.

Plus grand commun diviseur.

384. On nomme *commun diviseur* de deux ou plusieurs nombres, tout nombre qui divise à la fois ces deux ou plusieurs nombres : ainsi 6 est commun diviseur de 48 et 72.

Remarque. — L'unité est commun diviseur de tous les nombres entiers.

385. Le *plus grand commun diviseur* de deux ou plusieurs nombres est le plus grand de tous les diviseurs communs à ces nombres : ainsi 12 est le plus grand commun diviseur entre 24 et 36.

Le plus grand commun diviseur s'indique en abrégé par *p. g. c. d.*

386. Deux ou plusieurs nombres peuvent n'avoir d'autre diviseur commun que l'unité qui se trouve être alors leur p. g. c. d. Ces deux ou plusieurs nombres sont dits *premiers entre eux.*

387. Plusieurs nombres sont dits *premiers entre eux deux à deux,* lorsque pris deux à deux, d'une manière quelconque, ils ne présentent de facteurs communs dans aucun groupe.

388. Dans le calcul, certaines simplifications consistent dans la suppression de facteurs ou diviseurs communs à deux ou plusieurs nombres : les caractères de divisibilité permettent de reconnaître certains de ces facteurs, mais d'autres échappent à l'inspection première des nombres ; la recherche du p. g. c. d. vient alors en aide, et permet de découvrir les facteurs pour lesquels aucun caractère pratique de divisibilité n'a été établi. On comprend d'après cela l'utilité de la recherche du p. g. c. d. de deux ou plusieurs nombres.

La détermination du p. g. c. d. repose sur le principe suivant :

389. PRINCIPE. — *Le p. g. c. d. de deux nombres est le même que le p. g. c. d. entre le plus petit de ces nombres et le reste de leur division.*

Soient en effet les deux nombres 864 et 128 qui, divisés l'un par l'autre, donnent 6 pour quotient et 96 pour reste

$$
\begin{array}{c|c}
864 & 128 \\ \hline
96 & 6
\end{array}
$$

on en conclut tout de suite que :

$$864 = 128 \times 6 + 96,$$

d'où résulte que 864 étant la somme des deux parties 128×6 et 96, le reste 96 est la différence des deux nombres 864 et 128×6 :

$$864 - 128 \times 6 = 96.$$

Cela posé : Tout diviseur commun à 864 et à 128, divisant 128, divise son multiple 128×6 et est, par conséquent, diviseur commun à 864 et à 128×6 ; divisant ces deux nombres, il divise leur différence 96 et est, par suite, diviseur commun à 128 et à 96.

Il résulte donc de là que tout nombre, diviseur commun à 864 et à 128, est diviseur commun à 128 et à 96.

Réciproquement : tout diviseur commun à 128 et à 96, divisant 128, divise son multiple 128×6 et est, par conséquent, diviseur commun à 128×6 et à 96 ; divisant ces deux nombres, il divise leur somme 864 et est, par suite, diviseur commun à 864 et à 128.

Donc tout nombre, diviseur commun à 128 et à 96, est diviseur commun à 864 et à 128.

Il résulte enfin de là, que les deux groupes

$$864 \text{ et } 128 \qquad 128 \text{ et } 96$$

ont les mêmes diviseurs communs : le p. g. c. d. de l'un est donc le même que le p. g. c. d. de l'autre, c'est-à-dire enfin, que *le p. g. c. d. de deux nombres est le même que le p. g. c. d. entre le plus petit de ces nombres et le reste de leur division ;* ce qu'il fallait démontrer.

390. Soit maintenant à déterminer le p. g. c. d. des deux nombres 4080 et 1176.

On remarque d'abord que ce p. g. c. d. ne peut surpasser le plus petit des deux nombres, 1176 ; si donc ce plus petit nombre divise le plus grand, 4080, comme il se divise lui-même, il sera le p. g. c. d. cherché. On est donc conduit à essayer la division de 4080 par 1176 :

$$\begin{array}{c|c} 4080 & 1176 \\ \hline 552 & 3 \end{array}$$

Cette division ne s'effectuant pas exactement, 1176 n'est pas le p. g. c. d. cherché ; mais, d'après le principe qui précède, on conclut que le p. g. c. d. de 4080 et 1176 est le même que celui de 1176 et 552, et l'opération revient à diviser 1176 par 552, pour voir si 552 n'est pas le p. g. c. d. cherché :

$$\begin{array}{c|c} 1176 & 552 \\ \hline 72 & 2 \end{array}$$

La division n'étant pas exacte, on en conclut, comme précédemment, que le p. g. c. d. cherché est le même que celui de 552 et 72; d'où l'essai de la division de 552 par 72 :

$$
\begin{array}{c|c}
552 & 72 \\
\hline
48 & 7
\end{array}
$$

On divise, pour la même raison, 72 par 48 :

$$
\begin{array}{c|c}
72 & 48 \\
\hline
24 & 1
\end{array}
$$

On divise de même 48 par 24 :

$$
\begin{array}{c|c}
48 & 24 \\
\hline
0 & 2
\end{array}
$$

La division s'effectuant exactement, on en conclut que 24 est le p. g. c. d. entre 48 et 24, et par suite, en remontant de division en division, le p. g. c. d. des deux nombres donnés.

De là résulte la règle générale :

391. RÈGLE GÉNÉRALE. — *Pour trouver le p. g. c. d. de deux nombres, on divise le plus grand par le plus petit : si la division s'effectue exactement, le plus petit nombre est le p. g. c. d. cherché ; sinon, on divise le plus petit nombre par le reste obtenu : si la division s'effectue exactement, ce reste est le p. g. c. d.; sinon, on divise le premier reste par le second, le second par le troisième; et l'on continue de la même manière jusqu'à ce que la division s'effectue exactement. Le dernier reste employé comme diviseur est le p. g. c. d. cherché.*

Puis, pour éviter la répétition des nombres dans le calcul, on écrit toutes les divisions à la suite les unes des autres, les quotients au-dessus des diviseurs ainsi qu'il suit :

$$
\begin{array}{c|c|c|c|c|c}
 & 3 & 2 & 7 & 1 & 2 \\
\hline
4080 & 1176 & 552 & 72 & 48 & 24 \\
552 & 72 & 48 & 24 & 0 &
\end{array}
$$

392. *Remarque.* — On finit toujours par obtenir zéro pour reste, car les différents restes sont des nombres entiers qui vont toujours en diminuant.

393. Lorsque les deux nombres sont premiers entre eux, le dernier reste employé est nécessairement 1. — Exemple :

	3	1	1	7	12
643	182	97	85	12	1
97	85	12	1	0	

394. RÈGLE GÉNÉRALE. — *Pour trouver le p. g. c. d. de plus de deux nombres, on commence par chercher le p. g. c. d. de deux de ces nombres; puis, le p. g. c. d. entre ce premier p. g. c. d. et un 3e nombre; puis, le p. g. c. d. entre le 2e p. g. c. d. et un 4e nombre, et ainsi de suite jusqu'au dernier nombre; le dernier p. g. c. d. est le p. g. c. d. cherché.*

Cette règle générale ne sera pas démontrée dans ces éléments.

EXERCICES

sur le plus grand commun diviseur.

(1) Calculer le plus grand commun diviseur des nombres :

484 et 64

618 et 213

473 et 352

1024 et 396

2688 et 312

28020 et 124

36054 et 522

43416 et 8166

888646 et 36410

964278 et 73421.

(2) Calculer le plus grand commun diviseur de chacun des groupes suivants :

9240	16380 et 26928
3960	56430 et 3276

		952875	55440 et 7020
		464796	287136 et 40292
		86625	5130 et 2448
	23400	10026	14040 et 7875
	18480	39600	27720 et 7733
		46800	30276 et 5491
		5320575	81900 et 62743
3600	4728	22716	26986 et 3753.

CHAPITRE III.

Nombres premiers.

395. On appelle *nombre premier absolu,* ou simplement *nombre premier,* tout nombre qui n'est divisible que par lui-même et par l'unité.

396. Tout nombre qui n'est pas premier est formé du produit de deux ou plusieurs nombres premiers.

397. *Décomposer un nombre en ses facteurs premiers,* c'est trouver tous les nombres premiers qui, multipliés entre eux, reconstituent ce nombre.

398. *Table des nombres premiers.* Pour former une table contenant les nombres premiers jusqu'à une limite déterminée, 150 par exemple, on écrit les trois premiers nombres, 1, 2, 3, nombres évidemment premiers, et à leur suite la série des nombres impairs inférieurs à 150, remarquant que, excepté 2, la série des nombres pairs ne contient pas un seul nombre premier :

1.	2.	3.	5.	7.	9.	11.	13.	15.	17.	19.
21.	23.	25.	27.	29.	31.	33.	35.	37.	39.	41.
43.	45.	47.	49.	51.	53.	55.	57.	59.	61.	63.
65.	67.	69.	71.	73.	75.	77.	79.	81.	83.	85.
87.	89.	91.	93.	95.	97.	99.	101.	103.	105.	107.
109.	111.	113.	115.	117.	119.	121.	123.	125.	127.	129.
131.	133.	135.	137.	139.	141.	143.	145.	147.	149	

Maintenant on remarque qu'à partir de 3, chaque nombre vaut celui qui le précède, augmenté de 2 ; donc si l'on considère tous les nombres, de 3 en 3, à partir de 3, chacun d'eux se compose de 3, augmenté d'un certain nombre de fois le produit 2×3, qui représente la différence entre deux nombres séparés par trois intervalles consécutifs. Ces nombres sont donc des multiples de 3 ; on les barre.

De même on barre tous les nombres, de 5 en 5, à partir de 5, comme multiples de 5 ; tous les nombres, de 7 en 7, à partir de 7 ; de 11 en 11, à partir de 11 ; etc. Les nombres non barrés sont les nombres premiers de 1 à 150. Ces nombres sont :

1	2	3	5	7	11	13	17	19
23	29	31	37	41	43	47	53	59
61	67	71	73	79	83	89	97	101
103	107	109	113	127	131	137	139	149.

Cette table peut évidemment être poussée jusqu'à une limite quelconque ; elle permet alors de reconnaître la nature des nombres jusqu'à cette limite.

399. Pour reconnaître si un nombre est premier, il n'est pas nécessaire de prolonger la table des nombres premiers jusqu'à ce nombre, car une table permet de reconnaître les nombres premiers jusqu'au carré de son dernier nombre ; ainsi, avec la table précédente, on peut reconnaître les nombres premiers jusqu'à 149×149 ou 22201.

400. *Reconnaître si un nombre donné est premier.* — Un nombre est premier s'il n'est divisible par aucun des nombres premiers plus petits que lui ; il suffit donc d'essayer ces divisions ; mais il n'est pas nécessaire de les pousser jusqu'au bout ; car :

Dès qu'on arrive à un quotient égal ou inférieur au diviseur employé, on est certain que le nombre sur lequel on opère est premier.

En effet, soit le nombre 233. Les caractères de divisibilité permettent d'abord de reconnaître qu'il n'est divisible par aucun des nombres 2, 3, 5 ; on le divise donc par les nombres suivants :

233	7	233	11	233	13	233	17
23	33	13	21	103	17	63	13
2		2		12		12	

Il est inutile de prolonger les essais, car les diviseurs supérieurs donneraient des quotients inférieurs à 13, et si une division pouvait alors se terminer, 233 serait le produit d'un diviseur plus grand que 17 par un nombre plus petit ; ce plus petit nombre devrait donc diviser 233, ce qui n'est pas possible, puisque les nombres inférieurs à 17 ne divisent pas 233.

401. *Décomposer un nombre en ses facteurs premiers.* — On a dit plus haut (n° 397) que cela revient à trouver tous les facteurs premiers qui, multipliés entre eux, reconstituent le nombre.

402. Règle générale. — *Pour décomposer un nombre en facteurs premiers, on le divise, autant de fois que possible, par le plus petit des facteurs premiers, plus petits que lui, pouvant le diviser exactement.*

Lorsque la division par ce facteur n'est plus possible, on divise de même, autant de fois que possible, le dernier quotient obtenu par le plus petit des facteurs premiers suivants, pouvant diviser exactement ce quotient.

On continue ainsi de suite jusqu'à ce qu'on arrive à un quotient premier, lequel, pris comme dernier diviseur, donne 1 pour dernier quotient.

Le produit de tous les diviseurs employés reconstitue le nombre donné.

Exemple. — Soit à décomposer le nombre 56056.

On dispose le calcul en tirant une barre verticale à droite du nombre ; on place les diviseurs employés, en colonne, à droite de cette barre; les quotients aussi en colonne, à gauche de la barre, au-dessous du nombre donné :

$$
\begin{array}{r|l}
56056 & 2 \\
28028 & 2 \\
14014 & 2 \\
7007 & 7 \\
1001 & 7 \\
143 & 11 \\
13 & 13 \\
1 &
\end{array}
$$

56056 est divisible par 2, et donne pour quotient 28028, qui est lui-même divisible par 2 ; le nouveau quotient 14014 est encore divisible par 2, et donne pour résultat 7007, nombre impair.

On reconnaît tout de suite que 7007 n'est divisible ni par 3 ni par 5. Mais ce nombre est divisible par 7; le quotient 1001 est encore divisible par 7, et donne 143 non divisible par ce facteur.

143 est divisible par 11 ; le quotient 13 est un nombre premier, c'est le dernier diviseur à prendre.

Les diviseurs employés successivement sont donc :

$$2, 2, 2, 7, 7, 11, 13 ;$$

leur produit est égal au nombre donné 56056; en effet, les divisions successives donnent :

$$
\begin{aligned}
56056 &= 2 \times 28028 \\
28028 &= 2 \times 14014 \\
14014 &= 2 \times 7007 \\
7007 &= 7 \times 1001 \\
1001 &= 7 \times 143 \\
143 &= 11 \times 13.
\end{aligned}
$$

Les deux colonnes de chaque côté du signe = sont composées de nombres respectivement égaux deux à deux ; les produits des nombres composant ces deux colonnes sont donc égaux, et l'on peut écrire :

$$56056 \times \overline{28028} \times \overline{14014} \times \overline{7007} \times \overline{1001} \times \overline{143} = 2 \times$$

$$\overline{28028} \times 2 \times \overline{14014} \times 2 \times \overline{7007} \times 7 \times \overline{1001} \times 7 \times \overline{143}$$
$$\times 11 \times 13.$$

Si l'on supprime les facteurs communs à ces deux produits égaux, les résultats sont encore égaux, ce qui donne :

$$56056 = 2 \times 2 \times 2 \times 7 \times 7 \times 11 \times 13,$$

ou, plus simplement :

$$56056 = 2^3 \times 7^2 \times 11 \times 13.$$

Le nombre 56056 est donc ainsi décomposé en ses facteurs premiers.

EXERCICES

sur les nombres premiers.

(1) Reconnaître si les nombres suivants sont premiers ou non :

881	1013	1217	923	767
2437	649	1187	3797	1069
1177	1189	4537	8813	877.

(2) Décomposer en facteurs premiers chacun des nombres suivants :

924	3960	1026	7020	2340
7733	5491	5040	4680	4356
42588	22627	22287	37994	119315
13050	532805	237133	216293	2451879.

CHAPITRE IV.

Plus petit multiple.

403. On nomme *plus petit multiple* de deux ou plusieurs nombres le plus petit nombre divisible à la fois par tous ces nombres.

11.

404. Lorsque plusieurs nombres sont premiers deux à deux, leur plus petit multiple est leur produit même.

Si ces nombres admettent des facteurs communs, leur plus petit multiple est inférieur à leur produit et s'obtient au moyen de la décomposition en facteurs premiers. On s'appuie à cet effet sur le principe suivant :

405. PRINCIPE. — *Pour qu'un nombre soit divisible par un autre, il faut et il suffit qu'il renferme tous les facteurs premiers de cet autre, chacun d'eux avec un exposant au moins égal à celui qu'il a dans cet autre nombre.*

Soit en effet le nombre 56056 divisible par 4312, et soit 13 le quotient de ces deux nombres, on a :

$$56056 = 4312 \times 13.$$

En multipliant 4312 par 13 on ne supprime aucun des facteurs premiers du premier nombre ; tous ces facteurs se retrouvent donc dans le produit 56056 ; de plus, leurs exposants peuvent être augmentés par la multiplication, mais jamais diminués ; la condition énoncée est donc nécessaire ; reste à démontrer qu'elle est suffisante :

On a vu (n° 402) que $56056 = 2^3 \times 7^2 \times 11 \times 13$; soit donc le produit $2 \times 7^2 \times 13 = 1274$, dont tous les facteurs sont dans le premier, avec des exposants au moins égaux. Le produit : $2^3 \times 7^2 \times 11 \times 13$ peut se décomposer de la manière suivante (n° 259).

$$\overline{2 \times 7^2 \times 13} \times \overline{2^2 \times 11}$$

ou : 1274×44

en remarquant que $2^2 \times 11 = 44$.

Cela posé, 56056, étant le produit de 1274 par 44, est divisible par ce premier nombre, ce qui montre que la condition énoncée est suffisante, et complète la démonstration du principe qu'on peut encore énoncer de la manière suivante :

Pour qu'un nombre en divise un autre, il faut et il suffit qu'il ne renferme que des facteurs premiers contenus dans cet autre, chacun d'eux avec un exposant au plus égal à celui qu'il a dans cet autre nombre.

Cela posé, il en résulte que :

406. RÈGLE GÉNÉRALE. — *Pour obtenir le plus petit multiple de deux ou plusieurs nombres, on décompose chacun de ces nombres en facteurs premiers; puis l'on forme le produit de tous les facteurs premiers, communs ou différents, composant ces nombres, chacun d'eux étant pris avec son plus grand exposant.*

En effet, soient les trois nombres 56056, 27225, 3120.

Tout nombre divisible à la fois par ces trois nombres doit contenir tous les facteurs premiers qu'ils renferment (n° 405), chacun d'eux avec un exposant au moins égal à celui qu'il a dans chacun de ces nombres. Cette condition sera donc réalisée si l'on prend chaque facteur avec son plus grand exposant; le produit obtenu d'après la règle générale sera donc divisible par chacun des nombres donnés.

De plus, la suppression, dans le produit, d'un seul facteur, le rendrait non divisible par celui ou ceux des nombres donnés contenant ce facteur; de même, par la diminution de l'exposant d'un facteur, le produit ne serait plus divisible par le nombre contenant ce facteur à son plus haut exposant.

Il résulte de là que le produit obtenu sera bien le plus petit nombre divisible à la fois par les nombres donnés, c'est-à-dire le plus petit multiple de ces nombres : la règle générale se trouve ainsi justifiée.

On a trouvé plus haut la décomposition de 56056; on a maintenant pour les deux autres nombres :

27225	3	3120	2
9075	3	1560	2
3025	5	780	2
605	5	390	2
121	11	195	3
11	11	65	5
1		13	13
		1	

Les trois nombres décomposés donnent donc :

$$56056 = 2^3 \times 7^2 \times 11 \times 13$$
$$27225 = 3^2 \times 5^2 \times 11^2$$
$$3120 = 2^4 \times 3 \times 5 \times 13$$

et en suivant la règle générale, on a, pour le plus petit multiple cherché :

$$2^4 \times 3^2 \times 5^2 \times 7^2 \times 11^2 \times 13 = 277477200,$$

nombre plus petit que le produit des trois nombres donnés, car ce produit serait formé de celui de tous les facteurs premiers composant ces nombres, chacun avec un exposant égal à la somme des exposants qu'il a dans les trois nombres ; le produit serait alors :

$$2^7 \times 3^3 \times 5^3 \times 7^2 \times 11^3 \times 13^2,$$

se décomposant en deux parties, dont la première est égale au plus petit multiple :

$$(2^4 \times 3^2 \times 5^2 \times 7^2 \times 11^2 \times 13) \times (2^3 \times 3 \times 5 \times 11 \times 13)$$

ce qui peut s'écrire encore :

$$277477200 \times 17160.$$

Le produit des trois nombres est donc 17160 fois plus grand que le plus petit multiple.

407. *Autre méthode.* — Dans la pratique du calcul on peut former le plus petit multiple de plusieurs nombres en déterminant de suite, pour tous ces nombres à la fois, les facteurs premiers qui doivent entrer dans la composition de ce plus petit multiple :

Ainsi, soit à former le plus petit multiple des nombres 360, 216, 495, 792, 105 et 117.

On dispose le calcul de la manière suivante :

360	216	495	792	105	117	2
180	108	495	396	105	117	2
90	54	495	198	105	117	2
45	27	495	99	105	117	3
15	9	165	33	35	39	3
5	3	55	11	35	13	3
5	1	55	11	35	13	5
1	. . . . .	11	11	7	13	7
	. . . . .	11	11	1	13	11
	. . . .	1	1	. . . . .	13	13
	. . . .				1	—

Le plus petit multiple est

$$2^3 \times 3^3 \times 5 \times 7 \times 11 \times 13 = 1081080.$$

Les nombres étant rangés sur une ligne horizontale, on tire une ligne verticale à droite du dernier. Les facteurs premiers cherchés se placent en colonne, à droite de cette ligne, à mesure qu'on les trouve.

On prend ensuite pour premier facteur le plus petit nombre premier divisant au moins un des nombres donnés ; ce facteur est 2 dans l'exemple choisi ; on prend la moitié de chacun des nombres divisibles par ce facteur, en écrivant intacts, sur la ligne des quotients, les nombres n'admettant pas ce diviseur ; on trouve ainsi la seconde ligne.

180	108	495	396	105	117

On continue, s'il y a lieu, comme ici, l'emploi du premier diviseur essayé, jusqu'à ce que ce facteur ne soit plus contenu dans aucun des quotients ; on arrive ainsi, dans notre exemple, après trois séries de divisions, à la 4e ligne :

45	27	495	99	105	117,

sur laquelle on opère de la même manière que sur les pre-

mières, en prenant pour nouveau diviseur le plus petit facteur premier supérieur au dernier employé et divisant au
moins l'un des nombres formant cette dernière ligne : ce
diviseur est ici 3 ; il permet de former les trois lignes suivantes et donne enfin pour la 7ᵉ

| 5 | 1 | 55 | 11 | 35 | 13, |

sur laquelle on continue la décomposition d'une manière
analogue.

On a soin de passer les colonnes au bas desquelles on
a obtenu 1 pour dernier quotient, et lorsque toutes les colonnes sont terminées par l'unité, la décomposition est
achevée.

Le produit des facteurs employés, écrits en colonne, est
le plus petit multiple cherché. Il est facile de s'en rendre
compte si l'on remarque que, puisque pour chaque nombre
la série des diviseurs premiers a été épuisée, la colonne de
droite contient tous les facteurs premiers, communs ou non,
entrant dans les nombres donnés, chacun d'eux pris autant
de fois qu'il est contenu dans le nombre qui le renferme le
plus ; ce qui répond évidemment à la formation du plus
petit multiple.

Cette décomposition est d'autant plus avantageuse qu'il
y a plus de nombres en ligne.

408. *Remarque.* — Si les nombres sont premiers deux à
deux, tous leurs facteurs premiers étant différents, la formation du plus petit multiple revient à prendre tous les facteurs tels qu'ils se trouvent dans ces nombres et, par conséquent, à faire le produit de tous ces nombres, ainsi qu'il est
dit au n° 404.

409. La décomposition en facteurs premiers permet
encore de former le p. g. c. d. de deux ou plusieurs nombres, en remarquant que, d'après le second énoncé du principe n° 405 :

410. RÈGLE GÉNÉRALE. — *Le p. g. c. d. de deux ou plu-*

sieurs nombres se composera de tous les facteurs premiers communs à tous ces nombres, chacun d'eux étant pris avec son plus faible exposant.

Exemple. — Soient les nombres :

$$360 = 2^3 \times 3^2 \times 5$$
$$2100 = 2^2 \times 3 \times 5^2 \times 7$$
$$308880 = 2^4 \times 3^3 \times 5 \times 11 \times 13;$$

le p. g. c. d. formé d'après la règle est :

$$2^2 \times 3 \times 5 = 60.$$

411. *Remarque.* — Le p. g. c. d. de plusieurs nombres étant composé de tous les facteurs communs à ces nombres, si l'on divise ces nombres par leur p. g. c. d., on supprime tous leurs facteurs communs ; les quotients ne seront donc composés que des facteurs différents dont se composent ces nombres, et par conséquent seront premiers entre eux ; d'où résulte l'énoncé suivant :

Les quotients de deux ou plusieurs nombres par leur p. g. c. d. sont premiers entre eux.

EXERCICES

sur le plus petit multiple.

(1) Former et calculer le plus petit commun multiple des nombres

$$2^3 \times 3^2 \times 5^3 \times 7 \times 11^2 \text{ et } 2 \times 3^4 \times 5 \times 7^2$$
$$2 \times 5^4 \times 7^2 \times 13 \text{ et } 2^3 \times 3 \times 7 \times 17$$
$$3^2 \times 5^2 \times 11 \times 13^2 \text{ et } 2 \times 5^3 \times 7^3$$
$$2^3 \times 5^2 \times 7^3 \times 13 \text{ et } 3^4 \times 5 \times 19^2$$
$$2^2 \times 5 \times 7^3 \times 11 \text{ et } 2^3 \times 3^2 \times 7 \times 13 \text{ et}$$
$$3^3 \times 5^4 \times 17 \times 23.$$

(2) **Former** et calculer le plus petit commun multiple et le p. g. c. d. des nombres :

			et	
		312	et	192
		218	et	460
		3660	et	720
	7290	9504	et	4950
	1024	4320	et	1872
1224	1170	924	et	1026
143559	60401	1250	et	22089
45254	39326	11767	et	1727
	474266	2340	et	3276
242979	787500	110880	et	30932

Complément de la divisibilité.

412. Dans une exposition plus complète des propriétés des nombres, on démontre que :

Principe. — *Si un nombre est divisible par deux ou plusieurs nombres premiers deux à deux, il est divisible par leur produit.*

413. On déduit de ce principe certains caractères de divisibilité qui complètent ceux déjà étudiés plus haut.

414. 1° *Les conditions nécessaires et suffisantes pour qu'un nombre soit divisible par 6 ou par 18 sont : que ce nombre soit pair et divisible par 3 ou par 9.*

En effet : $6 = 2 \times 3$ et $18 = 2 \times 9$.

Et de plus, 2 est premier avec 3 et avec 9.

Exemple. — Les nombres 534, 3048, 1812 sont divisibles par 6.

Et les nombres 702, 5418, 360 sont divisibles par 18.

415. 2° *Les conditions nécessaires et suffisantes pour qu'un nombre soit divisible par 12 ou par 36 sont : que ce nombre soit divisible par 4 et, en même temps, par 3 ou par 9.*

En effet : $12 = 4 \times 3$ et $36 = 4 \times 9$.

Et de plus, 4 est premier avec 3 et avec 9.

Exemple. — Les nombres 3624, 816, 12528 sont divisibles par 12.

Les nombres 1836, 60354, 13572 sont divisibles par 36.

416. 3° *Les conditions nécessaires et suffisantes pour qu'un nombre soit divisible par 24 ou par 72 sont : que ce nombre soit divisible par 8 et, en même temps, par 3 ou par 9.*

En effet : $24 = 8 \times 3$ et $72 = 8 \times 9$.

De plus, 8 est premier avec 3 et avec 9 :

Exemple. — Les nombres 2064, 61512, 33240 sont divisibles par 24.

Et les nombres 6120, 3168, 90432 sont divisibles par 72.

417. 4° *Les conditions nécessaires et suffisantes pour qu'un nombre soit divisible par 15 ou par 75 sont : que ce nombre soit divisible par 3, et, en même temps, par 5 ou par 25.*

En effet : $15 = 3 \times 5$ et $75 = 3 \times 25$.

De plus, 3 est premier avec 5 et avec 25.

Exemple. — Les nombres 615, 4020, 4035 sont divisibles par 15.

Les nombres 5250, 28425, 375 sont divisibles par 75.

418. 5° *Les conditions nécessaires et suffisantes pour qu'un nombre soit divisible par 45 sont : que ce nombre soit divisible à la fois par 5 et par 9.*

En effet, $45 = 5 \times 9$, et de plus, 5 et 9 sont premiers entre eux.

Exemple. — Les nombres 8145, 2205, 72180 sont divisibles par 45.

———

PROBLÈMES

sur le plus grand commun diviseur et sur le plus petit multiple.

(1) Deux particuliers veulent employer : le 1er, 23716 francs, le 2e, 5544 francs à faire des dons égaux, aussi grands que

possible. Quel sera le montant de chaque don et combien chaque particulier en pourra-t-il faire?

(2) On voudrait partager 5508 litres d'une première qualité de vin à 0^f,60 le litre, et 5436 litres d'une autre qualité, à 0^f,85, en un certain nombre, le plus petit possible, de lots de même valeur. Quelle sera la valeur de chaque lot et combien y aura-t-il de litres dans chaque lot, pour chaque qualité de vin?

(3) Deux terrains, l'un de 2$^{H.a.}$21^a.76$^{c.a.}$, ayant coûté 2722^f,50 l'hectare ; l'autre de 8$^{H.a.}$91^a., ayant coûté 1960^f,20 également l'hectare, doivent être morcelés en parcelles d'égale valeur, d'après le prix de revient, et aussi grandes que possible. Quelle sera la valeur de chaque parcelle, combien chaque terrain en renfermera-t-il, et quelle sera l'étendue de chaque parcelle pour chaque terrain?

(4) On a deux caisses, l'une de 1$^{mc.}$,32, l'autre de 0$^{mc.}$,378 ; on voudrait les garnir avec des morceaux de savon de même valeur et le plus gros possible. Quelle devra être la grosseur de chacun de ces morceaux, et combien chaque caisse en contiendra-t-elle?

(5) On a 14$^{H.l.}$52^l. d'une certaine poudre pesant 3$^{Gr.}$,60 le centimètre cube et coûtant 3^f,50 le kilogramme. On a également 136$^{D.l.}$,5 de la même substance, en seconde qualité, pesant 3$^{Gr.}$,15 le centimètre cube, et valant 3^f,20 le kilogramme. On voudrait distribuer ces deux qualités en deux séries de barils de même valeur chacun, et en aussi petit nombre que possible.

Quelle sera cette valeur commune? combien y aura-t-il de barils de chaque qualité, et quels seront la capacité et le poids de l'un, pour chaque série? On suppose négligé le poids de l'enveloppe.

(6) Deux avenues doivent être bordées, à intervalles égaux, l'une de peupliers, l'autre d'ormes ; la première a 1092 mètres, la seconde 2805. Quel intervalle, le plus grand possible, devra-t-on mettre entre deux arbres consécutifs, et combien faudra-t-il de pieds de chaque essence, si des arbres doivent être plantés aux deux extrémités de chaque avenue, et si l'on en met également de chaque côté?

(7) On voudrait partager les trois sommes :

$$40350^f, \ 103565^f \ \text{et} \ 14647^f,05$$

en lots d'égale valeur, mais en nombre aussi petit que possible. Quelle sera la valeur de chaque lot et combien chaque somme en produira-t-elle?

(8) Un marchand ayant 42 hectolitres de cognac à 360 francs l'hectolitre, 1980 litres d'une seconde qualité à 2^f,80 le litre, et enfin 3024 litres d'une troisième qualité à 2^f,40 le litre, voudrait

vendre ces trois qualités en fûts d'égale valeur mais aussi grands que possible. Quelle devra être la valeur commune et de quelle capacité sera le fût pour chaque espèce ?

(9) Quatre navires portent les chargements suivants :

Le 1er, 330 tonneaux en caisses de savon, à 105f les 100Kg., enveloppes non comprises ;

Le 2e, 315 tonneaux en barils d'huile d'œillette, à 150f les 100Kg., fûts non compris ;

Le 3e, 4410 hectolitres d'eau-de-vie en barriques, à 60f l'hectolitre ;

Le 4e, 5082 quintaux de coton en balles, à 360f les 100Kg., enveloppes non comprises.

La valeur se trouve être la même pour chaque caisse de savon, baril d'huile, fût d'eau-de-vie et balle de coton. De plus on sait qu'à égalité de valeur pour chaque pièce, on a dans chaque bâtiment le plus petit nombre possible de colis.

Déterminer la valeur commune et le poids de chaque caisse, baril, barrique et balle, enveloppes non comprises.

(10) Quatre roues ont commencé à tourner en même temps ; elles ont marché régulièrement pendant 47 heures 40 minutes et se sont arrêtées alors, après avoir fait :

$$\text{la 1}^{\text{re}}, \text{573300 tours}$$
$$\text{la 2}^{\text{e}}, \text{327600 —}$$
$$\text{la 3}^{\text{e}}, \text{154440 —}$$
$$\text{et la 4}^{\text{e}}, \text{364364 —}$$

Combien de fois, pendant ce temps, ont-elles achevé simultanément un nombre complet de tours, quelle a été la longueur de chaque période, et combien de tours chaque roue a-t-elle faits pendant chaque période ?

(11) On voudrait faire construire une barrique aussi petite que possible, mais qu'on pût emplir avec un nombre exact de bouteilles de chacune des capacités suivantes :

$$0^l,64 \quad 1^l,50 \quad 2^l,00, \quad 3^l,50.$$

Quelle devra être la capacité de cette barrique et combien contiendra-t-elle de bouteilles de chaque sorte ?

(12) Quelle est la moindre somme avec laquelle on pourrait acheter indifféremment un nombre exact :

De barils de sulfate de cuivre, de 25Kg. chacun, à 75 fr. les 100Kg. ;

De fûts d'eau-de-vie, de 30 litres chacun, à 120 fr. l'hectolitre ;

De barils d'huile de colza, de 45 litres l'un, à 144 fr. l'hectolitre ;

Et enfin, de caisses de savon, de 150^{Kg}· chacune, à 90 fr. les 100^{Kg}·?

On voudrait savoir de plus, une fois la somme connue, ce qu'elle représentera de chacune des quantités énoncées.

(13) Avec quelle somme d'argent, aussi petite que possible, pourrait-on payer un nombre exact de journées à des ouvriers gagnant : soit 3^f,50 par jour ; soit 5^f,60 ; soit 2^f,10 ; soit 4^f,65 ou enfin 6^f,15 ? On voudrait savoir ensuite quel serait le nombre d'ouvriers soldés suivant le prix de la journée.

(14) Un négociant expédie des oranges par caisses de 18, de 24, de 30, de 36 et de 120. Il voudrait faire construire une caisse dans laquelle il pût emballer indifféremment un nombre exact de boîtes de chaque contenance. Combien cette caisse renfermera-t-elle, au moins, d'oranges ? Combien, de même, renfermera-t-elle, au moins, de boîtes de chaque sorte ?

(15) Dans quatre endroits différents, un particulier a acquitté quatre dettes de même valeur : dans le 1er endroit, il n'a donné que des pièces de 50 fr. ; dans le 2e, des pièces de 40 fr. ; dans le 3e, des pièces de 20 fr., et enfin, dans le 4e, des pièces de 10 fr. Quelle somme totale a-t-il, au moins, soldée ainsi ? Combien de pièces a-t-il remises ?

(16) Un commissionnaire en marchandises, chargé de faire des emplettes, entre successivement dans cinq magasins :

Dans le 1er, il prend plusieurs bouteilles de rhum, à 4^f,50 la bouteille ;

Dans le 2e, des boîtes de fruits, de 225 grammes chacune, et qu'il paye à raison de 7^f,20 le ^{Kg}· ;

Dans le 3e, il prend des pots de confitures, de 200 gr. chacun, à raison de 5^f,40 le ^{Kg}· ;

Dans le 4e, des corbeilles de mandarines, à 10^f,80 la corbeille ;

Enfin, dans le 5e, des vins assortis qui lui reviennent, l'un dans l'autre, à 4^f,32 la bouteille.

Il se trouve avoir dépensé ainsi la même somme dans chaque maison.

On voudrait savoir ce que ce commissionnaire a, au moins, dépensé ainsi, ce qu'il a acheté de chaque denrée, et enfin ce que lui a rapporté cette commission à raison de 4 pour cent ?

(17) Un homme ayant une certaine somme d'argent, la compte successivement : par 10^f, par 14^f, par 18^f, 24^f, 35^f et enfin par 42^f.

Chaque fois il lui reste 1^f. On demande quelle est cette somme, sachant qu'elle est inférieure à 5000 francs.

(18) Si l'on comptait les arbres d'un bois : 9 à 9, 12 à 12, 21 à 21, 22 à 22, 39 à 39, il en manquerait chaque fois 6 pour que le compte fût exact. Quel est, au moins, le nombre des arbres contenus dans ce bois ?

(19) Quatre fontaines alimentent un même bassin, que chacune peut emplir exactement en un nombre entier d'heures : la 1re fournit 90 litres par minute ; la 2e, 378 décalitres par heure ; la 3e, 198 hectolitres par 5 heures, et enfin, la 4e verse 1^l,25 par seconde.

Quelle est, au moins, la capacité de ce bassin, et combien faut-il, au moins, d'heures à chaque fontaine pour l'emplir entièrement ?

(20) Un artificier fabrique trois sortes de cartouches, renfermant respectivement : 28 grammes, 32 gr. et 35 gr. de poudre. Il emploie pour cela des boîtes contenant 250 gr. chacune. Combien lui faudra-t-il, au moins, de ces boîtes, pour former indifféremment un nombre exact de cartouches de chaque sorte ?

LIVRE V.

—

FRACTIONS ORDINAIRES

—

NOTIONS PRÉLIMINAIRES.

419. Ainsi qu'il a été dit en définissant les nombres :

Une fraction est une ou plusieurs parties de l'unité qu'on suppose partagée en un certain nombre entier de parties égales.

420. Il faut, d'après cela, deux nombres pour déterminer et nommer une fraction :

L'un, nommé *dénominateur*, indique en combien de parties égales l'unité a été partagée ; il caractérise la grandeur, la nature des parties ;

L'autre, nommé *numérateur*, indique le nombre de parties dont se compose la fraction.

Ainsi, si l'unité est divisée en treize parties égales et si l'on prend sept de ces parties, on a une fraction dont le dénominateur est 13 et le numérateur 7.

Le dénominateur et le numérateur sont nommés simultanément les deux termes de la fraction, qui pour cela reçoit souvent le nom de fraction à deux termes, pour la distinguer des fractions décimales que la numération décimale permet, ainsi qu'on l'a vu, de traiter comme extension des nombres entiers.

421. On représente une fraction en plaçant son dénominateur au-dessous de son numérateur, et en séparant ces deux nombres par un petit trait.

Ainsi, pour représenter le résultat qu'on obtient en partageant l'unité en douze parties égales et prenant sept de ces parties, on écrit $\frac{7}{12}$, 12 est le dénominateur, 7 le numérateur.

422. On énonce une fraction en nommant successivement son numérateur et son dénominateur, et en faisant suivre ce dernier de la terminaison *ième;* excepté toutefois pour les dénominateurs 2, 3, 4, qui s'énoncent *demi, tiers, quart.*

Exemple. — $\frac{3}{8}$ s'énonce *trois huitièmes,* $\frac{5}{7}$ *cinq septièmes,* $\frac{1}{2}$ *un demi,* $\frac{2}{3}$ *deux tiers,* $\frac{3}{4}$ *trois quarts.*

Remarque. — Lorsque les termes d'une fraction sont quelque peu grands, il devient souvent incommode d'employer l'énonciation ordinaire; dans ce cas, on énonce encore le numérateur et le dénominateur à la suite l'un de l'autre en les séparant par la préposition *sur :*

Ainsi on énonce $\frac{218}{647}$ en disant 218 *sur* 647.

423. Lorsqu'on divise plusieurs unités de même espèce, chacune en un même nombre de parties égales, le même pour toutes, et qu'on prend : soit autant de parties qu'en contient une unité, soit davantage, le résultat obtenu s'appelle *expression fractionnaire;* ce résultat a la forme d'une fraction dont le numérateur est égal ou supérieur au dénominateur; ainsi : $\frac{13}{13}, \frac{17}{8}, \frac{28}{5}$, sont des expressions fractionnaires.

Lorsque le numérateur est égal au dénominateur, l'expression fractionnaire représente l'unité, car elle exprime l'ensemble de toutes les parties dans lesquelles l'unité a été divisée.

424. On appelle *nombre fractionnaire* tout nombre

composé d'un nombre entier accompagné d'une fraction :
$8\frac{2}{3}$, $15\frac{3}{8}$, sont des nombres fractionnaires ; le premier est composé de huit unités entières et des $\frac{2}{3}$ d'une neuvième unité, le second renferme quinze unités et les $\frac{3}{8}$ d'une seizième unité.

425. *Toute fraction ou expression fractionnaire représente le quotient de son numérateur par son dénominateur.*

Soit, en effet, la fraction $\frac{3}{8}$ et soit proposé, d'un autre côté, de partager 3 unités en 8 parties égales, ce qui revient à chercher le quotient de 3 par 8. On peut faire la répartition en partageant chaque unité en 8 parties égales ; or, chaque unité fournira $\frac{1}{8}$ à chaque part, les 3 unités donneront ainsi $\frac{3}{8}$ pour résultat du partage total ; la fraction $\frac{3}{8}$ représente donc bien le quotient de 3 par 8, ce qu'il fallait démontrer.

Pour la même raison, l'expression fractionnaire $\frac{37}{8}$ représente le résultat du partage de 37 unités en 8 parties égales, c'est-à-dire le quotient exact de 37 par 8.

426. Cette seconde manière d'envisager les fractions est très-utile ; elle permet, entre autres avantages, de compléter le quotient de deux nombres entiers lorsque la division ne se fait pas exactement :

Soit, en effet, à diviser 461 par 12.

$$\begin{array}{r|l} 461 & 12 \\ 101 & \overline{38} \\ 5 & \end{array}$$

On trouve 38 pour quotient et 5 pour reste ; or, on peut considérer l'opération comme le partage de 461 en 12 parties égales ; chaque part se composant de 38 unités, il reste 5 unités à partager en 12 parties égales, ce qui donne comme complément (n° 425), $\frac{5}{12}$ à ajouter à chaque part. Le quotient complet est donc $38\,\frac{5}{12}$. Il résulte de là que :

427. Règle générale. — *Pour obtenir le quotient complet de deux nombres entiers, lorsque la division ne se fait pas exactement on ajoute, au quotient à moins d'une unité trouvé, une fraction ayant pour numérateur le reste, et pour dénominateur le diviseur.*

On ajoute encore comme conséquence, que :

Le quotient complet de la division de deux nombres entiers peut toujours être mis sous la forme d'une expression fractionnaire, en prenant le dividende pour numérateur et le diviseur pour dénominateur.

Exemple. — Le quotient de 6402 par 37 peut se mettre sous la forme $\frac{6402}{37}$.

428. Une expression fractionnaire, renfermant plus de parties que n'en contient une unité, renferme toujours une ou plusieurs unités ; cette remarque conduit au problème suivant :

429. *Déterminer le nombre d'unités contenues dans une expression fractionnaire :*

Ce qui se formule plus ordinairement de cette autre manière :

Extraire les entiers contenus dans une expression fractionnaire.

Soit l'expression $\frac{47}{6}$. D'après ce qui a été dit au n° 425, cette expression peut être considérée comme représentant le quotient de 47 par 6 ; on est donc conduit à diviser 47 par 6, ce qui donne 7 pour quotient et 5 pour reste. La règle générale (n° 426) permettant de transformer le reste 5 en *sixièmes*, on a pour le quotient complet $7\frac{5}{6}$.

Autrement : On peut encore raisonner de la manière suivante : chaque unité renfermant 6 *sixièmes*, autant de fois 6 est contenu dans 47, autant l'expression fractionnaire renferme d'unités ; il faut donc diviser 47 par 6 ; le reste 5 représente les *sixièmes* en excès sur les unités contenues dans l'expression dont la valeur est dès lors $7\frac{5}{6}$; de là, la règle suivante :

430. RÈGLE. — *Pour extraire les entiers contenus dans une expression fractionnaire, on divise le numérateur de cette expression par son dénominateur ; le quotient entier est le nombre cherché ; on lui ajoute une fraction ayant pour numérateur le reste et pour dénominateur celui de l'expression fractionnaire.*

431. *Convertir un nombre fractionnaire en expression fractionnaire.*

Soit le nombre fractionnaire $8\frac{3}{7}$.

L'opération revient à convertir le tout en *septièmes*.

Pour cela on remarque que chaque unité valant 7 *septièmes*, les 8 unités contenues dans le nombre en valent 8 fois plus, et par conséquent 7×8 ou 56 ; ces 56 *septièmes* réunis aux 3 que contient déjà le nombre donnent en tout 59 *septièmes*, c'est-à-dire : $\frac{59}{7}$.

De là résulte que :

432. RÈGLE. — *Pour convertir un nombre fractionnaire en expression fractionnaire, on multiplie la partie entière du nombre par le dénominateur de la fraction dont on ajoute le numérateur au produit trouvé ; puis on donne à la somme le dénominateur de cette fraction.*

$$8\frac{3}{7} = \frac{59}{7}.$$

EXERCICES
sur les fractions ordinaires.

(1) Ecrire en chiffres chacun des résultats suivants :

huit	*dix-septièmes,*
treize	*vingt-cinquièmes,*
quinze	*soixante-quinzièmes,*
quatre	*soixante-troisièmes,*
vingt-six	*cinquante et unièmes,*
cent sept	*cent-neuvièmes,*
soixante-quatre	*quatre-vingt-troisièmes,*
deux cent douze	*trois cent unièmes,*
quatorze	*six cent huitièmes,*
trente-neuf	*mille septièmes,*
seize	*neuvièmes,*
trente-six	*quinzièmes,*
vingt-neuf	*dix-huitièmes,*
cent dix huit	*soixante-cinquièmes,*
deux cent vingt	*trente-septièmes.*

(2) Lire et écrire en toutes lettres chacune des fractions et des expressions fractionnaires suivantes :

$$\frac{3}{4} \quad \frac{4}{7} \quad \frac{11}{13} \quad \frac{8}{27} \quad \frac{2}{3} \quad \frac{10}{17} \quad \frac{28}{37} \quad \frac{34}{71}$$

$$\frac{26}{95} \quad \frac{20}{83} \quad \frac{126}{217} \quad \frac{216}{302} \quad \frac{323}{418} \quad \frac{507}{617} \quad \frac{3012}{7268}$$

$$\frac{312}{25} \quad \frac{48}{5} \quad \frac{386}{11} \quad \frac{223}{8} \quad \frac{3046}{209}$$

(3) On coupe une pomme en 7 parties égales ; que donne-t-on en en donnant 5 morceaux ?

(4) On mange 4 morceaux d'une poire qui avait été coupée en 9 parties égales. Quelle portion de la poire reste-t-il ?

(5) Un enfant coupe un gâteau en 8 parties bien égales ; il en prend 3 pour lui et donne un morceau à chacun des cinq camarades qui jouent avec lui. Quelle portion du gâteau chaque enfant a-t-il eue ?

(6) Un melon est coupé en 5 parties égales ; on partage chaque partie en 3 portions égales, et on mange 4 de ces nouveaux morceaux. Quelle portion du melon a-t-on mangée et qu'en reste-t-il ?

(7) Comment doit-on s'y prendre pour avoir les neuf *treizièmes* d'une orange ? Si on les mange, que reste-t-il de l'orange ?

(8) On coupe un gâteau en 7 parties égales ; on en donne 3 morceaux à une première personne. On coupe chacune des portions restantes en 4, bien également, et on en donne 5 morceaux à une seconde personne. Enfin, on coupe chaque partie restante en 3, on en donne 11 morceaux à une troisième personne et le reste à une quatrième. Quelle portion chaque personne a-t-elle eue ?

(9) On coupe 3 poires, chacune en 6 parties égales. Que représentent 11 de ces parties ?

(10) Que reste-t-il de 4 galettes égales qui ont été partagées chacune en 7 parties égales, lorsqu'on en donne 24 morceaux ?

(11) Si l'on veut partager également 5 pommes de même grosseur entre 11 personnes, que donnera-t-on à chaque personne ?

(12) Comment représente-t-on, au point de vue fractionnaire, le résultat du partage exact de 12 pastèques entre 5 personnes ?

(13) On partage 64 biscuits, bien également, entre 11 matelots ; exprimer la part de chacun, en biscuits entiers et en fraction de biscuit.

(14) 8 enfants veulent se partager 27 pommes. Combien chacun d'eux aura-t-il de pommes entières, et quelle fraction de pomme en sus ?

(15) On partage 34 pains, également entre 19 pauvres ; chaque pain pèse 3 kilogrammes. Exprimer la part de chaque pauvre en kilogrammes et parties de kilogramme.

———

(16) Réduire en nombres fractionnaires les expressions fractionnaires :

$$\frac{47}{8} \qquad \frac{97}{13} \qquad \frac{128}{17} \qquad \frac{245}{19} \qquad \frac{647}{23}$$

$$\frac{348}{67} \qquad \frac{3247}{151} \qquad \frac{642}{11} \qquad \frac{362}{13} \qquad \frac{6876}{105}$$

$$\frac{1852}{52} \qquad \frac{8192}{643} \qquad \frac{7302}{49} \qquad \frac{3765}{19} \qquad \frac{2592}{35}$$

(17) Convertir en expressions fractionnaires les nombres fractionnaires :

$$3\frac{2}{5} \qquad 4\frac{2}{3} \qquad 8\frac{3}{7} \qquad 5\frac{2}{9} \qquad 12\frac{5}{8}$$

$$19\frac{8}{11} \qquad 13\frac{3}{13} \qquad 14\frac{1}{17} \qquad 17\frac{3}{14} \qquad 24\frac{34}{35}$$

$$53\frac{25}{38} \qquad 64\frac{2}{75} \qquad 67\frac{15}{19} \qquad 87\frac{1}{78} \qquad 84\frac{39}{67}.$$

(18) Combien faut-il partager de pommes, chacune en 5 parties égales, pour pouvoir les distribuer entre 17 enfants, en donnant un *cinquième* de pomme à chacun?

(19) Chaque enfant d'un pensionnat reçoit $\frac{1}{8}$ de melon ; il faut pour la distribution complète, 13 melons $\frac{3}{8}$. Combien y a-t-il d'élèves dans le pensionnat?

(20) On partage 65 galettes entre les 12 élèves d'une école, de manière que chaque élève ait un nombre exact de galettes ; ce qui reste est donné à un pauvre. Quelle fraction de galette revient-il à ce pauvre?

CHAPITRE PREMIER.

PRINCIPES GÉNÉRAUX.

433. PRINCIPE I. — *On rend une fraction ou une expression fractionnaire un certain nombre de fois plus grande, en multipliant son numérateur par ce nombre, sans toucher au dénominateur.*

En effet : le numérateur indique le nombre de parties dont se compose la fraction ou l'expression fractionnaire; si donc on multiplie ce numérateur par un certain nombre, on rend la totalité des parties prises ce nombre de fois plus grande; la fraction ou l'expression fractionnaire est donc rendue ce même nombre de fois plus grande.

. *Exemple.* — La fraction $\frac{6}{11}$ est 3 fois plus grande que $\frac{2}{11}$, attendu que cette première fraction renferme 3 fois plus de *onzièmes* que la seconde.

434. Principe II. — *On rend une fraction ou une expression fractionnaire un certain nombre de fois plus petite, en divisant, quand cela est possible, son numérateur par ce nombre, sans toucher au dénominateur.*

Ce principe est évidemment une conséquence du premier : en divisant le numérateur par un nombre, on rend la totalité des parties prises ce nombre de fois plus petite; la fraction ou l'expression fractionnaire est rendue ce nombre de fois plus petite.

Exemple. — $\dfrac{6}{5}$ est 4 fois plus petite que $\dfrac{24}{5}$, attendu que la première expression renferme 4 fois moins de cinquièmes que la seconde.

435. Principe III. — *On rend une fraction ou une expression fractionnaire un certain nombre de fois plus petite, en multipliant son dénominateur par ce nombre, sans toucher au numérateur.*

En effet : le dénominateur indique en combien de parties égales l'unité est divisée : si donc on multiplie le dénominateur par un certain nombre, on rend la totalité des parties dont se compose l'unité, ce nombre de fois plus grande, et par suite, chaque partie ce même nombre de fois plus petite. Or, le numérateur ne changeant pas, le nombre des parties prises est le même; la fraction ou l'expression fractionnaire est donc bien rendue autant de fois plus petite que le dénominateur est rendu de fois plus grand.

Exemple. — La fraction $\dfrac{4}{21}$ est 3 fois plus petite que $\dfrac{4}{7}$, car, chaque 21me étant 3 fois plus petit que $\dfrac{1}{7}$, les $\dfrac{4}{21}$ formant la première fraction sont 3 fois plus petits que les $\dfrac{4}{7}$ formant la seconde.

436. Principe IV. — *On rend une fraction ou une expression fractionnaire un certain nombre de fois plus grande, en divisant, quand cela est possible, son dénominateur par ce nombre, sans toucher au numérateur.*

Ce principe est une conséquence du précédent ; en effet : diviser le dénominateur par un nombre entier, c'est rendre ce dénominateur ce nombre de fois plus petit ; or, en rendant le dénominateur un certain nombre de fois plus grand, la fraction devient ce même nombre de fois plus petite ; donc, inversement, en rendant le dénominateur un certain nombre de fois plus petit, on rend la fraction le même nombre de fois plus grande.

On peut démontrer directement ce principe par un raisonnement analogue à celui du n° 435.

Exemple. — L'expression fractionnaire $\frac{35}{3}$ est 6 fois plus grande que $\frac{35}{18}$; car chaque *tiers* étant 6 fois plus grand que $\frac{1}{18}$, les $\frac{35}{3}$ dont se compose la première fraction sont 6 fois plus grands que les $\frac{35}{18}$ formant la seconde.

437. PRINCIPE V. — *On ne change pas la valeur d'une fraction ou d'une expression fractionnaire en multipliant ses deux termes par un même nombre.*

En effet : en multipliant le numérateur par un certain nombre, on rend la fraction ce nombre de fois plus grande ; mais en multipliant le dénominateur par le même nombre, on rend la fraction ce même nombre de fois plus petite ; donc ces deux opérations, faites simultanément, ne changent pas la valeur de la fraction ; il y a compensation.

Exemple. — Soit la fraction $\frac{3}{7}$, qui devient $\frac{15}{35}$ lorsqu'on multiplie ses deux termes par 5 : la multiplication du numérateur donne une fraction 5 fois plus grande, $\frac{15}{7}$; la multiplication, par 5, du dénominateur de cette dernière, la rend 5 fois plus petite, $\frac{15}{35}$; la fraction est donc ramenée à sa première valeur.

On pourrait encore dire :

La fraction $\dfrac{15}{35}$ renferme 5 fois plus de parties, mais ces parties sont 5 fois plus petites ; il y a donc compensation.

Remarque. — Ce principe est d'un très-grand usage dans le calcul ; on en verra bientôt une utile application.

438. PRINCIPE VI. — *On ne change pas la valeur d'une fraction ou d'une expression fractionnaire, en divisant, quand cela est possible, ses deux termes par un même nombre.*

Ce principe est une conséquence immédiate du précédent ; en effet, si une seconde fraction s'obtient en divisant, par un même nombre, les deux termes d'une première, cette première peut être considérée comme provenant de la seconde dont les deux termes ont été multipliés par ce même nombre, ce qui n'en a pas changé la valeur (n° 437) ; donc les deux fractions sont équivalentes et le principe est justifié.

On peut donner également une démonstration directe, en tout semblable à celle donnée pour le principe qui précède :

Exemple. — Les deux termes de la fraction $\dfrac{18}{24}$ étant divisés par 6, on obtient la nouvelle fraction $\dfrac{3}{4}$. Cette dernière fraction renferme 6 fois moins de parties que la première ; mais ces parties, 6 fois moins nombreuses dans une même unité, sont par suite 6 fois plus grandes que les premières ; il y a donc compensation, et les deux fractions sont équivalentes.

Remarque. — Ce principe est d'un grand secours dans la simplification des calculs.

439. PRINCIPE VII. — *Une fraction proprement dite augmente, lorsqu'on augmente simultanément ses deux termes d'un même nombre ; et inversement.*

Soit en effet la fraction $\frac{3}{8}$; si l'on ajoute 4 à chacun de ses termes, on obtient $\frac{7}{12}$. — Si maintenant on observe que l'unité vaut $\frac{8}{8}$ ou $\frac{12}{12}$, on en conclut qu'il manque $\frac{5}{8}$ à la première fraction et $\frac{5}{12}$ à la seconde pour former une unité. Ces deux dernières fractions ayant le même numérateur, la première, $\frac{5}{8}$, est la plus grande. Donc il manque plus à la fraction $\frac{3}{8}$, pour faire 1, qu'à la fraction $\frac{7}{12}$; cette dernière fraction est donc la plus grande, ce qu'il fallait démontrer.

La seconde partie du principe est une conséquence de la première.

440. Principe VIII. — *Une expression fractionnaire diminue, lorsqu'on augmente simultanément ses deux termes d'un même nombre; et inversement.*

Soit en effet l'expression $\frac{13}{7}$; si l'on augmente ses deux termes de 4, elle devient $\frac{17}{11}$.

La première surpasse l'unité de $\frac{6}{7}$; la seconde, de $\frac{6}{11}$. Or la fraction $\frac{6}{7}$ est plus grande que $\frac{6}{11}$; $\frac{13}{7}$ surpasse donc l'unité plus que $\frac{17}{11}$; par conséquent, la fraction $\frac{17}{11}$ est plus petite que $\frac{13}{7}$, ce qu'on se proposait de démontrer.

La seconde partie du principe est encore ici une conséquence de la première.

Simplification des fractions.

441. *Simplifier une fraction, c'est l'exprimer avec des termes plus simples, sans changer sa valeur.*

442. *On simplifie une fraction en divisant ses deux termes par un même nombre :*

Ainsi la fraction $\dfrac{12}{18}$ mise sous la forme $\dfrac{6}{9}$ est simplifiée ; ses deux termes ont été divisés par 2.

On peut encore simplifier cette seconde fraction en divisant ses deux termes par 3, ce qui donne $\dfrac{2}{3}$, forme qu'on aurait pu obtenir tout de suite en divisant les termes de la fraction donnée, $\dfrac{12}{18}$, par 6.

Ce principe est une application du principe VI, n° 438.

443. *Réduire une fraction à sa plus simple expression, c'est l'exprimer avec les plus petits termes possibles.*

Une fraction réduite à sa plus simple expression prend le nom de *fraction irréductible;* on ne doit pas pouvoir, en effet, la simplifier ou la réduire davantage.

La réduction d'une fraction à sa plus simple expression repose sur le principe suivant, dont la démonstration sera renvoyée à une exposition plus complète et plus théorique :

444. PRINCIPE. — *Toute fraction dont les deux termes sont premiers entre eux, ne peut être équivalente qu'à une fraction ayant pour termes des équimultiples des termes de la première;* c'est-à-dire une fraction ayant pour termes les produits des deux termes de la première par un même nombre.

Un multiple d'un nombre étant toujours plus grand que ce nombre, il résulte du principe énoncé que les termes de la seconde fraction sont nécessairement plus grands que ceux de la première. Cette première fraction est donc la forme la plus simple sous laquelle on puisse mettre la valeur qu'elle représente, c'est donc une fraction irréductible ; d'où résulte que :

445. *Toute fraction dont les deux termes sont premiers entre eux est irréductible.*

D'après cela :

446. *Pour réduire une fraction à sa plus simple expression, il est nécessaire et il suffit de diviser ses deux termes par tous leurs facteurs communs, c'est-à-dire de supprimer tous ces facteurs communs.*

Cette réduction peut se faire en cherchant le p. g. c. d. des deux termes de la fraction et en divisant ces deux termes par ce p. g. c. d., les deux quotients devant être premiers entre eux (n° 411).

Il est, le plus souvent, plus simple de supprimer les facteurs communs, à mesure qu'on les découvre, en s'appuyant sur les caractères de divisibilité.

Exemple. — Soit la fraction $\dfrac{108}{252}$; on remarque que ses deux termes sont divisibles par 4 et par 9, on aura donc par deux séries successives de divisions :

$$\frac{108}{252} = \frac{27}{63} = \frac{3}{7}$$

$\dfrac{3}{7}$ représente la fraction réduite à sa plus simple expression.

447. *Remarque.* — Il arrive souvent qu'une fraction irréductible est exprimée par des termes assez grands pour qu'il soit difficile de se former une idée nette de la grandeur de la partie d'unité qu'elle représente, ce qui arriverait par exemple pour la fraction

$$\frac{37}{158}$$

Pour mieux apprécier alors la valeur exprimée, on divise les deux termes de la fraction par son numérateur, afin de ramener l'expression à avoir l'unité pour numérateur, le nouveau dénominateur étant obtenu à moins d'une unité :

$$\begin{array}{c|c} 158 & 37 \\ \hline 10 & 4 \end{array}$$

Le quotient est compris ici entre 4 et 5 ; donc la fraction est comprise entre

$$\frac{1}{5} \text{ et } \frac{1}{4}$$

expressions beaucoup plus simples que la première fraction et qui donnent une idée bien plus précise de la grandeur qu'elle exprime.

Réduction au même dénominateur.

448. *Réduire deux ou plusieurs fractions au même dénominateur, c'est transformer ces fractions en d'autres qui leur soient respectivement équivalentes, et qui aient toutes le même nombre pour dénominateur.*

La réduction au même dénominateur a pour but de ramener des fractions que l'on doit comparer, réunir ou retrancher, à exprimer des quantités de même espèce, l'unité se trouvant alors, pour chacune de ces fractions nouvelles, divisée en un même nombre de parties égales.

449. Avant de commencer la réduction au même dénominateur, on doit d'abord réduire chaque fraction à sa plus simple expression, si cela n'est déjà fait, aucun moyen de simplifier les calculs ne devant être négligé.

Cela fait, on remarque que les nouvelles fractions, celles que l'on cherche, doivent être composées chacune de deux termes équimultiples des termes de la fraction proposée correspondante ; donc, comme ces nouvelles fractions doivent toutes avoir le même dénominateur, ce dénominateur commun doit être un multiple de tous les dénominateurs des fractions données. C'est là la seule condition à laquelle

soit assujetti un nombre, pour pouvoir servir de dénominateur commun aux fractions transformées.

Mais la simplification des calculs doit toujours conduire
à choisir le plus petit dénominateur possible ; ce plus petit
dénominateur sera donc, d'après ce qui vient d'être dit, le
plus petit nombre divisible à la fois par tous les dénominateurs des fractions données ; ce sera le plus petit commun
multiple de ces dénominateurs.

La réduction des fractions au même dénominateur revient
donc à former le plus petit multiple des dénominateurs de
ces fractions ; puis à transformer ces fractions en d'autres
qui leur soient respectivement équivalentes, et qui aient
toutes pour dénominateur ce plus petit multiple.

Cette réduction prend souvent le nom de *réduction au
plus petit dénominateur commun*. C'est toujours celle qui doit
être employée.

450. Soit donc proposé de réduire au même dénominateur les fractions irréductibles suivantes :

$$\frac{3}{8} \quad \frac{5}{6} \quad \frac{2}{9} \quad \frac{7}{10} \quad \frac{11}{12}.$$

Le plus petit dénominateur commun, celui que l'on doit
toujours prendre, devant être le plus petit commun multiple
des dénominateurs 8, 6, 9, 10, 12, il faut décomposer ces
nombres en facteurs premiers : pour faciliter les calculs, on
dispose l'opération de la manière suivante, écrivant au-dessous de chaque dénominateur le résultat de sa décomposition :

$$2^3 \times 3^2 \times 5 = 360$$

45	60	40	36	30
$\dfrac{3}{8}$	$\dfrac{5}{6}$	$\dfrac{2}{9}$	$\dfrac{7}{10}$	$\dfrac{11}{12}$
2³	2.3	3²	2.5	2².3
$\dfrac{135}{360}$	$\dfrac{300}{360}$	$\dfrac{80}{360}$	$\dfrac{252}{360}$	$\dfrac{330}{360}$.

On forme le plus petit multiple des dénominateurs, et on l'écrit au-dessus de la ligne des fractions; on trouve ainsi 360.

Considérant ensuite la première fraction, on raisonne ainsi :

La fraction $\frac{3}{8}$ étant irréductible, la fraction équivalente cherchée doit avoir pour termes des équimultiples de 3 et de 8; il faut donc, pour former les termes de cette fraction équivalente, multiplier 3 et 8 par un même nombre; or 8 multiplié par ce nombre doit donner le dénominateur commun 360; ce nombre est donc 360 : 8 ou 45; multipliant alors le numérateur 3 par 45, on a 135 pour numérateur de la fraction transformée, $\frac{135}{360}$.

Le même raisonnement conduira à diviser 360 par le dénominateur 6, de la seconde fraction, et à multiplier le numérateur 5, par le quotient correspondant 60, ce qui donnera la fraction $\frac{300}{360}$.

Il en sera de même pour les autres fractions. De là résulte la règle suivante ;

451. RÈGLE GÉNÉRALE. — *Pour réduire deux ou plusieurs fractions irréductibles au même dénominateur, le plus petit possible : On forme le plus petit commun multiple de tous les dénominateurs de ces fractions; ce nombre est le dénominateur cherché.*

On divise successivement ce dénominateur commun par les différents dénominateurs des fractions données, et l'on multiplie chaque quotient par le numérateur de la fraction correspondante; on obtient ainsi les numérateurs des fractions transformées.

452. Il peut arriver que les dénominateurs des fractions proposées soient premiers deux à deux; dans ce cas, le plus petit commun multiple de ces dénominateurs est leur produit même (n° 408). Le plus petit dénominateur commun est alors le produit des dénominateurs des fractions données. Les deux termes de chaque fraction sont donc, dans ce cas, multipliés par le produit des dénominateurs de toutes les autres.

Cette remarque conduit aux deux règles générales suivantes, selon qu'on a deux ou plusieurs fractions à réduire au même dénominateur :

453. RÈGLE. — *Pour réduire au même dénominateur deux fractions dont les dénominateurs sont premiers entre eux, on multiplie les deux termes de chaque fraction par le dénominateur de l'autre.*

454. RÈGLE. — *Pour réduire au même dénominateur plusieurs fractions dont les dénominateurs sont premiers entre eux, deux à deux, on multiplie les deux termes de chaque fraction par le produit des dénominateurs de toutes les autres.*

Exemple. — Soient les deux fractions

$$\frac{3}{8} \text{ et } \frac{5}{9}$$

dont les dénominateurs 8 et 9 sont premiers entre eux ; on obtient comme fractions transformées :

$$\frac{3 \times 9}{8 \times 9} = \frac{27}{72} \qquad \frac{5 \times 8}{9 \times 8} = \frac{40}{72},$$

On voit directement que les fractions n'ont pas changé, car les deux termes de chacune ont été multipliés par le même nombre. De plus, elles doivent bien avoir le même dénominateur, car leurs dénominateurs se composent du produit des deux dénominateurs 8 et 9, des fractions données, pris seulement dans un ordre différent, ce qui ne change pas la valeur du produit.

Autre exemple. — Soient les fractions

$$\frac{2}{5} \quad \frac{3}{8} \quad \frac{4}{9} \text{ et } \frac{6}{7}$$

dont les dénominateurs sont premiers deux à deux ; la

règle générale qui précède permet de former le tableau
suivant :

$$\frac{2}{5} \cdots \cdots \frac{3}{8} \cdots \cdots \frac{4}{9} \cdots \cdots \frac{6}{7}$$

$$\frac{2\times8\times9\times7}{5\times8\times9\times7} \quad \frac{3\times5\times9\times7}{8\times5\times9\times7} \quad \frac{4\times5\times8\times7}{9\times5\times8\times7} \quad \frac{6\times5\times8\times9}{7\times5\times8\times9}$$

$$\frac{1008}{2520} \cdots \frac{945}{2520} \cdots \frac{1120}{2520} \cdots \frac{2160}{2520}.$$

De même que dans l'exemple précédent, l'on voit directement que les fractions n'ont pas changé de valeur, car
les deux termes de chacune ont été multipliés par un
même produit. De plus, on a formé leurs différents dénominateurs, en multipliant tous les dénominateurs des fractions données, dans un ordre chaque fois différent, ce qui
ne change pas la valeur d'un produit ; ces dénominateurs
doivent donc nécessairement être égaux, et les fractions
sont bien réduites au même dénominateur.

455. *Remarque.* — Dans le cas général, c'est-à-dire
lorsque les dénominateurs des fractions données ne sont
pas premiers entre eux, il n'est pas toujours nécessaire de
décomposer les dénominateurs en facteurs premiers, pour
former le plus petit dénominateur commun :

1° Si le plus grand dénominateur donné est divisible par
tous les autres, il est lui-même le plus petit multiple des
dénominateurs, ou le dénominateur cherché ;

2° Sinon, on peut souvent, de tête, former le dénominateur cherché en multipliant le plus grand dénominateur donné, successivement par les nombres 2, 3, 4,
5, etc..., jusqu'à ce qu'on arrive à un produit divisible par
tous les dénominateurs, lequel produit est le nombre
cherché.

Il est très-utile de s'habituer de bonne heure à chercher
ainsi, de tête, ce plus petit multiple ou dénominateur ;
avec un peu d'exercice, on arrive facilement à se passer de
la décomposition en facteurs premiers, dans la plupart des
cas de la pratique.

EXERCICES

sur les principes des fractions.

(1) Rendre la fraction $\frac{3}{7}$ 4 fois plus grande et exprimer le résultat en nombre fractionnaire.

(2) Rendre l'expression $\frac{8}{3}$ 5 fois plus grande et exprimer le résultat en nombre fractionnaire.

(3) Rendre la fraction $\frac{12}{13}$ 6 fois plus petite.

(4) Rendre l'expression $\frac{28}{11}$ 7 fois plus petite.

(5) Rendre la fraction $\frac{3}{5}$ 4 fois plus petite.

(6) Rendre l'expression $\frac{9}{5}$ 7 fois plus petite.

(7) Rendre la fraction $\frac{8}{9}$ 3 fois plus grande et exprimer le résultat en nombre fractionnaire.

(8) Rendre l'expression $\frac{13}{8}$ 4 fois plus grande et exprimer le résultat en nombre fractionnaire.

(9) Rendre le nombre $8\frac{3}{7}$ 4 fois plus grand et exprimer le résultat en nombre fractionnaire.

(10) Rendre le nombre $5\frac{3}{8}$ 7 fois plus petit.

(11) Former une expression fractionnaire 7 fois plus grande que le nombre $3\frac{11}{14}$.

(12) Former un nombre fractionnaire 8 fois moindre que l'expression $\frac{120}{7}$.

(13) Quel est le nombre fractionnaire 6 fois plus grand que $7\frac{5}{18}$?

(14) Quel est le nombre fractionnaire 3 fois moindre que $8\frac{2}{5}$?

(15) Former le nombre fractionnaire 8 fois plus grand que $13\frac{11}{24}$.

Simplification des fractions.

(1) Simplifier le plus possible chacune des fractions :

$$\frac{4}{8} \quad \frac{12}{24} \quad \frac{6}{9} \quad \frac{24}{40} \quad \frac{84}{108} \quad \frac{72}{124} \quad \frac{126}{294} \quad \frac{245}{441} \quad \frac{294}{1078} \quad \frac{880}{2288} \quad \frac{3146}{4719}$$

$$\frac{2520}{2880} \quad \frac{2380}{10545} \quad \frac{8325}{9675} \quad \frac{3564}{7524}.$$

(2) Exprimer approximativement, au moyen d'une fraction ayant pour numérateur l'unité, chacune des fractions suivantes :

$$\frac{17}{142} \quad \frac{26}{317} \quad \frac{69}{425} \quad \frac{218}{867} \quad \frac{317}{2423} \quad \frac{36}{7645} \quad \frac{720}{9647} \quad \frac{341}{8460} \quad \frac{429}{6802}$$

$$\frac{6046}{12427}.$$

Réduction au même dénominateur.

(1) Réduire au même dénominateur, le plus petit possible, les fractions :

$$\frac{3}{4} \text{ et } \frac{5}{6} \;,\; \frac{2}{9} \text{ et } \frac{4}{15} \;,\; \frac{2}{3} \text{ et } \frac{11}{12} \;,\; \frac{3}{8} \text{ et } \frac{4}{9} \;,\; \frac{2}{3} \quad \frac{4}{21} \text{ et } \frac{5}{9}$$

$$\frac{3}{4} \quad \frac{2}{5} \text{ et } \frac{13}{20} \;,\; \frac{2}{9} \quad \frac{11}{12} \quad \frac{3}{8} \text{ et } \frac{5}{6} \;,\; \frac{7}{10} \quad \frac{11}{15} \quad \frac{5}{6} \text{ et } \frac{11}{18} \;,$$

$$\frac{1}{4} \quad \frac{1}{6} \quad \frac{1}{8} \text{ et } \frac{1}{15} \;,\; \frac{2}{15} \quad \frac{3}{14} \quad \frac{9}{16} \quad \frac{4}{25} \text{ et } \frac{11}{35} \;,$$

$$\frac{17}{32} \quad \frac{10}{27} \quad \frac{3}{5} \quad \frac{4}{15} \text{ et } \frac{6}{25} \;,$$

$$\frac{11}{24} \quad \frac{10}{21} \quad \frac{1}{30} \quad \frac{2}{77} \quad \frac{4}{55} \text{ et } \frac{15}{56} \;,$$

$$\frac{2}{15} \quad \frac{2}{27} \quad \frac{1}{28} \quad \frac{2}{39} \quad \frac{1}{36} \text{ et } \frac{3}{40} \;,$$

$$\frac{4}{7} \qquad \frac{3}{8} \qquad \frac{5}{11} \qquad \frac{2}{3} \qquad \frac{4}{5} \text{ et } \frac{1}{2},$$

$$\frac{2}{3} \qquad \frac{1}{2} \cdot \qquad \frac{3}{5} \qquad \frac{4}{13} \qquad \frac{3}{7} \text{ et } \frac{2}{11},$$

(2) Ranger par ordre de grandeur les fractions :

$$\frac{2}{3} \qquad \frac{4}{21} \qquad \frac{3}{5} \qquad \frac{11}{15} \qquad \frac{5}{9} \qquad \frac{3}{4} \qquad \frac{5}{8} \text{ et } \frac{7}{12}.$$

(3) Ranger par ordre de grandeur croissante les fractions :

$$\frac{2}{7} \qquad \frac{3}{8} \qquad \frac{5}{14} \qquad \frac{4}{5} \qquad \frac{7}{15} \qquad \frac{6}{35} \qquad \frac{9}{56} \text{ et } \frac{1}{2}.$$

(4) Réduire au même dénominateur, le plus petit possible, les fractions :

$$\frac{3}{10} \qquad \frac{8}{36} \qquad \frac{4}{5} \qquad \frac{9}{27} \qquad \frac{7}{21} \qquad \frac{2}{9} \text{ et } \frac{12}{42}$$

$$\frac{12}{48} \qquad \frac{4}{24} \qquad \frac{7}{56} \qquad \frac{8}{40} \qquad \frac{9}{27} \qquad \frac{18}{36} \text{ et } \frac{4}{28}$$

$$\frac{3}{10} \qquad \frac{12}{42} \qquad \frac{14}{63} \qquad \frac{3}{35} \qquad \frac{6}{45} \qquad \frac{21}{98} \text{ et } \frac{2}{5}$$

$$\frac{6}{15} \qquad \frac{6}{9} \qquad \frac{6}{27} \qquad \frac{6}{39} \qquad \frac{6}{51} \qquad \frac{6}{45} \text{ et } \frac{6}{33}$$

$$\frac{21}{56} \qquad \frac{15}{35} \qquad \frac{6}{54} \qquad \frac{6}{69} \qquad \frac{3}{5} \qquad \frac{33}{44} \text{ et } \frac{5}{14}.$$

(5) Ranger par ordre de grandeur croissante, en les mettant sous la forme de nombres fractionnaires, les expressions :

$$\frac{35}{4} \qquad \frac{218}{9} \qquad \frac{41}{8} \qquad \frac{13}{6} \qquad \frac{64}{15} \text{ et } \frac{83}{12}.$$

(6) Ranger par ordre de grandeur décroissante, en les mettant sous la forme de nombres fractionnaires, les expressions :

$$\frac{17}{6} \qquad \frac{26}{3} \qquad \frac{41}{12} \qquad \frac{31}{2} \qquad \frac{43}{15} \qquad \frac{85}{8} \text{ et } \frac{16}{9}.$$

(7) Convertir :

$\frac{3}{8}$ en 24mes. $\qquad \frac{2}{9}$ en 54mes. $\qquad \frac{4}{5}$ en 35mes. $\qquad \frac{3}{7}$ en 42mes.

$\frac{5}{12}$ en 48mes. $\qquad \frac{8}{27}$ en 81mes. $\qquad \frac{5}{14}$ en 70mes. $\qquad \frac{11}{15}$ en 75mes,

$\frac{3}{25}$ en 100mes. $\qquad \frac{7}{35}$ en 140mes.

(8) Convertir :

$\dfrac{6}{21}$ en 35mes. $\dfrac{20}{24}$ en 30mes. $\dfrac{21}{36}$ en 60mes. $\dfrac{45}{100}$ en 40mes.

$\dfrac{66}{108}$ en 54mes.

(9) Convertir approximativement :

$\dfrac{4}{7}$ en 22mes. $\dfrac{3}{8}$ en 35mes. $\dfrac{2}{9}$ en 25mes. $\dfrac{18}{41}$ en 20mes.

$\dfrac{13}{54}$ en 15mes. $\dfrac{8}{27}$ en 10mes. $\dfrac{11}{64}$ en 12mes. $\dfrac{7}{13}$ en 50mes.

$\dfrac{6}{47}$ en 52mes. $\dfrac{8}{31}$ en 25mes.

(10) Convertir les fractions :

$$\frac{3}{4} \qquad \frac{2}{7} \qquad \frac{4}{5} \qquad \frac{5}{8} \qquad \frac{5}{6} \qquad \frac{3}{7} \qquad \frac{5}{11} \qquad \frac{8}{15} \quad \text{et} \quad \frac{2}{3}$$

en d'autres, respectivement équivalentes ou approximativement équivalentes, et ayant pour dénominateur commun 24.

CHAPITRE II.

Opérations sur les fractions.

ADDITION DES FRACTIONS.

456. On peut étendre aux fractions ordinaires la définition donnée pour les nombres entiers et les nombres décimaux.

Définition. — *L'addition est une opération qui a pour but de réduire en un seul nombre, entier ou fractionnaire, toutes les unités ou parties d'unité contenues dans plusieurs nombres donnés, entiers ou fractionnaires.*

457. L'addition des fractions se compose de deux cas principaux :

1° *Additionner deux ou plusieurs fractions ou expressions fractionnaires ;*

2° *Additionner deux ou plusieurs nombres fractionnaires.*

Premier cas.

458. Ce cas se divise lui-même en deux autres, suivant que les fractions ont ou n'ont pas le même dénominateur.

1° Soit à additionner les fractions :

$$\frac{2}{9} \quad \frac{7}{9} \quad \frac{4}{9} \quad \frac{8}{9} \quad \frac{5}{9}.$$

On remarque que pour former chacune de ces fractions on a divisé l'unité en 9 parties égales ; toutes ces parties sont donc égales d'une fraction à l'autre. Les numérateurs représentent alors des grandeurs de même espèce, et leur somme indique le nombre total de *neuvièmes* contenus dans la somme des fractions ; l'on a donc :

$$\frac{2}{9} + \frac{7}{9} + \frac{4}{9} + \frac{8}{9} + \frac{5}{9} = \frac{2+7+4+8+5}{9} = \frac{26}{9}.$$

L'expression fractionnaire $\frac{26}{9}$ peut se réduire, par l'extraction des entiers, au nombre fractionnaire $2 + \frac{8}{9}$, valeur de la somme cherchée.

On peut donc conclure que :

459. Règle. — *Pour additionner deux ou plusieurs fractions ou expressions fractionnaires ayant le même dénominateur, on ajoute les numérateurs, en conservant le dénominateur commun, et l'on extrait, s'il y a lieu, les entiers du résultat.*

2° Soit maintenant à additionner les fractions :

$$\frac{2}{5} \quad \frac{3}{4} \quad \frac{5}{6} \quad \frac{2}{3} \quad \frac{1}{2} \text{ et } \frac{7}{10}$$

dont les dénominateurs sont différents.

On réduit ces fractions au même dénominateur et l'on retombe dans le cas précédent.

On peut établir alors la règle générale suivante :

460. RÈGLE GÉNÉRALE. — *Pour additionner deux ou plusieurs fractions ou expressions fractionnaires, on les réduit au même dénominateur, si leurs dénominateurs sont différents; on ajoute les numérateurs des nouvelles fractions, en conservant le dénominateur commun, et l'on extrait, s'il y a lieu, les entiers du résultat.*

On peut disposer le calcul de la manière suivante :

$$p.\,p.\,d.\,c. = 60.$$

$$\overset{12}{\frac{2}{5}} + \overset{15}{\frac{3}{4}} + \overset{10}{\frac{5}{6}} + \overset{20}{\frac{2}{3}} + \overset{30}{\frac{1}{2}} + \overset{6}{\frac{7}{10}} = 3 + \frac{17}{20}.$$

$$24 + 45 + 50 + 40 + 30 + 42 = 231 \;\big|\; 60$$
$$51 \;\big|\; 3$$

$$\text{Somme} = \frac{231}{60} = 3 + \frac{51}{60} = 3 + \frac{17}{20}.$$

En multipliant le plus grand dénominateur, 10, par 2, 3, 4, 5, 6, on reconnaît vite que le dernier produit 60 est divisible par tous les autres dénominateurs ; on forme donc ainsi, tout de suite, le plus petit commun dénominateur; on l'écrit au-dessus des fractions. On place les quotients de 60 par les différents dénominateurs, au-dessus des fractions correspondantes, comme il a été dit et fait au n° 450 ; puis, effectuant les produits de ces quotients par les numérateurs correspondants, on place au-dessous de chaque fraction le numérateur ainsi formé, de la nouvelle fraction équivalente. On ajoute, sur place, les numérateurs mis ainsi à la suite les uns des autres ; on écrit la somme immédiatement après le dernier, et on la divise par le dénomi-

nateur commun, afin d'extraire les entiers ; enfin on simplifie, s'il y a lieu, la fraction résultante, comme dans ,
l'exemple choisi. Les autres détails se reconnaissent à la
simple inspection du tableau qui précède.

Remarque. — Ce qui vient d'être dit et fait, s'applique
évidemment aux expressions fractionnaires.

Second cas.

461. Soient maintenant deux ou plusieurs nombres fractionnaires à additionner ; on observera la règle suivante :

462. RÈGLE GÉNÉRALE. — *Pour additionner des nombres
fractionnaires, on additionne d'abord les fractions contenues dans
ces nombres ; on extrait les entiers, s'il y a lieu ; on ajoute ces
entiers à la somme des entiers des nombres fractionnaires donnés.*

*La somme totale se compose de cette dernière somme entière et
de la fraction restante obtenue en extrayant les entiers contenus
dans la somme des fractions.*

Exemple. — Soit proposé d'ajouter les nombres :

$$8 \ \frac{11}{12}, \ 13 \ \frac{2}{9}, \ 16 \ \frac{5}{6}, \ 9 \ \frac{3}{4}, \ 24 \ \frac{5}{8}.$$

On dispose les nombres en colonne, comme pour une
addition de nombres entiers, plaçant les fractions sous les
fractions, les entiers sous les entiers :

$p. \ p. \ d. \ c. = 72.$

$8 \ \frac{11}{12}$	6.	66	
$13 \ \frac{2}{9}$	8.	16	
$16 \ \frac{5}{6}$	12.	60	
$9 \ \frac{3}{4}$	18.	54	
$24 \ \frac{5}{8}$	9.	45	
$73 \ \frac{25}{72}$		241	72
		25	3

Il est facile de reconnaître, sans décomposer en facteurs premiers, que le plus petit dénominateur commun est 72; on le place un peu au-dessus et à droite de la colonne des fractions. On dispose, à droite et près des fractions, les quotients du dénominateur commun par les différents dénominateurs; enfin on place les nouveaux numérateurs en colonne et un peu en dehors à droite de la ligne des fractions. On additionne; on extrait les entiers de la somme obtenue; on place la fraction résultante sous la colonne des fractions, et l'on porte enfin les entiers extraits à la colonne des entiers; on obtient ainsi dans l'exemple choisi : $73 \, \dfrac{25}{72}$

463. *Remarque.* — Lorsque les dénominateurs sont assez compliqués pour que la décomposition en facteurs soit nécessaire, on peut placer les résultats de cette décomposition à gauche de la colonne des entiers, chacun d'eux sur la même ligne que le dénominateur de la fraction correspondante.

Exemple :

$$p. \; p. \; d. \; c. = 2^3. \; 3^2. \; 5. \; 7 = 2520.$$

2. 3².	$28 \, \dfrac{11}{18}$	140.	1540
2³. 3.	$35 \, \dfrac{13}{24}$	105.	1365
2. 7.	$46 \, \dfrac{9}{14}$	180.	1620
5. 7.	$37 \, \dfrac{21}{35}$	72.	1512
2. 3. 7.	$66 \, \dfrac{17}{42}$	60.	1020

$$214 \, \frac{2017}{2520} \qquad\qquad \begin{array}{c|c} 7057 & 2520 \\ \hline 2017 & 2 \end{array}$$

Il est rare, dans la pratique, de trouver un exemple aussi compliqué.

EXERCICES

sur l'addition des fractions.

(1) Effectuer les additions suivantes, en exprimant chaque fois le résultat, s'il y a lieu, en nombre fractionnaire :

$$\frac{2}{11} + \frac{3}{11} + \frac{4}{11} + \frac{1}{11}$$

$$\frac{3}{7} + \frac{2}{7} + \frac{4}{7} + \frac{5}{7} + \frac{6}{7}$$

$$\frac{2}{3} + \frac{3}{4} + \frac{4}{5} + \frac{5}{6} + \frac{6}{7} + \frac{7}{8}$$

$$\frac{1}{2} + \frac{1}{4} + \frac{1}{6} + \frac{1}{8} + \frac{1}{10} + \frac{1}{12}$$

$$\frac{3}{8} + \frac{11}{15} + \frac{1}{2} + \frac{13}{14} + \frac{17}{25} + \frac{13}{60}$$

$$\frac{2}{3} + \frac{2}{5} + \frac{2}{7} + \frac{2}{9} + \frac{2}{11} + \frac{2}{15}$$

$$\frac{4}{5} + \frac{3}{10} + \frac{2}{3} + \frac{13}{18} + \frac{5}{6} + \frac{3}{4} + \frac{7}{8}$$

$$\frac{5}{6} + \frac{7}{8} + \frac{9}{10} + \frac{11}{12} + \frac{13}{14} + \frac{15}{16} + \frac{17}{18}$$

$$\frac{2}{8} + \frac{3}{9} + \frac{4}{5} + \frac{4}{6} + \frac{5}{8} + \frac{12}{16} + \frac{1}{2}$$

$$\frac{3}{7} + \frac{6}{12} + \frac{3}{21} + \frac{2}{13} + \frac{5}{8} + \frac{5}{15} + \frac{1}{10}.$$

(2) En une heure une première ouverture laisse couler les $\frac{2}{7}$ de l'eau contenue dans un bassin ; une seconde ouverture, dans le même temps, laisse couler les $\frac{3}{10}$ de cette eau ; une troisième ouverture, les $\frac{5}{28}$; une quatrième, les $\frac{2}{21}$. De combien le bassin est-il vidé par ces quatre ouvertures en une heure ?

(3) De quel nombre faut-il retrancher $\frac{5}{12}$ pour que le résultat soit égal à $\frac{3}{8}$?

(4) Un militaire fait le premier jour les $\frac{2}{9}$ de sa route, le second jour les $\frac{5}{12}$ et le troisième jour les $\frac{3}{16}$.

Quelle partie de sa route a-t-il ainsi faite pendant ces 3 jours ?

(5) 4 fontaines coulent dans un même bassin. La 1re peut emplir seule ce bassin en 12 heures ; la 2e, en 15 heures ; la 3e, en 9 heures ; la 4e, en 16 heures.

Quelle portion du bassin ces 4 fontaines empliront-elles ensemble en une heure ?

(6) Une commande peut être exécutée en 8 jours $\frac{1}{2}$ par un premier ouvrier, en 9 $\frac{1}{3}$ par un second, et enfin en 10 jours $\frac{1}{4}$ par un troisième.

Quelle fraction de cette commande ces 3 ouvriers pourront-ils exécuter en un jour en y travaillant ensemble ?

(7) 4 machines employées à faire une étoffe, en fabriquent : la 1re, 42 mètres en 9 heures ; la 2e, 64 mètres en 10 heures ; la 3e, 35 mètres en 8 heures ; la 4e, 72 mètres en 15 heures.

Combien retire-t-on de ces 4 machines ensemble par heure ?

(8) Faire les additions suivantes :

$$8 \frac{2}{5} + 13 \frac{3}{7} + 14 \frac{5}{6} + 22 \frac{11}{14}$$

$$13 \frac{3}{8} + 25 \frac{5}{9} + 13 \frac{7}{12} + 24 \frac{5}{6} + 32 \frac{13}{18}$$

$$26 \frac{2}{3} + 16 \frac{1}{2} + 41 \frac{11}{25} + 21 \frac{7}{10} + 42 \frac{13}{15}$$

$$8 \frac{1}{2} + 9 \frac{1}{3} + 12 \frac{1}{4} + 16 \frac{1}{5} + 18 \frac{1}{6} + 20 \frac{1}{9}$$

$$32 \frac{11}{36} + 40 \frac{17}{42} + 56 \frac{11}{72} + 21 \frac{23}{49} + 18 \frac{45}{64} + 12 \frac{25}{96}$$

$$35 \frac{12}{28} + 52 \frac{10}{35} + 13 \frac{2}{3} + 62 \frac{12}{20} + 28 \frac{1}{6} + 51 \frac{15}{18}$$

$$27 \frac{8}{12} + 64 \frac{25}{30} + 13 \frac{24}{54} + 29 \frac{60}{96} + 15 \frac{33}{110} + 12 \frac{35}{98}$$

$$3 \frac{6}{12} + 8 \frac{11}{44} + 15 \frac{13}{78} + 96 \frac{5}{40} + 76 \frac{17}{170} + 61 \frac{9}{108}$$

$$14 \frac{18}{22} + 21 \frac{21}{27} + 43 \frac{30}{42} + 12 \frac{7}{14} + 16 \frac{15}{25} + 19 \frac{14}{21}$$

$$124 \frac{37}{96} + 14 \frac{33}{48} + 91 \frac{8}{16} + 429 \frac{65}{240} + 65 \frac{25}{40} + 26 \frac{21}{28}.$$

(9) Un maître tailleur a employé successivement pour différentes commandes d'uniformes : une 1re fois, 42m. $\frac{3}{4}$ de drap bleu et 16m. $\frac{5}{8}$ de drap rouge ; une 2e fois, 65m. $\frac{5}{12}$ de drap bleu et 23m. $\frac{4}{9}$ de drap rouge ; une 3e fois, 52m. $\frac{5}{6}$ de drap bleu et 19m. $\frac{2}{3}$ de drap rouge ; enfin une 4e fois, 72m. $\frac{7}{10}$ de drap bleu et 32m. $\frac{5}{6}$ de drap rouge.

Combien, pour ces 4 commandes, a-t-il employé de drap de chaque couleur, et combien de drap en tout ?

(10) Un entrepreneur faisant le compte de ses ouvriers pour une semaine, trouve : 6 journées $\frac{2}{3}$ pour le 1er ; 4 journées $\frac{3}{4}$ pour le 2e ; 5 $\frac{5}{6}$ pour le 3e ; 6 $\frac{1}{2}$ pour le 4e ; 3 $\frac{7}{10}$ pour le 5e ; et enfin 5 $\frac{3}{8}$ pour le 6e.

Combien cet entrepreneur a-t-il de journées à payer pour cette semaine ?

SOUSTRACTION DES FRACTIONS.

464. On peut étendre aux fractions la définition donnée pour les nombres entiers et les nombres décimaux :

DÉFINITION. — *La soustraction est une opération qui a pour but de retrancher d'un nombre donné, entier ou fractionnaire, toutes les unités ou parties d'unités contenues dans un second nombre donné, également entier ou fractionnaire.*

465. La soustraction des fractions se compose de deux cas principaux :

1° *Soustraire, l'une de l'autre, deux fractions proprement dites ;*

2° *Soustraire deux nombres fractionnaires l'un de l'autre.*

Premier cas.

466. Ce cas se subdivise lui-même en deux autres, suivant que les fractions ont ou n'ont pas le même dénominateur.

1° Soit à retrancher la fraction $\dfrac{3}{11}$ de la fraction $\dfrac{8}{11}$:

$$\frac{8}{11} - \frac{3}{11}.$$

Pour former ces deux fractions l'on a divisé l'unité en 11 parties égales; parties égales, par conséquent, d'une fraction à l'autre : si donc, de 8 de ces parties on en retranche 3, il en restera 8 — 3 ou 5, c'est-à-dire 5 *onzièmes*. On a d'après cela :

$$\frac{8}{11} - \frac{3}{11} = \frac{8-3}{11} = \frac{5}{11}.$$

Ce qui peut se résumer ainsi :

467. RÈGLE. — *Pour soustraire, l'une de l'autre, deux fractions ayant le même dénominateur, on retranche le plus petit numérateur du plus grand, et l'on donne au résultat le dénominateur commun.*

2° Soit maintenant à retrancher les deux fractions $\dfrac{8}{15}$ et $\dfrac{5}{12}$, qui n'ont pas le même dénominateur.

$$\frac{8}{15} - \frac{5}{12};$$

On réduit ces deux fractions au même dénominateur et l'on opère d'après la règle précédente.

Il résulte donc de là que :

468. RÈGLE GÉNÉRALE. — *Pour soustraire deux fractions l'une de l'autre, on les réduit, s'il y a lieu, au même dénominateur; on retranche l'un de l'autre les numérateurs des fractions nouvelles, et l'on donne pour dénominateur au résultat le dénominateur commun.*

On dispose le calcul comme on le fait pour l'addition :

$$p.\ p.\ d.\ c. = 60.$$

$$\overset{4}{\underset{15}{8}} - \overset{5}{\underset{12}{5}} = \frac{7}{60}$$

$$32 - 25 = 7.$$

Il est bien entendu que, s'il y a lieu, l'on simplifie le résultat obtenu; mais on peut observer que si les fractions sont des fractions proprement dites, on ne peut jamais avoir d'extraction d'entiers à effectuer. Si les nombres à soustraire sont des expressions fractionnaires, on extrait les entiers, s'il y a lieu, en disposant le calcul comme pour l'addition.

Ainsi, soit à retrancher $\frac{17}{12}$ de $\frac{85}{18}$; on dispose le calcul de la manière suivante :

$$p.\ p.\ d.\ c. = 36.$$

$$\overset{2}{\underset{18}{85}} - \overset{3}{\underset{12}{17}} = 3 + \frac{11}{36}$$

$$170 - 51 = 119\ \big|\ 36$$
$$11\ \big|\ 3$$

$$\textit{différence} = \frac{119}{36} = 3 + \frac{11}{36}.$$

Second cas.

469. Soient maintenant deux nombres fractionnaires à retrancher l'un de l'autre; par exemple :

$$27\,\frac{8}{9} - 12\,\frac{5}{6}.$$

On prépare le calcul comme pour l'addition de ces deux nombres.

$$p.\ p.\ d.\ c. = 18$$

$$27\ \frac{8}{9}\ 2 \dots\dots\dots\dots\dots\ 16$$

$$12\ \frac{5}{6}\ 3 \dots\dots\dots\dots\dots\ 15$$

$$15\ \frac{1}{6} \hspace{6cm} 1$$

puis on retranche le nouveau numérateur 15, de la fraction contenue dans le nombre inférieur, du nouveau numérateur 16, de l'autre fraction; on place la fraction résultante $\frac{1}{6}$, sous la colonne des fractions, et l'on soustrait les entiers : on a ainsi, dans l'exemple choisi, $15 + \frac{1}{6}$ pour la différence cherchée.

470. Mais l'opération n'est pas toujours aussi simple, car il peut arriver que la fraction du nombre inférieur ne puisse pas se retrancher de celle du nombre supérieur, comme dans l'exemple suivant :

$$p.\ p.\ d.\ c. = 36$$

$$\hspace{7cm} 56$$

$$67\ \frac{5}{9}\ 4 \dots\dots\dots\dots\dots\ 20$$

$$13\ \frac{11}{12}\ 3 \dots\dots\dots\dots\dots\ 33$$

$$53\ \frac{23}{36} \hspace{6cm} 23$$

33 étant plus grand que 20, la seconde fraction $\frac{33}{36}$ ne peut se retrancher de la première $\frac{20}{36}$; on augmente alors la première, $\frac{20}{36}$, d'une unité mise sous la forme de $\frac{36}{36}$, ce qui revient à ajouter 36, dénominateur commun, au numérateur 20, de cette première fraction; l'on a ainsi $\frac{33}{36}$ à retrancher de $\frac{56}{36}$, ce qui donne $\frac{23}{36}$ pour reste. Puis, le nombre supérieur ayant été, par sa fraction, augmenté d'une unité, l'on ajoute 1 à la partie entière inférieure 13, ce qui établit une compensation.

Dans cette manière d'opérer, on écrit le numérateur augmenté 56, au-dessus du premier numérateur 20 et l'on barre ce dernier; le reste de l'opération s'effectue comme il vient d'être dit.

De ce qui précède résulte la règle suivante :

471. Règle générale. — *Pour soustraire, l'un de l'autre, deux nombres fractionnaires, on retranche successivement : la fraction et la partie entière du plus petit nombre, des parties correspondantes du plus grand.*

Si la fraction du nombre inférieur est plus grande que sa correspondante du nombre supérieur, on augmente cette dernière d'une unité ; on effectue la soustraction ; puis l'on retranche les entiers, après avoir ajouté 1 au nombre entier inférieur.

———

EXERCICES
sur la soustraction des fractions.

(1) Effectuer les soustractions suivantes :

$$\frac{5}{8} - \frac{3}{8} \qquad \frac{11}{13} - \frac{4}{13} \qquad \frac{8}{9} - \frac{5}{9} \qquad \frac{8}{9} - \frac{5}{6}$$

$$\frac{3}{4} - \frac{7}{12} \qquad \frac{11}{16} - \frac{5}{18} \qquad \frac{4}{5} - \frac{11}{15} \qquad \frac{2}{21} - \frac{1}{35}$$

$$\frac{4}{25} - \frac{3}{40} \qquad \frac{3}{8} - \frac{5}{28} \qquad \frac{1}{2} - \frac{1}{3} \qquad \frac{1}{3} - \frac{1}{4}$$

$$\frac{1}{4} - \frac{1}{6} \qquad \frac{1}{6} - \frac{1}{8} \qquad \frac{1}{12} - \frac{1}{18}.$$

(2) **Un** ouvrier a travaillé pendant les $\frac{5}{8}$ seulement de sa journée.

Combien a-t-il perdu de temps ?

(3) On prend successivement le tiers, le quart et le cinquième de ce qu'il y a dans une caisse.

Combien reste-t-il après ?

(4) Deux trains font : le 1er, 10 kilomètres en 18 minutes ; le 2e, 12 kilomètres en 20 minutes.

Lequel va le plus vite, et que fait-il de plus que l'autre par minute ?

(5) 3 fontaines donnent : la 1re, 24 litres en 9 minutes ; la 2e, 36 litres en 15 minutes ; la 3e, 28 litres en 10 minutes. Les classer par rang d'importance décroissante et dire alors combien chacune donne de plus que la suivante.

(6) Un ouvrier fait le lundi les $\frac{2}{9}$ d'un ouvrage commandé ; le mardi, il en fait les $\frac{3}{8}$; le mercredi, les $\frac{5}{18}$.

Combien lui en reste-t-il à faire pour avoir terminé ?

(7) Effectuer les soustractions suivantes :

$$13 - \frac{2}{7} \qquad 18 - \frac{5}{9} \qquad 54\frac{1}{2} - \frac{3}{15} \qquad 36 - 9\frac{3}{4}$$

$$72 - 8\frac{3}{5} \qquad 26\frac{3}{4} - 17\frac{5}{12} \qquad 67\frac{2}{7} - 26\frac{7}{9}$$

$$65\frac{3}{8} - 52\frac{7}{12} \qquad 314\frac{5}{16} - 179\frac{5}{24} \qquad 18\frac{11}{27} - 3\frac{2}{3}$$

$$29\frac{18}{27} - 13\frac{4}{5} \qquad 72\frac{8}{5} - 37\frac{15}{18} \qquad 647\frac{4}{36} - 27\frac{9}{15}$$

$$41\frac{9}{36} - 28\frac{12}{15} \qquad 74\frac{56}{72} - 18\frac{15}{35} \qquad 76\frac{6}{60} - 69\frac{8}{56}.$$

(8) Un cadran portant deux aiguilles est divisé en parties égales ; l'une des aiguilles ayant parcouru 48 divisions et les $\frac{3}{4}$ de la 49me, l'autre marque 32 divisions plus $\frac{5}{12}$.

Quelle est, en divisions, la distance qui sépare les deux aiguilles ?

(9) Deux fontaines coulent dans le même bassin. La première

verse par heure, 54 litres $\frac{7}{12}$; la seconde, dans le même temps,

donne 84 litres $\frac{5}{8}$. Deux orifices laissent couler l'eau du bassin,

à raison de : 32 litres $\frac{4}{9}$ par heure pour le premier, et 42 lit. $\frac{11}{20}$

pour le second.

Les fontaines et les orifices de sortie étant ouverts en même temps, le bassin étant vide, combien y aura-t-il d'eau dans ce bas·sin au bout d'une heure ?

(10) Deux voitures partent en même temps et suivent la même route : l'une fait, en moyenne, 20 kilomètres 260 mètres en 3 heures ; l'autre, également en moyenne, 36 kilomètres 745 mètres en 5 heures ;

Laquelle va le plus vite et combien gagne-t-elle sur l'autre par heure ?

MULTIPLICATION DES FRACTIONS.

472. Nous reprendrons ici la définition générale :

DÉFINITION. — *La multiplication est une opération ayant pour but, deux nombres étant donnés, l'un nommé* MULTIPLI-CANDE, *l'autre* MULTIPLICATEUR, *d'en former un troisième appelé produit, qui soit composé avec le multiplicande de la même manière que le multiplicateur est composé avec l'unité.*

473. Il y a quatre cas à considérer dans la multiplication des fractions :

1° *Multiplier une fraction par un nombre entier ;*
2° *Multiplier un nombre entier par une fraction ;*
3° *Multiplier deux fractions l'une par l'autre ;*
4° *Multiplier deux nombres fractionnaires l'un par l'autre.*

Premier cas.

474. Soit à multiplier $\frac{3}{8}$ par **5** :

D'après la définition cela revient à trouver un nombre qui soit composé avec $\frac{3}{8}$ de la même manière que 5 est composé avec l'unité. Or, 5 contient 5 fois l'unité, le produit devra donc contenir 5 fois $\frac{3}{8}$, c'est-à-dire qu'il sera 5 fois plus grand que cette fraction. On sait d'ailleurs qu'on rend une fraction 5 fois plus grande en multipliant son numérateur par 5 ; le produit cherché sera donc :

$$\frac{3}{8} \times 5 = \frac{3 \times 5}{8} = \frac{15}{8}.$$

On a ainsi multiplié le numérateur par l'entier, en laissant intact le dénominateur.

475. Soit encore à multiplier $\frac{4}{15}$ par 5 :

Le même raisonnement ferait voir que l'opération revient à rendre la fraction $\frac{4}{15}$, 5 fois plus grande. Or on peut rendre une fraction 5 fois plus grande en divisant son dénominateur par 5, ce qui est possible ici ; l'on aura donc :

$$\frac{4}{15} \times 5 = \frac{4}{15 : 5} = \frac{4}{3}.$$

On a ainsi divisé le dénominateur par l'entier, en conservant intact le numérateur.

De là résulte que :

476. RÈGLE. — *Pour multiplier une fraction par un nombre entier, on multiplie le numérateur de cette fraction par ce nombre entier, en conservant intact le dénominateur ; ou, quand cela est possible, on divise le dénominateur de la fraction par le nombre entier, et l'on conserve intact le numérateur.*

On extrait ensuite, s'il y a lieu, les entiers du résultat obtenu.

Exemples :

$1°$ $\quad \dfrac{4}{9} \times 7 = \dfrac{4 \times 7}{9} = \dfrac{28}{9} = 3 + \dfrac{1}{9}$;

$2°$ $\quad \dfrac{11}{12} \times 6 = \dfrac{11}{12 : 6} = \dfrac{11}{2} = 5 + \dfrac{1}{2}.$

477. *Remarque.* — La règle précédente s'applique au cas de la multiplication d'un nombre fractionnaire par un nombre entier, si l'on a soin, toutefois, de convertir le nombre fractionnaire en expression fractionnaire.

En effet, soit à multiplier $5\dfrac{2}{7}$ par 8 ; on aura :

$$5\dfrac{2}{7} \times 8 = \dfrac{37}{7} \times 8 = \dfrac{37 \times 8}{7} = \dfrac{296}{7} = 42\dfrac{2}{7}.$$

Deuxième cas.

478. Soit à multiplier 6 par la fraction $\dfrac{4}{7}.$

Cela revient à trouver ou à former un nombre qui se compose avec 6, de la même manière que $\dfrac{4}{7}$ est composé avec l'unité. Or la fraction $\dfrac{4}{7}$ se compose de 4 fois la 7me partie de l'unité ; le produit ou nombre cherché devra donc se composer de 4 fois la 7me partie du multiplicande 6, ou simplement des $\dfrac{4}{7}$ de 6. — On sait d'ailleurs que le 7me, c'est-à-dire la 7me partie de 6 est $\dfrac{6}{7}$; 4 fois ce 7me sera donc, d'après la règle du cas précédent :

$$\dfrac{6}{7} \times 4 \text{ ou } \dfrac{6 \times 4}{7} = \dfrac{24}{7}.$$

On a donc ici multiplié le nombre entier par le numérateur de la fraction, en conservant le dénominateur intact.

479. Soit maintenant à multiplier 4 par $\dfrac{5}{12}$:

L'opération revient, d'après le même raisonnement que précédemment, à prendre les $\dfrac{5}{12}$, ou 5 fois le 12mo de 4 ; or, le 12mo de 4 est $\dfrac{4}{12}$, fraction dont les deux termes sont divisibles par 4 et qui se réduit, par suite, à la forme $\dfrac{1}{12:4}$; les $\dfrac{5}{12}$ seront donc 5 fois plus grands, ou :

$$\frac{1}{12:4} \times 5 = \frac{5}{12:4} = \frac{5}{3}.$$

On a donc pu, dans ce cas, diviser le dénominateur par le nombre entier, sans toucher au numérateur.

De ces deux exemples résulte la règle générale :

480. RÈGLE. — *Pour multiplier un nombre entier par une fraction, on multiplie ce nombre par le numérateur de la fraction dont on donne le dénominateur au produit; ou, quand cela est possible, on divise le dénominateur de la fraction par le nombre entier, en laissant intact le numérateur de cette fraction.*

Dans tous les cas, on extrait, s'il y a lieu, les entiers contenus dans le résultat obtenu.

Exemples :

$$1^{\circ} \quad 8 \times \frac{5}{9} = \frac{8 \times 5}{9} = \frac{40}{9} = 4 + \frac{4}{9}$$

$$2^{\circ} \quad 5 \times \frac{7}{15} = \frac{7}{15:5} = \frac{7}{3} = 2 + \frac{1}{3}.$$

Troisième cas.

481. Soit à multiplier la fraction $\dfrac{5}{7}$ par $\dfrac{4}{9}$.

C'est chercher un nombre qui se compose avec $\dfrac{5}{7}$ de la même manière que $\frac{4}{9}$ est composé avec l'unité ; or, $\frac{4}{9}$ est

formé des $\frac{4}{9}$ de l'unité ; le produit doit donc se composer

des $\frac{4}{9}$, c'est-à-dire de 4 fois le 9me de $\frac{5}{7}$. — Or, la 9me partie

de $\frac{5}{7}$ est une quantité 9 fois plus petite que cette fraction,

c'est-à-dire :

$$\frac{5}{7 \times 9}$$

car on sait qu'on rend une fraction 9 fois plus petite en

multipliant son dénominateur par 9 ; les $\frac{4}{9}$ formeront un

nombre 4 fois plus grand, ou :

$$\frac{5}{7 \times 9} \times 4 = \frac{5 \times 4}{7 \times 9}.$$

Cette dernière fraction, ou le produit cherché, se compose : du produit des numérateurs des fractions proposées, divisé par le produit des dénominateurs ; d'où résulte la règle :

482. RÈGLE. — *Pour multiplier deux fractions, l'une par l'autre, on divise le produit des numérateurs de ces fractions par le produit de leurs dénominateurs.*

On simplifie le résultat, s'il y a lieu, en supprimant les facteurs communs que peuvent renfermer ses deux termes.

Exemples :

$$1° \quad \frac{3}{4} \times \frac{7}{11} = \frac{3 \times 7}{4 \times 11} = \frac{24}{44};$$

$$2° \quad \frac{5}{8} \times \frac{14}{15} = \frac{5 \times 14}{8 \times 15} = \frac{7}{12};$$

en remarquant, dans ce second exemple, que les deux produits 5×14 et 8×15 sont divisibles à la fois par 5 et par 2, et que la suppression de ces facteurs conduit au résultat $\frac{7}{12}$.

483. Les raisonnements exposés dans les deux cas qui précèdent nous conduisent à cette conséquence importante, prise quelquefois, mais à tort, comme définition de la multiplication d'un nombre par une fraction :

Multiplier un nombre par une fraction, c'est prendre, de ce nombre, une partie aliquote marquée par cette fraction ; et inversement.

Ainsi multiplier 12 par $\frac{3}{7}$, c'est prendre les $\frac{3}{7}$ de 12.

De même : prendre les $\frac{5}{8}$ de $\frac{2}{9}$, c'est multiplier $\frac{2}{9}$ par $\frac{5}{8}$.

Quatrième cas.

484. Soit enfin à multiplier $4\frac{2}{9}$ par $6\frac{3}{7}$.

On peut remarquer tout d'abord, que l'opération revenant à former un nombre qui soit composé avec $4 + \frac{2}{9}$ de la même manière que $6 + \frac{3}{7}$ est composé avec l'unité, le produit doit renfermer 6 fois le multiplicande, $4 + \frac{2}{9}$, et les $\frac{3}{7}$ de ce multiplicande. Il faudra donc, pour obtenir ce produit : multiplier successivement 4 et $\frac{2}{9}$ par 6 ; puis prendre les $\frac{3}{7}$ de 4, les $\frac{3}{7}$ de $\frac{2}{9}$; et enfin ajouter ces quatre résultats. L'opération, conduite ainsi, serait longue et compliquée ; il est bien préférable d'employer la marche suivante :

485. Les deux nombres $4\frac{2}{9}$ et $6\frac{3}{7}$, réduits en expressions fractionnaires, deviennent, d'après la règle connue :

$$\frac{38}{9} \text{ et } \frac{45}{7},$$

expressions auxquelles s'appliquent le raisonnement et la règle établis pour le cas précédent ; ainsi :

$$\frac{38}{9} \times \frac{45}{7} = \frac{38 \times 45}{9 \times 7} = \frac{190}{7} = 27\frac{1}{7},$$

en remarquant que 9 est facteur commun aux deux termes du produit, et peut être par conséquent supprimé.

De là résulte la règle suivante :

486. RÈGLE. — *Pour multiplier l'un par l'autre deux nombres fractionnaires, on réduit ces nombres en expressions fractionnaires sur lesquelles on opère comme avec deux fractions ordinaires proprement dites ; puis on extrait les entiers contenus dans le résultat.*

Exemple :

$$6\frac{3}{11} \times 7\frac{4}{5} = \frac{69}{11} \times \frac{39}{5} = \frac{69 \times 39}{11 \times 5} = \frac{2691}{55} = 48\frac{51}{55}.$$

487. *Remarque I.* — Une puissance d'une fraction étant le produit de plusieurs facteurs égaux chacun à cette fraction, on peut remarquer que :

Pour élever une fraction à une puissance quelconque, il suffit d'élever chacun des termes de cette fraction à cette puissance.

Exemple. — On aura :

$$\left(\frac{3}{7}\right)^4 = \frac{3^4}{7^4} = \frac{81}{2401}.$$

488. *Remarque II.* — Lorsqu'on a à multiplier un nombre entier par une fraction ayant pour numérateur l'unité, l'opération revient à une véritable division ; ainsi :

$$8 \times \frac{1}{7} = \frac{8}{7} \text{ ou } 8 : 7.$$

489. Inversement : *Toute division de deux nombres entiers équivaut à la multiplication du premier nombre par une fraction ayant l'unité pour numérateur, et pour dénominateur le second nombre entier :*

$$36 : 45 = 36 \times \frac{1}{45}.$$

Fractions de fractions.

490. Définition. — *On nomme produit de plusieurs fractions le résultat qu'on obtient : en multipliant la première fraction par la seconde ; le résultat obtenu, par la troisième fraction ; le nouveau résultat, par la fraction suivante ; et ainsi de suite jusqu'à la dernière fraction.*

491. Soit à former le produit des fractions suivantes :

$$\frac{3}{8} \quad \frac{4}{7} \quad \frac{10}{11} \quad \frac{2}{3} \text{ et } \frac{7}{15}.$$

Ce produit s'indique comme celui de plusieurs facteurs entiers :

$$\frac{3}{8} \times \frac{4}{7} \times \frac{10}{11} \times \frac{2}{3} \times \frac{7}{15}.$$

Pour le former, on multiplie d'abord $\frac{3}{8}$ par $\frac{4}{7}$, ce qui donne

$$\frac{3 \times 4}{8 \times 7};$$

on multiplie ce premier produit par $\frac{10}{11}$, d'après la règle de la multiplication de deux fractions :

$$\frac{3 \times 4}{8 \times 7} \times \frac{10}{11} = \frac{3 \times 4 \times 10}{8 \times 7 \times 11};$$

ce second produit est ensuite multiplié par la 4ᵉ fraction $\frac{2}{3}$:

$$\frac{3 \times 4 \times 10}{8 \times 7 \times 11} \times \frac{2}{3} = \frac{3 \times 4 \times 10 \times 2}{8 \times 7 \times 11 \times 3};$$

Enfin, ce produit est à son tour multiplié par le dernier facteur $\frac{7}{15}$, ce qui donne pour résultat définitif :

$$\frac{3}{8} \times \frac{4}{7} \times \frac{10}{11} \times \frac{2}{3} \times \frac{7}{15} = \frac{3 \times 4 \times 10 \times 2 \times 7}{8 \times 7 \times 11 \times 3 \times 15};$$

d'où résulte la règle suivante :

492. Règle. — *Pour multiplier plusieurs fractions entre elles, on les multiplie termes à termes, c'est-à-dire : on multiplie les numérateurs entre eux, puis les dénominateurs, et l'on donne le second produit pour dénominateur au premier.*

Ou bien encore :

On divise le produit des numérateurs par celui des dénominateurs.

493. Reprenant le produit trouvé :

$$\overset{2}{\frac{3 \times 4 \times \cancel{10} \times 2 \times 7}{8 \times 7 \times 11 \times 3 \times \cancel{15}}};\underset{3}{}$$

nous remarquerons que les deux termes de cette fraction renferment des facteurs communs qu'il est bon de supprimer : ainsi les facteurs 3 et 7, par exemple, sont en évidence ; 8, au dénominateur, se retrouve au numérateur sous la forme 4×2 ; enfin 5, facteur de 10 au numérateur, est également contenu dans 15 au dénominateur.

Supprimant successivement ces facteurs, communs aux deux termes, ce qui revient chaque fois à diviser ces deux termes par un même nombre, on obtient pour résultat final $\frac{2}{33}$, qui représente ainsi, après réduction, le produit des fractions données.

494. *Remarque.* — On peut enfin remarquer que les réductions qui viennent d'être effectuées auraient pu l'être immédiatement sur les fractions proposées (produit indiqué) :

$$\frac{3}{8} \times \frac{4}{7} \times \frac{\overset{2}{10}}{11} \times \frac{2}{3} \times \frac{7}{\underset{3}{15}} = \frac{2}{33}.$$

C'est même ainsi que ces réductions doivent être faites dans la pratique.

495. Nous pouvons généraliser ici la conséquence énoncée au nº 483, en remarquant que, d'après la définition d'un produit de plusieurs facteurs :

Effectuer le produit

$$\frac{3}{8} \times \frac{4}{7} \times \frac{10}{11} \times \frac{2}{3} \times \frac{7}{15},$$

revient : à multiplier $\frac{3}{8}$ par $\frac{4}{7}$ ou à prendre les $\frac{4}{7}$ de $\frac{3}{8}$;

puis, à multiplier le résultat obtenu par $\frac{10}{11}$, c'est-à-dire à prendre les $\frac{10}{11}$ de ce résultat, ou les $\frac{10}{11}$ des $\frac{4}{7}$ de $\frac{3}{8}$; puis,

ensuite, à multiplier ce nouveau résultat par $\frac{2}{3}$, c'est-à-dire à prendre les $\frac{2}{3}$ de ce résultat, ou les $\frac{2}{3}$ des $\frac{10}{11}$ des $\frac{4}{7}$ de $\frac{3}{8}$;

puis enfin, à multiplier ce nouveau résultat par $\frac{7}{15}$, c'est-à-dire à en prendre les $\frac{7}{15}$, ou enfin : les $\frac{7}{15}$ des $\frac{2}{3}$ des $\frac{10}{11}$ des $\frac{4}{7}$ de $\frac{3}{8}$.

C'est ce qu'on appelle : *prendre des fractions de fractions.* Nous dirons alors comme conséquence générale :

496. *Prendre des fractions de fractions, c'est multiplier toutes ces fractions entre elles ; et inversement.*

Ainsi : prendre les $\frac{2}{3}$ des $\frac{3}{4}$ des $\frac{4}{5}$ de $\frac{5}{6}$, c'est effectuer le produit :

$$\frac{5}{6} \times \frac{4}{5} \times \frac{3}{4} \times \frac{2}{3},$$

ou encore :

$$\frac{2}{3} \times \frac{3}{4} \times \frac{4}{5} \times \frac{5}{6};$$

car nous verrons plus loin que la valeur d'un produit de plusieurs fractions ne change pas avec l'ordre des facteurs.

Remarque. — Il en serait de même s'il y avait un nombre entier à la fin ; ainsi :

Prendre les $\frac{3}{7}$ des $\frac{4}{5}$ de 105, c'est effectuer le produit

$$105 \times \frac{4}{5} \times \frac{3}{7} \text{ ou } \frac{3}{7} \times \frac{4}{5} \times 105.$$

Principes sur la multiplication des fractions.

497. PRINCIPE I. — *Le produit de deux ou plusieurs fractions ne change pas lorsqu'on change l'ordre dans lequel on effectue la multiplication.*

Soit le produit :

$$\frac{3}{7} \times \frac{2}{9} \times \frac{5}{6} \times \frac{4}{11}$$

et l'une quelconque de ses inversions

$$\frac{2}{9} \times \frac{4}{11} \times \frac{5}{6} \times \frac{3}{7}.$$

Ces deux produits deviennent :

le premier, $\dfrac{3 \times 2 \times 5 \times 4}{7 \times 9 \times 6 \times 11}$; le second, $\dfrac{2 \times 4 \times 5 \times 3}{9 \times 11 \times 6 \times 7}$;

les numérateurs, formés des numérateurs des fractions données, sont composés des mêmes nombres entiers, seulement dans un ordre différent : ces numérateurs sont donc égaux ; il en est de même des dénominateurs. Par suite, les fractions sont égales, ce qui démontre le principe énoncé.

498. *Remarque.* — Ce principe s'étend évidemment au cas où le produit renferme un ou plusieurs nombres entiers comme facteurs.

499. PRINCIPE II. — *Le produit de deux ou de plusieurs fractions proprement dites est plus petit que chacune de ces fractions.*

Considérons d'abord le produit de deux fractions :

$$\frac{3}{8} \times \frac{2}{7};$$

ce produit représente les $\frac{2}{7}$ de $\frac{3}{8}$, il est donc moindre que $\frac{3}{8}$.

De plus, et d'après le principe précédent :

$$\frac{3}{8} \times \frac{2}{7} = \frac{2}{7} \times \frac{3}{8};$$

le produit considéré représente donc également les $\frac{3}{8}$ de $\frac{2}{7}$, c'est-à-dire qu'il est plus petit que $\frac{2}{7}$.

Donc, dans le cas de deux facteurs le principe est vrai. Considérons maintenant plusieurs facteurs :

$$\frac{2}{7} \times \frac{3}{8} \times \frac{4}{5} \times \frac{2}{3}.$$

Le produit $\frac{2}{7} \times \frac{3}{8}$ est moindre que chacune des deux fractions $\frac{2}{7}$ et $\frac{3}{8}$; on aura donc ainsi une fraction proprement dite $\frac{2 \times 3}{7 \times 8}$; le produit de cette fraction par $\frac{4}{5}$ est moindre qu'elle-même, et à plus forte raison moindre que chacune des 2 premières, $\frac{2}{7}$ et $\frac{3}{8}$, et de plus moindre que $\frac{4}{5}$. On verrait de même que le **produit définitif** est moindre que la dernière fraction $\frac{2}{3}$; le principe est donc démontré.

500. *Remarque.* — Il résulte de là que le carré d'une fraction est moindre que cette fraction, et que les différentes puissances d'une fraction vont constamment en diminuant à mesure que l'exposant augmente.

501. PRINCIPE III. — *Le produit de deux ou plusieurs expressions fractionnaires est plus grand que chacune de ces expressions.*

Prenons d'abord deux expressions :

$$\frac{9}{5} \times \frac{7}{4};$$

ce produit représente les $\frac{7}{4}$ de $\frac{9}{5}$, c'est-à-dire un nombre supérieur à $\frac{9}{5}$; et comme d'ailleurs,

$$\frac{9}{5} \times \frac{7}{4} = \frac{7}{4} \times \frac{9}{5},$$

ce même produit représente aussi les $\frac{9}{5}$ de $\frac{7}{4}$, c'est-à-dire un nombre plus grand que $\frac{7}{4}$. Le résultat est donc **plus grand que chacune des deux expressions composantes.**

Soit maintenant le produit :

$$\frac{7}{4} \times \frac{9}{5} \times \frac{3}{2} \times \frac{6}{5}.$$

La première partie $\frac{7}{4} \times \frac{9}{5}$, est plus grande que chacune des deux expressions qui la composent; c'est donc une expression fractionnaire, dont le produit, par $\frac{3}{2}$, est supérieur à cette première expression, et à plus forte raison, plus grand que $\frac{7}{4}$ et que $\frac{9}{5}$, plus grand de même que $\frac{3}{2}$. Par un raisonnement analogue on verrait que le produit définitif est plus grand que chacune des expressions données; ce qui démontre le principe énoncé.

502. PRINCIPE IV. — *Le produit d'une fraction proprement dite par une expression fractionnaire est plus grand que la première et moindre que la seconde.*

Soit en effet le produit :

$$\frac{2}{7} \times \frac{9}{5} = \frac{9}{5} \times \frac{2}{7};$$

Sous la première forme, le produit, considéré comme étant les $\frac{9}{5}$ de $\frac{2}{7}$, est plus grand que $\frac{2}{7}$. Sous la seconde forme, le produit est les $\frac{2}{7}$ de $\frac{9}{5}$, et par conséquent est moindre que $\frac{9}{5}$; ce qu'il fallait démontrer.

Remarque. — Il résulte de là que, dans ce cas, le produit est compris entre les valeurs des deux facteurs qui le composent.

———

Usages de la multiplication des fractions.

503. D'après tout ce qui précède et comme résumé :

1° *Multiplier un nombre par une fraction c'est prendre cette fraction de ce nombre.*

2° *Multiplier entre elles plusieurs fractions, c'est prendre des fractions de fractions.*

504. Il résulte évidemment de là que toutes les fois que l'on se propose de prendre, d'un nombre, résultat de la mesure d'une grandeur, une partie aliquote représentée par une fraction, c'est une multiplication, par cette fraction, qui permet d'atteindre le but qu'on se propose.

Exemple. — Une caisse renferme 3475 francs; l'on en prend les $\frac{3}{5}$ pour effectuer un payement. Quelle somme en retire-t-on ainsi?

Les $\frac{3}{5}$ de 3475 valent :

$$3475 \times \frac{3}{5} = \frac{\overset{695}{\cancel{3475} \times 3}}{5} = 2085 \text{ francs.}$$

Autre exemple. — Un sac contient 8 décalitres $\frac{3}{4}$, de blé; on en prend les $\frac{5}{6}$. Combien en a-t-on ainsi?

Les $\frac{5}{6}$ de $8\frac{3}{4}$ ou de $\frac{35}{4}$ valent :

$$\frac{35}{4} \times \frac{5}{6} = \frac{175}{24} = 7\frac{7}{24}.$$

Autre exemple. — Un particulier possédant 34600 francs a perdu au jeu les $\frac{11}{8}$ de son avoir. Combien a-t-il perdu, et de combien s'est-il endetté?

Il a perdu les $\frac{11}{8}$ de 34600 francs ou :

$$34600 \times \frac{11}{8} = \frac{\overset{4325}{34600} \times 11}{8} = 47575 \text{ francs.}$$

Il s'est endetté de :

$$47575 - 34600 = 12975 \text{ francs.}$$

Autre exemple. — Un particulier hérite de 115500 francs, à la condition, par lui, de donner les $\frac{5}{12}$ de cette somme à son fils, qui lui-même devra donner les $\frac{4}{7}$ de sa part à sa sœur; à la charge par celle-ci, de donner les $\frac{3}{10}$ de ce qui lui reviendra à une congrégation, laquelle devra verser aux pauvres les $\frac{8}{11}$ de ce qu'elle touchera. Que reviendra-t-il ainsi aux pauvres?

Les pauvres auront, d'après cela, les $\frac{8}{11}$ des $\frac{3}{10}$ des $\frac{4}{7}$ des $\frac{5}{12}$ de 115500 francs, ou :

$$115500 \times \frac{5}{12} \times \frac{4}{7} \times \frac{3}{10} \times \frac{8}{11} = \frac{115500 \times 4}{7 \times 11} = 6000 \text{ francs.}$$

EXERCICES

sur la multiplication des fractions.

(1) Effectuer les produits suivants :

$$\frac{4}{9} \times 2 \qquad \frac{2}{5} \times 8 \qquad \frac{3}{7} \times 5 \qquad \frac{4}{13} \times 2$$

$$\frac{5}{12} \times 11 \qquad \frac{3}{17} \times 13 \qquad \frac{5}{12} \times 4 \qquad \frac{8}{9} \times 3$$

$$\frac{11}{36} \times 18 \qquad \frac{13}{25} \times 6 \qquad \frac{17}{18} \times 12 \qquad \frac{22}{45} \times 12.$$

(2) Effectuer les produits suivants :

$$3 \times \frac{5}{13} \qquad 8 \times \frac{4}{7} \qquad 4 \times \frac{3}{5} \qquad 7 \times \frac{2}{3}$$

$$11 \times \frac{8}{9} \qquad 4 \times \frac{7}{12} \qquad 12 \times \frac{13}{48} \qquad 21 \times \frac{3}{7}$$

$$35 \times \frac{11}{15} \qquad 18 \times \frac{5}{24} \qquad 36 \times \frac{4}{9} \qquad 27 \times \frac{17}{18}$$

(3) Effectuer les produits suivants :

$$\frac{2}{3} \times \frac{5}{7} \qquad \frac{2}{7} \times \frac{3}{5} \qquad \frac{3}{8} \times \frac{5}{11} \qquad \frac{1}{3} \times \frac{2}{9}$$

$$\frac{3}{10} \times \frac{7}{13} \qquad \frac{4}{15} \times \frac{5}{8} \qquad \frac{6}{35} \times \frac{7}{18} \qquad \frac{12}{25} \times \frac{35}{48}$$

$$\frac{15}{32} \times \frac{8}{55} \qquad \frac{14}{33} \times \frac{55}{64} \qquad \frac{11}{96} \times \frac{32}{77} \qquad \frac{12}{18} \times \frac{10}{25}$$

$$\frac{20}{38} \times \frac{21}{35} \qquad \frac{32}{48} \times \frac{15}{72} \qquad \frac{45}{81} \times \frac{30}{55} \qquad \frac{64}{120} \times \frac{12}{108}.$$

(4) 45 élèves d'un pensionnat reçoivent chacun les $\frac{3}{8}$ d'un pain.
Quel est le total de la distribution ?

(5) Dans une distribution faite à 74 pauvres, chaque pauvre reçoit les $\frac{2}{3}$ d'un pain de munition et les $\frac{5}{6}$ d'un kilogramme de viande. Quel est, en pains et en viande, le total de la distribution ?

(6) Une caisse renferme 3840 francs ; on prend les $\frac{5}{6}$ de ce qu'elle contient.
Quelle somme a-t-on ainsi et que reste-t-il en caisse ?

(7) Les $\frac{5}{12}$ d'un champ de 2 hectares 48 ares sont ensemencés en blé, le reste en choux.

Quelle est l'étendue de chaque culture en ares et fraction d'are?

(8) Un ouvrier avait à faire 42 mètres d'un certain ouvrage ; il en fait les $\frac{3}{7}$. Combien lui en reste-t-il à faire?

(9) Une fontaine ayant rempli les $\frac{4}{9}$ d'un bassin, les $\frac{3}{8}$ de l'eau ainsi introduite s'écoulent par un orifice.

Quelle portion du bassin pourrait être occupée par l'eau ainsi écoulée, et que reste-t-il encore?

(10) Un enfant reçoit les $\frac{7}{12}$ d'un gâteau ; il donne les $\frac{2}{5}$ de sa part à un premier camarade et les $\frac{2}{9}$ à un autre.

Quelle portion du gâteau lui reste-t-il?

(11) Effectuer les multiplications suivantes :

$4\frac{2}{3} \times 8\frac{3}{7}$ $13\frac{2}{9} \times 8\frac{7}{10}$ $21\frac{3}{8} \times 12\frac{5}{11}$

$14\frac{8}{9} \times 26\frac{9}{16}$ $52\frac{3}{14} \times 36\frac{1}{4}$ $23\frac{10}{24} \times 34\frac{8}{15}$

$41\frac{4}{21} \times 38\frac{5}{6}$ $24\frac{1}{2} \times 26\frac{2}{7}$ $9\frac{8}{12} \times 67\frac{10}{35}$

$74\frac{5}{18} \times 62\frac{14}{21}$ $82\frac{3}{11} \times 13\frac{21}{28}$ $54\frac{1}{8} \times 36\frac{8}{12}$

(12) On échange 1 mètre de drap contre 8 mètres $\frac{5}{6}$ de toile.

Combien de toile devra-t-on donner, aux mêmes conditions, pour 6 mètres $\frac{2}{3}$ de drap?

(13) Dans 1 décilitre d'une potion, il entre 9 centilitres $\frac{5}{8}$ de sirop. Combien faudra-t-il de sirop pour préparer 6 décilitres $\frac{7}{12}$ de cette potion?

(14) On prend les $\frac{5}{9}$ d'un morceau de beurre de 428 grammes $\frac{7}{10}$ pour mettre dans un ragoût. Combien en reste-t-il?

(15) On enlève d'un jardin 24 mètres cubes $\frac{3}{4}$ de terre. Ce travail demande 4 heures $\frac{2}{3}$ par mètre cube.

Combien y dépense-t-on de temps en tout?

(16) Quel est le nombre qui, divisé par $13\frac{4}{15}$ a donné pour quotient $9\frac{3}{10}$?

(17) Effectuer les produits suivants :

$$\frac{2}{3} \times \frac{4}{7} \times \frac{3}{8} \times \frac{5}{6} \times \frac{3}{5}$$

$$\frac{3}{8} \times \frac{2}{9} \times \frac{12}{13} \times \frac{5}{6} \times \frac{3}{4} \times \frac{2}{5}$$

$$\frac{2}{3} \times \frac{3}{4} \times \frac{4}{5} \times \frac{5}{6} \times \frac{6}{7} \times \frac{7}{8}$$

$$\frac{2}{5} \times \frac{3}{4} \times \frac{1}{2} \times \frac{4}{7} \times \frac{1}{6} \times \frac{1}{3} \times \frac{7}{8}$$

$$\frac{3}{7} \times \frac{14}{15} \times \frac{5}{8} \times \frac{4}{11} \times 242.$$

$$\frac{1}{2} \times \frac{1}{3} \times \frac{1}{4} \times \frac{1}{5} \times \frac{1}{6} \times 240.$$

$$\frac{2}{3} \times \frac{4}{5} \times \frac{6}{7} \times \frac{8}{9} \times \frac{10}{11} \times \frac{12}{13} \times \frac{14}{15}$$

$$\frac{12}{13} \times \frac{14}{15} \times \frac{16}{17} \times \frac{18}{19} \times \frac{20}{21} \times \frac{22}{23} \times 460.$$

$$\frac{2}{5} \times \frac{3}{4} \times \frac{5}{6} \times \frac{3}{9} \times \frac{18}{15} \times \frac{15}{16} \times \frac{3}{10} \times \frac{8}{9} \times \frac{3}{32} \times 40.$$

$$12 \times 4\frac{2}{3} \times 5\frac{3}{4} \times 24\frac{5}{6} \times \frac{3}{7} \times \frac{5}{8} \times 12\frac{2}{7} \times 4\frac{3}{5}.$$

(18) Quelqu'un interrogé sur l'heure qu'il pouvait être, répondit : il est les $\frac{2}{3}$ des $\frac{3}{8}$ des $\frac{4}{5}$ des $\frac{5}{6}$ de 9 heures.

Quelle heure était-il?

(19) Quel résultat obtient-on en prenant les $\frac{2}{3}$ des $\frac{3}{4}$ des $\frac{4}{5}$ de 120?

DIVISION DES FRACTIONS.

505. Les deux définitions particulières données pour la division ne peuvent évidemment s'appliquer au cas de la division des fractions :

En effet, dire que diviser 8 par $\frac{3}{7}$, c'est partager 8 en $\frac{3}{7}$ de parties égales n'a pas de sens.

De même, on ne peut dire : diviser $\frac{2}{5}$ par $\frac{7}{9}$, c'est chercher combien de fois $\frac{7}{9}$ est contenu dans $\frac{2}{5}$, cette seconde fraction étant plus grande que la première.

D'un autre côté, avec la possibilité de trouver un résultat fractionnaire, on comprend que l'on puisse chercher et trouver un nombre, entier ou fractionnaire, qui multiplié par $\frac{3}{7}$ donne pour résultat 8 ; de même on conçoit qu'il existe un nombre, également entier ou fractionnaire, qui multiplié par $\frac{7}{9}$ donne pour produit $\frac{2}{5}$.

De là résulte l'application immédiate, à la division des fractions, de la définition générale donnée pour la division, n° 267 :

506. Définition. — *La division est une opération qui a pour but, deux nombres étant donnés, l'un nommé* DIVIDENDE, *l'autre* DIVISEUR, *d'en former un troisième, appelé* QUOTIENT *qui, multiplié par le diviseur reproduise le dividende.*

Ou bien encore :

La division est une opération qui a pour but, étant donné un produit de deux facteurs et l'un de ces facteurs, de trouver l'autre facteur.

Il n'y a jamais ici de reste à considérer.

507. Il y a quatre cas dans la division des fractions :

1° *Diviser une fraction par un nombre entier;*
2° *Diviser un nombre entier par une fraction;*
3° *Diviser deux fractions l'une par l'autre;*
4° *Diviser, l'un par l'autre, deux nombres fractionnaires.*

Premier cas.

508. Soit proposé de diviser $\frac{3}{7}$ par 4.

C'est, d'après la définition, trouver un nombre dont le produit par 4 soit égal à $\frac{3}{7}$; or, multiplier un nombre par 4 c'est le rendre 4 fois plus grand : $\frac{3}{7}$ est donc 4 fois plus grand que le quotient cherché, et, par contre, ce quotient doit être 4 fois moindre que $\frac{3}{7}$; on sait d'ailleurs qu'on rend une fraction 4 fois plus petite en multipliant son dénominateur par 4 ; on aura donc d'après cela :

$$\frac{3}{7} : 4 = \frac{3}{7 \times 4} = \frac{3}{28}.$$

On peut donc, laissant le numérateur intact, multiplier le dénominateur par le nombre entier diviseur.

509. Soit encore à diviser $\frac{8}{9}$ par 4.

Le même raisonnement ferait voir que le quotient cherché doit être 4 fois moindre que $\frac{8}{9}$; or, on peut rendre une fraction 4 fois plus petite en divisant, si faire se peut, son numérateur par 4 ; on aura donc :

$$\frac{8}{9} : 4 = \frac{8 : 4}{9} = \frac{2}{9}.$$

On a ainsi divisé le numérateur par l'entier sans toucher au dénominateur.

De ces deux exemples résulte la règle suivante :

510. RÈGLE. — *Pour diviser une fraction par un nombre entier, on conserve intact le numérateur de cette fraction, et l'on multiplie son dénominateur par le nombre entier ; ou, si cela est possible, on divise le numérateur de la fraction par l'entier et l'on conserve intact le dénominateur.*

Exemples :

$$1° \quad \frac{4}{9} : 7 = \frac{4}{9 \times 7} = \frac{4}{63}.$$

$$2° \quad \frac{12}{17} : 6 = \frac{12 : 6}{17} = \frac{2}{17}.$$

$$3° \quad \frac{12}{13} : 28 = \frac{12}{13 \times 28} = \frac{3}{13 \times 7} = \frac{3}{91}.$$

Le troisième exemple offre un modèle de simplification lorsqu'il existe des facteurs communs au numérateur et au nombre entier diviseur.

511. *Remarque.* — La règle précédente s'applique au cas de la division d'un nombre fractionnaire par un nombre entier, si l'on a soin de convertir ce nombre fractionnaire dividende en expression fractionnaire ; on extrait, bien entendu, les entiers du résultat, s'il y a lieu.

En effet, soit à diviser $4\frac{6}{7}$ par 3 ; on aura :

$$4\frac{6}{7} : 3 = \frac{34}{7} : 3 = \frac{34}{7 \times 3} = \frac{34}{21} = 1\frac{13}{21}.$$

Deuxième cas.

512. Soit à diviser 7 par $\frac{3}{5}$.

D'après la définition, cela revient à chercher un nombre ou quotient qui, multiplié par $\frac{3}{5}$, donne 7 pour produit ; 7 est donc les $\frac{3}{5}$ de ce quotient, c'est-à-dire qu'il en renferme 3 fois la 5me partie :

Une seule fois cette 5me partie sera donc trois fois moindre, ou $\frac{7}{3}$; le quotient se composant de 5 fois sa cinquième partie sera alors $\frac{7}{3} \times 5$ ou $\frac{7 \times 5}{3}$, d'après le premier cas de la multiplication.

On a donc ainsi :

$$7 : \frac{3}{5} = \frac{7 \times 5}{3} = \frac{35}{3} = 11\,\frac{2}{3},$$

d'où résulte la règle suivante :

513. Règle. — *Pour diviser un nombre entier par une fraction, on multiplie ce nombre entier, dividende, par le dénominateur de la fraction diviseur, et l'on donne pour dénominateur au résultat le numérateur de la fraction.*

514. *Remarque.* — Si l'on remarque que le résultat, $\frac{7 \times 5}{3}$, est la valeur même du produit

$$7 \times \frac{5}{3},$$

dans lequel le multiplicateur $\frac{5}{3}$ est le renversement de la fraction diviseur $\frac{3}{5}$, on formulera cette conséquence, qui peut servir de règle à l'opération :

515. Conséquence. — *Diviser un nombre entier par une fraction revient à multiplier ce nombre entier par la fraction renversée.*

Il est bien entendu que les facteurs communs, s'il y en a, doivent être supprimés dans le calcul.

Exemples :

1° $4 : \dfrac{3}{11} = \dfrac{4 \times 11}{3} = \dfrac{44}{3} = 14\,\dfrac{2}{3}.$

2° $6 : \dfrac{3}{7} = \dfrac{6 \times 7}{3} = 2 \times 7 = 14.$

3° $12 : \dfrac{8}{9} = \dfrac{12 \times 9}{8} = \dfrac{3 \times 9}{2} = \dfrac{27}{2} = 13\,\dfrac{1}{2}.$

Troisième cas.

516. Soit proposé de diviser $\dfrac{3}{8}$ par $\dfrac{5}{7}$.

D'après la définition, cela revient à chercher un nombre dont le produit par $\frac{5}{7}$ donne $\frac{3}{8}$ pour résultat :

Le produit, $\frac{3}{8}$, est donc les $\frac{5}{7}$ du quotient cherché, c'est-à-dire qu'il se compose de 5 fois la 7ᵐᵉ partie de ce quotient : une seule fois cette 7ᵐᵉ partie sera donc 5 fois moindre que le produit $\frac{3}{8}$ ou :

$$\frac{3}{8 \times 5},$$

d'après le premier cas.

Le quotient contenant 7 fois sa 7ᵐᵉ partie, sera alors égal à 7 fois ce résultat, c'est-à-dire à

$$\frac{3}{8 \times 5} \times 7 = \frac{3 \times 7}{8 \times 5},$$

résultat qu'on obtient en multipliant le numérateur du dividende par le dénominateur du diviseur, puis le dénominateur du dividende par le numérateur du diviseur, et divisant le premier produit par le second. Les produits des termes se forment ainsi en croix.

Enfin, si l'on remarque que le produit obtenu

$$\frac{3 \times 7}{8 \times 5},$$

représente la valeur de cet autre

$$\frac{3}{8} \times \frac{7}{5},$$

dans lequel le multiplicateur est le renversement de la fraction diviseur $\frac{5}{7}$, comme cela a lieu pour la division d'un entier par une fraction, on formulera les règles suivantes :

517. Règle.—*Pour diviser deux fractions, l'une par l'autre, on multiplie en croix les deux termes du dividende par ceux du*

*diviseur, et l'on divise les deux produits l'un par l'autre, en
extrayant, s'il y a lieu, les entiers du résultat.*

518. RÈGLE GÉNÉRALE. — *Diviser un nombre quelconque par
une fraction revient à multiplier ce nombre par la fraction diviseur renversée.*

Exemples :

1° $\dfrac{2}{3} : \dfrac{5}{13} = \dfrac{2 \times 13}{3 \times 5} = \dfrac{26}{15} = 1\dfrac{11}{15},$

2° $\dfrac{3}{8} : \dfrac{6}{7} = \dfrac{3 \times 7}{8 \times 6} = \dfrac{7}{8 \times 2} = \dfrac{7}{16},$

3° $\dfrac{4}{9} : \dfrac{8}{15} = \dfrac{4 \times 15}{9 \times 8} = \dfrac{5}{3 \times 2} = \dfrac{5}{6}.$

519. *Remarque.* — Il peut arriver que chaque terme
du dividende soit divisible par le terme correspondant du
diviseur; dans ce cas la règle se simplifie :

Soit en effet proposé de diviser $\dfrac{8}{9}$ par $\dfrac{2}{3}$.

D'après ce qui est dit plus haut, les $\dfrac{2}{3}$ du quotient valent

$\dfrac{8}{9}$: un seul tiers est donc deux fois moindre, ou

$$\dfrac{8 : 2}{9}.$$

Le quotient tout entier, composé de 3 tiers, sera donc
3 fois plus grand, ou égal à

$$\dfrac{8 : 2}{9} \times 3 = \dfrac{8 : 2}{9 : 3} = \dfrac{4}{3},$$

d'où résulte cette conséquence :

520. RÈGLE PARTICULIÈRE. — *Pour diviser deux fractions,
l'une par l'autre, on divise, si cela est possible, les termes du dividende par les termes correspondants du diviseur.*

Exemple :

$$\dfrac{15}{28} : \dfrac{3}{7} = \dfrac{15 : 3}{28 : 7} = \dfrac{5}{4} = 1\dfrac{1}{4}.$$

Quatrième cas.

521. Soit enfin à diviser $8\frac{2}{3}$ par $3\frac{4}{7}$.

Ces deux nombres fractionnaires, réduits en expressions fractionnaires, deviennent

$$\frac{26}{3} \text{ et } \frac{25}{7},$$

expressions auxquelles s'appliquent le raisonnement et la règle établis pour le cas précédent :

$$\frac{26}{3} : \frac{25}{7} = \frac{26 \times 7}{3 \times 25} = \frac{182}{75} = 2\frac{32}{75},$$

de là résulte :

522. RÈGLE. — *Pour diviser, l'un par l'autre, deux nombres fractionnaires, on réduit ces nombres en expressions fractionnaires sur lesquelles on opère comme avec deux fractions ordinaires proprement dites.*

Exemples :

$$1° \qquad 6\frac{3}{5} : 4\frac{2}{3} = \frac{33}{5} : \frac{14}{3} = \frac{33 \times 3}{5 \times 14} = \frac{99}{70} = 1\frac{29}{70};$$

$$2° \qquad 5\frac{3}{4} : 8\frac{2}{9} = \frac{23}{4} : \frac{74}{9} = \frac{23 \times 9}{4 \times 74} = \frac{207}{296}.$$

Cas particuliers.

523. Deux fractions à diviser l'une par l'autre peuvent avoir le même dénominateur ou le même numérateur :

1° Soit à diviser $\frac{4}{13}$ par $\frac{9}{13}$; on aura, d'après la règle :

$$\frac{4}{13} : \frac{9}{13} = \frac{4 \times 13}{13 \times 9} = \frac{4}{9},$$

c'est-à-dire le quotient des numérateurs.

2° Soit à diviser $\frac{3}{8}$ par $\frac{3}{11}$; on aura pour résultat :

$$\frac{3}{8} : \frac{3}{11} = \frac{3 \times 11}{8 \times 3} = \frac{11}{8},$$

14.

c'est-à-dire le quotient du second dénominateur par le premier.

On conclut de là que :

524. 1ʳᵉ RÈGLE PARTICULIÈRE. — *Pour diviser, l'une par l'autre, deux fractions ou expressions fractionnaires ayant le même dénominateur, il suffit de diviser le numérateur de la fraction dividende par celui de la fraction diviseur, sans tenir compte du dénominateur commun.*

Exemple :

$$\frac{9}{11} : \frac{6}{11} = \frac{9}{6} = \frac{3}{2} = 1\,\frac{1}{2}.$$

525. 2ᵐᵉ RÈGLE PARTICULIÈRE. — *Pour diviser, l'une par l'autre, deux fractions ou expressions fractionnaires ayant le même numérateur, il suffit de diviser le dénominateur de la fraction diviseur par celui de la fraction dividende, sans tenir compte du numérateur commun.*

Exemple :

$$\frac{8}{15} : \frac{8}{21} = \frac{21}{15} = \frac{7}{5} = 1\,\frac{2}{5}.$$

526. *Remarque.* — Lorsqu'on a à diviser un nombre quelconque, entier ou fractionnaire, par une fraction ayant pour numérateur l'unité, l'opération revient à une multiplication par un nombre entier, le dénominateur de la fraction diviseur.

Exemples :

$$6 : \frac{1}{5} = \frac{6 \times 5}{1} = 6 \times 5 = 30.$$

$$\frac{3}{4} : \frac{1}{7} = \frac{3}{4} \times \frac{7}{1} = \frac{3}{4} \times 7 = \frac{21}{4} = 5\,\frac{1}{4}.$$

527. PRINCIPE. — *Dans une division, le quotient est plus grand ou plus petit que le dividende, suivant que le diviseur est plus petit ou plus grand que l'unité.*

1° Si le diviseur, moindre que l'unité, est $\frac{3}{7}$, par exemple : le dividende doit être les $\dfrac{3}{7}$ du quotient, c'est-à-dire

moindre que ce quotient.

2° Si le diviseur, plus grand que 1, est $\dfrac{8}{5}$, par exem-

ple : le dividende doit être les $\dfrac{8}{5}$ du quotient, c'est-à-dire

plus grand que ce quotient.

Ce qui démontre le principe énoncé.

Remarque. — Si le diviseur est égal à 1, le quotient est évidemment égal au dividende.

Usages de la division des fractions.

528. Dans toute division effectuée exactement, soit au moyen d'un nombre entier, soit au moyen d'une fraction, le dividende étant le produit exact du quotient par le diviseur :

1° Si le diviseur est un nombre entier, l'opération revient toujours à rendre le dividende un nombre de fois plus petit : c'est, dans tous les cas, un partage en un certain nombre de parties égales qu'on se propose d'effectuer.

2° Si le diviseur est une fraction, le dividende est alors cette fraction connue du quotient inconnu et cherché. Il en est de même pour un diviseur, nombre fractionnaire, lequel peut être converti en une expression fractionnaire donnant lieu à la même remarque que la fraction proprement dite.

Il résulte de là, que la division des fractions devra être employée dans les cas suivants :

529. 1° *Partager ou diviser une fraction, ou un nombre fractionnaire, en un certain nombre entier de parties égales.*

2° *Connaissant une portion, une fraction déterminée ou une expression fractionnaire d'un nombre ou de la mesure d'une grandeur; déterminer ce nombre ou la mesure de cette grandeur.*

Exemples :

1° Un enfant qui a reçu les $\frac{3}{8}$ d'un gâteau partage également son morceau entre 4 de ses camarades et lui. Quelle portion du gâteau revient-il à chacun ?

Chaque part sera le 5me du morceau à partager ou des $\frac{3}{8}$ du gâteau :

$$\frac{3}{8} : 5 = \frac{3}{40}, \text{ part de chaque enfant.}$$

2° On voudrait répartir également $51^m \frac{3}{4}$ de toile entre 9 pauvres. Quelle sera la part de chacun ?

$$51^m \frac{3}{4} \text{ valent } \frac{207}{4} \text{ de mètre.}$$

La part de chaque pauvre sera donc :

$$\frac{207}{4} : 9 = \frac{207 : 9}{4} = \frac{23}{4} = 5^m \frac{3}{4}.$$

3° Un neveu touche, à la mort de son oncle, 230300 francs, représentant les $\frac{5}{8}$ de la fortune laissée par le défunt. Quelle était cette fortune ?

Les $\frac{5}{8}$ de la fortune valent 230300 francs.

La fortune est le quotient de 230300 par $\frac{5}{8}$;

$$230300 : \frac{5}{8} = \frac{230300 \times 8}{5} = 368480 \text{ francs.}$$

4° On achète pour 8 fr. les $\frac{4}{9}$ d'un mètre de drap. Combien coûte le mètre de ce drap ?

Les $\frac{4}{9}$ du prix cherché valent 8 francs ;

Le prix du mètre est :

$$8 : \frac{4}{9} = \frac{8 \times 9}{4} = 18 \text{ francs.}$$

5° On coupe les $\frac{3}{8}$ d'un morceau de viande, et l'on obtient ainsi une portion de $\frac{5}{6}$ de kilogramme. Quel était le poids du morceau total?

Les $\frac{3}{8}$ du morceau, pesant $\frac{5}{6}$ de kilogramme,

Le morceau pesait :

$$\frac{5}{6} : \frac{3}{8} = \frac{5 \times 8}{6 \times 3} = \frac{20}{9} = 2^{Kg.}\, \frac{2}{9}.$$

6° 4 vases de même capacité contiennent un même liquide : 3 en sont remplis, le 4me ne l'est qu'au $\frac{2}{5}$. Le poids total, vases compris, est de 25$^{Kg.}$ $\frac{13}{15}$; chaque vase vide pèse 2$^{Kg.}$,5. Combien chaque vase plein contient-il de kilog. de liquide?

Chaque vase vide pèse 2$^{Kg.}$5 ;

Les 4 vases pèsent ensemble 2$^{Kg.}$,5 $\times$ 4 $=$ 10 kilogrammes.

Le poids total étant 25$^{Kg.}$ $\frac{13}{15}$, le liquide seul pèse 10$^{Kg.}$ de moins ou

$$15^{Kg.}\, \frac{13}{15}, \text{ valant } \frac{238}{15} \text{ de kilog.}$$

Or, l'expression indiquant les capacités remplies, $3\frac{2}{5}$, se transforme

$$\text{en } \frac{17}{5};$$

on dira donc maintenant :

Les $\frac{17}{5}$ du contenu d'un vase, pesant $\frac{238}{15}$ de kilog.,

le contenu d'un vase pèse :

$$\frac{238}{15} : \frac{17}{5} = \frac{\overset{14}{238} \times \cancel{5}}{\underset{3}{\cancel{15}} \times \cancel{17}} = \frac{14}{3} = 4\frac{2}{3}.$$

C'est-à-dire que chaque vase plein contient 4$^{Kg.}$ $\frac{2}{3}$ de liquide.

7° On prend les $\frac{2}{5}$ du contenu d'une caisse, dans laquelle il reste alors 3210 francs. Combien y avait-il avant dans cette caisse?

Les $\frac{2}{5}$ une fois enlevés, il reste les $\frac{3}{5}$ du contenu primitif.

Les $\frac{3}{5}$ valant 3210 francs,

la caisse contenait :

$$3210 : \frac{3}{5} = \frac{3210 \times 5}{3} = 5350 \text{ fr.}$$

8° Une route qui renferme 120 kilomètres de moins qu'une autre, en est les $\frac{4}{7}$. Quelle est l'étendue de chaque route?

La première route n'étant que les $\frac{4}{7}$ de la seconde renferme $\frac{3}{7}$ de moins que cette seconde ; donc :

Les $\frac{3}{7}$ de la seconde route valent 120 kilomètres.

La seconde route vaut :

$$120 : \frac{3}{7} = \frac{120 \times 7}{3} = 280 \text{ kilomètres.}$$

La 1re vaut donc : 280 — 120 = 160 kilomètres.

9° Quel est le nombre dont le tiers et le quart valent ensemble 28?

$$\frac{1}{3} + \frac{1}{4} = \frac{7}{12}.$$

Les $\frac{7}{12}$ du nombre valant 28,

le nombre vaut $28 : \frac{7}{12} = \frac{28 \times 12}{7} = 48.$

10°. On a payé deux chevaux ensemble 4480 francs. Le prix de l'un vaut 3 fois et $\frac{2}{3}$ celui de l'autre. Quel est le prix de chacun?

$$3 + \frac{2}{3} = \frac{11}{3}.$$

Le prix du premier étant les $\frac{11}{3}$ du prix de l'autre, la somme des deux prix renferme

$$1 + \frac{11}{3}$$

du prix du second, c'est-à-dire $\frac{14}{3}$ de ce prix.

Si les $\frac{14}{3}$ du prix second valent 4480 francs,

le prix du second est :

$$4480 : \frac{14}{3} = \frac{4480 \times 3}{14} = 960 \text{ fr.}$$

Le prix du premier est donc :

$$4480 — 960 = 3520 \text{ francs.}$$

EXERCICES.

SUR LA DIVISION DES FRACTIONS ET PROBLÈMES DE RÉCAPITULATION.

(1) Effectuer les divisions suivantes :

$$\frac{3}{7} : 4 \qquad \frac{2}{5} : 7 \qquad \frac{3}{8} : 5 \qquad \frac{1}{9} : 3 \qquad \frac{1}{4} : 6 \qquad \frac{8}{9} : 2.$$

$$\frac{9}{10} : 3 \qquad \frac{4}{5} : 2 \qquad \frac{5}{6} : 5 \qquad \frac{12}{14} : 4 \qquad \frac{10}{11} : 15 \qquad \frac{8}{13} : 16.$$

(2) Effectuer les divisions suivantes :

$$13 : \frac{2}{3} \qquad 16 : \frac{3}{7} \qquad 9 : \frac{2}{5} \qquad 3 : \frac{1}{2} \qquad 14 : \frac{5}{9} \qquad 18 : \frac{3}{5}$$

$$24 : \frac{8}{9} \qquad 36 : \frac{4}{7} \qquad 12 : \frac{24}{25} \qquad 28 : \frac{14}{17} \qquad 8 : \frac{16}{17} \qquad 4 : \frac{12}{13}$$

$$48 : \frac{60}{73} \qquad 24 : \frac{40}{57} \qquad 10 : \frac{15}{17}.$$

(3) Effectuer les divisions suivantes :

$$\frac{3}{4} : \frac{5}{7} \qquad \frac{2}{9} : \frac{7}{11} \qquad \frac{3}{8} : \frac{9}{10} \qquad \frac{2}{3} : \frac{4}{9} \qquad \frac{3}{5} : \frac{2}{3}.$$

$$\frac{12}{35} : \frac{4}{7} \qquad \frac{8}{9} : \frac{2}{3} \qquad \frac{10}{21} : \frac{8}{35} \qquad \frac{3}{28} : \frac{12}{77} \qquad \frac{3}{4} : \frac{9}{16}$$

$$\frac{5}{6} : \frac{5}{9} \qquad \frac{4}{9} : \frac{3}{9} \qquad \frac{12}{13} : \frac{4}{13} \qquad \frac{4}{15} : \frac{4}{5} \qquad \frac{18}{25} : \frac{27}{55}$$

$$\frac{12}{18} : \frac{4}{16} \qquad \frac{15}{45} : \frac{12}{48} \qquad \frac{21}{35} : \frac{32}{40} \qquad \frac{64}{108} : \frac{32}{96} \qquad \frac{72}{84} : \frac{36}{54}.$$

(4) Effectuer les divisions suivantes :

$$3\frac{2}{7} : 4\frac{3}{8} \qquad 13\frac{2}{9} : 3\frac{1}{4} \qquad 8\frac{3}{7} : 3\frac{1}{5}$$

$$12\frac{4}{9} : 8\frac{3}{4} \qquad 21\frac{3}{5} : 13\frac{4}{5} \qquad 24\frac{3}{8} : 26\frac{3}{4}$$

$$8\frac{5}{12} : 13\frac{5}{9} \qquad 6\frac{7}{14} : 11\frac{1}{2} \qquad 4\frac{3}{11} : 19\frac{5}{22}$$

$$5\frac{7}{18} : 10\frac{5}{9} \qquad 3\frac{1}{4} : 10\frac{1}{5} \qquad 9\frac{7}{20} : 2\frac{15}{25}$$

$$23\frac{13}{14} : 56\frac{11}{36} \qquad 42\frac{13}{48} : 7\frac{7}{12} \qquad 11\frac{2}{9} : 14\frac{5}{12}.$$

(5) Quel est le nombre dont les $\frac{3}{8}$ valent 24 ?

(6) Quel est le nombre dont la moitié et le tiers font ensemble 150 ?

(7) En prenant $\frac{1}{3}$, $\frac{1}{4}$ et $\frac{1}{5}$ de ce qu'il y a dans un sac on a en tout 282 francs.

Combien y avait-il dans ce sac ?

(8) La différence entre le tiers et le quart d'un nombre est 32. Quel est ce nombre ?

(9) Quel est le nombre dont le tiers et le quart font ensemble $17\frac{1}{2}$?

(10) Les $\frac{3}{4}$, les $\frac{2}{3}$ et les $\frac{5}{12}$ d'un nombre font ensemble 4840.

Quel est ce nombre ?

(11) On a eu les $\frac{5}{9}$ d'un mètre de drap pour 10 francs. Que coûtait le mètre ?

(12) 3 fontaines coulent ensemble dans un même bassin : la première peut emplir ce bassin seule en 20 heures ; la seconde, en 24 heures ; la troisième en 30 heures.

En combien d'heures le bassin sera-t-il rempli par les 3 fontaines ensemble ?

(13) Quel est le nombre dont les $\frac{3}{4}$ et les $\frac{7}{8}$ diffèrent de $3\frac{1}{2}$?

(14) Une construction plonge en partie dans l'eau ; les $\frac{3}{4}$ et $\frac{1}{6}$ sont immergés, 4 mètres sont au-dessus de l'eau.

Quelle est la hauteur totale de cette construction et quelle est la partie immergée ?

(15) Un peuplier surpasse un chêne de 24 mètres ; la hauteur du chêne est les $\frac{3}{7}$ de celle du peuplier.

Quelle est la hauteur de chaque arbre ?

(16) Un particulier ayant acheté $\frac{5}{8}$ de mètre de drap à 24 fr. le mètre, cède les $\frac{3}{5}$ de son achat à un ami.

Combien lui en reste-t-il et combien recevra-t-il de son ami ?

(17) Un négociant a employé à l'achat d'une terre les $\frac{4}{5}$ du bénéfice de quinze années de travail; il solde comptant 60 000 francs et doit encore les $\frac{7}{12}$ de son achat.

Quel est son bénéfice annuel et que doit-il encore?

(18) Une citadelle attaquée n'a plus que pour 18 jours de vivres.

A combien devra-t-on y réduire la ration journalière pour que la résistance puisse durer encore 30 jours?

(19) On a employé en confections les $\frac{5}{9}$ d'une pièce de soie; il en reste encore $\frac{1}{6}$, et 10 mètres en plus.

Quelle était la longueur de cette pièce?

(20) Une marchande a gagné 18 francs en vendant 4 francs la douzaine des oranges qui lui avaient coûté 2 francs les 9.

Combien en a-t-elle acheté et vendu?

(21) Un caissier solde trois effets : pour le premier, il donne le quart de ce qu'il a en caisse; pour le second, le tiers; pour le troisième, le cinquième. Il lui reste 2 860 francs.

Combien avait-il en caisse avant le payement des trois effets?

(22) Une perche est divisée en 4 parties peintes différemment : $\frac{1}{3}$ est rouge ; $\frac{1}{6}$, bleu; les $\frac{2}{9}$ sont noirs et 5 mètres sont blancs.

Quelle est la longueur de cette perche?

(23) Un propriétaire qui a acheté les $\frac{4}{5}$ d'un terrain à 355 francs l'are, a cédé le tiers de son achat à un ami qui lui a remboursé pour sa part 4 260 francs.

Combien ont-ils d'ares chacun?

(24) De trois fractions, la première est double de la seconde ; la troisième est $\frac{3}{4}$; la somme de ces fractions est $\frac{7}{9}$.

Quelles sont les deux premières?

(25) On a payé deux chevaux ensemble 3 240 francs; le prix du plus beau égale 5 fois celui de l'autre, plus les $\frac{3}{4}$ de ce second prix.

Combien chaque cheval a-t-il coûté?

(26) Une fontaine peut emplir un bassin en 7 heures 1/2 ; une seconde fontaine peut emplir le même bassin en 8 heures 1/3; une troisième en 12 heures 1/2.

En combien d'heures le bassin sera-t-il rempli par les trois fontaines coulant ensemble ?

(27) Deux courriers se dirigent l'un vers l'autre; la distance qui les sépare est de 248 kilomètres; l'un fait 5 kilomètres en 2 heures, et l'autre en fait 8 en 3 heures.

Après combien d'heures et à quelle distance des deux points de départ aura lieu la rencontre ?

(28) Deux courriers suivant la même route marchent dans le même sens et partent en même temps de deux points éloignés de 60 kilomètres. Celui qui est en avant fait 7 kilomètres en 4 heures; l'autre en fait 9 en 5 heures.

Après combien d'heures et à quelle distance des deux points de départ aura lieu la rencontre ?

(29) Deux courriers marchant dans le même sens partent en même temps d'une même ville ; l'un fait 8 kilomètres en 5 heures; l'autre en fait 11 en 4 heures.

Après combien d'heures et à quelles distances de leur point de départ seront-ils éloignés de 253 kilomètres ?

(30) Un négociant a soldé une propriété de 120 000 francs avec le bénéfice de 7 ans 1/2 de commerce.

Quel est le bénéfice annuel ?

(31) Deux amis dépensent ensemble 152 francs ; la dépense de l'un égale deux fois la dépense de l'autre, plus les $\frac{4}{5}$ de cette dépense.

Combien chacun a-t-il dépensé ?

(32) On doit encore 37 400 francs sur une propriété dont on a soldé comptant la moitié des $\frac{3}{4}$ des $\frac{5}{6}$.

Quel est le prix de cette propriété ?

(33) Quelqu'un disait : si j'avais le quart et les $\frac{2}{3}$ du double de ce que j'ai, j'aurais 15 francs de plus.

Quelle somme avait-il ?

(34) Un berger interrogé sur le nombre de ses moutons, répondit : si j'en avais la moitié et les $\frac{4}{5}$ de ce que j'en ai, j'en aurais 30 de plus.

Combien avait-il de moutons?

(35) Un particulier ayant hérité d'une certaine somme, solde avec le sixième divers fournisseurs, place 12 000 francs et conserve chez lui le tiers de son héritage.

Quel était le montant de cet héritage?

(36) En ajoutant les $\frac{3}{4}$, les $\frac{5}{6}$, le tiers et les $\frac{7}{8}$ du quadruple d'un nombre, à 32, on trouve 300 pour total.

Quel est ce nombre?

(37) Un négociant partage ainsi le bénéfice d'une année : il place la moitié, plus 3 600 francs; dépense le huitième, plus 600 francs en divers achats, et donne aux pauvres le reste, qui est le cinquième de tout le bénéfice.

Quel est ce bénéfice, quelle somme a été placée, quelle somme a été dépensée et combien y a-t-il eu pour les pauvres?

(38) Un négociant perd, dans une spéculation, la moitié et le tiers de son avoir; il lui reste alors $\frac{1}{10}$ de ce qu'il a perdu et 60 000 francs.

Quel était son avoir avant cette dernière spéculation?

(39) Une femme ayant une certaine quantité d'œufs en vend $\frac{1}{3}$ plus les $\frac{2}{3}$ d'un œuf; elle en donne $\frac{1}{6}$, plus 3 œufs $\frac{1}{3}$; elle en mange $\frac{1}{4}$, et il lui en reste $\frac{1}{7}$, plus 6 œufs $\frac{5}{7}$; on sait de plus qu'aucun œuf n'a été cassé.

Combien cette femme avait-elle d'œufs?

Combien en a-t-elle vendu?

Combien en a-t-elle donné?

Combien en a-t-elle mangé?

Combien lui en reste-t-il?

(40) Diophante d'Alexandrie passa $\frac{1}{6}$ de son existence dans l'enfance, $\frac{1}{12}$ dans la jeunesse; il se maria et passa $\frac{1}{7}$ de sa vie, plus 5 ans, avec sa femme, avant d'en avoir un fils, auquel il survécut de 4 ans, et qui, en mourant, avait la moitié de l'âge auquel son père parvint.

Combien d'années Diophante a-t-il vécu?

(41) Un particulier verse dans une affaire 69 635 francs comme

complément de ce qu'il devait fournir ; il avait déjà donné les $\frac{2}{3}$ des $\frac{3}{4}$ des $\frac{8}{9}$ de ce qu'il devait.

Quelle somme s'était-il engagé à mettre dans cette affaire ?

(42) Partager 108 francs en deux parties telles que le quotient de la plus forte par la plus faible soit $4\frac{1}{3}$.

(43) Partager 15 en deux parties telles que le quotient de la plus grande par la plus faible soit égal à 15.

(44) Quel nombre faut-il ajouter simultanément aux deux termes de la fraction $\frac{2}{7}$ pour que cette fraction devienne égale à $\frac{1}{2}$?

(45) Quel nombre faut-il ajouter simultanément aux deux termes de la fraction $\frac{3}{13}$ pour que cette fraction devienne égale à $\frac{1}{3}$?

(46) De combien faut-il augmenter ou diminuer les deux termes de la fraction $\frac{5}{8}$ pour que la valeur de cette fraction devienne égale à $\frac{1}{4}$?

(47) En établissant le bilan d'une faillite, il a été trouvé que la somme de l'actif et du passif est 750 000 francs ; l'actif surpasse le passif de $\frac{1}{7}$ de ce passif.

Quel est l'actif ? Quel est le passif ?

(48) Quel est le nombre tel que les $\frac{2}{3}$ de ses $\frac{4}{5}$ étant diminués de la moitié de ses $\frac{3}{4}$, le reste soit égal à l'unité ?

(49) Un objet qui coûtait 8 790 francs a été revendu les $\frac{2}{3}$ de cinq fois ce qu'il avait coûté.

Combien a-t-on gagné sur le marché ?

(50) Un joueur perd les $\frac{2}{3}$ de ce qu'il avait sur lui ; il rentre, prend 345 francs qu'il ajoute à ce qui lui restait du jeu et se trouve alors avoir sur lui 45^f,20 de plus qu'il n'avait avant le jeu.

Combien avait-il avant de jouer ?

(51) Par quoi faut-il multiplier un nombre pour le diminuer de ses $\frac{3}{5}$?

(52) Par quoi faut-il diviser un nombre pour l'augmenter des $\frac{5}{8}$ de sa valeur ?

(53) 3 personnes ont eu à se partager une certaine somme : la première en a eu $\frac{1}{4}$; la seconde, $\frac{1}{12}$ et la troisième le reste. — Les $\frac{13}{24}$ de la somme partagée valent 1560 francs.

Combien chaque personne a-t-elle reçu ?

(54) 145 hommes partent pour une expédition; plusieurs sont tués. S'il en fût mort le double, plus $\frac{1}{3}$ de ceux qui sont revenus, tous eussent été tués.

Combien y a-t-il eu de morts ?

(55) Une montre mise à l'heure à 5 heures 1/2 du matin, avance régulièrement de 2 minutes $\frac{1}{4}$ par 24 heures.

Quelle heure marquera-t-elle le surlendemain à 7 heures précises du soir?

(56) Une horloge mise à l'heure le 1er du mois à 6 h. $\frac{3}{4}$ du matin, retarde régulièrement de $\frac{2}{3}$ de minute en 24 heures.

Quelle heure indiquera-t-elle à 8 h. $\frac{1}{2}$ du soir, le 12 du même mois ?

(57) Deux pendules sont mises à l'heure le même jour, un lundi à 3 heures et $\frac{1}{4}$ de l'après-midi : l'une avance régulièrement de 1 minute $\frac{5}{6}$ par 24 heures; l'autre, dans le même temps, retarde régulièrement de 2 minutes et $\frac{1}{3}$.

Quelle différence y aura-t-il entre les indications de ces deux pendules le jeudi de la semaine suivante, à midi juste?

(58) Un négociant a vendu une certaine quantité de pièces de

drap pour un total de 4 840 francs. Il en a vendu $\frac{1}{4}$ à 20 francs le mètre; $\frac{1}{3}$ à 18 francs et le reste à 22 francs.

Combien a-t-il vendu de mètres en tout?

(59) Une dame dépense dans un premier magasin les $\frac{3}{4}$ de l'argent qu'elle a dans sa bourse; dans un second, elle dépense le tiers de ce qui lui reste; dans un troisième, le quart de ce qui lui reste encore, et enfin elle achète, dans une quatrième maison, pour 15 francs de marchandise, dont elle ne peut solder que les $\frac{2}{5}$ comptant avec ce qui lui reste.

Combien avait-elle en sortant de chez elle?

(60) Trois frères ont acheté ensemble un terrain sur lequel ils font bâtir une usine. Les constructions payées, tous frais couverts, l'opération leur revient à 590 000 francs. Chacun d'eux est intéressé dans la dépense totale : l'aîné pour les $\frac{4}{5}$, le cadet pour la moitié et le plus jeune pour les $\frac{2}{3}$ du prix du terrain.

On demande le prix du terrain et à quel chiffre se sont élevées les dépenses occasionnées par les constructions?

CHAPITRE III.

CONVERSION DES FRACTIONS ORDINAIRES EN FRACTIONS DÉCIMALES.

---

530. Toute fraction ordinaire représentant le quotient de son numérateur par son dénominateur, peut être, par la division, convertie en fraction décimale, soit exactement, soit avec une approximation déterminée par une unité décimale donnée :

Il suffit pour cela d'effectuer, au moyen des décimales, la division du numérateur de cette fraction par son dénominateur.

531. PRINCIPE I. — *La condition nécessaire et suffisante pour qu'une fraction ordinaire irréductible puisse être convertie exactement en fraction décimale, est que son dénominateur ne contienne pas un seul facteur premier autre que 2 et 5.*

Nous rappellerons d'abord le principe suivant :

Pour qu'un nombre soit divisible par un autre, il est nécessaire et il suffit qu'il contienne tous les facteurs premiers contenus dans cet autre, chacun d'eux avec un exposant au moins égal à celui qu'il a dans ce second nombre.

Cela posé : une fraction irréductible étant donnée, si l'on pose la division du numérateur par le dénominateur, pour évaluer le quotient en décimales, on est conduit à placer une série de zéros à la droite du numérateur dividende et des divers restes successifs qu'on obtient dans la division. Or, l'adjonction d'un zéro revient chaque fois à multiplier le dividende primitif, c'est-à-dire le numérateur, par 10, ou à introduire dans ce numérateur les facteurs 2 et 5, et pas d'autres ; donc :

532. 1° *Si le dénominateur ne contient que les facteurs premiers 2 et 5,* à des puissances d'ailleurs quelconques, quelles que soient ces puissances, il arrivera toujours un moment où ces facteurs seront en nombre au moins égal dans le dividende ; la division s'effectuera donc alors exactement.

Remarque. — On peut même ajouter que le nombre des zéros employés, c'est-à-dire le nombre des chiffres décimaux obtenus ou à obtenir au quotient, sera toujours égal au plus grand des exposants des facteurs 2 et 5 au dénominateur.

Exemple : soit la fraction $\dfrac{11}{40}$, dont le dénominateur 40 est égal au produit $2^3 \times 5$.

3 étant le plus grand exposant des facteurs, il faudra in-

troduire 3 fois le facteur 2, et une fois au moins le facteur
5, au numérateur ; ce qui se fera en 3 divisions partielles
successives, et reviendra à diviser 11×10^3 par 40, division évidemment possible puisque les facteurs de 40 se
trouvent tous dans 11×10^3 ; on aura 3 chiffres décimaux
au quotient.

$$
\begin{array}{c|c}
110 & 40 \\
300 & \overline{0{,}275} \\
200 & \\
0 &
\end{array}
$$

Dans la pratique, on supprimerait le zéro de 40, au lieu
de placer le premier zéro au dividende :

$$
\begin{array}{c|c}
11 & 4\cancel{0} \\
30 & \overline{0{,}275} \\
20 & \\
0 &
\end{array}
$$

533. 2° *Si le dénominateur contient d'autres facteurs
que 2 et 5,* quel que soit le nombre des divisions partielles
effectuées, c'est-à-dire des zéros ajoutés, jamais ces facteurs
étrangers ne seront introduits au numérateur dividende, et,
par conséquent, jamais la division ne pourra s'achever.

Il résultera donc, de la réduction décimale opérée dans ce
cas, un quotient illimité que l'on arrêtera à tel chiffre qu'on
voudra, suivant le degré d'approximation avec lequel on
devra exprimer la fraction ordinaire considérée.

Le principe énoncé se trouve ainsi démontré.

534. Principe II. — *Lorsqu'une fraction ordinaire, réduite en fraction décimale, donne lieu à un quotient illimité, ce quotient ou développement décimal contient un certain nombre de chiffres successifs qui, à partir d'un certain
point, se reproduisent périodiquement dans le même ordre.*

En effet : la division ne devant jamais s'achever, jamais
on n'arrivera à un reste nul ; d'ailleurs les restes qu'on obtiendra seront toujours moindres que le dénominateur diviseur ; ils seront donc tous, quelque loin qu'on aille, compris
dans la série des nombres entiers commençant à 1 et finis-

sant au nombre entier qui précède le diviseur, c'est-à-dire au diviseur moins 1. Il résulte évidemment de là que lorsqu'on aura effectué un nombre de divisions partielles, au plus égal, dans le cas le plus défavorable, au diviseur moins **1**, on devra inévitablement retomber sur un des restes déjà obtenus, y compris le numérateur dividende lui-même ; à partir de ce reste, rendu de nouveau dividende partiel au moyen d'un zéro, tous les restes qui suivront, et par suite les chiffres correspondants du quotient, seront la reproduction de ce qu'on aura déjà trouvé depuis la première obtention de ce reste. Il y aura alors une périodicité bien établie, tant dans les restes successifs que dans les chiffres du quotient ; ce qu'il fallait démontrer.

En prenant pour exemple la fraction $\frac{13}{28}$, dont le dénominateur, $28 = 2^2 \times 7$, contient un facteur, **7**, différent de 2 et de 5, le quotient sera illimité, car quel que soit le nombre des zéros ajoutés au numérateur 13, le produit ne renfermera jamais le facteur 7 et ne sera, par suite, jamais divisible par 28.

Les restes qu'on peut obtenir sont compris dans les nombres entiers de 1 à 27 :

$$1 \cdot 2 \cdot 3 \cdot 4 \cdot \cdot \cdot \cdot \cdot 26 \cdot 27.$$

Donc, après 27 divisions partielles, *au plus*, on retombera sur un reste déjà obtenu. Il est évident d'ailleurs que ce reste peut se reproduire beaucoup plus tôt :

$$
\begin{array}{r|l}
130 & 28 \\
180 & \overline{0,46428571......} \\
120 & \\
\;.80 & \\
240 & \\
160 & \\
200 & \\
\;.40 & \\
\underline{12} & \\
\end{array}
$$

En effet, nous voyons qu'après 8 divisions partielles le

second reste 12 se reproduit ; le nouveau dividende partiel 120 doit donc redonner 8 pour reste et 4 pour quotient, et l'on aura indéfiniment pour restes successifs :

$$12, 8, 24, 16, 20, 4.$$
$$12, 8, \text{etc.}, \text{etc.}$$

et pour chiffres correspondants du quotient :

$$4, 2, 8, 5, 7, 1 ; 4, 2, 8, \text{etc.}$$

C'est-à-dire que ce quotient se présentera sous la forme périodique :

$$0,46428571\,428571\,428571 \ldots\ldots$$

535. Définition. — *Le développement illimité et périodique obtenu dans la conversion décimale d'une fraction ordinaire se nomme* FRACTION DÉCIMALE PÉRIODIQUE. *La partie numérique qui se reproduit périodiquemnet se nomme* PÉRIODE.

Si la première période commence immédiatement après la virgule, la fraction décimale est dite PÉRIODIQUE SIMPLE. *Si, au contraire, la première période ne commence qu'un ou plusieurs rangs après le premier chiffre qui suit la virgule, la fraction est dite* PÉRIODIQUE MIXTE. *La partie qui précède la première période est dite alors* PARTIE NON PÉRIODIQUE.

En effectuant la réduction décimale pour les fractions suivantes, on trouve :

$\dfrac{1}{3} = 0,3333\ldots$ fraction *périodique simple* dont la période est 3.

$\dfrac{2}{3} = 0,6666\ldots$ id..... la période est 6.

$\dfrac{1}{7} = 0,142857142857\ldots$ id..... la période est 142857.

$\dfrac{2}{7} = 0,285714285714\ldots$ id..... la période est 285714.

$\dfrac{1}{6} = 0,16666\ldots$ fraction *périodique mixte* dont la période est 6 et la partie non périodique 1.

$\frac{13}{22}$ = 0,5909090..... id..... la période est 90 et la partie non périodique 5.

$\frac{27}{104}$ 0,259615384615384..... id..... la période est 615384, la partie non périodique 259.

$\frac{9}{425}$ = 0,0211764705882452941l1764..... id..... la période est 11764705882452294, la partie non périodique 02.

536. *Remarque.*—Lorsqu'un nombre décimal renferme une partie décimale périodique on le nomme *nombre décimal périodique.*

Ainsi les nombres :

427,383838.........
6275,0845373737...

sont des nombres décimaux périodiques.

537. Tout nombre décimal, périodique ou non, peut être considéré comme le résultat de la conversion décimale d'une expression fractionnaire.

538. Nous pouvons maintenant nous proposer la question inverse :

Revenir d'une fraction décimale, finie ou périodique, à la fraction ordinaire équivalente et qu'on nomme sa FRACTION ORDINAIRE GÉNÉRATRICE. *Revenir de même, d'un nombre décimal, fini ou périodique, à l'expression fractionnaire correspondante.*

539. Trois cas peuvent se présenter ici :

1° *La fraction décimale est limitée;*

2° *La fraction décimale est périodique simple ; ce cas comprenant celui d'un nombre décimal périodique simple ;*

3° *La fraction décimale est périodique mixte; ce cas comprenant celui du nombre décimal.*

Premier cas.

540. Soit la fraction décimale 0,6875 ; cette fraction se compose, d'après la numération, de 6875 dix-millièmes, et peut alors s'écrire :

$$\frac{6875}{10000}$$

laquelle fraction peut être simplifiée

$$\frac{6875}{10000} = \frac{275}{400} = \frac{11}{16} :$$

et devient $\frac{11}{16}$ après deux divisions successives des deux termes par le facteur commun 25.

Remarque. — Si l'on veut réduire un nombre décimal en expression fractionnaire :

$$27,428 \text{ par exemple,}$$

on observe que ce nombre contient 27428 millièmes, et peut par conséquent s'écrire :

$$\frac{27428}{1000}$$

en prenant pour numérateur toute la partie significative, entière et décimale.

Nous pouvons donc conclure généralement que :

541. RÈGLE. — *Pour former la fraction ordinaire ou l'expression fractionnaire génératrice d'une expression décimale limitée, il suffit de prendre pour numérateur toute la partie significative de cette expression, et pour dénominateur l'unité suivie d'autant de zéros qu'elle renferme de chiffres décimaux, significatifs ou non. — On réduit la fraction ou l'expression fractionnaire trouvée à sa plus simple expression.*

Deuxième cas.

542. Considérons, pour y arriver, les développements décimaux des fractions :

$$\frac{1}{9} \qquad \frac{1}{99} \qquad \frac{1}{999} \qquad \frac{1}{9999} \cdots\cdots$$

formées d'un même numérateur, l'unité, et ayant pour dénominateurs des nombres composés de un ou plusieurs 9 ; nous trouverons successivement :

$$\frac{1}{9} = 0,1111\ldots\ldots$$

$$\frac{1}{99} = 0,01\ 01\ 01\ 01\ldots$$

$$\frac{1}{999} = 0,001\ 001\ 001\ldots$$

$$\frac{1}{9999} = 0,0001\ 0001\ 0001\ldots$$

. . . .

Ce qui nous montre que les développements décimaux correspondants sont tous périodiques simples ; la période étant formée, pour chacun d'eux, de l'unité précédée d'autant de zéros qu'il y a de chiffres, moins un, au dénominateur de la fraction correspondante.

Cela posé si, prenant la première fraction et son développement, nous multiplions ces 2 quantités équivalentes, successivement par les nombres entiers de 1 à 9, nous aurons :

$$\frac{2}{9} = 0,222\ \ldots\ldots$$

$$\frac{3}{9} = 0,333\ \ldots\ldots$$

$$\frac{4}{9} = 0,444\ \ldots\ldots$$

etc. . . . . .

. . . . . .

résultats qui nous permettent de conclure que :

Toute fraction périodique simple, dont la période n'a qu'un chiffre, a pour fraction génératrice sa période divisée par 9.

Remarque. — On aurait en multipliant par 9 :

$$\frac{9}{9} \text{ ou } 1 = 0,9999\ \ldots\ldots$$

forme curieuse sous laquelle on peut mettre l'unité, le développement étant, bien entendu, poussé à l'infini.

Prenons maintenant la fraction $\frac{1}{99}$ et son développement;

et multiplions-les par tous les nombres de 1 à 99 nous aurons, entre autres résultats :

$$\frac{2}{99} = 0,02\,02\,02\ldots\ldots$$

$$\frac{36}{99} = 0,36\,36\,36\ldots\ldots$$

$$\frac{60}{99} = 0,60\,60\,60\ldots\ldots$$

. . . .

d'où nous tirons cette conséquence :

Toute fraction décimale périodique simple ayant 2 chiffres à sa période a pour fraction génératrice, sa période divisée par 99, c'est-à-dire par un nombre composé d'autant de 9 que cette période renferme de chiffres.

De même, si nous prenons $\frac{1}{999}$ et son développement;

en multipliant successivement, de part et d'autre, par tous les nombres de 1 à 999, on aura, entre autres résultats :

$$\frac{2}{999} = 0,002\,002\,002\ldots\ldots$$

$$\frac{24}{999} = 0,024\,024\,024\ldots\ldots$$

$$\frac{248}{999} = 0,248\,248\,248\ldots\ldots$$

$$\frac{208}{999} = 0,208\,208\,208\ldots\ldots$$

$$\frac{240}{999} = 0,240\,240\,240\ldots\ldots$$

Ce qui nous montre que :

Pour une période de 3 chiffres, la fraction génératrice se

compose encore de la période, pour numérateur, et pour dénominateur, d'un nombre composé d'autant de 9 qu'il y a de
chiffres dans la période.

Comme il est incontestable qu'en opérant de la même
manière pour un dénominateur composé d'un nombre
quelconque de 9, on trouverait identiquement la même conséquence, nous formulerons la loi ou règle suivante pour le
deuxième cas de conversion.

543. RÈGLE. — *Pour former la fraction ordinaire génératrice d'une fraction décimale périodique simple, on prend
pour numérateur la période, abstraction faite des zéros qui
peuvent se trouver à sa gauche, et pour dénominateur un
nombre composé d'autant de 9 qu'il y a de chiffres significatifs ou non dans cette période ; on simplifie la fraction obtenue, s'il y a lieu.*

Exemples :

$$0{,}38706\,38706\,38706\ldots\ldots = \frac{38706}{99999}$$

$$0{,}0067\,0067\,0067\ldots\ldots = \frac{67}{9999}$$

544. Soit enfin, pour compléter ce second cas, le nombre décimal périodique :

$$42{,}936936936\ldots\ldots;$$

ce nombre peut se mettre sous la forme :

$$42 + 0{,}936936936\ldots\ldots$$

Transformant la seconde partie, eu égard à ce qui précède, nous aurons :

$$42{,}936936\ldots\ldots = 42 + \frac{936}{999}$$

réduisant en expression fractionnaire, le nombre deviendra :

$$\frac{42 \times 999 + 936}{999}$$

or, multiplier un nombre par 999, c'est le répéter mille
fois moins une fois, donc :

$$42 \times 999 = 42000 - 42 ;$$

et l'expression précédente prend successivement les formes :

$$\frac{42000 - 42 + 936}{999} = \frac{42936 - 42}{999},$$

la dernière nous donnant la règle générale suivante :

545. RÈGLE. — *L'expression fractionnaire génératrice d'un nombre décimal périodique simple se forme en prenant : pour numérateur, la partie entière suivie de la première période, abstraction faite de la virgule, moins la partie entière ; et pour dénominateur un nombre composé d'autant de 9 qu'il y a de chiffres dans la période.*

Exemple. — Soit le nombre 9,2727..... on aura :

$$9,272727..... = \frac{927 - 9}{99} = \frac{918}{99} = \frac{102}{11}.$$

Troisième cas.

546. Soit donnée la fraction périodique mixte :

$$0,238636363.......$$

Si nous reculons la virgule jusqu'après la partie non périodique, nous obtiendrons, pour le cas présent, un nombre décimal 1000 fois plus grand que la fraction donnée, mais toujours illimité, le nombre des périodes étant infini ; ce nombre décimal périodique simple :

$$238,636363.....,$$

converti en expression fractionnaire ordinaire, d'après ce qui précède (n°s 544 et 545), deviendra

$$\frac{23863 - 238}{99},$$

et comme il est 1000 fois plus fort que la fraction décimale donnée. on aura la valeur de cette fraction en divisant par 1000 l'expression trouvée ; on aura ainsi :

$$0,238636363..... = \frac{23863 - 238}{99000},$$

ce qui permet de formuler la règle générale suivante :

547. RÈGLE. — *Pour former la fraction ordinaire gé-*

nératrice d'une fraction décimale périodique mixte, on prend pour numérateur : la partie non périodique suivie de la première période, moins la partie non périodique; et l'on forme le dénominateur d'autant de 9 qu'il y a de chiffres périodiques, significatifs ou non, suivis d'autant de zéros qu'il y a de chiffres, significatifs ou non, dans la partie non périodique.

Exemple. — Prenons la fraction 0,21296296.....; nous aurons, d'après la règle :

$$0,21296296296..... = \frac{21296 - 21}{99900} = \frac{21275}{99900} = \frac{23}{108}.$$

548. Soit enfin, pour terminer ce dernier cas, le nombre décimal :

$$8,72504504504.....$$

Si nous avançons la virgule de manière à la placer en avant de la partie entière, nous formerons la fraction périodique mixte

$$0,872504504504......$$

dix fois plus faible que le nombre donné, et dont la valeur, en fraction ordinaire est, d'après ce qui précède :

$$\frac{872504 - 872}{999000},$$

pour avoir la valeur du nombre décimal, il suffira donc de multiplier cette fraction par 10, ce qui donnera :

$$8,72504504...... = \frac{872504 - 872}{99900}$$

d'où la règle suivante :

549. Règle. — *L'expression fractionnaire génératrice d'un nombre décimal périodique mixte se forme : en prenant pour numérateur la partie non périodique, entière et décimale, suivie de la première période, abstraction faite de la virgule, moins la partie non périodique, entière et décimale; et donnant à ce résultat, pour dénominateur, un nombre composé d'autant de 9 qu'il y a de chiffres périodiques, suivis d'autant de zéros qu'il y a de chiffres décimaux non périodiques.*

15.

Exemple. — Soit le nombre 93,681818181..... nous aurons d'après la règle précédente :

$$93,6818181..... = \frac{93681 - 936}{990} = \frac{92745}{990} = \frac{2061}{22}.$$

550. Les résultats obtenus, dans le retour des fractions décimales aux fractions ordinaires génératrices, nous permettent d'établir deux nouveaux principes sur la réduction des fractions ordinaires en fractions décimales :

551. D'abord, soit la fraction périodique mixte 0,504363636........ ;

Nous aurons, d'après la règle de conversion :

$$0,504363636........ = \frac{50436 - 504}{99000},$$

fraction dont le dénominateur, terminé par autant de zéros que la fraction décimale renferme de chiffres non périodiques, contient, en même nombre, les facteurs 2 et 5 combinés avec ceux de 99.

Cette fraction peut être simplifiée; mais il est facile de voir que les facteurs 2 et 5 ne peuvent être enlevés à la fois de ses deux termes : l'un des deux peut disparaître, en tout ou en partie, mais jamais les deux ensemble.

En effet, pour que 2 et 5 pussent être enlevés simultanément, ce qui répondrait à la possibilité d'une division commune par 10, il faudrait que le numérateur, 50436 — 504, fût terminé par un zéro au moins, ce qui est impossible, la période et la partie non périodique ne pouvant être terminées par le même chiffre. L'un des facteurs, 2 et 5, ne pourra donc être enlevé, et subsistera, par suite, dans la fraction ordinaire réduite à sa plus simple expression, avec son exposant intact, c'est-à-dire égal au nombre des chiffres non périodiques décimaux.

Nous conclurons immédiatement de là, que :

552. Principe III. — *La condition nécessaire et suffisante pour qu'une fraction ordinaire irréductible donne naissance à un développement décimal périodique mixte, est que son dénominateur contienne, au moins, un des facteurs 2 et 5,* *conjointement avec d'autres facteurs premiers. Le plus grand des exposants de* **2** *ou de* **5** *marque le nombre des chiffres non périodiques décimaux.*

La condition est nécessaire, nous venons de le démontrer ; elle est suffisante, attendu que : toute fraction périodique simple, donnant lieu à une fraction ordinaire ayant pour dénominateur un nombre composé de un ou plusieurs 9, ne contiendra jamais ni 2 ni 5 à son dénominateur, dans les simplifications qui seront effectuées pour rendre cette fraction irréductible.

Il résulte enfin de là, que :

553. Principe IV. — *La condition nécessaire et suffisante pour qu'une fraction ordinaire irréductible donne naissance à un développement périodique simple, est que son dénominateur ne contienne ni le facteur* 2 *ni le facteur* 5.

Exemples :

1° La fraction $\frac{11}{250}$ donnera lieu à une fraction décimale finie, car son dénominateur,

$$250 = 2 \times 5^3,$$

ne contient que 2 et 5 ; le développement aura trois chiffres décimaux : 0,044.

2° La fraction $\frac{19}{420}$, dont le dénominateur,

$$420 = 2^2 \times 5 \times 3 \times 7,$$

contient 2 et 5 avec d'autres facteurs, donnera lieu à un développement décimal périodique mixte ; le nombre des chiffres non périodiques sera 2 :

$$0{,}04523809523809\ldots$$

3° La fraction $\frac{24}{37}$, dont le dénominateur, 37, est premier avec 2 et avec 5, donnera naissance à une fraction décimale périodique simple :

$$0{,}648648648\ldots$$

554. Tous les principes qui précèdent s'appliquent évidemment aux expressions fractionnaires ordinaires,

EXERCICES

(1) Convertir les fractions suivantes en fractions décimales :

$$\frac{1}{2} \quad \frac{1}{4} \quad \frac{1}{8} \quad \frac{1}{16} \quad \frac{1}{32} \quad \frac{1}{64} \quad \frac{1}{128}$$

$$\frac{3}{4} \quad \frac{5}{8} \quad \frac{3}{16} \quad \frac{11}{16} \quad \frac{13}{32} \quad \frac{17}{32} \quad \frac{7}{64} \quad \frac{35}{64} \quad \frac{63}{64} \quad \frac{11}{128}$$

$$\frac{27}{128} \quad \frac{33}{128} \quad \frac{113}{128} \quad \frac{1}{5} \quad \frac{1}{25} \quad \frac{1}{125} \quad \frac{1}{625} \quad \frac{3}{5} \quad \frac{11}{25}$$

$$\frac{13}{125} \quad \frac{28}{125} \quad \frac{8}{125} \quad \frac{114}{125} \quad \frac{67}{625} \quad \frac{112}{625} \quad \frac{76}{625} \quad \frac{48}{3125} \quad \frac{64}{3125}.$$

(2) Convertir les fractions suivantes en fractions décimales ; pousser les réductions jusqu'à ce qu'on ait obtenu la période :

$$\frac{3}{7} \quad \frac{5}{9} \quad \frac{2}{11} \quad \frac{8}{11} \quad \frac{12}{13} \quad \frac{11}{17} \quad \frac{15}{17} \quad \frac{3}{19} \quad \frac{17}{19} \quad \frac{2}{21}$$

$$\frac{19}{21} \quad \frac{14}{23} \quad \frac{13}{27} \quad \frac{23}{27} \quad \frac{10}{29} \quad \frac{8}{31} \quad \frac{24}{31} \quad \frac{17}{33} \quad \frac{26}{33} \quad \frac{1}{37}$$

$$\frac{14}{37} \quad \frac{35}{37} \quad \frac{29}{39} \quad \frac{34}{39} \quad \frac{35}{41}.$$

(3) Même question pour les fractions :

$$\frac{7}{15} \quad \frac{11}{15} \quad \frac{13}{24} \quad \frac{17}{18} \quad \frac{13}{22} \quad \frac{11}{26} \quad \frac{7}{30} \quad \frac{13}{28} \quad \frac{21}{34} \quad \frac{19}{36}$$

$$\frac{25}{38} \quad \frac{12}{35} \quad \frac{29}{40} \quad \frac{11}{42} \quad \frac{13}{44} \quad \frac{3}{46} \quad \frac{15}{46} \quad \frac{3}{52} \quad \frac{11}{52} \quad \frac{29}{54}$$

$$\frac{31}{56} \quad \frac{23}{58} \quad \frac{13}{60} \quad \frac{11}{62} \quad \frac{18}{55} \quad \frac{17}{66} \quad \frac{3}{70} \quad \frac{4}{72} \quad \frac{19}{74} \quad \frac{23}{75}$$

(4) Trouver les nombres décimaux, finis ou périodiques, respectivement équivalents aux expressions fractionnaires :

$$\frac{3}{2} \quad \frac{5}{4} \quad \frac{11}{8} \quad \frac{12}{5} \quad \frac{23}{4} \quad \frac{13}{3} \quad \frac{11}{6} \quad \frac{14}{11} \quad \frac{26}{9} \quad \frac{15}{7}$$

$$\frac{24}{5} \quad \frac{33}{16} \quad \frac{21}{20} \quad \frac{37}{24} \quad \frac{126}{25} \quad \frac{235}{13} \quad \frac{96}{17} \quad \frac{213}{21} \quad \frac{417}{32}$$

$$\frac{61}{88} \quad \frac{203}{66} \quad \frac{615}{8} \quad \frac{765}{46} \quad \frac{602}{75} \quad \frac{863}{108}.$$

(5) Former en décimales la valeur de :

$$\frac{3}{17}$$ à moins de 0,001

$$\frac{4}{73}$$ ——— 0,00001

$$\frac{13}{77}$$ ——— 0,0001

$$\frac{19}{27}$$ ——— 0,001

$$\frac{11}{88}$$ ——— 0,000001

$$\frac{24}{13}$$ ——— 0,01

$$\frac{39}{17}$$ ——— 0,0001

$$\frac{56}{11}$$ ——— 0,1

$$\frac{223}{75}$$ ——— 0,0000001

$$\frac{141}{74}$$ ——— 0,00001.

———

EXERCICES

SUR LA CONVERSION DES FRACTIONS DÉCIMALES EN FRACTIONS ORDINAIRES.

(1) Former les fractions ordinaires ou expressions fractionnaires irréductibles équivalentes aux fractions et aux nombres fractionnaires :

0,8 0,42 0,25 0,36 0,248 0,642 0,012 0,02 0,0484 0,6875 32,75 6,788 92,625 316,32 42,864.

(2) Former les fractions irréductibles génératrices des fractions périodiques :

0,363636. . . . . .

0,66666. . . . . .

0,918918918. . . . .

0,803780378037. . . .

0,909909909 . . . . .

0,4848484848. . . . . .

$$0,333933393339.\ .\ .\ .\ .\ .$$
$$0,008100810081.\ .\ .\ .\ .\ .$$
$$0,045045045.\ .\ .\ .\ .\ .\ .$$
$$0,227722772277.\ .\ .\ .\ .$$

(3) Même question pour les fractions :

$$0,8242424.\ .\ .\ .\ .\ .$$
$$0,9324324324.\ .\ .\ .\ .$$
$$0,62181818.\ .\ .\ .\ .\ .$$
$$0,4059999.\ .\ .\ .\ .\ .$$
$$0,47727272.\ .\ .\ .\ .$$
$$0,003686868.\ .\ .\ .\ .\ .$$
$$0,0400665665665.\ .\ .\ .\ .$$
$$0,00206060606.\ .\ .\ .\ .$$
$$0,02026026026.\ .\ .\ .\ .$$
$$0,26226226226226.\ .\ .\ .$$

(4) Former les expressions fractionnaires irréductibles génératrices des nombres décimaux périodiques :

$$18,525252.\ .\ .\ .\ .\ .$$
$$6,450450450.\ .\ .\ \ .$$
$$324,542542542.\ .\ .\ .\ .$$
$$72,000900090009\ .\ .\ .\ .$$
$$4,040804080408\ .\ .\ .\ .$$
$$46,0646464\ .\ .\ .\ .\ .\ .$$
$$8,42638638638.\ .\ .\ .$$
$$49,62413131313.\ .\ .\ .$$
$$6,00826262626.\ .\ .\ .$$
$$5,005050505..\ .\ .\ .$$

(5) Reconnaître, avant d'effectuer la réduction, la nature du développement décimal équivalent à chacune des fractions suivantes : vérifier en développant.

$$\frac{3}{4} \quad \frac{5}{6} \quad \frac{3}{11} \quad \frac{11}{24} \quad \frac{14}{15} \quad \frac{5}{18} \quad \frac{7}{28} \quad \frac{15}{24} \quad \frac{13}{48} \quad \frac{22}{75}$$

$$\frac{98}{125} \quad \frac{59}{64} \quad \frac{33}{528} \quad \frac{55}{704} \quad \frac{101}{325} \quad \frac{297}{792} \quad \frac{63}{875} \quad \frac{108}{297}$$

$$\frac{56}{264} \quad \frac{612}{270}$$

LIVRE VI.

APPROXIMATIONS
ET OPÉRATIONS ABRÉGÉES.

PRÉLIMINAIRES.

ERREURS.

555. Lorsqu'on mesure une longueur, l'étendue d'une surface, le volume ou le poids d'un corps, etc., etc..., on n'arrive presque jamais à une évaluation numérique exacte; cela tient à deux causes principales :

1° L'imperfection des instruments employés, l'insuffisance de leur sensibilité.

2° L'imperfection de nos sens qui ne nous permettent d'apprécier les divisions des mesures, de pousser, en un mot, nos moyens d'investigation que jusqu'à des limites plus ou moins étendues.

556. Il résulte de là que les nombres au moyen desquels nous évaluons ces mesures sont le plus souvent fautifs, plus ou moins inexacts, suivant le plus ou moins de grossièreté des instruments dont nous nous sommes servis, et suivant le degré d'habileté avec lequel nous avons opéré.

557. Ces nombres inexacts, par lesquels on remplace souvent dans le calcul, forcément ou non, les nombres exacts ou vrais, sont appelés *nombres approchés.*

558. Il résulte encore de ce qui précède, que les données d'un problème, reposant le plus souvent, par suite, sur des nombres plus ou moins inexacts, les résultats provenant de la combinaison de ces données seront eux-mêmes plus ou moins fautifs.

559. Or, une question d'une haute gravité surgit ici : Les fautes commises sur le résultat de la combinaison de deux ou de plusieurs nombres fautifs ne peuvent-elles pas parfois devenir assez grandes pour que ce résultat soit inacceptable, ces fautes pouvant, par le calcul, s'amplifier au point qu'il devienne nécessaire de mettre plus d'exactitude dans la détermination des données ?

560. Dans tous les cas, et pour se rendre maître de la question précédente, il est nécessaire de pouvoir résoudre les deux suivantes :

1° *Avec quel degré d'exactitude doit-on évaluer les données d'un problème déterminé, pour que le résultat puisse être obtenu avec un degré d'exactitude donné ?*

2° *Sur quel degré d'exactitude doit-on compter, dans l'évaluation d'un résultat, connaissant le degré d'exactitude avec lequel ont été déterminées les données dont il dépend ?*

561. Mais avant de résoudre ces questions pour les opérations fondamentales, nous allons entrer dans quelques détails sur ce qu'on doit entendre, d'une manière absolue, par le mot *erreur*.

CHAPITRE PREMIER.

ERREUR ABSOLUE.

562. DÉFINITION. — *L'erreur absolue d'une mesure ou d'un nombre approché est la différence entre cette mesure ou ce nombre approché, et la valeur exacte de cette mesure ou de ce nombre. Elle est dite en moins, ou en dessous, lorsque la valeur approchée est moindre que la valeur exacte; en plus ou en dessus, dans le cas contraire. Dans le premier cas, le nombre est dit approché par défaut; il est approché par excès dans l'autre cas.*

563. Cette erreur est plus ou moins grande, à un même degré d'exactitude, suivant que la mesure à laquelle elle se rapporte est exprimée par un nombre plus ou moins grand. Le plus souvent elle n'est pas connue exactement: l'on sait seulement qu'elle ne dépasse pas une certaine grandeur connue dont elle se rapproche, et qu'on nomme *sa limite*; c'est. le plus souvent, cette limite, ordinairement une unité décimale, qu'on envisage plutôt que l'erreur elle-même : forcément, lorsque l'erreur n'est pas connue exactement; de préférence, dans le cas contraire, cette limite étant généralement plus simple que l'erreur elle-même.

Exemple. — On évalue une longueur avec un mètre divisé en décimètres, centimètres et millimètres; et l'on trouve

$$24^m,648,$$

avec un reste moindre que 1 millimètre; la longueur est donc comprise entre $24^m,648$ et $24^m,649$: plus grande que la première mesure, plus petite que la seconde; mais différant de chacune de moins de $0^m,004$. Chacune de ces mesures représente donc cette longueur avec une erreur, inconnue il est vrai, mais moindre que $0^m,004$. La limite de l'erreur, pour chacune des deux mesures, est donc ici $0^m,004$: pour la première, l'erreur est en moins ou en dessous ; pour la seconde en plus ou en dessus.

Le nombre 24,648 est donc *approché par défaut;* le second 24,649, *approché par excès*, chacun d'eux à moins de 0,001.

Si, ayant pu pousser plus loin le mesurage, on avait obtenu, pour résultat tout à fait exact. $24^m,64874$, en prenant encore $24^m,648$ pour exprimer la longueur, l'erreur commise serait exactement $0^m,00074$, quantité moindre que $0^m,004$; or, $0^m,004$ est plus simple que $0^m,00074$, aussi préfère-t-on dire que l'erreur est moindre que $0^m,004$, et non qu'elle est de $0^m,00074$.

Il y a donc presque toujours avantage à remplacer l'erreur par sa limite.

564. L'erreur absolue ne donne pas, par elle-même,

une idée nette du degré d'exactitude du mesurage, c'est-à-dire de l'habileté avec laquelle ce mesurage a été fait. Et en effet : dire par exemple, qu'on s'est trompé de 24 mètres carrés, ou qu'on a négligé volontairement $24^{m.q.}$, ne fait pas connaître l'importance de la faute commise ou de la partie négligée :

Une erreur de $24^{m.q.}$ sur la mesure d'une étendue de 1 myriamètre carré ou $100\,000\,000^{m.q.}$, dont elle n'est que les 24 cent-millionièmes, est beaucoup moindre qu'une simple erreur de 24 millim. carrés, commise sur l'évaluation d'une superficie de $1^{dm.q.}$, ou $10\,000^{mm.q.}$, dont elle est les 24 dix-millièmes.

565. La petitesse de l'erreur absolue ne caractérise donc pas le degré d'exactitude; et même, comme il est dit plus haut, l'erreur absolue, pour un même degré d'exactitude, croît avec la grandeur à mesurer, ou mieux, avec le nombre qui représente la mesure de cette grandeur croissante :

Ainsi, une erreur de $24^{m.q.}$, commise sur la mesure d'une étendue d'un hectare ou $10\,000^{m.q.}$, répond au même degré d'exactitude qu'une autre erreur de $24^{mm.q.}$, commise sur la mesure de 1 décim. carré ou $10\,000^{mm.q.}$, attendu que chacune de ces deux erreurs est les 24 dix-millièmes de l'étendue mesurée.

566. Malgré ce qu'elle peut avoir d'incomplet, la connaissance de l'erreur absolue est très-utile et très-importante dans les calculs; aussi commencerons-nous par établir quelques considérations générales sur cette erreur, ainsi que quelques applications, avant de passer à l'étude d'une autre erreur plus caractéristique.

567. Nous avons vu, dans les principes qui suivent la numération décimale (n° 55), que lorsqu'on supprime, sur la droite d'un nombre, un certain nombre de chiffres, la partie négligée ou l'erreur commise est moindre qu'une unité du dernier ordre conservé. Ce principe s'étend évidemment aux nombres entiers, les chiffres entiers supprimés étant, bien entendu, remplacés par des zéros.

Cela posé :

568. Principe I. — *Si l'erreur absolue commise dans une évaluation est moindre qu'une unité décimale de l'ordre du dernier chiffre significatif du nombre qui exprime cette évaluation, ce nombre est approché à moins d'une unité de l'ordre de son dernier chiffre significatif.*

On dit encore que : *Le nombre est obtenu avec une* APPROXI-MATION *d'une unité de cet ordre.*

Ainsi 38,427 est approché à moins de 0,001 si l'erreur absolue est moindre que 0,001 ; car alors la valeur exacte est comprise entre 38,427 et 38,428, si l'erreur est en moins ; ou bien entre 38,427 et 38,426, si l'erreur est en plus.

569. Principe II. — *Si l'erreur absolue est moindre qu'une unité décimale d'un ordre supérieur à celui du dernier chiffre significatif du nombre, on aura la mesure approchée, à moins d'une unité de cet ordre décimal, en supprimant, comme inexacts, tous les chiffres significatifs qui suivent celui de même ordre que l'erreur, mais en ayant soin de forcer ce dernier d'une unité.*

On ne sait pas, dans ce cas, le sens de l'erreur commise.

Soit, en effet, le nombre 37,83764 représentant, avec une erreur en dessous, de moins de 0,001, le résultat de la mesure d'une grandeur ; le nombre exact représentant cette mesure est alors compris entre les nombres 37,83764 et 37,83864 qui diffèrent de 0,0001, et dont les deux derniers chiffres sont d'une exactitude douteuse et doivent prudemment être mis de côté.

Les nombres résultants sont alors 37,837 et 37,838. Le premier, inférieur à 37,83764, doit être rejeté comme doublement entaché d'erreur ; en effet : 37,83764 est déjà moindre que le nombre exact ; si l'on diminue ce nombre de 0,00064, n'y a-t-il pas à craindre que l'erreur ne soit égale ou supérieure à 0,001 ?

Il reste donc 37,838 qui est approché à moins de 0,001 ; car la valeur exacte étant comprise entre 37,83764 et 37,83864, diffère, de moins de 0,001, de chacun de ces nombres, et, par suite, de tout nombre tel que 37,838, compris entre les deux. 37,838 est donc le nombre approché à moins de 0,001 ; seulement il est facile de voir qu'on ne peut généralement pas savoir dans quel sens est l'approximation.

Exemple. — 427^{mq},62327 représentant la mesure d'une surface avec une erreur en moins plus petite que 0,01, le nombre, approché à moins de 0,001, donnant la mesure de la superficie, est :

$$427^{mq},63.$$

570. Abordons maintenant les questions d'approximations énoncées au n° 560, en les traitant pour les quatre opérations fondamentales, ce qui constitue l'exposition des *opérations* dites *abrégées*, ainsi nommées, parce qu'à l'aide des notions sur les erreurs, on simplifie les données dans les deux premières opérations, et l'on détermine, pour chacune des deux autres, une marche générale plus expéditive que la marche ordinairement suivie, lorsqu'il s'agit d'obtenir le résultat avec une approximation donnée.

CHAPITRE II.

OPÉRATIONS ABRÉGÉES.

ADDITION ABRÉGÉE.

571. PROBLÈME I. — *Avec quelle approximation doit-on évaluer les diverses parties d'une somme, pour que cette somme puisse être obtenue avec une approximation donnée ? Quelle marche doit-on suivre pour effectuer l'opération ?*

572. RÈGLE GÉNÉRALE. — *Pour calculer la somme de plusieurs nombres, entiers ou décimaux, avec une approximation donnée, on évalue chacun de ces nombres, par défaut ou par excès, à moins d'une unité décimale de l'ordre immédiatement inférieur à celui de l'approximation demandée; on* *fait la somme des nombres obtenus, l'on supprime le dernier chiffre de cette somme, en ayant soin de forcer d'une unité le dernier des chiffres restants. Le nombre obtenu est la somme cherchée.*

S'il y a plus de 10 *nombres et moins de* 100, *l'on prend chaque nombre avec* 1 *chiffre de plus ; on additionne, on supprime les* 2 *derniers chiffres du résultat, en forçant toujours le dernier chiffre conservé.*

S'il y a plus de 100 *nombres et moins de* 1000, *on prend* 3 *chiffres en excès, au lieu de* 2, *et l'on opère d'une manière analogue, etc.*

573. Soient, en effet, les nombres :

<table>
<tr><td></td><td>27,864279...</td><td>386,70654...</td></tr>
<tr><td>8642,5</td><td>69,79864</td><td>276,3586....</td></tr>
</table>

dont on demande la somme à moins de 0,01.

Prenons ces différents nombres avec 3 chiffres décimaux chacun, la fraction d'approximation 0,01, en comprenant 2.

$$27,864$$
$$386,706$$
$$8642,500$$
$$67,798$$
$$276,358$$
$$\overline{}$$
$$9403,226$$
$$9403,23$$

Ce dernier nombre, obtenu en supprimant le dernier chiffre 6 de la somme brute 9403,226, et en forçant le dernier des chiffres restants 2, est la somme, à moins de 0,01.

En effet, dans l'évaluation des parties, l'erreur commise sur chaque nombre est moindre que 0,001 ; donc, en supposant toutes ces erreurs de même sens, ce qui arrive ici et présente le cas le plus défavorable, la somme des erreurs, c'est-à-dire l'erreur de la somme brute, 9403,206, est moindre que 0,004, soit 0,001 pour chaque nombre, et, à plus forte raison, moindre que 0,01 ; donc, d'après ce qui a été dit au n° 569, la somme, à moins de 0,01, est bien **9403,23.**

574. Si l'on avait plus de 10 nombres, mais moins de

100, à additionner, 29 par exemple, la somme des erreurs serait moindre que 0,029 ; mais rien ne dit alors qu'elle serait inférieure à 0,01, ce qui d'ailleurs souvent n'arriverait pas. Or, en évaluant chaque nombre avec un chiffre de plus, à moins de 0,0001, l'erreur de la somme serait moindre que 0,0029, et, à plus forte raison, plus petite que 0,01. On pourra donc, en opérant ainsi, supprimer 2 chiffres à la droite du résultat, en forçant toujours d'une unité le dernier chiffre conservé.

On verrait de même la nécessité de prendre un nouveau chiffre de plus, dans le cas de plus de 100 et moins de 1000 nombres à additionner; on supprimerait alors 3 chiffres au résultat, etc., etc., et ainsi de suite.

575. Problème II. — *Sur quelle approximation doit-on compter dans l'évaluation d'une somme, connaissant les approximations des différentes parties de cette somme? — Comment doit-on préparer chaque partie pour le calcul?*

576. Règle générale. — *Pour trouver, avec une approximation aussi grande que possible, la somme de moins de 10 nombres, approchés à des degrés différents, on évalue cette somme, d'après la règle précédente, à moins d'une unité décimale de l'ordre immédiatement supérieur à celui de l'unité d'approximation du nombre le moins approché.*

S'il y a plus de 10 nombres et moins de 100 à ajouter, on évalue la somme à moins d'une unité décimale, supérieure de deux rangs à celle de la moindre fraction d'approximation.

Pour plus de 100 et moins de 1000 nombres, on prend un rang de plus ; et ainsi de suite.

577. Soient, en effet, les nombres suivants :

327,8642	approché à moins de		0,0001
8649,706	—	—	0,001
78,09467	—	—	0,00001
349,7269	—	—	0,0001
628,47386	—	—	0,00001.

L'erreur commise sur le second ayant pour limite 0,001, les chiffres des ordres inférieurs aux millièmes dans les autres nombres donneraient par l'addition des chiffres sur lesquels on ne pourrait compter ; ces chiffres doivent donc être supprimés dans les autres nombres, qu'on est conduit, par conséquent, à évaluer à moins de 0,001 ; donc, s'il y a moins de 10 nombres, en supprimant le dernier chiffre du résultat brut, et forçant d'une unité le dernier chiffre conservé, on aura la somme à moins de 0,01, unité immédiatement supérieure à 0,001.

$$327,864$$
$$8649,706$$
$$78,094$$
$$349,726$$
$$628,473$$
$$\overline{10033,863}$$

La somme cherchée est :

10033,87, à moins de 0,01. —

578. S'il y avait plus de 10 nombres et moins de 100, en supposant l'approximation générale de 0,001, on devrait supprimer 2 chiffres à la droite du résultat brut, ce qui donnerait pour la somme l'approximation de 0,1, conformément à la règle.

Pour plus de 100 et moins de 1000 nombres, on supprimerait 3 chiffres, et l'approximation serait d'une unité, et ainsi de suite.

EXERCICES

SUR L'ADDITION ABRÉGÉE.

(1) Effectuer les sommes suivantes :

346,279 + 62,6978 + 326,76 + 39,796 + 663,798,4 + 34,6293 + 8,72986, à moins de 0,001.

42,642 + 0,4298 + 0,06752 + 45,28076 + 2,357843 + 0,64 + 6374,793 + 9,06764 + 964,86, à moins de 0,01.

38,6427 + 2,627 + 964,6229 + 41,567 + 36,76 + 36,4 + 742,7269 + 8,7964 + 276,764 + 387,4279 + 0,72649 + 36,4673, à moins de 0,01.

3864279 + 7642,39 + 86427936 + 6279864 + 99642,945 + 3269807,40 + 8686498, à moins d'une dizaine.

4989864,75 + 6278657,40 + 3767049 + 8675479,13 +
2769438,47 + 6398472,72 + 4276764,49 + 2964837,29 +
3279864,35 + 6769834,24 + 3642799,85, à moins d'une centaine.

(2) Les départements de France, dont le nom commence par un
V, donnent les résultats suivants :

		Population.			Étendue.	
Var.		315526 hab.			6083,25 Km.q	
Vaucluse.	. . .	268255	. . . . .		3547,71	
Vendée.	. . . .	395695	. . . . . .		6703,50	
Vienne.	. . . .	322028	. . . . . .		6970,37	
Vienne (Haute-).	. .	349595	. . . . . .		5516,58	
Vosges.	. . . .	415485	. . . . . .		6079,96	

A mille hommes près et à 10 kilomètres carrés près, calculer la
population et l'étendue totale de ces 6 départements.

———

SOUSTRACTION ABRÉGÉE.

579. PROBLÈME I. — *Avec quelle approximation doit-on
évaluer 2 nombres pour que leur différence puisse être obtenue
avec une approximation donnée ? — Quelle marche doit-on
suivre pour le calcul de cette différence ?*

580. RÈGLE GÉNÉRALE. — *Pour calculer la différence de
2 nombres, entiers ou décimaux, à moins d'une unité décimale
donnée, on supprime à la droite de ces deux nombres tous les
chiffres représentant des unités inférieures à celle de l'approximation ; puis on effectue la soustraction des parties restantes, sans modification du dernier chiffre du résultat. On
a ainsi la différence cherchée.*

581. En effet, soient les 2 nombres 419,7864......,
et 87,97987....., dont on demande la différence à moins
de 0,001.

L'approximation étant du 3e ordre décimal, prenons
3 chiffres décimaux :

$$419,786$$
$$87,979$$
$$\overline{331,807}$$

Par la suppression pure et simple des décimales en
excès, chacun des deux nombres est approché, par défaut,

à moins de 0,001 ; les deux erreurs se retranchent donc dans la soustraction, et, par conséquent, le résultat 331,807 est bien obtenu à moins de 0,001. Seulement, le sens de l'erreur n'est pas connu.

582. Pour être certain du sens, et avoir, par exemple, une erreur définitive en moins, il faut prendre chaque nombre avec un chiffre de plus, et supprimer un chiffre à la droite du résultat obtenu.

583. Problème II. — *Sur quelle approximation doit-on compter dans l'évaluation de la différence de 2 nombres, connaissant les approximations avec lesquelles ces nombres sont donnés ? — Comment doit-on préparer ces deux nombres pour le calcul?*

584. Règle générale. — *Deux nombres étant donnés avec des approximations différentes, pour calculer leur différence d'une manière aussi approchée que possible, on cherche cette différence avec une approximation égale à celle du moins approché de ces nombres, en ayant soin d'évaluer ceux-ci avec une erreur de même sens.*

585. En effet, soit à retrancher :

864,729 approché à moins de 0,001
de 1723,68742 — — 0,00001.

L'erreur commise sur le premier nombre ayant pour limite 0,001, les chiffres des ordres inférieurs aux millièmes, dans l'autre nombre, donneraient, par la soustraction, des chiffres sur lesquels on ne pourrait compter. Ces chiffres doivent donc être supprimés, ce qui conduit à évaluer le nombre le plus approché avec la même approximation que l'autre; il en est de même, par suite, de la différence cherchée.

$$\begin{array}{r} 1723,687 \\ 864,729 \\ \hline 858,958 \end{array}$$

858,958 est la différence à moins de 0,001.

586. *Remarque.* — Si le moins approché des 2 nombres est approché par excès, comme les erreurs ne se retranchent que lorsqu'elles sont de même sens, on a soin, après avoir supprimé dans l'autre les chiffres en excès, de forcer d'une unité le dernier chiffre conservé, de manière à évaluer également ce nombre par excès.

Exemple. — Soit à rétra cher :

37,6427 approché à moins de 0,0001 de 149,78 approché par excès à moins de 0,01.

On effectue la soustraction suivante :

$$
\begin{array}{r}
149,78 \\
37,65 \\
\hline
12,13
\end{array}
$$

dans laquelle 37,65 est approché, par excès, à moins de 0,01, d'après le principe connu. — 12,13 est le résultat cherché.

EXERCICES

SUR LA SOUSTRACTION ABRÉGÉE.

(1) Effectuer les soustractions suivantes :

4864,739 — 642,3987, à moins de 0,01.

36429,3276 — 6989,94876, à moins de 0,001.

670438,27 — 29864,786, à moins de 10 unités.

4276049,30 — 894964,47, à moins d'une unité.

3670864,767 — 298874,69, à moins de 0,1.

0,07642769 — 0,03876947, à moins de 0,00001.

(2) Effectuer les opérations suivantes :

864,3572 + 39,72643 + 675,427 + 3276,29864 + 52,7364 — 83,742 — 674,9 — 986,27986 — 30,27398, à moins de 0,001.

27,86 + 36,425 + 4,739 + 9,6072 + 94,4 + 9,964 + 437,64279 + 54,7362 + 18,3476 + 96,3764 + 398,4572 + 84,3629 — 671,374 — 32,3276 — 4,79864 — 6,7246 — 57,89698 — 91,32642 — 14,0729, à moins de 0,001.

MULTIPLICATION ABRÉGÉE.

587. PROBLÈME I. — *Avec quelle approximation doit-on évaluer les 2 facteurs d'un produit, pour que ce produit puisse* *être obtenu avec une approximation donnée? — Quelle marche doit-on suivre pour effectuer la multiplication?*

588. Ici l'abréviation apportée dans le calcul est très-notable, surtout lorsque le deux facteurs renferment un grand nombre de chiffres. La marche générale de l'opération se trouve alors entièrement modifiée, et la multiplication ainsi transformée, peut prendre sérieusement le nom de *multiplication abrégée*.

La méthode que nous indiquons est due à OUGHTRED, mathématicien anglais du XVIIe siècle. On la désigne souvent pour cela sous le nom de *méthode* ou *procédé d'Oughtred*.

589. RÈGLE GÉNÉRALE. — *Pour former, par la multiplication abrégée et à moins d'une unité décimale déterminée, le produit de deux nombres, entiers ou fractionnaires, donnés avec une approximation indéfinie, on commence par écrire le multiplicande, puis le multiplicateur, dont on renverse l'ordre des chiffres, en ayant soin de placer le chiffre qui représente les unités simples de ce nombre sous le chiffre du multiplicande qui exprime des unités cent fois plus faibles que celle qui marque l'approximation demandée.*

On multiplie successivement, par chaque chiffre du multiplicateur, le chiffre correspondant du multiplicande et ceux qui sont à sa gauche; on néglige les chiffres du multiplicateur, qui, placés à gauche, ne sont surmontés d'aucun chiffre du multiplicande.

On place les produits partiels obtenus les uns sous les autres, de manière que leurs premiers chiffres à droite soient tous dans une même colonne verticale.

On additionne; on supprime deux chiffres sur la droite du résultat; on augmente d'une unité le dernier chiffre restant, et l'on fait exprimer au nombre ainsi obtenu des unités de l'ordre marqué par l'approximation.

Exemple. — Soit à former le produit à moins de 0,001 près, de

$$97,94328574 \text{ par } 26,345287493.$$

Renversant l'ordre des chiffres du multiplicateur, on

place le chiffre 6, des unités, sous le chiffre 8 du multiplicande, qui exprime des unités cent fois plus faibles que
0,001, unité d'approximation, c'est-à-dire des cent-millièmes :

$$
\begin{array}{r}
97{,}9432\,8574 \\
394\,7\,8\,2543.62 \\
\hline
1958\,86\,7\,0 \\
587\,6596\,8 \\
29\,3829\,6 \\
3\,9177\,2 \\
4897\,0 \\
195\,8 \\
77\,6 \\
6\,3 \\
\hline
2\,580.3437\,3 \\
2\,580{,}344
\end{array}
$$

puis, on écrit le reste du multiplicateur, ainsi renversé,
sous le multiplicande, et l'on souligne.

On multiplie, par le premier chiffre, 2, du multiplicateur, le chiffre correspondant 5, du multiplicande, et toute
la partie à gauche de 5, négligeant les deux chiffres de
droite, 7 et 4. — On multiplie ensuite par 6 le chiffre
correspondant 8, et toute la partie à gauche de 8, négligeant la partie droite, 574; de même, on multiplie par 3 le
chiffre au-dessus, 2, et la partie à gauche, et ainsi de suite.
Arrivé à la gauche du multiplicateur : après avoir multiplié par 7 du multiplicateur, le chiffre 9 du multiplicande,
on néglige les chiffres 4, 9, 3 du multiplicateur, qui n'ont
aucun correspondant dans le multiplicande. — Enfin on
place les premiers chiffres des différents produits partiels,
les uns sous les autres, autant que possible sous le chiffre
des unités du multiplicateur; puis on additionne. On néglige les deux derniers chiffres obtenus 7 et 3; on force le
dernier conservé, 3; on sépare trois chiffres décimaux,
comme dans l'approximation, et on a le produit cherché :

2580,344.

590. Il est facile de faire voir que ce produit est obtenu à moins de 0,001 près.

On commence par remarquer que tous les produits partiels expriment des unités de même ordre, de l'ordre inférieur de deux rangs à celui de l'unité d'approximation, c'est-à-dire, ici, des *cent-millièmes*, l'unité d'approximation étant 0,001. — En effet, le chiffre 6, des unités du multiplicateur, est sous les *cent-millièmes* du multiplicande, et comme, dans le produit par 6, on néglige les ordres inférieurs aux *cent-millièmes*, ce produit représente bien un nombre de *cent-millièmes*.

Cela posé : puisque le multiplicateur est renversé, et que chaque fois on commence la multiplication par le chiffre du multiplicande qui correspond au chiffre du multiplicateur par lequel on opère, en avançant, vers la gauche, de 1,2,3... rangs, on multiplie, par des unités, 10,100,1000... fois plus faibles, des unités, 10, 100, 1000... fois plus fortes au multiplicande ; l'inverse a lieu, lorsque l'on considère les chiffres du multiplicateur placés à la droite des unités ; la nature des unités obtenues ne peut donc changer avec le chiffre du multiplicateur employé, et par suite, les différents produits partiels représentent des unités de même ordre, des *cent-millièmes* dans le cas présent. Cela justifie la méthode prescrite pour placer les produits partiels.

Ceci établi, on remarque que :

En multipliant par les 2 *dizaines* du multiplicateur, on néglige au multiplicande 0,00000074, quantité moindre que 0,000001 ; la partie du produit ainsi négligée est donc moindre que 0,000001 × 2 *dizaines*, ou 0,00002, c'est-à-dire 2 *cent-millièmes*.

Dans le second produit partiel, la partie négligée au multiplicande est 0,00000574, quantité moindre que 0,00001 ; la partie correspondante négligée au produit total est donc moindre que 0,00001 × 6 *unités*, ou 0,00006, c'est-à-dire 6 *cent-millièmes*.

Dans le troisième produit partiel, la partie négligée au multiplicande est 0,00008574, quantité moindre que 0,0001 ; elle correspond, dans le produit, à une partie négligée moindre que 0,0001 × 3 *dixièmes*, ou 0,00003, ou enfin 3 *cent-millièmes*.

Pour la même raison, les parties négligées au produit, dans la formation des 5 produits partiels suivants, sont respectivement moindres que : 0,00004 ..... 0,00005 ..... 0,00002 .... 0,00008 et 0,00007.

De plus, on a complétement négligé le produit du multiplicande par la partie du multiplicateur, 0,000000493, qui déborde le multiplicande; or, cette partie est inférieure à 0,0000005, et, comme le multiplicande est moindre que 100, la partie correspondante négligée ainsi est plus petite que 0,0000005 × 100, c'est-à-dire 0,00005, ou 5 *cent-millièmes*.

On voit donc, en résumé, que la partie négligée au produit total est moindre que la somme :

$$
\begin{array}{r}
0,00002 \\
+\ 0,00006 \\
+\ 0,00003 \\
+\ 0,00004 \\
+\ 0,00005 \\
+\ 0,00002 \\
+\ 0,00008 \\
+\ 0,00007 \\
+\ 0,00005
\end{array}
$$

c'est-à-dire, que 0,00042 ou 42 *cent-millièmes*. La partie ainsi négligée étant moindre que 0,00042, et, à plus forte raison, moindre que 0,001, le produit vrai est évidemment compris entre

$$2580,34373 \text{ et } 2580,34473;$$

il est donc 2580,344 à moins de 0,001 près; ce qu'il fallait démontrer.

591. Il résulte évidemment de là, qu'en général : *la partie négligée au produit, ou l'erreur commise, est moindre que le nombre qu'on obtient, en faisant la somme des chiffres employés comme* MULTIPLICATEURS, *et ajoutant à cette somme le premier chiffre débordant le multiplicande à gauche,*

augmenté d'une unité ; ce nombre représentant des unités cent
fois plus faibles que l'unité d'approximation.

592. Il pourrait se faire que la somme, dont on vient
de parler, fût plus grande que 100, ce qui n'arrivera
d'ailleurs que si l'on emploie plus de 9 chiffres multiplicateurs; dans ce cas, la partie négligée étant exprimée en
unités cent fois plus faibles que l'unité d'approximation,
cette partie étant d'ailleurs au moins égale à 100, l'erreur
commise sur le produit pourra porter sur le dernier chiffre
conservé, qui ne donnera plus, par suite, aucune certitude.

Pour obvier à cet inconvénient, qu'on pourra reconnaître avant de commencer l'opération, il suffira de reculer,
d'un rang vers la droite, le chiffre des unités du multiplicateur, lequel chiffre se trouvera alors placé sous le chiffre
du multiplicande qui exprime des unités 1000 fois plus
faibles que l'unité d'approximation.

On supprimera alors 3 chiffres, au lieu de 2, à la droite du
produit, on forcera d'une unité le dernier chiffre conservé,
et l'on fera exprimer au produit des unités de l'ordre énoncé.

593. Dans certains cas il peut être inutile d'ajouter
une unité au dernier chiffre conservé à la droite du produit; c'est lorsque la partie à effacer à la droite du produit
brut, augmentée de la somme des chiffres *multiplicateurs,*
plus le premier chiffre non employé, plus 1, est moindre
que 100 ; ainsi, soit le nombre

$$387,64542,$$

représentant un produit brut, dont on voudrait tirer le
produit à moins de 0,001, et soit 32 la somme des valeurs
absolues des chiffres multiplicateurs, plus, etc. — 32 cent-
millièmes est un nombre supérieur à la partie négligée,
donc le produit exact est inférieur à 387,64542 + 0,00032
ou 387,64574, et, par conséquent, 387,645 est ce produit à
moins de 0,001 près, en moins. En forçant le dernier chiffre,
on aurait le résultat, toujours à moins de 0,001, mais
approché en plus ; ce serait 387,646.

594. Il est à remarquer que le plus souvent, dans
l'emploi de la méthode générale, on ne sait pas dans quel

sens est approché le résultat. Si l'on tient à avoir le produit,
en moins par exemple, il suffit de forcer l'approximation
d'un rang, c'est-à-dire de calculer un chiffre de plus ; puis
de supprimer les 3 derniers chiffres à la droite du produit.

595. Il est encore utile de remarquer que si le multiplicande ayant un nombre limité de chiffres, et étant
connu ainsi exactement, un ou plusieurs chiffres du multiplicateur débordent ce multiplicande vers la droite, il
faut mettre ou supposer des zéros à la droite du multiplicande et au-dessus des chiffres isolés du multiplicateur ;
puis, conduire l'opération suivant la règle générale.

Ainsi, pour former le produit :
$$237,652 \times 326,7294,$$
à moins de 0,1, on dispose l'opération de la manière
suivante :

```
        237,65200
         49 27623
        ─────────
        712 95600
         47 53040
         14 25912
          1 66355
            4752
            2133
              92
        ─────────
        776 47884
```

77647,9, produit cherché.

596. Nous verrons plus loin qu'il n'en serait plus de
même si, le multiplicande n'étant connu qu'avec approximation, les chiffres en excès au multiplicateur étaient surmontés de zéros remplaçant des chiffres inconnus et négligés à la droite du multiplicande.

597. Au lieu de chercher le produit de deux nombres
avec une approximation décimale déterminée, on peut se
proposer la question suivante :

*Calculer le produit de deux nombres avec un certain nombre
de chiffres exacts.*

La multiplication abrégée peut être encore du même secours dans ce cas. En effet : soit à multiplier 348,76429384 par 28,654387, et supposons qu'on veuille avoir 7 chiffres exacts au résultat.

On commencera par chercher l'ordre des plus basses unités du produit, afin de fixer l'approximation correspondante ; pour cela, on remarquera que le multiplicande étant compris entre 300 et 400, et le multiplicateur entre 20 et 30, le produit sera plus grand que 6000 et plus petit que 12000 ; il renfermera donc au moins 4 chiffres entiers, et par suite, 3 chiffres décimaux au plus ; il suffira donc de le calculer à moins de 0,001, sauf à supprimer un chiffre décimal, dans le cas où, la partie entière renfermant 5 chiffres, il ne faudrait que deux chiffres décimaux ; on aura ainsi l'opération suivante :

$$
\begin{array}{r}
348,7642\,9384 \\
78\,3456\,82 \\
\hline
6975\,2858\,6 \\
2790\,1143\,2 \\
209\,2585\,2 \\
17\,4382\,0 \\
1\,3950\,4 \\
1046\,1 \\
278\,4 \\
23\,8 \\
\hline
999\,36267\,7
\end{array}
$$

Le produit cherché est donc 9993, 627.

598. Lorsque les facteurs d'un produit sont donnés, chacun avec une approximation déterminée, il n'est plus possible de calculer le produit avec une approximation quelconque ; cette approximation résultante a une limite, et la détermination de cette limite est l'objet du problème suivant :

599. PROBLÈME II. — *Avec quelle approximation maximum peut-on obtenir, par la méthode d'Oughtred, le produit de deux facteurs, donnés chacun avec une approximation dé-*

16.

terminée, c'est-à-dire dont on ne connaît exactement qu'un certain nombre de chiffres?

600. RÈGLE GÉNÉRALE. — *Pour connaître la plus grande approximation avec laquelle il est possible d'obtenir, par la règle d'Oughtred, le produit de deux nombres, donnés chacun avec une approximation déterminée; puis, pour former ce produit :*

On multiplie une unité du dernier ordre, du nombre renfermant le moins de chiffres en tout, par l'unité de l'ordre le plus élevé de l'autre nombre : l'approximation la plus grande sur laquelle on puisse compter se détermine en multipliant le produit ainsi trouvé, par 100, dans la plupart des cas. On le multiplie par 10, si la somme des chiffres donnant la limite de l'erreur commise est inférieure à 10; par 1000, si cette somme surpasse 100, etc., etc.

Pour former le produit cherché, on dispose l'opération d'après la règle ordinaire, en prenant pour multiplicande celui des deux nombres qui renferme le moins de chiffres en tout, et plaçant le chiffre des plus hautes unités du multiplicateur sous le dernier chiffre à droite du multiplicande. On opère ensuite d'après la règle ordinaire connue.

601. Pour justifier cette marche, nous remarquerons tout d'abord que : quel que soit celui des deux nombres qu'on prenne pour multiplicande, on ne pourra placer le chiffre des plus hautes unités du multiplicateur au delà, à droite, du dernier chiffre du multiplicande; car, puisqu'on suppose, à droite de ce facteur, une partie négligée inconnue, on ne pourrait remplacer cette partie absente par des zéros, ainsi qu'il est indiqué au n° 595, sans entacher d'une nouvelle erreur inconnue le produit brut total.

On ne pourra donc placer le chiffre des plus hautes unités du multiplicateur, le plus loin possible, que sous le chiffre des plus basses unités du multiplicande.

Il résulte forcément de là la nécessité de prendre pour multiplicande celui des deux nombres qui renferme le moins de chiffres en tout; car autrement, les plus hautes unités du multiplicande correspondraient à une partie manquante au multiplicateur : une nouvelle erreur inconnue, analogue à celle signalée plus haut, serait introduite au produit brut dont l'approximation ne serait plus certaine.

602. Cela posé : quels que soient les deux nombres donnés, il faudra donc prendre pour multiplicande celui qui renferme le moins de chiffres en tout ; disposer l'autre en multiplicateur, suivant la méthode d'Oughtred, de telle sorte que le chiffre de ses plus hautes unités corresponde au dernier chiffre du multiplicande ; et la plus grande approximation cherchée s'obtiendra : en faisant le produit d'une unité de l'ordre le plus bas du multiplicande par l'unité de l'ordre le plus élevé du multiplicateur, ce qui donnera toujours une unité du dernier ordre du produit brut total, et multipliant cette unité obtenue par 100 dans la plupart des cas. On la multiplierait par 10 ou par 100, etc., si la somme des chiffres donnant la limite de l'erreur commise était inférieure à 10 ou supérieure à 100, etc. De là résulte la règle générale donnée plus haut (n° 600).

Exemple. — Soit à multiplier les deux nombres

$$847,3296 \text{ par } 26, 3742856;$$

le premier, approché à moins de 0.0001 ; le second, à moins de 0.0000001.

Il faut prendre le premier pour multiplicande, ce qui montre tout de suite que l'unité du dernier ordre du produit brut sera :

$$0,0001 \times 10 = 0,001,$$

et, comme la somme des chiffres du multiplicateur, donnant la limite de l'erreur, est comprise ici entre 10 et 100, l'erreur absolue commise est moindre que

$$0,001 \times 100 = 0,1,$$

c'est-à-dire que le produit le plus approché sera obtenu à moins de 0,1.

$$847,3296$$
$$65824\ 7362$$

$$
\begin{array}{r}
1694\ 6592 \\
508\ 5974 \\
25\ 4196 \\
5\ 9311 \\
3388 \\
168 \\
64 \\
\hline
22347\ 693 \\
\end{array}
$$

22347,7 , produit cherché.

603. *Remarque.* — Lorsque les deux facteurs, de même approximation ou non, sont composés d'un même nombre de chiffres en tout, il devient indifférent de prendre l'un ou l'autre pour multiplicande ou pour multiplicateur.

——

EXERCICES

SUR LA MULTIPLICATION ABRÉGÉE.

(1) Calculer, à moins d'une unité, et par la multiplication abrégée, les produits suivants :

364,7826 × 6,429   7842,65 × 72,7427   84,79265 × 0,68429
0,642 × 347,6   67698,7942 × 0,0078659.

(2) Calculer, à moins de 1 dizaine, les produits suivants :

84267,694 × 7864,57   746900 × 9,786
365429,7463 × 32986,42   86429,3 × 0,7865
0,324758 × 9642,97.

(3) Calculer, à moins de 1 centaine, les produits suivants :

786429 × 658,4279   327,648 × 7250   834,279654 × 3976000
94878,25 × 05874   6740,839 × 0,98764.

(4) Calculer, à moins de 0,1, les produits suivants :

3,1415926 × 3279,87   5462,87 × 17,2987
45,273 × 6438,92876   987,43786 × 2,7965
3642,72698 × 23,65487643.

(5) Calculer, à moins de 0,01, les produits suivants :

$$864,5278 \times 9,6374 \qquad 32,67845 \times 5,6742$$
$$276,3927 \times 7208,07874 \qquad 5264,28 \times 34,89765$$
$$358,645926 \times 5200,3876.$$

(6) Calculer, à moins de 0,001, les produits suivants :

$$8543,529 \times 0,07865 \qquad 52,428742 \times 0,003986$$
$$0,00038647 \times 7264,25 \qquad 0,469786 \times 0,05864$$
$$926,04729687 \times 358,002964.$$

DIVISION ABRÉGÉE.

604. Problème I. — *Avec quelle approximation' doit-on évaluer deux nombres indéfiniment approchés, pour que leur quotient puisse être obtenu à moins d'une unité décimale donnée ? — Quelle marche doit-on suivre pour effectuer et abréger le calcul ?*

605. Comme dans la méthode d'Oughtred pour la multiplication, l'abréviation est ici très-notable. Le procédé que nous allons indiquer est beaucoup plus expéditif que la méthode générale ; il porte, à très-juste titre, le nom de *division abrégée.*

606. Règle générale. — *Pour former, par la division abrégée, et à moins d'une unité, entière ou décimale déterminée, le quotient de deux nombres entiers ou décimaux, donnés avec une approximation indéfinie :*

On commence par fixer le nombre des chiffres à obtenir au quotient ; pour cela, connaissant d'avance la nature des plus basses unités du quotient, on détermine celle des plus hautes.

Cela fait, on sépare sur la gauche du diviseur un nombre renfermant deux chiffres de plus que n'en doit avoir le quotient, et l'on barre tous les autres : le nombre ainsi séparé, et abstraction faite de la virgule, est le Premier diviseur abrégé.

On prend sur la gauche du dividende assez de chiffres pour que, abstraction faite de la virgule, le nombre résultant puisse contenir le premier diviseur abrégé, au moins une fois et moins de 10 fois; ce nombre est le PREMIER DIVIDENDE ABRÉGÉ.

On divise ce premier dividende par le premier diviseur abrégé, et l'on en retranche le produit de ce premier diviseur par le chiffre trouvé au quotient.

Le reste est le second dividende abrégé; on le divise par le second diviseur abrégé, formé par la suppression d'un chiffre à droite du premier diviseur abrégé; on obtient ainsi le deuxième chiffre du quotient.

On multiplie ce second diviseur par ce chiffre; on retranche le résultat du second dividende; et l'on continue de la même manière, jusqu'à ce qu'on ait obtenu tous les chiffres du quotient; puis, on fait exprimer à ce quotient des unités de l'ordre déterminé par l'approximation.

Si un dividende abrégé contient 10 fois le diviseur correspondant, on place 9 au quotient, et l'on remplace par autant de 9 tous les chiffres à déterminer encore.

Exemple. — Soit proposé de trouver le quotient, à moins de 0,001 près, de 6886,7239765 par 83,6729867.

On dispose tout d'abord le calcul à la manière ordinaire :

6886,7239.765	83,67298.67
192 8855	82 305
25 5397	
4381	
201	

Puis on observe que si l'on multiplie successivement le diviseur par 10, 100, etc., on obtient successivement 836, 8367, etc.

Les deux premiers nombres comprennent entre eux le dividende 6886,72.....; donc ce dividende est moindre que 100 fois le diviseur, mais contient ce diviseur au moins 10 fois; le quotient, compris entre 10 et 100, contient donc 2 chiffres à sa partie entière, et comme, d'ailleurs, l'approximation comporte 3 chiffres décimaux, le quotient se compose, en tout, de 5 chiffres.

On prend donc alors, abstraction faite de la virgule,

5 + 2 ou 7 chiffres à la gauche du diviseur, et l'on a, pour *premier diviseur abrégé*, 83,67298; on barre les chiffres suivants.

Prenant maintenant, à la gauche du dividende, le nombre 6886,7239, qui, abstraction faite de la virgule, contient le *premier diviseur abrégé*, 83,67298, au moins une fois et moins de 10 fois, on a le *premier dividende abrégé*.

On divise 68867239 par 8367298, et l'on a 8 pour quotient, et pour reste, 1928855, qui devient le *second dividende abrégé*, sans abaissement d'aucun nouveau chiffre du dividende total. Le *second diviseur abrégé* est 836729, qu'on obtient en barrant le dernier chiffre, 8, à la droite du *premier diviseur abrégé*.

On divise 1928855 par 836729; on obtient 2 pour second chiffre du quotient, et pour reste 255397, *troisième dividende abrégé*, qu'on divise à son tour par 83672, *troisième diviseur abrégé*, résultant de la suppression du dernier chiffre, 9, à la droite du diviseur précédent.

Continuant de la même manière, sans jamais abaisser aucun chiffre à la droite des différents restes, mais supprimant chaque fois un chiffre de plus à la droite du diviseur, on obtient successivement pour les *deux derniers diviseurs abrégés*, 8367 et 836; le dernier reste est 201, et le quotient brut, 82305; ce nombre doit exprimer des millièmes, sa forme véritable est donc :

$$82,305,$$

nombre qui, d'après la règle énoncée et suivie, doit être le quotient des deux nombres donnés à moins de 0,001 près, ce qu'il s'agit de démontrer.

607. On peut d'abord remarquer que si, sans changer la marche suivie, au lieu d'opérer sur les nombres donnés, on s'était proposé de trouver le quotient d'un dividende 1000 fois plus fort (0,001 étant l'approximation demandée) par le même diviseur, et à moins d'une unité 1000 fois plus forte que l'approximation demandée, c'est-à-dire à moins d'une unité simple, on aurait, par les mêmes calculs, trouvé 82305 pour résultat.

Si donc, dans cette hypothèse, ce dernier nombre est le

quotient à moins d'une unité, le quotient à moins de 0,001 sera bien 82,305.

Les nombres donnés seraient alors :

$$6886723,9765 \text{ et } 83,6729867.$$

Il est d'ailleurs toujours possible, sans altérer le quotient, sans changer les calculs, d'opérer un même déplacement de la virgule, au dividende et au diviseur; car cela revient à multiplier ou à diviser ces deux nombres par un même nombre. On pourra donc toujours transporter la virgule après le premier chiffre significatif à gauche du diviseur, de manière à rendre ce diviseur plus grand que 1 et moindre que 10.   Dans l'exemple présent on reculera la virgule d'un rang vers la gauche dans les deux nombres, qui alors deviendront :

$$688672,39765 \text{ et } 8,36729867.$$

C'est sur ces deux nombres, que reprenant les calculs, nous allons démontrer que 82305 est le nouveau quotient à moins d'une unité près, et, par suite, 82,305 le quotient proposé à moins de 0,001.

$$
\begin{array}{r|l}
688672,39.\overset{\cdot}{7}6\overset{\cdot}{5} & 8,367298.\overset{\cdot}{6}\overset{\cdot}{7} \\
19288,55 & \overline{82305} \\
2553,97 & \\
43,81 & \\
2,01 & \\
\end{array}
$$

En multipliant successivement par les différents chiffres : 8, 2, 3, 0, 5, du quotient présumé, les parties : 8,367298, 8,36729, 8,3672, 8,367, 8,36, du diviseur, ce qui revient à faire l'opération suivante :

$$
\begin{array}{r}
8,367298 \\
50328 \\
\hline
66938384 \\
1673458 \\
251016 \\
4180 \\
\hline
688670,38 \\
\end{array}
$$

on a formé, par la multiplication abrégée, le produit brut,

(c'est-à-dire sans modification du dernier chiffre conservé) du diviseur total par le nombre 82305, à moins d'une unité près ; en effet, en disposant le multiplicateur 82305, en ordre inverse, sous le diviseur, le premier chiffre sous le septième chiffre 8 de ce diviseur, le chiffre 5, des unités du multiplicateur, se trouve sous le chiffre des centièmes du diviseur ; et cela arrivera toujours, puisque le premier diviseur employé renferme, d'après la règle générale, deux chiffres de plus que le quotient, et que le premier chiffre du diviseur est toujours ramené, dans le raisonnement préliminaire, à être un chiffre d'unités simples.

On a donc ainsi retranché du dividende le produit abrégé brut, à moins d'une unité, du diviseur par 82305, et comme le dernier reste 2,01 est inférieur au dernier diviseur 8,36, il est évident que le dividende ne contiendrait pas une fois de plus 8,36, et, *à fortiori*, le diviseur total ; le quotient est donc inférieur à 82306.

D'un autre côté, le produit abrégé, retranché du dividende, est inférieur au produit exact du diviseur par 82305, de moins d'une unité, tandis que ce produit exact surpasse celui du diviseur total par 82304, de tout ce diviseur, c'est-à-dire, de plus d'une unité ; si donc le produit abrégé, par 82305, a pu être retranché du dividende, à plus forte raison, ce dividende contiendra-t-il le produit du diviseur par 82304 ; donc le quotient est au moins égal à 82304 ; d'ailleurs, il est moindre que 82306 ; donc, compris entre 82304 et 82306, il est 82305, à moins d'une unité près.

Il résulte de là que 82,305 est le quotient cherché, à moins de 0,001 près, ce qu'il fallait démontrer.

Remarque. — Ainsi que dans la multiplication abrégée, l'on ne sait pas si le quotient obtenu est approché en plus ou en moins. Dans le cas où il serait nécessaire de fixer le sens de l'approximation, il suffirait de calculer le quotient avec un chiffre de plus.

Cas particulier.

608. *Un dividende partiel abrégé peut contenir 10 fois le diviseur abrégé correspondant.*

Soit à chercher le quotient de 34,35859164 par 0,0648275428 à moins de 0,01.

$$
\begin{array}{c|c}
34{,}358591.\overset{\cdot\cdot}{64} & 0{,}06482754.\overset{\cdot\cdot}{28} \\ \hline
1\ 944821 & 529{,}99 \\
648271 & \\ \hline
64828 & \\
6490 & \\
658 & \\
\end{array}
$$

Après avoir constaté que le quotient doit renfermer **en tout 5** chiffres, on prend sur la gauche du diviseur 7 chiffres pour former le premier diviseur abrégé, 6482754; puis, 34358591, à la gauche du dividende, pour premier dividende abrégé, abstraction faite de la virgule dans ces deux nombres.

On divise, et l'on obtient ainsi 5 pour premier chiffre du quotient, avec 1944821 pour premier reste et second dividende abrégé.

Supprimant le dernier chiffre 4, à la droite du premier diviseur, divisant 1944821 par le diviseur restant, 648275, on obtient le second chiffre 2 du quotient, et 648271 pour second reste et troisième dividende abrégé.

Le reste 648271 est moindre que le diviseur 648275, mais en supprimant le dernier chiffre 5, pour former le diviseur suivant, le dividende 648271 contient 10 fois ce diviseur 64827. Néanmoins, on met 9 au quotient; on obtient alors un quatrième dividende abrégé, 64828, contenant encore 10 fois le diviseur correspondant, 6482. Un nouveau 9 est mis au quotient, et l'on opère de même encore pour le cinquième dividende abrégé, 6490, contenant aussi 10 fois le diviseur correspondant 648. Le reste définitif est 658.

Il est facile de voir que le quotient est compris entre 529.98 et 529,99 + 0,01 ou 530, et que, par conséquent, 529,99 le représente bien encore, à moins de 0,01.

En effet, faisons subir aux deux nombres donnés les mêmes modifications que dans le premier cas, l'opération se présentera sous la forme suivante :

$$
\begin{array}{r|l}
343585,91.\overset{..}{64} & 6,482754.\overset{..}{28} \\
19448,21 & \overline{52999} \\
6482,71 & \\
\hline
648,28 & \\
64,90 & \\
6,58 & \\
\end{array}
$$

et il suffit alors de démontrer que 52999 est le nouveau quotient à moins d'une unité près.

Or, le second reste 6482,71 a été obtenu en retranchant du dividende le produit suivant :

$$
\begin{array}{r}
6,4827\ 54 \\
000\ 25 \\
\hline
32\ 4137\ 70 \\
1\ 2965\ 50 \\
\hline
33\ 7103,20 \\
\end{array}
$$

c'est-à-dire, le produit abrégé brut, à moins d'une unité, du diviseur par 52000; ce reste 6482,71 étant moindre que 6482,75, c'est-à-dire que 1000 fois le diviseur abrégé 6,48275, il en résulte que le dividende ne contient pas 1000 fois de plus le diviseur abrégé, et, à plus forte raison, le diviseur total; le quotient est donc moindre que 53000.

D'ailleurs, ainsi que dans le premier cas, on voit que le produit abrégé brut du diviseur par 52999, à moins d'une unité, différant du produit exact de ces deux nombres, de moins d'une unité, tandis que ce produit exact surpasse, de plus d'une unité, celui du diviseur par 52998, ce dernier produit, inférieur au premier, est nécessairement contenu dans le dividende; donc le quotient est supérieur à 52998.

Le quotient, étant compris entre 52998 et 53000, est 52999, à moins d'une unité. Il en résulte bien évidemment que 529,99 est le quotient cherché à moins de 0,01; ce qui démontre la dernière partie de la règle générale.

Autre cas particulier.

609. *Il peut arriver que la partie significative du diviseur ne contienne pas assez de chiffres* pour qu'on puisse y prendre, d'après la règle, le premier diviseur abrégé ; c'est ce qui arrive dans l'exemple suivant où l'on se propose de trouver le quotient, à moins de 0,001, de 5662,955432 par 26,387.

$$
\begin{array}{r|l}
5662,9.5\ 5\ 4.\overset{..}{3}2 & 26,387000 \\ \cline{2-2}
385\ 5.5\ 5\ 4 & 214,573 \\
121\ 6\ 8.5\ 4 & \\
15\ 1\ 3\ 7.4 & \\
1\ 9\ 4\ 3\ 9 & \\
9\ 7\ 3 & \\
1\ 8\ 4 &
\end{array}
$$

Le quotient devant renfermer 6 chiffres, le premier diviseur abrégé doit en avoir 8. On remplace les trois chiffres manquants par 3 zéros ; on prend pour dividende 56629554, et l'on conduit l'opération en suivant la méthode ordinaire.

On peut seulement observer que le premier chiffre du quotient s'obtient en divisant 56629554 par 26387000, ou simplement, ce qui revient au même, 56629 par 26387 ; on trouve ainsi 2.

Or, en multipliant 26387000 par 2, et retranchant le produit du dividende, les trois derniers chiffres de ce dividende se reproduisent à la droite du reste, 3855.554, qui devient le second dividende à diviser par 2638700, pour avoir le second chiffre du quotient. Or, pour avoir ce chiffre, il suffit de diviser 3855.5 par 26387. Mais 3855.5 est le reste, 3855, de la division de 56629 par 26387, à la droite duquel on a abaissé le chiffre suivant, 5, du dividende, comme on l'aurait fait dans une division ordinaire.

De même maintenant, on divise 12168.54 par 263870, pour avoir le troisième chiffre du quotient, ce qui revient à diviser 12168.5 par 26387. Or, 12168.5 est le reste, 12168, de la division de 38555 par 26387, à la droite duquel on a abaissé le chiffre suivant, 5, du dividende, comme on l'aurait encore fait dans une division ordinaire.

Enfin, le dividende suivant, 15137.4, n'est autre que le reste, 15137, de la division de 121685 par 26387, à la droite duquel on a encore abaissé le chiffre suivant, 4, du dividende. Le quatrième chiffre du quotient peut donc enfin être obtenu en continuant la division ordinaire du dividende par la partie significative totale, 26387, du diviseur.

C'est seulement à partir de la division suivante qu'on commence à abréger le calcul, par la suppression de chiffres à la droite du diviseur.

Il résulte de ce qui précède que l'opération devra présenter la marche suivante :

$$
\begin{array}{r|l}
5662,9.554.\overset{.}{3}\overset{.}{2} & 26,387 \\ \hline
385\,5\ 5 & 214,573 \\
121\ 6\ 85 & \\
15\ 1\ 374 & \\
1\ 9\ 439 & \\
973 & \\
184 & \\
\end{array}
$$

610. RÈGLE. — *Lorsque la partie significative du diviseur ne contient pas assez de chiffres, pour qu'on puisse y prendre, d'après la règle générale, le premier diviseur abrégé, on commence l'opération comme si c'était une division ordinaire, et l'on continue ainsi, jusqu'à ce qu'on ait obtenu au quotient un nombre de chiffres égal au nombre, plus 1, des chiffres manquants au diviseur ; puis on achève l'opération par la méthode abrégée.*

La division abrégée permet encore de résoudre le problème suivant.

611. PROBLÈME II. — *Avec quelle approximation maximum peut-on obtenir, par la division abrégée, le quotient de deux nombres, donnés chacun avec une approximation déterminée ; c'est-à-dire dont on ne connaît exactement qu'un certain nombre de chiffres ?*

612. RÈGLE GÉNÉRALE. — *Deux cas peuvent se présen-*

ter, suivant que la partie significative exacte du dividende est ou non au moins égale à la partie significative exacte du diviseur; ces deux parties étant considérées comme deux nombres entiers.

1° Dans le premier cas, le quotient doit avoir 2 chiffres de moins que la partie significative du diviseur; l'unité d'approximation résultante est alors déterminée facilement d'après l'ordre des plus hautes unités du quotient. L'opération se fait d'ailleurs suivant la méthode abrégée, en prenant pour premier diviseur toute la partie significative du diviseur donné.

2° Dans le second cas, on supprime, à la droite de la partie significative du diviseur, assez de chiffres pour que la partie restante soit contenue, mais moins de 10 fois, dans la partie significative du dividende; on opère ensuite comme dans le premier cas.

Premier cas.

613. Soit d'abord à diviser

$$78,6457239 \text{ par } 0,298648;$$

le premier nombre approché à moins de 0,0000001, le second, à moins de 0,000001.

Le diviseur ayant 6 chiffres à sa partie significative, représente le premier diviseur abrégé d'une division dont le quotient doit avoir

$$6 - 2 \text{ ou } 4 \text{ chiffres};$$

4 est donc le nombre des chiffres du quotient.

Or, en multipliant successivement le diviseur par 10, 100, 1000... etc., on trouve que le dividende est compris entre 100 et 1000 fois le diviseur; les plus hautes unités du quotient seront donc des centaines, et le quatrième chiffre représentera par suite des dixièmes.

Le quotient pourra donc être obtenu à moins de 0,1 :

$$
\begin{array}{l|l}
78,6457.239 & 0,298648 \\
18\ 9161 & \overline{2\ 633} \\
\quad 9977 & \\
\quad 1019 & \\
\quad 125 & \\
\end{array}
$$

Le quotient cherché est 263,3.

Deuxième cas.

614. Soit maintenant à diviser

1879,34 par 365,6729;

le premier nombre approché à moins 0,01, le second, à moins de 0,0001.

La partie significative du dividende ne contenant pas la partie significative du diviseur, il n'est plus possible de prendre cette dernière, dans son entier, pour premier diviseur.

Dans ce cas, le plus grand premier dividende ne pouvant être que 187934, on devra prendre pour premier diviseur correspondant 36567, nombre contenu au moins une fois et moins de 10 fois dans le premier dividende.

Les cinq chiffres de ce premier diviseur nous en donneront 3 au quotient; et comme il est facile de voir que les plus hautes unités seront des unités simples, il en résulte que le quotient pourra être obtenu à moins de 0,01.

$$
\begin{array}{r|l}
1879,34 & 365,67.\overset{..}{2}\overset{.}{9} \\
50\ 99 & 513 \\
14\ 43 & \\
3\ 48 &
\end{array}
$$

Le quotient cherché est 5,13.

EXERCICES

SUR LA DIVISION ABRÉGÉE.

1° Calculer, à moins d'une unité et par la division abrégée, les quotients suivants :

(1) 486,3927 : 2,60349.

(2) 6539,267038 : 0.2738456.

(3) 6042,38429 : 31,3169.

(4) 21642,5816 : 24,94762.

(5) 836547,392 : 694,82.

(6) 36,842835 : 0,07642.

(7) 0,029864539 : 0,0000386429

(8) 236098.427 : 8,647.

(9) 3,141592653 : 0,0168793.

(10) 401,6384 : 3,57864296.

2° Calculer, à moins de 0,1 et par la division abrégée, les quotients suivants :

(11) 428,39846 : 5,734156.

(12) 642,38 : 0,3842659.

(13) 2986,45 : 9,6436.

(14) 0,06298642 : 0,00018986409.

(15) 3268,280427 : 13,038543.   (18) 0,6986 : 0,000048634.
(16) 3685,426742 : 56,246293.   (19) 96,4 : 0,486496.
(17) 8627,634567 : 0,07643298.   (20) 2864796,35 : 964,39864.

3° Calculer, à moins de 0,01 et par la division abrégée, les quotients suivants :

(21) 483,2345671 : 84,4729.   (26) 3,659 : 0,002864296.
(22) 327,2642384 : 12,54386723.   (27) 0,04262984 : 0,0006984276.
(23) 5487,462 : 9,236294286.   (28) 29,3642639 : 0,4867.
(24) 4821,324169 : 0,28643652.   (29) 0,6284 : 0,0000286496.
(25) 6427,38642 : 7,386.   (30) 13623678,394 : 8647,2986375.

4° Calculer, à moins de 0,001 et par la division abrégée, les quotients suivants :

(31) 6,34265 : 32,4873.   (36) 4,146827 : 6,3986427.
(32) 84,46237 : 41,3654287.   (37) 0,0042364279 : 0,003268539
(33) 128,393939 : 6,286541.   (38) 86,347 : 0,0069862785.
(34) 6473,8643927 : 84,638295.   (39) 642,323232.. : 0,27272727...
(35) 946,2436 : 0,09986298.   (40) 2368427,46 : 986,34343434.

CHAPITRE III.

ERREUR RELATIVE.

615. Avant d'entamer cette question, nous définirons deux nouveaux signes employés en mathématiques, et dont nous allons avoir à nous servir comme abréviatifs.

616. On indique que de deux quantités, l'une est plus petite que l'autre, au moyen des deux signes :

    > signifiant et s'énonçant *plus grand que,*
    <   id.   id.   *plus petit que,*

qu'on place entre les 2 quantités, la pointe dirigée du côté de la plus petite.

     Exemple : 329 > 28,72
    s'énonce : 329 plus grand que 28,72,
        0,246 < 6,74
    0,246 plus petit que 6,74.

617. Définition. — *L'erreur relative est, d'une manière générale, le nombre toujours abstrait représentant le quotient de l'erreur absolue par le nombre exact.*

618. Ainsi que nous le verrons, c'est elle qui caractérise nettement le degré d'exactitude de l'évaluation numérique. Aussi ne change-t-elle pas, pour un même degré d'exactitude, alors que l'erreur absolue croît et décroît en même temps que le nombre, ou que la grandeur à mesurer. Elle donne une idée précise de la justesse, de la sensibilité des instruments de mesure et de l'habileté de l'opérateur.

619. Dans le cas d'une erreur absolue, en plus ou en moins, de 25 grammes, sur le poids exact de 1 kilog. ou 1000 gr., l'erreur relative est $\dfrac{25}{1000}$ et de même sens que l'erreur absolue.

De même, si à la droite du nombre 8,576 supposé exact, on supprime le chiffre des millièmes 6, l'erreur absolue est 0,006, et l'erreur relative

$$\frac{0.006}{8,576} = \frac{6}{8576}.$$

620. Nous pouvons remarquer d'après cela, que l'erreur relative représente toujours une fraction ou partie aliquote de la grandeur mesurée ou du nombre considéré, pris, l'un ou l'autre, pour unité abstraite ; cette fraction a pour numérateur la valeur abstraite de l'erreur absolue, et, pour dénominateur, la valeur également abstraite de la mesure de la grandeur ou le nombre considéré, ces deux termes rapportés à la même unité décimale prise pour unité.

621. Il en résulte alors que l'erreur absolue est cette même fraction de la valeur numérique de la grandeur mesurée ou du nombre considéré. Ce qui revient à dire qu'elle est le produit de la valeur exacte par la fraction qui représente l'erreur relative.

Ainsi, dans le premier exemple, nous rapportons erreur absolue et mesure au gramme ; l'erreur relative,

$$\frac{25}{1000} \text{ ou } 0,025$$

indique que l'erreur absolue est les 0,025 du poids évalué, 1000 gr. ou 0 kg.,025.

Dans le second cas : exprimant en millièmes la partie négligée et le nombre, nous trouvons que l'erreur relative est $\frac{6}{8576}$, ce qui revient à dire que l'erreur absolue est les $\frac{6}{8576}$ du nombre exact 8,576, c'est-à-dire :

$$8{,}576 \times \frac{6}{8576} = 0{,}006.$$

622. Cette manière d'envisager l'erreur relative est très-importante : elle fait mieux comprendre la nature de cette erreur et la liaison qui existe entre elle et l'erreur absolue; elle nous permet tout de suite de conclure à son invariabilité pour un même degré d'exactitude.

En effet, d'après ce qui vient d'être dit : commettre, sur la mesure d'une longueur, une erreur relative de $\frac{11}{1000}$, en moins par exemple, c'est, quelle que soit cette longueur, en négliger les $\frac{11}{1000}$; l'évaluation de ces $\frac{11}{1000}$ donne l'erreur absolue.

Sur   1000ᵐ on négligera 11ᵐ   erreur absolue
—   100   —   1,1   id.
—   10   —   0,11   id.
—   100000   —   1100   id.

623. Comme l'erreur absolue, l'erreur relative est rarement considérée, et surtout employée dans sa valeur exacte souvent inconnue, presque toujours trop compliquée. On préfère remplacer cette erreur, comme la première, par une limite supérieure, ordinairement une fraction décimale. La considération de cette limite est d'ailleurs forcée lorsque, comme cela arrive presque toujours, la valeur exacte de la grandeur mesurée ou du nombre n'est pas connue.

624. Ainsi, par exemple :

1° Si, sur la droite du nombre **32,627** on supprime

2 chiffres, l'erreur absolue est 0,027 et l'erreur relative

$$\frac{0,027}{32,627} = \frac{27}{32627};$$

cette fraction est incommode ; son évaluation en décimales serait plus avantageuse ; mais il est encore préférable de lui substituer, comme limite, l'unité décimale qui lui est immédiatement supérieure, et qu'on peut obtenir par la réduction décimale :

$$\begin{array}{c|c} 270000 & 32627 \\ \hline & \overline{0,0008} \end{array}$$

Sans aller plus loin, nous voyons que la fraction est moindre que 0,001, ce qu'on aurait encore pu, du reste, obtenir en remarquant que son numérateur étant moindre que 30 et son dénominateur plus grand que 30000, pour ces deux raisons, elle est moindre que

$$\frac{30}{30000} \ \text{ou} \ \frac{1}{1000} \ \text{ou} \ 0,001,$$

ce qui revient à dire que l'erreur relative est moindre que 0,001, ou que la partie négligée, ou erreur absolue 0,027, est moindre que la millième partie du nombre total.

3° Soit maintenant un nombre approché 614,83764 dont l'erreur absolue est moindre que 0,0001 ; nous pouvons tout d'abord supprimer le 5ᵉ chiffre décimal 4, en forçant d'une unité le dernier chiffre conservé ; le nombre approché devient alors

$$614,8377.$$

Or, nous avons ici :

Erreur absolue < 0,0001

Nombre exact > 100.

Pour cette double raison, nous aurons donc :

$$\text{err. relat.} \ < \frac{0,0001}{100} = \frac{1}{1000000} = 0,000001.$$

Ainsi, en prenant 614,8377 pour le nombre exact inconnu, l'on se trompe, en plus ou en moins, d'une quantité moindre que la millionième partie de ce nombre exact.

625. Ces notions sur les erreurs une fois établies,

nous allons exposer quelques principes sur lesquels reposent les applications et la détermination des erreurs dans les calculs sur les nombres approchés.

626. PRINCIPE I. — *Lorsque, sur la droite d'un nombre, entier ou décimal, on supprime un certain nombre de chiffres, pour les remplacer, s'il y a lieu, par un même nombre de zéros, l'erreur relative commise est moindre qu'une unité décimale d'un rang inférieur d'une unité au nombre des chiffres placés à la gauche de la partie supprimée.*

En un mot, s'il reste 2, 3, 4... chiffres à la gauche de la partie supprimée, l'erreur relative est respectivement moindre que 0,1, 0,01, 0,001... etc.

En effet, supprimons 3 chiffres à la droite du nombre 284,64729, ce nombre devient 284,64 et l'erreur relative est :

$$\frac{0,00729}{284,64729} ;$$

remplaçant le numérateur par l'unité décimale qui lui est immédiatement supérieure, et le dénominateur par l'unité immédiatement inférieure au nombre donné : la fraction devenant plus grande, pour ces deux raisons, on a

$$\text{erreur relative} < \frac{0,01}{100} \text{ ou } \frac{1}{10000} = 0,0001,$$

ce qui est conforme à l'énoncé, puisque le nombre conservé 284,64 renferme 5 chiffres.

On peut pousser un peu plus loin l'approximation, au moyen du principe suivant :

627. PRINCIPE II. — *Lorsque, sur la droite d'un nombre, entier ou décimal, on supprime un certain nombre de chiffres significatifs, pour les remplacer, s'il y a lieu, par des zéros, l'erreur relative commise est moindre qu'une fraction ayant pour numérateur l'unité et pour dénominateur un nombre composé du premier chiffre du nombre donné suivi d'autant de zéros, moins un, qu'il est resté de chiffres à la gauche de la partie supprimée.*

Soit en effet le nombre 8637294, sur la droite duquel

nous supprimons 2 chiffres ; le nombre devient 8637200 et l'erreur relative est

$$\frac{94}{8637294} < \frac{100}{8000000} = \frac{1}{80000}$$

ce qui justifie le principe.

628. Ces deux principes permettent, comme on le voit, la détermination de la limite de l'erreur relative, connaissant l'erreur absolue. Ils s'appliquent également, lorsque le nombre considéré, au lieu d'être exact, est lui-même approché à moins d'une unité décimale de même ordre que son dernier chiffre à droite.

Revenons maintenant de l'erreur relative à l'erreur absolue.

629. PRINCIPE III. — *Lorsque l'erreur relative d'un nombre approché est moindre qu'une unité décimale déterminée, on peut compter sur l'exactitude d'autant de chiffres, à la gauche du nombre approché, qu'il y a d'unités dans le rang de l'unité d'approximation.*

On supprime alors tous les autres chiffres, en les remplaçant, s'il y a lieu, par des zéros.

Ainsi, si l'approximation est 0,1, 0,01, 0,001... etc., on doit compter sur 1, 2, 3, 4... chiffres exacts.

Exemple. — Soit le nombre approché 58467,32546, dont l'erreur relative est inférieure à 0,0001, en plus ou en moins.

L'erreur absolue, de même sens, devant être, d'après cela, moindre que 0,0001 du nombre exact, est à plus forte raison moindre que 0,0001 de l'unité supérieure à ce nombre, c'est-à-dire 100000.

Ainsi nous aurons :

erreur absolue < 100000 × 0,0001 = 10.

Ce qui veut dire que l'erreur absolue ne porte pas sur le chiffre des dizaines, dont l'exactitude est alors certaine, sans qu'on puisse rien affirmer pour les unités inférieures ; la partie certaine est donc

58460,

ce qui démontre le principe énoncé.

Ce principe se retrouve encore comme conséquence du principe plus général suivant.

630. Principe IV. — *Lorsque l'erreur relative d'un nombre approché est donnée par une fraction ayant pour numérateur l'unité, et pour dénominateur un nombre composé d'un chiffre significatif suivi de 1 ou plusieurs zéros, on peut compter sur l'exactitude d'autant de chiffres, à gauche, qu'il y a d'unités dans le rang de l'unité décimale immédiatement supérieure à la fraction d'approximation.*

On peut même compter sur un chiffre de plus, lorsque le dénominateur de cette fraction commence par un chiffre supérieur au premier chiffre à gauche du nombre approché.

En effet, soit le nombre 87,327864... approché avec une erreur relative inférieure à $\dfrac{1}{600000}$, fraction moindre que 0,00001.

Le nombre exact est inférieur à 600 ; donc :
$$\text{err. abs.} < 600 \times \frac{1}{600000} = \frac{600}{600000} = \frac{1}{1000} = 0,001.$$

Le chiffre des millièmes est donc bon, et la partie sur l'exactitude de laquelle on peut compter est :

87,327 composée de 5 chiffres,

ce qui répond à la première partie du principe.

Soit maintenant le nombre 0,048672549....., approché avec une erreur relative inférieure à $\dfrac{1}{600000} < 0,00001$:

Le nombre exact étant moindre que 0,06, on a :
$$\text{err. abs.} < 0,06 \times \frac{1}{600000} = \frac{0,06}{600000} = \frac{1}{10000000} = 0,0000001.$$

Le chiffre des dix-millionièmes étant exact, on conservera la partie

0,0486725,

composée de 6 chiffres exacts, c'est-à-dire un de plus que dans l'exemple précédent, pour la même approximation ; ce qui achève de démontrer le principe.

EXERCICES

(1) Exprimer, au moyen du premier chiffre à gauche, puis au moyen d'une unité décimale, la limite de l'erreur relative commise :

Sur 62386,42..., en supprimant les 3 derniers chiffres;

Sur 427,86435...., en supprimant les 2 derniers chiffres;

Sur 8764029,748...., en supprimant les 5 derniers chiffres;

Sur 0,0724863...., en supprimant les 2 derniers chiffres;

Sur 0,00326854...., en supprimant les 3 derniers chiffres.

(2) Sur combien de chiffres exacts peut-on compter en employant les nombres :

364,27864.... évalué avec une erreur relative moindre que 0,0001 ;

42,38642... avec une erreur	$< 0,001$
32764,729... erreur	$< 0,1$
6752837,45... erreur	$< 0,0001$
86427647,3... erreur	$< 0,01$
0,03276429... erreur	$< 0,01$
0,0036427396... erreur	$< 0,00001$
8427,643... erreur	$< \dfrac{1}{4000}$
653,8492... erreur	$< \dfrac{1}{900}$
36427,3986... erreur	$< \dfrac{1}{30000}$
10246,7238... erreur	$< 0,00001$
1004278,32... erreur	$< \dfrac{1}{700000}$
0,0027836947... erreur	$< \dfrac{1}{60000}$
0,098642729... erreur	$< \dfrac{1}{900000}$
0,001273864279... erreur	$< \dfrac{1}{30000}.$

(3) Évaluer, au moyen d'une unité décimale, la limite de l'erreur absolue commise sur chacun des nombres du n° (2).

Applications des erreurs relatives à la multiplication.

631. Principe I. — *L'erreur relative d'un produit de deux facteurs, dont l'un est exact et l'autre approché, est égale à l'erreur relative du facteur approché.*

Supposons en effet qu'on veuille simplifier le produit exact

$$3,27 \times 2,4,$$

en le remplaçant par le produit approché

$$3,2 \times 2,4.$$

Comme on néglige ainsi 0,07 au multiplicande, et que tout ce facteur devrait être multiplié par 2,4, on fait naître une erreur absolue de

$$0,07 \times 2,4.$$

L'erreur relative correspondante sera donc :

$$\frac{0,07 \times 2,4}{3,27 \times 2,4} = \frac{0,07}{3,27}$$

fraction représentant précisément l'erreur relative du facteur approché, ainsi qu'il fallait le démontrer.

632. *Remarque.* — Il résulte évidemment de là que si, au lieu de considérer l'erreur par elle-même, on n'envisage que sa limite, on peut conclure que cette limite est la même pour le produit et pour le facteur approché.

Ainsi, par exemple, la fraction

$$\frac{0,07}{3,27} \ \text{ou} \ \frac{7}{327}$$

qui représente l'erreur relative dont il vient d'être question, et qui peut être ramenée, par approximation, à la forme $\frac{1}{46}$, en divisant ses deux termes par le numérateur 7; cette fraction, disons-nous, est comprise

$$\text{entre } \frac{1}{10} \text{ et } \frac{1}{100};$$

et, par conséquent, moindre que $\frac{1}{10}$; il en résulte que dans l'exemple choisi plus haut, l'erreur relative a pour limite $\frac{1}{10}$, tant pour le facteur approché que pour le produit qui en est la conséquence.

633. Principe II. — *L'erreur relative d'un produit de deux facteurs, approchés l'un et l'autre par défaut, est très-peu différente de la somme des erreurs de ces facteurs ; mais elle est inférieure à cette somme.*

Soit en effet proposé de remplacer le produit
$$6,345 \times 3,78$$
par le produit approché
$$6,3 \times 3,7,$$
dont les deux facteurs sont évalués en moins : le premier avec une erreur relative
$$\frac{0,045}{6,345} = \frac{45}{6345},$$
le second, avec une erreur
$$\frac{0,08}{3,78} = \frac{8}{378}.$$

Si, comme transition, nous prenons d'abord un seul facteur avec approximation, le premier par exemple, 6,3, l'erreur absolue commise sur le premier produit approché résultant,
$$6,3 \times 3,78,$$
sera $0,045 \times 3,78$; puis, si dans ce premier produit nous remplaçons le second facteur par sa valeur approchée 3,7, nous commettrons une nouvelle erreur,
$$6,3 \times 0,08,$$
qui, s'ajoutant à la première, nous donnera l'erreur totale :
$$0,045 \times 3,78 + 6,3 \times 0,08.$$

Or, la seconde partie de cette erreur est inférieure à $6,345 \times 0,08$, de la valeur $0,045 \times 0,08$, du produit des

17.

deux erreurs. Il en résulte que l'erreur totale absolue peut être représentée par l'expression :

$$0,045 \times 3.78 + 6,345 \times 0,08 - 0,045 \times 0,08,$$

qui, divisée par le produit exact $6,345 \times 3,78$, donnera enfin l'erreur relative du produit définitif.

Mais, pour diviser cette expression composée de 3 parties, on peut diviser séparément chaque partie et effectuer sur les quotients les opérations indiquées ; on aura donc pour l'erreur cherchée

$$\frac{0,045 \times 3,78}{6,345 \times 3,78} + \frac{6,345 \times 0,08}{6,345 \times 3,78} - \frac{0,045 \times 0,08}{6,345 \times 3,78},$$

expression qui se simplifie de la manière suivante, par la suppression des facteurs communs aux deux termes de chacune des deux premières fractions :

$$\frac{0,045}{6,345} + \frac{0,08}{3,78} - \left(\frac{0,045}{6,345} \times \frac{0,08}{3,78} \right).$$

Les deux premières parties représentent les erreurs relatives des deux facteurs approchés ; la troisième, entre parenthèses, est le produit de ces erreurs. D'où résulte que :

634. *L'erreur relative d'un produit de deux facteurs approchés par défaut est égale à la somme des erreurs de ces facteurs, diminuée du produit de ces erreurs.*

635. Or, dans un calcul d'approximation, chaque erreur relative est ordinairement une fraction relativement petite ; le produit de deux erreurs est donc, à plus forte raison, une quantité très-petite en général, négligeable même, le plus souvent. Donc enfin :

636. *L'erreur relative d'un produit de deux facteurs approchés par défaut est inférieure, mais de très-peu en général, à la somme des erreurs relatives de ces deux facteurs.*

Le principe est donc démontré.

637. *Remarque.* — Nous ferons enfin observer que si l'on considère des limites au lieu des erreurs elles-mêmes, le principe subsiste évidemment. Ainsi, dans l'exemple sur lequel nous avons raisonné, on voit facilement que les erreurs

$$\frac{45}{6345} \text{ et } \frac{8}{378},$$

sont respectivement moindres que les fractions limites

$$\frac{1}{100} \text{ et } \frac{1}{10}.$$

On en conclut que l'erreur du produit est moindre que

$$\frac{1}{100} + \frac{1}{10},$$

et, à plus forte raison, moindre que

$$\frac{1}{10} + \frac{1}{10} = \frac{2}{10} \text{ ou } \frac{1}{5},$$

ce qui montre qu'en opérant sur les facteurs choisis on aurait le produit avec une erreur moindre que $\frac{1}{5}$ de sa valeur véritable; approximation simple, il est vrai, mais un peu large, en raison des négligences faites dans son évaluation.

638. Principe III. — *L'erreur relative d'un produit de deux facteurs, approchés l'un et l'autre par excès, est très-peu différente de la somme des erreurs de ces facteurs; mais elle est supérieure à cette somme.*

639. Soit en effet proposé de remplacer le produit

$$13{,}764 \times 3{,}58$$

par le produit approché

$$13{,}8 \times 3{,}6,$$

dont les deux facteurs sont évalués par excès : le premier avec une erreur relative

$$\frac{0{,}036}{13{,}764} = \frac{36}{13764},$$

le second, avec une erreur

$$\frac{0{,}02}{3{,}58} = \frac{2}{358}.$$

Si, de même que précédemment, nous prenons d'abord, comme transition, un seul facteur avec approximation, le premier, par exemple, 13,8; l'erreur absolue commise en plus sur le premier produit approché résultant :

$$13,8 \times 3,58$$

sera $0,036 \times 3,58$; puis, si dans ce premier produit nous remplaçons le second facteur par sa valeur approchée 3,6, nous commettrons une nouvelle erreur

$$13,8 \times 0,02,$$

qui, s'ajoutant à la première, nous donnera l'erreur absolue totale :

$$0,036 \times 3,58 + 13,8 \times 0,02.$$

Or, la seconde partie de cette erreur surpasse $13,764 \times 0,02$, de la valeur $0,036 \times 0,02$, du produit des deux erreurs. Il en résulte que l'erreur absolue totale peut être représentée par l'expression :

$$0,036 \times 3,58 + 13,764 \times 0,02 + 0,036 \times 0,02,$$

qui, divisée par le produit exact, comme au n° 633 donnera enfin l'erreur relative du produit définitif.

Il est facile de voir que cette erreur, simplifiée comme dans le cas précédent, prend la forme :

$$\frac{0,036}{13,764} + \frac{0,02}{3,58} + \left(\frac{0,036}{13,764} \times \frac{0,02}{3,58} \right),$$

c'est-à-dire qu'elle se compose de la somme des erreurs des deux facteurs, augmentée du produit de ces deux erreurs.

640. La même observation qu'au n° 635 étant faite au sujet de la petitesse de la troisième partie, le produit des erreurs, on peut conclure que :

641. *L'erreur relative d'un produit de deux facteurs, approchés par excès, est supérieure, mais de très-peu en général, à la somme des erreurs relatives de ces deux facteurs.*

Le principe est ainsi démontré.

642. *Remarque.* — Il résulte des deux principes qui précèdent, n° 633 et 638, que lorsque deux facteurs sont approchés dans le même sens, l'erreur du produit est sensiblement égale à la somme des erreurs de ces facteurs.

643. Par un raisonnement analogue à ceux qui précèdent on démontre le principe suivant que nous nous contentons d'énoncer :

644. PRINCIPE IV. — *L'erreur relative d'un produit de deux facteurs approchés, l'un par défaut, l'autre par excès, est sensiblement égale à la différence des erreurs relatives de ces deux facteurs : tantôt plus grande, tantôt plus petite que cette différence.*

645. Dans le courant du calcul il est essentiel de n'être pas entravé par la détermination réelle des erreurs, détermination qui n'a d'ailleurs aucun intérêt pratique, la considération des limites étant toujours bien préférable à celle des erreurs elles-mêmes. On renonce donc habituellement à considérer tantôt la somme, tantôt la différence des erreurs des deux facteurs; on réunit tous les cas en un seul, en prenant pour guide la loi suivante :

646. *L'erreur relative d'un produit de deux facteurs approchés, dans un sens quelconque, a sensiblement pour limite la somme des erreurs de ces deux facteurs.*

647. Enfin, lorsqu'il s'agit du produit de plus de deux facteurs, on peut généraliser et dire que :

648. PRINCIPE V. — *L'erreur relative d'un produit, composé d'un nombre quelconque de facteurs dont quelques-uns au moins sont approchés, est sensiblement égale à la somme des erreurs relatives des facteurs approchés.*

Soit en effet le produit :

$$24,6 \times 8,17 \times 7,4 \times 26,457,$$

dont nous supposerons tous les facteurs approchés.

Pour effectuer ce produit on multiplie tout d'abord les deux premiers facteurs,

$$24,6 \times 8,17.$$

L'erreur relative de ce premier résultat est sensiblement égale à la somme des erreurs relatives des deux premiers facteurs 24,6 et 8,17.

On multiplie ensuite par le 3ᵉ facteur 7,4, ce qui donne
$$24,6 \times 8,17 \times 7,4$$
qu'on peut considérer comme un produit de 2 facteurs, et dont, par suite, l'erreur relative est sensiblement égale à la somme des erreurs de ces deux facteurs
$$24,6 \times 8,17 \text{ et } 7,4$$
et, par conséquent, aussi à celle des 3 premiers facteurs,
$$24,6 \quad 8,17 \text{ et } 7,4.$$

Multipliant enfin le second produit obtenu par le 4ᵉ facteur 26,457, on a
$$24,6 \times 8,17 \times 7,4 \times 26,457,$$
produit définitif qu'on peut, à son tour, considérer comme le produit des deux facteurs soulignés, et dont l'erreur relative, sensiblement égale à la somme des erreurs de ces deux facteurs, est, par suite, sensiblement égale à la somme des erreurs des facteurs composants :
$$26,6 \quad 8,17 \quad 7,4 \text{ et } 26,457,$$
ce qu'il s'agissait de démontrer.

Il résulte évidemment de là que :

649. *L'erreur relative d'une puissance d'un nombre approché est sensiblement égale à l'erreur de ce nombre, multipliée par l'exposant de la puissance à laquelle on l'élève.*

Car, soit à former la 4ᵉ puissance du nombre 7,4, considéré comme approché, cela revient à former le produit approché
$$7,4 \times 7,4 \times 7,4 \times 7,4$$
dont l'erreur est sensiblement égale à la somme des erreurs de ses facteurs ; or, ici, ces erreurs sont égales, et leur somme est égale à l'une d'elles multipliée par leur nombre, c'est-à-dire par l'exposant de la puissance à laquelle est élevé le facteur approché ; ce qu'il fallait démontrer.

Principaux usages des erreurs dans la multiplication.

650. Les principales questions qui se présentent dans le calcul des erreurs relatives appliquées à la multiplication sont les suivantes :

651. 1° *Deux ou plusieurs nombres étant donnés, chacun avec une approximation indéfinie, calculer leur produit avec une erreur relative moindre qu'une fraction donnée.*

L'erreur relative d'un produit ne devant pas, dans sa plus grande valeur, dépasser sensiblement la somme des erreurs des facteurs, il suffit de déterminer chaque facteur avec une erreur relative au plus égale au quotient de l'erreur relative demandée par le nombre des facteurs approchés.

Exemple. — Soit à former le produit :

$$372,67429\ldots \times 13,739826\ldots$$

avec une erreur relative moindre que

$$0,0001 \text{ ou } \frac{1}{10000}.$$

La moitié de 0,0001 étant

$$\frac{1}{20000},$$

il suffit de déterminer chaque facteur avec une erreur relative

moindre que $\dfrac{1}{20000}$.

Cela posé, le premier facteur commençant par un 3, chiffre au moins égal au premier chiffre, 2, du dénominateur 20000, on prendra 5 chiffres à la gauche de ce facteur, ce qui donnera

$$372,67,$$

négligeant les autres chiffres, car alors l'erreur est moindre que

$$\frac{1}{30000} \text{ (n° 627.)}$$

et, à plus forte raison, plus petite que

$$\frac{1}{20000}.$$

Le second facteur commençant par 1, chiffre inférieur au premier chiffre du dénominateur 20000, on pourra prendre un chiffre de plus que précédemment, ce qui donnera

$$13,7398;$$

car, en négligeant les chiffres suivants, l'erreur commise est moindre que

$$\frac{1}{100000} \text{ et } < \frac{1}{20000}.$$

Les deux facteurs étant déterminés, on effectuera le produit

$$372,67 \times 13,7398$$

par la multiplication ordinaire, et l'on prendra comme exacts 4 chiffres sur la gauche du produit obtenu :

```
        13,7398
        372,67
      ─────────
        961786
       8 24388
      27 4796
     961 786
    4121 94
    ─────────
    5120,411266
```

Le produit cherché est donc 5120, avec une erreur relative moindre que 0,0001.

652. Nous avons considéré deux facteurs ; pour un plus grand nombre la marche eût été la même : ainsi pour 4 facteurs approchés, dont on voudrait le produit avec une erreur relative moindre que 0,001, on évaluerait chaque facteur avec une approximation 4 fois plus petite ou $\frac{1}{4000}$.

653. *Remarque.* — Dans le cas de deux facteurs si on veut opérer par la multiplication abrégée, il suffit de ramener la question à la recherche de l'erreur absolue qui doit affecter le produit, et d'opérer ensuite comme on l'a déjà fait en traitant de la multiplication abrégée, (n° 589).

Ainsi, dans l'exemple précédent, on observera que le produit cherché devant être compris entre

$$300 \times 10 \text{ et } 400 \times 20,$$

c'est-à-dire entre

$$3000 \text{ et } 8000,$$

les plus hautes unités seront des *mille;* cela posé, l'approximation devant être de $\dfrac{1}{10000}$ on devra obtenir au produit 4 chiffres exacts, et, par conséquent, le calculer à moins d'une unité, ce qui donnera la disposition suivante :

$$
\begin{array}{r}
372{,}67429.... \\
....628937.31 \\
\hline
372674 \\
111801 \\
26082 \\
1116 \\
333 \\
24 \\
\hline
5120.28
\end{array}
$$

L'erreur commise ici est moindre que

$$1 + 3 + 7 + 3 + 9 + 8 + 3 \text{ centièmes}$$

ou 34 centièmes ; le produit exact serait donc moindre que

$$5120{,}28 + 0{,}34 = 5120{,}62,$$

et, par conséquent, le produit cherché est bien, **comme on** l'a trouvé plus haut, 5120.

654. 2° *Deux nombres étant donnés, chacun avec une approximation absolue déterminée, c'est-à-dire avec un certain nombre de chiffres exacts ; avec quelle approximation absolue peut-on obtenir leur produit ?*

Soit par exemple le produit

$$5{,}46864 \times 3{,}748.$$

Les deux facteurs ayant tous leurs chiffres exacts, c'est-à-dire étant déterminés: le premier à moins de 0,00001,

le second à moins de 0,001 ; les erreurs relatives correspondantes ont pour limites respectives :

$$\frac{1}{500000} \text{ et } \frac{1}{3000}.$$

L'erreur du produit sera donc moindre que

$$\frac{1}{500000} + \frac{1}{3000},$$

et, à plus forte raison, moindre que

$$\frac{1}{2000} + \frac{1}{2000} \text{ ou } \frac{1}{1000},$$

résultat qu'on obtiendra encore en conservant dans le
premier facteur 4 chiffres seulement, c'est-à-dire autant
qu'il y en a dans celui qui en a le moins; car alors l'erreur
de ce premier facteur sera moindre que $\frac{1}{2000}$.

Le produit à déterminer sera donc, d'après cela, de même
exactitude que

$$5,468 \times 3,748;$$

et, comme l'erreur correspondante a pour limite $\frac{1}{1000}$, on
aura le produit cherché avec 3 chiffres exacts, c'est-à-dire
à moins de 0,1, attendu qu'il est compris entre

$$5 \times 3 = 15 \text{ et } 6 \times 4 = 24.$$

Il résulte de là que :

*On pourra compter au produit sur autant de chiffres
exacts qu'il y a de chiffres, moins 1, dans le facteur qui en
renferme le moins.*

655. *Remarque.* — *Lorsque le facteur contenant le
moins de chiffres commence par 1, le nombre des chiffres exacts
du produit est diminué d'une unité.*

En effet, si le second facteur, dans l'exemple qui précède,
était 1,748, l'erreur de ce facteur serait alors

$$\text{moindre que } \frac{1}{1000};$$

en lui ajoutant l'erreur de l'autre facteur on ne pourrait

plus dire que l'erreur totale est moindre que $\dfrac{1}{1000}$, mais seulement alors moindre que $\dfrac{1}{100}$, ce qui réduit bien de 1 le nombre des chiffres exacts du produit.

656. Si on veut appliquer ici la multiplication abrégée, on retombe dans un cas déjà traité, n° 602; on prend pour multiplicateur le nombre renfermant le plus de chiffres; puis, disposant les facteurs de la manière suivante :

$$3,748$$
$$46864.5$$

on voit que le produit sera obtenu à moins de 0,1.

657. 3° *Avec quelle approximation absolue, c'est-à-dire avec combien de chiffres exacts, faut-il prendre deux nombres indéfiniment approchés pour pouvoir obtenir leur produit avec une approximation absolue déterminée, c'est-à-dire avec un nombre déterminé de chiffres exacts?*

Supposons, par exemple, qu'on veuille obtenir, à moins de 0,01 le produit

$$428,6742963.... \times 3,1415926.....$$

dont les deux facteurs sont indéfiniment approchés.

Ce produit sera compris entre

$$400 \times 3 = 1200 \text{ et } 500 \times 4 = 2000,$$

et aura, par conséquent, 4 chiffres entiers; il aura de plus 2 chiffres décimaux. Le nombre total des chiffres exacts sera donc 6, et l'erreur relative correspondante sera moindre que

$$\dfrac{1}{1000000}.$$

Pour obtenir le produit cherché avec cette erreur, il suffit de prendre chaque facteur avec une erreur moindre que

$$\dfrac{1}{2000000},$$

c'est-à-dire avec 7 chiffres exacts, ou 1 de plus qu'on en doit avoir au produit. On aura ainsi :

$$428,6742 \times 3,141592 ;$$

et, en effet, l'erreur de ce produit sera inférieure à

$$\frac{1}{4000000} + \frac{1}{3000000},$$

et, à plus forte raison, moindre que :

$$\frac{1}{2000000} + \frac{1}{2000000} = \frac{1}{1000000}.$$

On multipliera donc, par la méthode ordinaire, les deux nombres ainsi préparés, et on prendra 6 chiffres à gauche du produit.

658. *Remarque.* — Lorsqu'un des facteurs commence par l'unité, il est facile de voir qu'il faut le prendre avec un nouveau chiffre de plus.

Si l'on veut agir par la multiplication abrégée, on retombe précisément sur la règle générale donnée pour cette opération.

———

EXERCICES

SUR LES USAGES DES ERREURS DANS LA MULTIPLICATION.

(1) Calculer, par la multiplication ordinaire, les produits suivants :

3,141592653... $\times$ 2,7182818... avec une erreur relative moindre que 0,001.

64,728632... $\times$ 5,346298... avec une erreur relative moindre que 0,0001.

376,426836 $\times$ 4,938637... à moins de 0,001 de sa valeur.

0,078342765... $\times$ 0,00265473... à moins de 0,0001 de sa valeur.

36,7286457... $\times$ 2,83564273... à moins de $\frac{1}{4000}$ de sa valeur.

674,7236298... $\times$ 0,4265872 avec une erreur relative moindre que $\frac{1}{700}$.

73642,32864... $\times$ 26,43652 à moins de $\dfrac{1}{30000}$ de sa valeur.

6,7369864... $\times$ 3,5643275... avec une erreur relative moindre que $\dfrac{1}{7000}$.

8,64264732... $\times$ 2,3256374... $\times$ 4,6298637... avec une erreur relative moindre que 0,01.

326,4726536... $\times$ 3,14159265... $\times$ 0,748637297... à moins de 0,001 de sa valeur.

(2) Appliquer la multiplication abrégée à la détermination de chacun des produits précédents.

(3) Calculer :

Le carré de 3,141592653... avec une erreur relative moindre que 0,0001 ;

La 3e puissance ou cube de 2,718281828... à moins de 0,001 de sa valeur ;

La 4e puissance de 372,6273426... avec une erreur relative moindre que 0,0001 ;

La 5e puissance de 27,63427926... avec une erreur relative moindre que 0,01 ;

La 4e puissance de 0,0364287639... avec une erreur relative moindre que 0,001.

(4) Chacun des facteurs, contenus dans les exemples suivants, étant donné, approché à moins d'une unité de l'ordre de son dernier chiffre, avec quelle approximation absolue peut-on obtenir chacun des produits :

86,427 $\times$ 6,4379
364,276423 $\times$ 6,754398
2642,3265427 $\times$ 0,73265
0,73867296 $\times$ 0,03234362
9,432686463 $\times$ 2,6743.

(5) Même question en employant la multiplication abrégée à la détermination de chaque produit.

(6) Calculer les produits suivants par la multiplication ordinaire :

8467,32796... $\times$ 4,326475... avec 6 chiffres exacts.

29,8629312... $\times$ 8,7673285... à moins de 0,0001.

328,746273 $\times$ 29,87643 à moins de 1 décimètre carré, le produit devant être rapporté au mètre carré.

8642m,729367 $\times$ 42,376879 à moins de 0m,01.

62,3267894... $\times$ 23,729864... avec 5 chiffres exacts.

0,9824163... $\times$ 0,06384192... avec 4 chiffres exacts.

894$^{m.c.}$,342986726 $\times$ 3,478936 à moins de 0,1 de décimètre cube.

48$^{Ha.}$,3764989 $\times$ 8,73469 à moins d'un arc.

1832,987467... $\times$ 426,398647 avec 6 chiffres exacts.

219,864273 $\times$ 36,276543 à moins de 0.0001.

(7) Effectuer les mêmes produits en opérant par la multiplication abrégée.

(8) Calculer le carré, le cube, la 4e et la 5e puissance de 3,1415926535897932..., chacune de ces puissances avec 5 chiffres exacts.

(9) Calculer la 2e, la 3e et la 4e puissance du nombre 2,7182818285... chacune à moins de 0,001.

(10) Calculer le produit :

3,141592653... $\times$ 2,7182818285... $\times$ 64,326279486... $\times$ 0,0746869364... avec 4 chiffres exacts.

Applications des erreurs relatives à la division.

659. PRINCIPE I. — *Lorsque dans une division le dividende seul est approché, le diviseur étant exact, l'erreur relative du quotient est égale à l'erreur relative du dividende.*

Soit, en effet, le quotient

$$34,765 : 2,8,$$

dans lequel nous supposerons le dividende remplacé par 34,7 avec une erreur absolue de 0,065, et, par suite, une erreur relative de :

$$\frac{0,065}{34,765}.$$

La partie négligée au quotient ou l'erreur absolue de ce résultat est :

$$\frac{0,065}{2,8};$$

l'erreur relative correspondante est donc :

$$\frac{0,065}{2,8} : \frac{34,765}{2,8} = \frac{0,065}{34,765},$$

c'est-à-dire l'erreur relative du dividende, ce qu'il fallait démontrer.

660. PRINCIPE II. — *Lorsque dans une division le dividende est exact, le diviseur seul étant approché, l'erreur relative du quotient est sensiblement égale à l'erreur relative du diviseur.*

En effet : Le dividende étant égal au produit du diviseur *exact* par le quotient *exact*, l'erreur relative du dividende est sensiblement égale à la somme ou à la différence des erreurs relatives de ces deux nombres ; or, l'erreur du dividende étant ici nulle, elle ne peut être sensiblement égale qu'à la différence de ces erreurs, qui, par conséquent, sont sensiblement égales, ce qu'il fallait démontrer.

661. PRINCIPE III. — *Lorsque dans une division le dividende et le diviseur sont approchés l'un et l'autre, l'erreur relative du quotient est sensiblement égale à la somme ou à la différence des erreurs du dividende et du diviseur.*

Ou mieux :

L'erreur relative d'un quotient ne dépasse jamais sensiblement la somme des erreurs relatives du dividende et du diviseur.

Ce principe est une conséquence du principe analogue, n° 646, établi dans la multiplication de deux facteurs approchés ; en effet :

Quels que soient les deux nombres à diviser, on sait que le quotient *exact,* connu ou non, multiplié par tout le diviseur doit reproduire tout le dividende. Ce dernier nombre devra donc être toujours considéré, dans *sa valeur exacte,* comme le produit *exact* du diviseur exact par le quotient exact.

Il résulte de là que l'erreur relative du dividende est sensiblement égale à la somme ou à la différence des erreurs relatives du diviseur et du quotient, suivant que ces erreurs sont de même sens ou de sens contraires. Inversement, l'erreur relative du quotient est sensiblement égale à la différence ou à la somme des erreurs relatives du dividende et du diviseur, ce qui justifie la première forme du principe.

Si maintenant on remarque que la plus grosse erreur sera toujours sensiblement égale à la somme des erreurs du diviseur et du quotient, on voit que comme plus grand écart on peut affirmer la seconde partie du principe.

———

Usages des erreurs dans la division.

662. La similitude des principes établis pour les applications des erreurs à la multiplication et à la division, est telle que les usages des erreurs dans la division nous redonnent les mêmes questions que celles que nous avons déjà eu occasion d'exposer dans les usages des erreurs à la multiplication. Nous pouvons donc, sans le moindre inconvénient, sans établir aucune lacune, renvoyer pour ces usages, et, comme exercices, aux usages des erreurs dans la multiplication (n° 650).

———

EXERCICES

SUR LES USAGES DES ERREURS DANS LA DIVISION.

(1) Effectuer par la division ordinaire les quotients suivants :
86427,3876... : 37,64296 avec une erreur relative moindre que 0,001.

39,426876... : 9,864276 à moins de 0,0001 de sa valeur.

826,764297... : 0,764298 avec une erreur relative moindre que 0,001.

0,0426863297... : 3,642698... avec une erreur relative moindre que $\dfrac{1}{3000}$.

675,3764286... : 0,729864... à moins de $\dfrac{1}{400}$ de sa valeur.

687964,2798642... : 23,786429756... avec une erreur relative moindre que $\dfrac{1}{50000}$.

(2) Appliquer la division abrégée à la détermination de chacun des quotients précédents.

(3) Chacun des nombres contenus dans les exemples suivants étant donné approché à moins d'une unité de l'ordre de son dernier chiffre, avec quelle approximation absolue peut-on obtenir chacun des quotients :

$$346,78643 : 9,865$$
$$27463,298642 : 67,29864$$
$$3962,07829 : 4,20938642$$
$$0,06238649 : 0,00098642$$
$$0,008642693 : 4,29867$$
$$82,79623645 : 0,04983287$$
$$643872,864 : 3,1415926$$
$$9,32687 : 42,73$$
$$0,38475 : 2,43867$$
$$28,39642632 : 0,003426729.$$

(4) Même question en employant la division abrégée à la détermination de chaque quotient.

(5) Calculer les quotients suivants, soit par la division ordinaire, soit par la méthode abrégée.

38279,27864... : 2,64273... avec 6 chiffres exacts.

298,426574 : 3,278396... à moins de 0,001.

9467,286472... : 786,32754... avec 4 chiffres exacts.

2173,426537... : 0,48675... à moins de 0,01.

647386,294637... : 8906,729427... avec 3 chiffres exacts.

0,0036842732... : 0,683496... à moins de 0,0001.

68427,398642... : 9,63867... à moins de 1 décimètre, le quotient devant être rapporté au mètre.

4836,529106... : 63,2786... à moins de 1 centilitre, le quotient devant représenter des litres.

896,42753867... : 34,527643... à moins de 1 centimètre carré, le quotient devant être rapporté au mètre carré.

29,3642785... : 346,2976543... à moins de 10 centimètres cubes, le quotient devant être rapporté au mètre cube.

LIVRE VII.

ANCIENNES MESURES FRANÇAISES
ET
MESURES ÉTRANGÈRES.

CHAPITRE PREMIER.
ANCIENNES MESURES FRANÇAISES

MESURES DE LONGUEUR.

663. L'ancienne unité fondamentale usitée autrefois en France pour la mesure des longueurs était la *toise*, qui se subdivise de la manière suivante :

La toise,   T,   en 6 *pieds;*
Le pied,   Pi.,   en 12 *pouces;*
Le pouce,   Po.,   en 12 *lignes;*
Et la ligne,   l,   en 12 *points;*
Le point se représente par Pt.

664. On se servait, pour mesurer les étoffes, d'une unité portant le nom d'*aune*, et valant :
$$3^{Pi} — 7^{Po} — 10^{l} — 10^{Pts} \text{ ou } 6322 \text{ points;}$$
cette unité se subdivisait en fractions dont le dénominateur était l'un des nombres suivants :
$$2, 3, 6, 4, 12, 8, 24, 16, 48, \text{ etc....}$$
formés, soit de 2 ou de 3, d'une puissance de 2 ou du triple d'une de ces puissances.

MESURES ITINÉRAIRES.

665. On a vu (n° 69) que le quart du méridien terrestre, c'est-à-dire la distance du pôle à l'équateur, divisé en 10000000 de parties égales, a donné pour résultat notre nouvelle unité de longueur, le *mètre*. Le mesurage a été opéré en se servant de la toise comme instrument de mesure, et l'on a trouvé ainsi

5130740 toises

pour le quart du tour de notre globe; de là résulte que :

$$5130740^{\text{T}} = 10000000^{\text{m}}$$
$$\text{d'où } 1^{\text{m}} = 0^{\text{T}},5130740.$$

666. Cette unité est un peu trop faible, ainsi que l'ont prouvé des opérations plus récentes, plus concluantes, qui ont donné pour évaluation du quart du méridien terrestre :

5131180 toises,

avec une incertitude ou erreur de 260 toises environ, en plus ou en moins.

Ce résultat moyen excède de 440^{T} celui obtenu par la commission des poids et mesures; il nous montre le mètre entaché d'une erreur; mais cette faute est assez faible pour pouvoir être négligée sans le moindre inconvénient.

Les mesures itinéraires déduites des dimensions du globe terrestre sont à leur tour d'autant plus inexactes qu'elles sont plus grandes; mais comme ces mesures, abandonnées actuellement, ont été employées avec leurs valeurs fautives, nous ne pouvons faire autrement que de les donner telles qu'elles étaient usitées.

667. Avant d'entreprendre leur nomenclature nous ferons observer que le quart du méridien, supposé un quart de circonférence parfaite, étant divisé en 90 parties égales ou arcs égaux, chacun de ces arcs est dit de 1 *degré*; la circonférence de la terre ou la totalité d'un méridien contient donc 360 degrés.

668. Cela posé, les mesures itinéraires anciennement usitées en France étaient :

La *lieue terrestre* ou *commune*, dite de 25 au degré, 25ᵐᵉ partie de 1 degré, valant. . . . . . . $2280^{\text{T}},33$
La *lieue marine* ou de 20 au degré. . . . $2850,44$
La *lieue moyenne* . . . . 2565^{T}
La *lieue de poste* ou *d'ordonnance* 2000
Le *mille* 1000

Le *mille marin* ou $^1/_3$ de lieue marine . . 950^T

Le *nœud* ou 120me du mille marin. . . . $7,92$

Puis, pour les mesures approximatives, les levés de terrains dans les reconnaissances militaires, etc., on employait le *pas*, comprenant trois catégories :

Le pas ordinaire valant. . . . . $2^{Pi}\frac{1}{2}$.

Le pas géométrique ou *brasse*. . . . . . . 5.

Le pas militaire . . . . 2.

Enfin, la marine employait une mesure dont nous avons déjà parlé :

L'encablure, de 120 brasses, valant 100^T.

Il résulte de ce qui précède que :

25 lieues terrestres valent 20 lieues marines.

MESURES DE SUPERFICIE.

669. L'ancienne unité fondamentale pour la mesure des superficies était la *toise carrée* ou carré ayant une toise de côté, représentée par T.q., et ayant pour unités auxiliaires inférieures :

Le *pied carré* ou carré de 1^{Pi} de côté, représenté par Pi.q. ;

Le *pouce carré* ou carré de $1^{Po.}$ de côté, représenté par Po.q. ;

La *ligne carrée* ou carré de 1^l de côté, représentée par l.q.

Le *point carré* ou carré de 1^{Pt} de côté, représenté par Pt.q.

670. La démonstration du n° 85 appliquée à ces mesures fait facilement voir que :

$$1^{T.q} \text{ vaut } 6 \times 6 \text{ ou } 36^{Pi.q}.$$
$$1^{Pi.q} \quad 12 \times 12 \quad 144^{Po.q}.$$
$$1^{Po.q} \quad 12 \times 12 \quad 144^{l.q}.$$
$$1^{l.q} \quad 12 \times 12 \quad 144^{Pt.q}.$$

Il est facile de déduire de ce tableau les valeurs de chacune de ces unités par rapport à toutes les autres.

671. On prenait encore autrefois, pour unité de superficie, l'*aune carrée* ou carré d'une aune de côté, valant, comme il est facile de s'en assurer, $13^{Pi.q}$ $55^{Po.q}$ $62^{l.q}$.

De même que l'aune, unité de longueur, l'aune carrée se subdivisait en fractions dont le dénominateur était l'un des nombres :

$$2, 3, 6, 4, 12, 8, \text{etc., etc.}$$

formés comme il est dit plus haut (n° 664).

672. On employait encore pour unités secondaires, sous-multiples de la toise carrée, des surfaces dites rectangulaires en géométrie, et qu'on peut concevoir de la manière suivante :

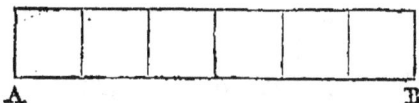

Supposons une toise AB, divisée en 6 parties égales, en 6 pieds par conséquent; plaçons sur chaque pied un pied carré : il en résultera une surface allongée ayant 1 toise de longueur, 1 pied de hauteur, et valant $6^{\text{Pi.q}}$: cette surface est nommée *toise-pied*, T.Pi. — Elle vaut la 6ᵉ partie de la toise carrée.

Si, ayant divisé la toise en 6 pieds, nous divisons chaque pied en 12 pouces, ce qui donne 72 pouces pour toute la longueur, nous pourrons placer sur ces 72 parties 72 pouces carrés, formant une tranche ou surface de 1^{T} de longueur sur $1^{\text{Po.}}$ de largeur, et valant $72^{\text{Po.q}}$. Cette surface est nommée *toise-pouce*, T.Po. — Elle vaut la 12ᵉ partie de la toise-pied, et la 72ᵉ partie de la toise carrée.

Enfin, chacun des 72 pouces de la toise étant divisé en lignes, nous pouvons placer une ligne carrée sur chacune des 864 lignes ainsi obtenues; nous aurons alors $864^{\text{l.q}}$, formant une bande de 1^{T} de longueur sur 1^{l} de largeur. Cette bande ou surface porte le nom de *toise-ligne*, T.l. — Elle vaut la 12ᵉ partie de la toise-pouce, la 144ᵉ partie de la toise-pied, et enfin la 864ᵉ partie de la toise carrée.

673. Il est facile, d'après cela, d'établir le tableau suivant :

$$1^{\text{T.l}} = 864^{\text{l.q}} = 6^{\text{Po.q}}.$$
$$1^{\text{T.Po}} = 72^{\text{Po.q}} = 10368^{\text{l.q}} = 12^{\text{T.l}}.$$
$$1^{\text{T.Pi}} = 6^{\text{Pi.q}} = 864^{\text{Po.q}} = 124416^{\text{l.q}} = 12^{\text{T.Po}} = 144^{\text{T.l}}.$$

674. L'aune carrée donnait aussi naissance à des unités de la nature des précédentes, c'est-à-dire rectangulaires, pour lesquelles on énonçait la fraction d'aune dont se composait le petit côté; ainsi les expressions :

Une aune *à trois-quarts*, une aune *à trois-huit*, une aune *à cinq-douze*, etc., désignaient des surfaces rectangulaires ayant toutes une aune de longueur et respectivement : $\frac{3}{4}$, $\frac{3}{8}$, $\frac{5}{12}$, etc., d'aune de largeur.

675. *Mesures agraires.* — Les terrains s'évaluaient dans presque toute l'étendue de la France au moyen de deux unités, la *perche* et l'*arpent*, l'arpent valant toujours 100 perches.

676. On comptait deux espèces de perches, et par suite deux arpents :

1° La *perche des eaux et forêts*, désignée par P (ef), et représentée par un carré de 22 pieds de côté. L'*arpent des eaux et forêts* était désigné par A (ef).

2° La *perche de Paris*, représentée par P.P., était un carré de 18 pieds de côté. L'*arpent de Paris* était désigné par AP.

677. De là résulte que :

La perche des eaux et forêts vaut :
$$22 \times 22 \text{ ou } 484^{Pi.q} \text{ ou } 13^{T.q} - 16^{Pi.q}.$$

L'arpent des eaux et forêts vaut :
$$484 \times 100 \text{ ou } 48400^{Pi.q} \text{ ou } 1344^{T.q} - 16^{Pi.q}.$$

La perche de Paris vaut :
$$18 \times 18 \text{ ou } 324^{Pi.q} \text{ ou } 9^{T.q}.$$

L'arpent de Paris vaut :
$$324 \times 100 \text{ ou } 32400^{Pi.q} \text{ ou } 900^{T.q}.$$

La différence entre la perche des eaux et forêts et la perche de Paris est donc d'après cela de $160^{Pi.q}$.

678. Les terrains étaient encore évalués au moyen de la *lieue carrée*, carré dont le côté était toujours la lieue terrestre ou de 25 au degré, c'est-à-dire $2280^{T}{,}33$.

La lieue carrée vaut environ :
$$3868 \text{ A(ef) ou } 5778 \text{ AP.}$$

MESURES DE VOLUME.

679. L'ancienne unité de volume était la *toise-cube* ou cube ayant une toise de côté, représentée par T.c., et ayant pour unités inférieures auxiliaires :

Le *pied-cube*, Pi.c.
Le *pouce-cube*, Po.c.
La *ligne-cube*, l.c.

cubes ayant respectivement pour côtés des longueurs de $1^{Pi.}$, $1^{Po.}$, $1^{l.}$.

680. La démonstration du n° 102 appliquée à ces mesures ferait voir que :

$$1^{T.c} \text{ vaut } 36 \times 6 \text{ ou } 216^{Pi.c.}$$
$$1^{Pi.c} \qquad 144 \times 12 \qquad 1728^{Po.c.}$$
$$1^{Po.c} \qquad 144 \times 12 \qquad 1728^{l.c.};$$

d'où l'on peut conclure aisément les valeurs de chacune de ces unités par rapport à chacune des autres.

681. *Bois de charpente.* — Dans l'évaluation des bois de charpente on employait pour unités les subdivisions suivantes de la toise-cube :

La *toise-toise-pied*, T.T.Pi.,
La *toise-toise-pouce*, T.T.Po.,
La *toise-toise-ligne*, T.T.l.:

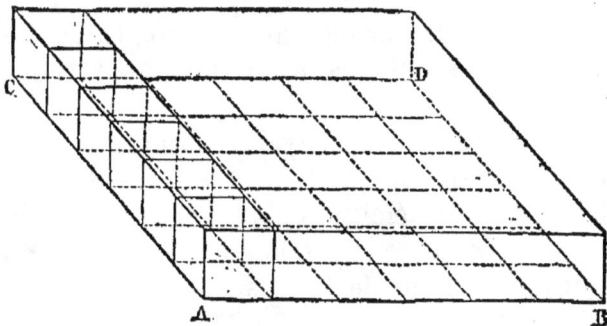

Imaginons une toise carrée ABCD, partagée en 36 pieds carrés ; plaçons un pied-cube sur chacun de ces carrés ; il en résultera une couche de 36$^{\text{Pi.c}}$, formant par leur ensemble un solide nommé en géométrie *parallélipipède rectangle*, contenant 36 pieds cubes et représentant la 6e partie de la toise-cube ; c'est ce solide qu'on nomme *toise-toise-pied*.

Un solide de même forme, de même base, ayant 1 pouce de hauteur au lieu de 1$^{\text{Pi.}}$, s'obtiendrait de même en divisant la toise carrée ABCD en 5184 pouces carrés, sur chacun desquels on placerait 1$^{\text{Po.c}}$; ce solide serait la *toise-toise-pouce*, contenue 12 fois dans la T.T.Pi., et, par conséquent, 72 fois dans la T.c.

De même, enfin, on obtiendrait la *toise-toise-ligne* en donnant au solide 1 ligne de hauteur et toujours 1$^{\text{T.q}}$ de base.

682. On obtient ainsi le tableau suivant :

$$1^{\text{T.T.l}} = 746496^{\text{l.c}} = 432^{\text{Po.c}}.$$
$$1^{\text{T.T.Po}} = 5184^{\text{Po.c}} = 3^{\text{Pi.c}} = 12^{\text{T.T.l}}.$$
$$1^{\text{T.T.Pi}} = 36^{\text{Pi.c}} = 12^{\text{T.T.Po}} = 144^{\text{T.T.l}}.$$

683. On comptait également les bois de construction au moyen de la *solive* ancienne, qui désignait une pièce de bois équarrie de 2 toises de longueur, présentant une section carrée de 6 pouces de chaque côté ou de 36$^{\text{Po.q}}$. La solive a pour valeur dans ce cas 5184$^{\text{Po.c}}$; elle est la 72e partie de la toise-cube.

684. *Bois de chauffage.* — Enfin l'unité de mesure pour les bois de chauffage était la *corde*, C, dont le nom conservé dans nos usages s'applique à la réunion de 3 stères.

L'ancienne corde effective avait la forme du stère de nos chantiers : Pour obtenir une corde de bois on empilait entre les montants, éloignés l'un de l'autre de 8 pieds, des bûches sciées à 3$^{\text{Pi.}}$ $^1/_2$ de longueur (1^{m},137 — bois de Paris) sur une hauteur de 4 pieds. Le volume ainsi obtenu vaut 112 pieds-cubes.

La corde se divisait en 2 parties égales nommées *voies*, V ; la voie vaut donc 56$^{\text{Pi.c}}$; elle était donnée : soit en rapprochant les montants à $4^{\text{Pi.}}$ de distance, soit en empilant le bois entre les premiers à $2^{\text{Pi.}}$ seulement de hauteur.

685. Enfin nous avons dit dans une note, page 70, qu'une ordonnance royale de 1681 avait prescrit, pour le chargement des marchandises encombrantes, à bord des navires, une mesure de volume nommée *tonneau*, d'une valeur de 42 pieds cubes.

MESURES DE CAPACITÉ.

686. Les anciennes mesures de capacité variaient d'une province à une autre plus que toutes les autres mesures ; nous citerons principalement celles qui étaient en usage à Paris.

687. Comme actuellement il y avait distinction de ces mesures en deux séries : les unes pour les liquides, les autres pour les matières sèches divisées.

688. *Pour les liquides*, on distinguait :

Le *muid*, représenté par M, et valant 2 feuillettes.
La *feuillette*, — F, — 2 quartauts.
Le *quartaut*, — Q, — 9 veltes.
La *velte*, — W, — 8 pintes.
La *pinte*, — p, — 2 demi-setiers.
Le *demi-setier*, 1/2 S, — 2 poissons.
Le *poisson*, — po.

La pinte, particulièrement, variait de grandeur ; celle qui a été prise comme point de départ, dans la conversion des anciennes mesures en nouvelles, correspond à un volume de $46^{\text{Po.c}}$,95 et non de $48^{\text{Po.c}}$ comme l'ont écrit quelques auteurs : seulement, la pinte de $48^{\text{Po.c}}$ ou $\dfrac{1}{36}$ de Pi.c. est celle qui exprime la 8me partie de la velte dans la plus grande partie des villes de commerce ; nous reviendrons sur ce fait dans la conversion des mesures.

18.

689. *Pour les matières sèches divisées*, les principales mesures étaient le *muid* et le *setier* ; seulement ces mesures n'étaient pas effectives, elles étaient simplement mesures de compte ; d'ailleurs elles différaient de valeur suivant les localités, et souvent, dans une localité, suivant leur usage. La mesure effective pour les matières sèches était le *boisseau* subdivisé généralement en 16 *litrons*, valant chacun 40$^{Po.c}$,98625...., pour la commission de conversion des poids et mesures. Le litron était de 36$^{Po.c}$ dans beaucoup de localités.

690. Le boisseau et le litron se divisaient en *demi*, en *quart* et en *demi-quart*.

La valeur du setier était, suivant l'usage :

        Pour le blé, l'orge, 12 boisseaux.
        Pour le sel,   16   —
        Pour l'avoine,   24   —
        Pour le charbon, 32   —

Les valeurs du muid étaient :

        Pour le blé, l'avoine, le sel, etc., 12 setiers.
        Pour le charbon,   10   —

691. Dans certaines localités, le muid se subdivisait en 24 *mines*, la mine en 2 *minots*, le minot en 3 boisseaux ; ce qui donnait encore 144 boisseaux au muid pour les substances qui se mesuraient avec le setier de 12 boisseaux.

MESURES DE POIDS.

692. L'unité de poids était la *livre* ou *livre poids*, appelée aussi *livre poids-de-marc*, à cause de son origine ; elle fut, en effet, prise égale au double du *marc*, unité servant à la pesée de l'or et de l'argent du temps de Charlemagne.

693. La livre donnait lieu à la nomenclature suivante, comprenant ses multiples et ses sous-multiples :

Le *tonneau de mer*,   T,   valant 2000 livres.
Le *millier*,   M,   —   1000 —
Le *quintal*,   Q,   —   100 —
La *livre poids-de-marc*, lp. ou ℔   2 marcs.
Le *marc*,   m,   —   8 onces.
L'*once*,   o,   —   8 gros.
Le *gros*,   G,   —   3 deniers.
Le *denier*,   dʳ   —   24 grains.
Le *grain*,   gʳ.

694. Dans le commerce en général on employait très-peu le marc et le denier; les divisions les plus usitées étaient les suivantes :

La livre, en 16 onces.
L'once,   — 8 gros.
Le gros, — 72 grains.

695. En pharmacie, le gros prenait ordinairement le nom de *drachme*, le denier celui de *scrupule*. Les médecins et les pharmaciens avaient adopté entre eux les signes conventionnels suivants :

L'once était désignée par ℥.
Le drachme ou gros,   ʒ.
Le scrupule ou denier,   ℈.

696. Dans les pesées très-délicates du laboratoire on divisait encore le grain en fractions ayant pour dénominateur les nombres 2, 4, 8.... jusqu'à 256; on le divisait également en 24 *primes*.

697. Les métaux précieux étaient évalués : l'or, en onces; l'argent, en marcs.

698. Enfin le *carat*, dont nous avons déjà parlé, valant en grains 3,876, était employé dans l'évaluation des diamants et des perles fines; on le divisait en 4 *grains* n'ayant aucun rapport avec la 72ᵉ partie de la livre. Ce grain, quart du carat, était lui-même fractionné en parties de deux en deux fois plus petites à partir de sa moitié.

MONNAIES.

699. *Du titre.* —Avant de considérer les monnaies anciennes, nous définirons plus généralement qu'au n° 154 ce qu'on doit entendre par l'expression *titre* d'une monnaie ou d'un alliage.

700. Un alliage est la combinaison intime de 2 ou de plusieurs métaux réunis par la fusion.

701. On nomme titre d'un alliage, par rapport à l'un des métaux composants, la quantité de ce métal entrant dans un poids déterminé de l'alliage, cette quantité exprimée en fraction ordinaire ou décimale de ce poids.

Ainsi, un alliage étant composé de 20 grammes d'argent, 35 gr. d'or et 15 gr. de cuivre, en tout 70 grammes; on dira que son titre est :

$$\frac{20}{70} \text{ par rapport à l'argent;}$$

$$\frac{35}{70} \text{ par rapport à l'or ;}$$

une portion quelconque de cet alliage contiendra les $\frac{20}{70}$ de son poids en argent, les $\frac{35}{70}$ en or.

Les fractions $\frac{20}{70}$ et $\frac{35}{70}$ peuvent se simplifier et deviennent $\frac{2}{7}$ et $\frac{1}{2}$; ces dernières fractions expriment aussi bien que les premières les titres précédents ; l'alliage contiendra :

Les $\frac{2}{7}$ de son poids en argent ;

La moitié. . . . . en or.

702. *Monnáies anciennes.* — L'ancien système monétaire français avait pour base la *livre tournois* désignée par le signe # ou mieux £. C'était une monnaie de compte ou fictive ; elle fut remplacée par le *franc* conformément aux prescriptions de la loi du 7 avril 1795.

703. La livre tournois offrait les subdivisions suivantes :

La *livre tournois,* #, valant 20 sous.
Le *sou* ou *sol*, s, — 4 liards.
Le *liard*, l, — 3 deniers.
Le *denier*, d.

Le plus souvent, dans les comptes, on considérait simplement le sou valant 12 deniers.

704. Il y avait autrefois comme maintenant 3 espèces de pièces ou de monnaies : les pièces d'or, les pièces d'argent et les pièces de cuivre.

705. On avait en or :

Le *double-louis* de 48 livres.
Le *louis* — 24 —

706. Les pièces d'argent étaient :

L'*écu* de 6 livres.
L'*écu* — 3 —
La pièce — 30 sous ou 1# $\frac{1}{2}$.
La pièce — 24 — réduite plus tard à 20 sous.
La pièce — 15 — ou $\frac{3}{4}$ de livre.
La pièce — 12 — réduite plus tard à 10 sous.
La pièce — 6 — — — 5 —

707. En cuivre on comptait :

Le gros sou ou la pièce de 2 sous.
La pièce de 1 —
La pièce de 2 liards.
La pièce de 1 liard.

708. Le titre des monnaies d'or et d'argent était uniformément de $\frac{11}{12}$ par rapport au métal précieux. Ce titre était exprimé de deux manières différentes : rapporté au carat pour l'or, au denier pour l'argent.

709. Il faut remarquer que les termes de *carat* et *denier* n'ont plus la même signification absolue que précédemment :

Le carat et le denier ne sont plus ici considérés comme poids réels ; ces expressions, consacrées par l'usage, sont en quelque sorte des noms de dénominateurs ; elles se rapportent en effet simplement aux nombres de parties égales dans lesquelles est supposé divisé un poids déterminé quelconque de l'alliage, lorsqu'on veut, par la pensée, séparer les deux métaux composants.

Le carat suppose une division en 24 parties égales et indique alors $\frac{1}{24}$ d'un poids quelconque d'alliage ; le denier suppose une division en 12 parties égales et représente par suite $\frac{1}{12}$.

Ainsi, par exemple, l'or pur était dit au titre de 24 carats, c'était dire qu'il renfermait les $\frac{24}{24}$ de son poids d'or pur.

Un lingot à 18 carats renfermait $\frac{18}{24}$ de son poids d'or pur.

Les pièces de monnaie au titre de $\frac{11}{12}$ ou $\frac{22}{24}$ étaient donc au titre de 22 carats ; les deux carats restants étaient : l'un en argent, l'autre, en cuivre ; ces deux métaux avaient pour but de rendre l'alliage plus dur.

710. On voit que cette manière de considérer le titre revenait à exprimer la quantité d'or pur contenu dans un poids d'alliage, en 24${}^{\text{mes}}$ de ce poids.

711. Lorsqu'un alliage ne contenait pas un nombre exact de 24${}^{\text{mes}}$ d'or pur, c'est-à-dire, sur 24 carats ou parties, un nombre exact de carats ou parties d'or, on évaluait la fraction excédante en 32${}^{\text{mes}}$ de carat, c'est-à-dire en

32mes de 24mes, par rapport au poids de l'alliage, ou enfin en 768mes de ce poids.

Ainsi, un lingot renfermant, sur 24 parties en poids, 17 parties $\frac{11}{32}$ d'or, était au titre de 17 carats $\frac{11}{32}$, c'est-à-dire $\frac{555}{32}$ de carat, ou enfin $\frac{555}{768}$ du poids total; ce dernier résultat a l'avantage de pouvoir immédiatement s'exprimer en décimales; on a ainsi 0,722 à moins de 1 millième.

Le titre de la monnaie d'or, 22 carats, réduit en décimales, devient 0,916 à moins de 1 millième.

712. La monnaie d'argent était rapportée à 12 deniers; aussi l'argent pur était au titre de 12 deniers ou $\frac{12}{12}$; un lingot contenant les $\frac{7}{12}$ de son poids d'argent pur était dit au titre de 7 deniers. La monnaie était donc à 11 deniers, le 12e denier était en cuivre.

713. Les fractions de denier étaient exprimées en 24mes de denier ou en *grains;* expression qu'on doit considérer comme indiquant seulement des 24mes de 12mes.

Ainsi, un lingot, au titre de 8 deniers 11 grains, renfermait, sur 12 parties en poids, 8 parties $\frac{11}{24}$ d'argent pur, et était au titre de 8 deniers $\frac{11}{24}$ ou $\frac{203}{24}$ de denier, ce qui donne, rapporté au poids total, $\frac{203}{288}$, représentant le titre général susceptible d'être converti en décimales et donnant alors 0,704.

Le titre de la monnaie d'argent, 11 deniers, réduit en décimales devient 0,916 à moins de 1 millième, comme le titre 22 carats de la monnaie d'or, attendu que ces deux titres représentent la même fraction $\frac{11}{12}$.

CHAPITRE II.

CONVERSION DES ANCIENNES MESURES FRANÇAISES EN NOUVELLES ET CONVERSION INVERSE.

714. Les anciennes mesures se trouvant répandues dans une foule d'ouvrages, de recueils, de manuels qu'on est souvent appelé à consulter, soit dans l'industrie, soit dans les constructions, soit même dans le commerce, il est utile de pouvoir facilement interpréter ou convertir ces mesures en nouvelles; il est de même souvent nécessaire, dans le même but de comparaison, de pouvoir ramener à l'ancien système certaines mesures évaluées dans le nouveau. On peut arriver à ces deux buts de deux manières différentes :

1° En se contentant, pour chaque espèce de mesure d'un système, de déterminer la valeur de l'unité ou des unités principales au moyen de l'unité correspondante de l'autre système.

2° En formant pour chaque espèce de mesure et pour chaque unité de l'ancien système un tableau renfermant les valeurs de

$$1, 2, 3, 4...., \text{etc.}$$

unités, en unités décimales.

715. On voit que cette seconde méthode n'est applicable qu'au passage des anciennes mesures aux nouvelles.

Nous suivrons toujours le premier procédé, le second dans quelques cas principaux.

———

MESURES DE LONGUEUR.

716. Nous avons vu, n° 665, que :

$$5130740^{\text{T.}} = 10000000^{\text{m}};$$

il résulte de là que :

$$1^{\text{T.}} = \frac{10000000^{\text{m}}}{5130740} = 1^{\text{m}},94903659.$$

On en déduit facilement, connaissant les valeurs relatives des subdivisions de la toise, n°663, que :

$$1^{Pi.} = 0^m,32483943$$
$$1^{Po.} = 0,02706995$$
$$1^l = 0,00225583 = 2^{mm},25583.$$
$$1^{Pt} = 0,00018798 = 0,18798.$$

717. De cette dernière valeur, on déduira celle de l'aune de Paris, $3^{Pi.} - 7^{Po.} - 10^l - 10^{Pts.}$, qui, convertie en points, devient 6322 points, et donne par la multiplication :

$$1 \text{ aune} = 1^m,188446.$$

MESURES ITINÉRAIRES.

718.

  1 lieue terrestre = 4444^m,44.
  1 — marine = 5555,55.
  1 — moyenne = 5000,00.
  1 — de poste = 3898.
  1 mille terrestre = 1949,03659.
  1 — marin = 1852.
  1 nœud —   =   15,432.

719. On peut, pour la conversion générale des mesures anciennes en nouvelles, faire usage du tableau suivant :

TABLE DE RÉDUCTION
Des anciennes longueurs en mesures décimales.

Toises	Mètres	Pieds	Mètres	Pouces	Mètres	Lignes	Millim.	Aunes	Mètres
1	1.94904	1	0.32484	1	0.02707	1	2.26	1	1.18841
2	3.89807	2	0.64968	2	0.05414	2	4.51	2	2.37689
3	5.84711	3	0.97452	3	0.08121	3	6.77	3	3.56534
4	7.79615	4	1.29936	4	0.10828	4	9.02	4	4.75378
5	9.74519	5	1.62420	5	0.13535	5	11.28	5	5.9422
6	11.69422	6	1.94904	6	0.16242	6	13.54	6	7.13068
7	13.64326	7	2.27388	7	0.18949	7	15.79	7	8.31912
8	15.59230	8	2.59872	8	0.21656	8	18.05	8	9.50757
9	17.54133	9	2.92356	9	0.24363	9	20.30	9	10.69601
10	19.49037	10	3.24839	10	0.27070	10	22.56	10	11.88446
100	194.90367	100	32.48394	11	0.29777	11	24.81		
1000	1949.03659	1000	324.83943	12	0.32484	12	27.07		

720. L'usage de ce tableau se comprend aisément : soit en effet à convertir par exemple une longueur de :
$$38^{T.} - 5^{Pi.} - 11^{Po.} - 8^{l} ;$$
on fera, à l'aide de la table de conversion, le calcul suivant :

$$
\begin{aligned}
30^{T.} &= 58^{m},4711 \\
8^{T.} &= 15,\ 5923 \\
5^{Pi.} &= 1,\ 6242 \\
11^{Po.} &= 0,\ 2977 \\
8^{l.} &= 0,\ 0180 \\
\hline
&\ 76,\ 0033
\end{aligned}
$$

On aura ainsi à moins de $0^{m},004$:
$$38^{T.} - 5^{Pi.} - 11^{Po.} - 8^{l} = 76^{m},003.$$

721. *Valeurs des nouvelles unités en anciennes.*
De la relation
$$10000000^{m} = 5130740^{T.}$$
on tire de suite :
$$
\begin{aligned}
1 \text{ mètre} &= \quad\ 0^{T.},5130740 \\
1 \text{ kilom.} &= \quad 513,\ 0740 \\
1 \text{ myriam.} &= \ 5130,\ 740
\end{aligned}
$$
résultats qui deviennent, par la conversion de la partie fractionnaire, en pieds, pouces, lignes :
$$1^{m} = 0^{T.} - 3^{Pi.} - 0^{Po.} - 11^{l},295936 = 443^{l},295936.$$
$$1^{Km.} = 513^{T.} - 0^{Pi.} - 5^{Po.} = 3078^{Pi.} - 5^{Po.}$$
$$1^{My.m.} = 5130^{T.} - 4^{Pi.} = 30784^{Pi.}$$
De la valeur du mètre on tire :
$$
\begin{aligned}
1^{dm.} &= 44^{l},329 \quad = 3^{Po.} - 8^{l},329 \\
1^{cm.} &= 4^{l},4329 \\
1^{mm.} &= 0^{l},44329.
\end{aligned}
$$

722. Ces relations établies, il est facile de convertir une longueur ancienne quelconque en mesures décimales sans le secours du tableau de conversion. Soit en effet la longueur :
$$21^{T.} - 4^{Pi.} - 9^{Po.} - 10^{l} ;$$
si on réduit successivement : les toises en pieds, les pieds en pouces, etc., on trouve 18838 lignes pour la longueur donnée ; puis, si l'on remarque que
$$1^{m} = 443^{l},296,$$

à moins de $0^l,001$, en divisant 18838 par 443,296, on aura, en mètres, la valeur considérée :

$$\frac{18838}{443,296} = 42^m,495,$$

à moins de $0^m,001$.

723. Il est évident d'ailleurs, que pour convertir une longueur métrique en anciennes mesures, il suffit de multiplier le nombre exprimant cette longueur, rapportée au mètre, par 443,296; on obtient ainsi la longueur convertie en lignes; il est facile ensuite de la décomposer, s'il y a lieu, en toises, pieds, pouces et lignes.

MESURES DE SUPERFICIE.

724. La toise valant $1^m,94904$, la toise carrée est un carré ayant $1^m,94904$ de côté. Il résulte de là, en appliquant le raisonnement du n° 85, que le nombre de mètres carrés contenus dans la Tq., est donné par le produit

$$1,94904 \times 1,94904.$$

La même observation conduit à reconnaître que le pied carré évalué en mètres carrés, sera donné par le produit,

$$0,32484 \times 0,32484.$$

Le pouce carré, la ligne carrée et les autres mesures de superficie donnent lieu à des résultats semblables.

725. On déduit facilement de là les valeurs fondamentales suivantes :

$$1^{T.q} = 3^{m.q},79874363$$
$$1^{Pi.q} = 0 \ ,10552065 = 10^{dm.q},552065.$$
$$1^{Po.q} = 0 \ ,00073278 = \ 7^{cm.q},3278.$$
$$1^{l.q} = 0 \ ,000005089 = \ 5^{mm.q},089.$$

1 aune carrée $= 1^{m.q},41240417$.

726. On obtiendrait d'une manière analogue les valeurs de la toise-pied, de la toise-pouce et de la toise-ligne; il sera plus simple cependant, pour évaluer ces unités, de diviser la valeur métrique de la toise carrée par le nombre de fois que cette dernière surface contient l'unité qu'on voudra convertir.

727. Enfin, on obtient, pour les mesures agraires :

1 perche, P. $= 34^{\text{m.q}},18869.$

1 arpent, P $= 34^{\text{a}},18869.$

1 perche (e.f.) $= 51^{\text{m.q}},0719.$

1 arpent (e.f.) $= 51^{\text{a}},0719.$

1 lieue carrée, $= 1975^{\text{Ha}},3086 = 19^{\text{Km.q}},753086.$

728. Nous pouvons adjoindre à ces résultats, pour faciliter les réductions, le tableau suivant :

TABLE DE RÉDUCTION

des anciennes mesures agraires en nouvelles.

ARPENTS A. P.	ARES	ARPENTS (e.f.)	ARES
1	34.1887	1	51.0719
2	68.3774	2	102.1438
3	102.5661	3	153.2157
4	136.7548	4	204.2876
5	170.9435	5	255.3595
6	205.1321	6	306.4314
7	239.3208	7	357.5033
8	273.5095	8	408.5752
9	307.6982	9	459.6471
10	341.8869	10	510.7190

729. On emploiera ce tableau à la conversion des perches, en lisant les perches dans la colonne des arpents, et les mètres carrés dans la colonne des ares.

730. *Valeurs des nouvelles unités en anciennes.* — Des relations qui précèdent on peut facilement tirer les valeurs suivantes :

$$1^{\text{m.q}} = 0^{\text{T.q}},26324493.$$
$$= 9^{\text{Pi.q}},4768 = 9^{\text{Pi.q}} - 68^{\text{Po.q}},66.$$
$$= 1364^{\text{Po.q}},66.$$

on trouve encore :

$$1^{m.q} = 1^{T.Pi} - 6^{T.Po} - 11^{T.l};$$

puis, pour les mesures agraires :

$$1^{H.a} = 292,4943 \text{ perches, P.}$$
$$\text{---} = 2,924943 \text{ arpents, P.}$$
$$1^{H.a} = 195,802 \text{ perches (e.f.)}$$
$$\text{---} = 1,95802 \text{ arpents (e.f.)}$$

MESURES DE VOLUME.

731. L'évaluation des anciennes unités de volume s'effectue par une extension du raisonnement employé au n° 102; on est ainsi conduit, pour avoir la toise-cube, à multiplier la valeur de la toise-carrée, 3,79874363, en mètres carrés, par 1,949036...., valeur de la toise en mètre. Le même procédé permet de déterminer les autres unités cubiques, et l'on a ainsi :

$$1^{T.c} = 7^{m.c},403890034308$$
$$1^{Pi.c} = 0 , 034277270 = 34^{dm.c},277270$$
$$1^{Po.c} = 0 , 0000198364 = 19^{cm.c},8364$$
$$1^{l.c} = 0 , 00000001148 = 11^{mmc},480$$

732. La solive, pour les bois de charpente, donne en mètres cubes :

$$1 \text{ solive} = 0^{mc},1028318 = 102^{dm.c},8318.$$

733. Enfin, pour le bois de chauffage, on trouve :

$$1 \text{ corde} = 3^{st.},839$$
$$1 \text{ voie} = 1 ,9195,$$

et, pour le tonneau d'encombrement :

$$1 \text{ tonneau} = 1^{m.c},439550.$$

734. *Valeurs des nouvelles unités en anciennes.* — On tire aisément des valeurs précédentes :

$$1^{m.c} = 0^{T.c},135064129$$
$$\text{---} = 29^{Pi.c},173851842 = 29^{Pi.c} - 300^{Po.c},416$$
$$\text{---} = 50412^{Po.c},416.$$

On trouve encore :

$$1^{m.c} = 9^{T.T.Pi} - 0^{T.T.Po} - 8^{T.T.l},69.$$
$$1^{m.c} = 9^s,7246 \text{ (solives)}.$$
$$1 \text{ stère} = 0^c,2605 \text{ (corde)}.$$
$$- = 0^v,5209 \text{ (voie)}.$$

MESURES DE CAPACITÉ.

735. 1° *Pour les liquides.* — En partant de la pinte de $46^{Po.c},95$, on trouve :

$$1 \text{ pinte} = 0^l,93131818 - \text{litre}.$$
$$1 \text{ velte} = 7,45054545 \text{ litres}.$$
$$1 \text{ muid} = 268,21963637 \quad -$$
$$- = 2^{III},6821963637.$$

Les autres unités inférieures ou intermédiaires se déduisent facilement de celles-ci.

736. 2° *Pour les matières sèches.* — En partant du litron de $40^{Po.c},98625$, on trouve :

$$1 \text{ litron} = 0^l,813019 \text{ litre}.$$
$$1 \text{ boisseau} \brace (\text{de 16 litrons}) = 13,008303 \text{ litres}.$$
$$1 \text{ setier} \brace (\text{de 12 boisseaux}) = 1^{H.l},56099 \text{ hectolitre}.$$

737. *Valeurs des nouvelles unités en anciennes.*

$$1 \text{ litre} = 1^p,07374688 \text{ pinte de } 46^{Po.c},95.$$
$$- = 0^v,13421828 \text{ velte}.$$
$$1 \text{ hectolitre} = 0^M,372828 \text{ muid}.$$
$$- = 13^v,421828 \text{ veltes}.$$
$$- = 107^p,374688 \text{ pintes}.$$
$$1 \text{ litre} = 1^{ln},229984 \text{ litron de } 40^{Po.c},98625.$$
$$1 \text{ décalitre} = 0^B,768739 \text{ boisseau de 16 litrons}.$$
$$- = 12^{ln},299836 \text{ litrons}.$$
$$1 \text{ hectolitre} = 0^s,640616 \text{ setier de 12 boisseaux}.$$
$$- = 7^B,687393 \text{ boisseaux}.$$

MESURES DE POIDS.

738. Les principales unités offrent les relations suivantes :

$$1^{lt} \text{ ou } 1 \text{ livre-poids } = 0^{Kg},489505847$$
$$1 \text{ once } = 0 ,030594115$$
$$— = 30^{gr},594115 \quad \text{(grammes)}.$$
$$1 \text{ gros } = 3 ,824265 \quad —$$
$$1 \text{ grain } = 0 ,053114 \quad —$$

739. La conversion des anciens poids se présentant assez fréquemment, nous donnerons, comme aide, le tableau de conversion ci-joint :

TABLE DE RÉDUCTION
des anciens poids en nouveaux.

Livres (poids)	Kilogramm.	Onces	Grammes	Gros	Grammes	Grains	Milligram.
1	0.489506	1	30.5944	1	3.8243	1	53.11
2	0.979012	2	61.1882	2	7.6485	2	106.23
3	1.468518	3	91.7823	3	11.4728	3	159.34
4	1.958023	4	122.3765	4	15.2971	4	212.46
5	2.447529	5	152.9706	5	19.1213	5	265.57
6	2.937035	6	183.5647	6	22.9456	6	318.68
7	3.426544	7	214.1588	7	26.7699	7	371.80
8	3.916047	8	244.7529	8	30.5940	8	424.91
9	4.405553	9	275.3470	9	34.4183	9	477.03
10	4.895058	10	305.9412	10	38.2426	10	531.14

740. *Le retour des nouvelles unités aux anciennes* se fait au moyen de la relation :

$$1^{Kg} = 2^{lt} — 0^o — 5^G — 35^{gr},15,$$

de laquelle on tire :

$$1^{Kg} = 2^{lt} ,042876519$$
$$= 32^o ,686024304$$

$$1 \text{ quintal métrique } = 204^{lt}, 2876519$$
$$= 2 ,042876519 \text{ qx. anciens.}$$

$$1 \text{ tonneau métrique } = 1 ,021438259 \text{ ton. ancien.}$$

MONNAIES.

741. On a, pour la conversion des anciennes monnaies :

$$1^{\text{l}} \text{ ou } 1 \text{ livre tournois} = 0^{\text{f}},987651$$
$$1 \text{ sou} \qquad\qquad = 0,050625$$
$$1 \text{ denier} \qquad\quad = 0,004218$$

742. Puis, pour le retour des nouvelles aux anciennes :

$$1^{\text{f}} = 1^{\text{l}} - 0^{\text{s}} - 3^{\text{d}}.$$

d'où l'on tire :

$$1^{\text{f}} = 1^{\text{l}},012503$$
$$= 20^{\text{s}},25$$
$$= 243^{\text{d}}.$$

743. On trouve comme conséquence de ces résultats que :

$$81^{\text{l}} = 79^{\text{f}},99973,$$

c'est-à-dire, approximativement :

$$81 \text{ livres} = 80 \text{ francs,}$$

ou encore : $101^{\text{l}},25 = 100 \quad —$

———

EXERCICES

SUR LES ANCIENNES MESURES FRANÇAISES.

(1) Convertir en mètres :

$$8^{\text{T}} \;—\; 5^{\text{Pi}} \;—\; 11^{\text{Po}} \;—\; 9^{\text{l}},24$$
$$16^{\text{T}} \;—\; 0^{\text{Pi}} \;—\; 9^{\text{Po}} \;—\; 11^{\text{l}}.$$
$$49^{\text{T}} \;—\; 4^{\text{Pi}} \;—\; 10^{\text{Po}} \;—\; 8^{\text{l}},9$$
$$246^{\text{T}} \;—\; 5^{\text{Pi}} \;—\; 8^{\text{Po}} \;—\; 11^{\text{l}}.$$
$$538^{\text{T}} \;—\; 3^{\text{Pi}} \;—\; 4^{\text{Po}} \;—\; 0^{\text{l}}.$$

(2) Évaluer en toises, pieds, pouces, lignes :

$$24^{\text{m}},63 \qquad 3^{\text{m}},456 \qquad 264^{\text{m}},4.$$
$$0^{\text{m}},647 \qquad 627^{\text{m}},74.$$

(3) Évaluer, en prenant le kilomètre pour unité :

Les $\dfrac{3}{4}$ de 21 lieues terrestres;

246,786 lieues terrestres;

Les $\frac{2}{9}$ de 73 lieues marines ;

368,42 lieues marines ;

Les $\frac{3}{8}$ de 15 lieues de poste ;

28,64 lieues de poste ;
642,736 milles terrestres ;
369,843 milles marins ;
826,42 nœuds ;

Les $\frac{8}{9}$ de 674 milles terrestres ;

Les $\frac{5}{7}$ de 379 milles marins ;

Les $\frac{2}{3}$ de 742 nœuds ;

4278 pas ordinaires ;
3647 pas militaires ;
6274 pas géométriques ou **brasses.**

(4) Évaluer en mètres :
        48,4 brasses.
        38,72 aunes de **Paris.**
        24,13 nœuds.
        34 brasses—3^{Pi}—8^{Po}.
        8 aunes—2^{Pi}—11^{Po}—9^{l}.

(5) Convertir en ares :

8 arpents P. —	64 perches ;	
13 ———	43	—
18 ———	29	—
71 ———	92	—
63 ———	18	—

(6) Convertir en hectares :

224 arpents (e. f.)	38 perches ;	
93 ———	63	—
168 ———	37	—
348 ———	94	—
629 ———	78	—

(7) Convertir en arpents et perches, soit de **Paris, soit des** eaux et forêts :

$836^{m.q.},48$	$6428^{m.q.},60$	$84^{Dm.q.},736$	$423^{Hm.q.},639$
$18^{a.},747$	$24^{Ha.},7894$	$864^{Ha.},207$	$869^{a.},278$
$63473^{m.q.},38$	$79^{Ha.},639$.		

ARITH. MESN.

19

(8) Évaluer en mètres carrés, décim. carrés, etc. :

$$8^{T.q.} \quad - \quad 24^{Pi.q.} \quad - \quad 96^{Po.q.} \quad - \quad 84^{l.q.}$$
$$28^{T.q.} \quad - \quad 18^{Pi.q.} \quad - \quad 65^{Po.q.} \quad - \quad 98^{l.q.}$$
$$428^{Pi.q.} \quad - \quad 39^{Po.q.} \quad - \quad 18^{l.q.}$$

834 aunes carrées.

$$4^{T.Pi.} \quad - \quad 7^{T.Po.} \quad - \quad 9^{T.l.}$$
$$15^{T.Pi.} \quad - \quad 11^{T.Po.} \quad - \quad 10^{T.l.}$$
$$32^{T.Pi.} \quad - \quad 3^{T.Po.} \quad - \quad 8^{T.l.}$$

13 1/3 aunes à 3/4.
24 2/5 aunes à 5/8.
18 2/7 aunes à 7/8.

(9) Évaluer, en prenant le mètre cube pour unité :

$$13^{T.c.} \quad - \quad 142^{Pi.c.} \quad - \quad 876^{Po.c.} \quad - \quad 217^{l.c.}$$
$$8^{T.c.} \quad - \quad 84^{Pi.c.} \quad - \quad 1148^{Po.c.} \quad - \quad 996^{l.c.}$$
$$24^{T.T.Pi.} \quad - \quad 36^{T.T.Po.} \quad - \quad 47^{T.T.l.}$$
$$9^{T.T.Pi.} \quad - \quad 19^{T.T.Po.} \quad - \quad 53^{T.T.l.}$$

218,487 tonneaux d'encombrement.

(10) Évaluer, en prenant l'hectolitre pour unité :

27 muids, 23 veltes, 6 pintes;
43 ——— 18 ——— 3 ———
4 muids, 1 feuillette, 1 quartaut, 7 pintes;
45 feuillettes, 1 quartaut, 4 veltes ;
18 quartauts, 7 veltes, 6 pintes ;
4 boisseaux, 11 litrons;
13 setiers, 9 boisseaux, 8 litrons ;
8 setiers, 12 litrons;
26 setiers, 11 boisseaux, 15 litrons ;
32 setiers, 10 boisseaux, 13 litrons.

On supposera le boisseau de 16 litres et le setier de 12 boisseaux.

(11) Convertir en grammes :

3 livres, — 6 onces, — 4 gros, — 8 grains.
9 ——— 5 ——— 6 ——— 42.
13 ——— 2 ——— 4 ——— 39.
24 ——— 13 ——— 7 ——— 32.
48 ——— 14 ——— 5 ——— 68.

(12) Évaluer, en prenant le kilog. pour unité :

8 milliers, 6 quintaux, 84 livres;
24 tonneaux, 8 quintaux, 93 livres;
234 quintaux, 68 livres;
218 milliers, 3 quintaux, 76 livres;
642 milliers, 317 livres.

(13) Convertir en francs et centimes :

28 livres t.,	— 17 sous,	— 15 deniers ;
37 ———	19 ———	32 —
428 ———	13 ———	39 —
239 ———	8 ———	40 —
187 ———.	15 ———	24 —

(14) On demande, en francs et centimes, le prix de 54^T. — 3$^{Pi.}$ — 8$^{Po.}$, à raison de 78 livres la toise.

(15) Combien ont coûté 247 aunes 2/3, à 24^{lt} — 12^s, l'aune (en francs et centimes).

(16) Une pièce de vin, contenant 280 bouteilles, a été payée à raison de 1^{lt} — 4^s la bouteille. Évaluer son prix, en livres et sous, puis en francs et centimes.

(17) Un orfèvre a payé, 2 marcs, 5 onces, 3 gros d'argent, à raison de 50^{lt} — 12^s le marc. Évaluer son achat en francs et centimes.

(18) Un orfèvre a vendu un objet d'art pesant 5 marcs, 3 onces, 4 gros, à raison de 52^{lt} — 12^s le marc ; il a fait payer 2^{lt} — 10^s par marc pour le contrôle et 78^{lt} — 15^s pour la façon. Évaluer le prix de cet objet, en livres, sous, deniers, puis en francs et centimes.

(19) Un particulier a acheté une douzaine de couverts, pesant 7 marcs, 5 onces, 7 gros, 385^{lt} — 18^s. A combien lui est revenu le marc ?

(20) On a payé 75^{lt} — 12^s — 23^d, frais compris, 2 muids, 15 veltes, 7 pintes de vin. Évaluer en francs et centimes le prix du litre de ce vin.

(21) 8 quartauts, 7 veltes, 6 pintes de vinaigre ont été payés à raison de 3^{lt} — 15^s la velte. Quel a été, en francs et centimes, le prix de l'achat ?

(22) Un marchand a vendu 48 setiers, 10 boisseaux, 15 litrons de farine, sur le pied de 12^{lt} — 8^s — 12^d le setier. Évaluer, en francs et centimes, le prix de l'achat et le prix de l'hectolitre de farine, le setier étant pris de 12 boisseaux et le boisseau de 16 litrons.

(23) Le blé coûtant 32^f,30 l'hectolitre, évaluer en livres tournois, sous et deniers, le prix correspondant du boisseau de 16 litrons.

(24) Un terrain d'une étendue de 3 arpents (e. f.), 65 perches, a été vendu sur le pied de 23^{lt} — 15^s la toise carrée. A quel prix, en francs et centimes, est revenu ce terrain, et combien a-t-il coûté par mètre carré ?

(25) Un terrain d'une étendue de 18 arpents P., 45 perches, a été vendu 6428^{lt} 17^s, frais compris. A quel prix est revenu l'are de ce terrain ?

(26) Si l'on prend 3 onces d'indigo pour teindre une aune de drap, quelle quantité de grammes d'indigo cela suppose-t-il nécessaire à la teinture d'un mètre du même drap?

(27) Les fontainiers disent encore qu'une source donne 1 pouce d'eau, lorsqu'elle fournit 14 pintes par minute :

Combien de litres peut fournir, en 3 heures 15 minutes, une source qui débite habituellement 3 pouces 2/3 ?

(28) Combien fournit de pouces une fontaine qui donne habituellement 42$^{lit.}$,35 d'eau par heure?

(29) Une brouettée de terre était considérée contenant $\frac{1}{250}$ de toise cube ;

24 hommes sont occupés à un transport de terre ; chacun conduit une brouette et fait 23 voyages dans sa journée ; combien de mètres cubes de terre ces 24 hommes auront-ils déplacés en 12 jours ?

(30) Dans la confection du pain, on comptait 1 livre et 1/6 de pâte par livre de pain cuit ; de plus, pour faire une livre de pâte on prenait moyennement, $\frac{13}{35}$ de livre d'eau et le reste en farine.

Combien, d'après ces données, faudrait-il de kilogrammes d'eau et de farine pour fabriquer 218 pains de 6 kilog. chacun ?

CHAPITRE III.

CONVERSION DES MESURES ÉTRANGÈRES EN MESURES FRANÇAISES NOUVELLES.

744. Pour les mesures étrangères nous nous bornerons à donner le détail et les valeurs des principales mesures des pays les plus importants par leurs affaires générales et leurs relations commerciales avec la France.

Angleterre.

745. *Mesures de longueur.*—L'unité est l'AUNE OU YARD : *Imperial-standard-yard.*

1 yard = 2 feet (pieds) = 36 inches (pouces) = 108 barley-corns (grains d'orge) = 228 parts (parts).   0^m,914438

Le fatom ou toise vaut deux yards . . .   1 ,8289

Le furlong ou stade, de 220 yards. . . . . . 201 ,1764

Le mille légal, de 8 furlongs ou 1760 yards. 1^{km},609

Mesures de poids. — L'unité légale commerciale est la LIVRE AVOIR DU POIDS.

1 livre (pound) = 16 onces = 256 drachmes = 7000 grains. . . . . 453^{gr},550

La stone (*). . . . . 14 liv. av.d.p. 6^{kg},350
Le quarter . . . . 28 — —. 12 ,700
Le quintal (hundredweight). 112 — —. 50 ,800
Le tonneau, de 20 quintaux. 2240 — —. 1016 ,048
Le charbon de terre se compte au tonneau de 10 sacks.
La *livre de Froy*, pour les matières précieuses
= 12 onces. . . . . 373^{gr},238
L'once de 20 deniers ou penny-weights. . . . 31 ,103

Mesures de capacité. — L'unité générale est le GALLON IMPÉRIAL : *Imperial-standard-gallon.*

1 gallon = 2 pottles = 4 quarts = 8 pintes (**) = 32 gills . . . . 4^{lit},5435

LIQUIDES. — La tonne ou tun vaut. 250 gallons. .
Le quarter (hogshead) 64 —
Le barrel ou baril. . 36 —
1 tonne = 2 pipes = 4 quarters = 6 tierces.
= 7 barrels = 28 firkins . . . . 11^{Hl},449

MATIÈRES SÈCHES. — Le last de navire ou load
vaut . . . . 640 gallons.
Le quarter . . 64 —
Le bushel . . 8 —
Le last = 2 weys = 10 quarters = 20 cooms
= 40 stricks = 80 bushels = 320 pecks . . . . 29^{Hl},078

Monnaies. — L'unité, monnaie de compte, est la LIVRE STERLING OU SOUVERAIN.

		POIDS.	TITRES.	
OR.—Livre sterling ou souverain, de 20 schillings		7^{gr},988	0,916 2/3	25^f,208
1/2 livre sterling . . .		3 ,994	. . . . .	12,604

Nota. — (*) La stone varie avec les objets à peser ; ainsi elle vaut : 8 liv., pour la viande et le poisson ; 5, pour le verre ; 14, pour les laines ; 16, pour le fromage, et 32, pour le **chanvre**.

(**) *Pints,* pour les matières sèches.

ARGENT.—Couronne de 5

	POIDS.	TITRES.	
schillings . . .	28^{gr},276	0,925. . .	6^f,25
1/2 couronne . .	14 ,138	. . . . . .	3,125
Florin	11 ,310	. . . . . .	2,35
Schilling.	5 ,655	. . . . . .	1,20
Pièce de 6 pence .	2 ,828	. . . . . .	0,60
— 4 — .			
groat	1 ,885	. . . . . .	0,40
Pièce de 3 — .	1 ,414	. . . . . .	0,30

CUIVRE.—Le Penny ou denier. 0,10
1/2 penny 0,05

Autriche.

746. Un décret impérial, en date du 23 juillet 1871, prescrit l'adoption du système métrique, avec sa nomenclature. L'usage en sera obligatoire à dater du 1er janvier 1876 ; il est facultatif à partir du 1er janvier 1873.

Mesures de longueur. — L'unité est le PIED OU FUSS.

Le pied ou fuss = 12 pouces = 144 lignes.   0^m,31166

L'aune légale, pour les étoffes, valant 2 1/2 pieds . . . . 0 ,77916

La toise ou klafter, valant 6 pieds. . . . . . 1 ,86996

Mesures de poids. — L'unité est la LIVRE OU PFUND.

1 livre = 4 vierling = 16 onces = 32 loths = 128 quenten = 512 pfennigs . . . . 560^{gr},1

Le quintal de Vienne et de Hongrie (Zentner ou centner). = 10 stein ou pierres = 100 livres.   56^{kg}.

Mesures de capacité. — L'unité est le MASS IMPÉRIAL OU REICH-MASS, pour les liquides ; et le METZE, pour les matières sèches.

LIQUIDES.—Le Mass = 2 kannes = 4 seidel. . .   1^{lit},415
L'Eimer = 4 viertel = 41 mass . . .   58 ,014
L'Eimer, pour la bière, vaut 42 mass 1/2 . . . .   60 ,137
Le fass (tonneau de bière), de 2 eimer.   120 ,275

MATIÈRES SÈCHES.—1 metze = 4 viertlen = 8 achteln = 16 massel = 64 futermassel . . . .   61 ,496
Le muth = 30 metzen = 480 massel. . . . .   18^{Hl},448

Monnaies. — L'unité est le FLORIN OU GULDEN.

Or.—Souverain de 13 fl. 1/2

	POIDS.	TITRES.	
(Lombardie, 1823).	11ᵉʳ,332	0,900	35ᶠ,14
Couronne (ancienne).	11 ,111	. . . .	34,40
Nouv. p. de 8 fl. 10 kreu.	6 ,4516	. . . .	20,00
1/2 — 4 — 5 —	3 ,2258	. . . .	10,00
1/4 — 2 — 2 1/2	1 ,6129	. . . .	5,00
Ducat (ad legem imperii).	3 ,491	0,986	11,85
Ducat de Hongrie . .	3 ,491	0,990	11,90
Sequin de Venise . . .	3 ,491	0,998	11,96
ARGENT.—Double florin de 200 neukreut.	24 ,691	0,900	4,90
Florin de 100 neukreutzers. .	12 ,3455	. . . .	2,45
Quart de florin .	5 ,341	0,520	0,61
Pièce de 10 krt .	2 ,000	0,500	0,22
— 5 —.	1 ,330	0,375	0,11
CUIVRE.—Pièces de 3, de 1 et de 1/2 kr. le kreutzer vaut. . . .			0,0245

Brésil.

747. *Mesures de longueur, de poids, de capacité* en conformité avec le système décimal français. Une loi du 26 juin 1862 prescrit l'adoption du système métrique pour les mesures et les poids, avec une tolérance de 10 ans pour la cessation de l'emploi des anciennes mesures.

Les anciennes mesures étaient celles en usage en Portugal.

Monnaies. — L'unité, monnaie de compte, est le RÉIS, dans tout le Brésil.

Tous les comptes de commerce se font en *mil reis* (1000 reis), centaines de *mil reis*, et *contos* (millions) de *reis*.

Le reis du Brésil est la moitié du reis de Portugal.

La monnaie ancienne a été entièrement retirée et refondue.

Les principales pièces nouvelles sont :

	POIDS.	TITRES.	
OR.—20000 reis	17ᵉʳ,926	0,917	56ᶠ,50
10000 —	8 ,963	. . .	28,25
5000 —	4 ,4845	. . .	14,125

		POIDS.	TITRES.	
ARGENT.—2000 reis	. . . . .	25ᵍʳ,495	0,917	5ᶠ,20
1000 —	. . . . .	12 ,7475	. . . .	2 ,60
500 —	. . . . .	6 ,3738	. . . .	1 ,30
250 —	. . . . .	3 ,1868	. . . .	0 ,65
CUIVRE.—40 reis ou 2 vintenes	. . . .			0, 11
20 — ou 1 vintene	. . . .			0, 05

Espagne.

748. Un décret royal du 16 juillet 1849 prescrit l'adoption du système métrique à compter du 1ᵉʳ janvier 1860. Les anciennes mesures sont cependant encore en plein usage dans toute l'Espagne.

Mesures de longueur. — L'unité fondamentale est le PIED.

1 Vare ou vara = 3 pieds = 4 palmes = 36 pulgadas (pouces) = 432 lignes. 0ᵐ,835

Le pied = 1 palme 1/3 = 12 pouces = 144 lignes. 0 ,278

La palme = 9 pouces = 108 lignes . . . . 0 ,208

L'estadal ou 4 varas. . . . . 2 ,340

La toise, braza, de 2 varas. . . . . 1 ,670

La chaîne ou cuerda, de 24 pieds, ou 8 varas 1/4. . . . . 6 ,680

Lieue nouvelle (16,64 au degré), valant 8000 varas. . . . . 6680 kilm.

Lieue marine (20 au degré), valant 3 milles marins ou 20000 pieds. . . . . 5566 —

Mesures de poids. — L'unité fondamentale est la LIVRE DE CASTILLE.

La livre ou libra = 16 onces = 128 ochaves = 256 adarmes = 9216 grains. 460ᵍʳ,500

L'arroba ou arrobe = 25 livres. 11ᴷᵍ,512

Le quintal ordinaire ou petit quintal, de 4 arrobas ou 100 livres. . . . . 46 ,000

Le quintal macho ou grand quintal, de 6 arrobas ou 150 litres . . . . 69 ,000

Le tonneau ou tonnelada, valant 20 quintaux de 4 arr . . . . 920 ,000

Le marc, de 8 onces, pour les matières précieuses 230ᵍʳ,250

Mesures de capacité. — L'unité adoptée pour la presque

totalité des liquides est L'ARROBA MAYOR OU CANTARO. L'unité est le FANEGA pour les matières sèches.

LIQUIDES (VINS).—L'arroba = 4 cuartillas = 8 azumbres
= 32 cuartillos = 128 copas. . . . . 16^{lit},140
. . . . . . La botta ou botte, valant 30
arrobas. . . . . 4^{HI},841
La pipa ou pipe, de 27 arro-
bas. . . . . 4 ,357

HUILE.—L'arroba menor = 4 cuartillas = 25 libras =
100 quarterones . . . . 12^{lit},564
La botta ou botte, de 28 arr. 1/2 ou
154 cuartillas. . . . . 4^{HI},837
La pipa de 34 arr. 1/2 ou 138 cuartillas. . . . . 4 ,334
L'arroba d'huile pèse 25 livres de Castille ou 11^{kg},510

MATIÈRES SÈCHES.—1 fanega = 4 cuartillas = 12 almudes
= 24 medios = 48 cuar-
tillos . . . . 54^{lit},800
1 cahiz vaut 12 fanegas. 657 ,600

Monnaies. — Les pièces d'argent frappées en Espagne depuis 1868 sont entièrement conformes au système français; mais on leur a conservé l'ancienne dénomination: 5 francs, *duro;* 2 francs, *dos pezetas;* 1 franc, *pezeta;* 50 centimes, *dos reales.* — Le RÉAL était l'ancienne unité monétaire.

On n'a pas frappé de monnaie de cuivre. Les nouvelles pièces d'argent circulent avec les valeurs de l'ancien *duro* et de la *pezeta*, et sont échangées, sur cette base avec l'ancienne monnaie de cuivre.

Voici les principales monnaies anciennes :

OR. — Doublon d'Isabelle, de

	POIDS.	TITRES.	
10 escudos ou 100 réaux. .	8^{gr},387	0,900	25^f,78
Pièce de 40 réaux.	3 ,354	. . . .	10,40
— 20 réaux	1 ,677	. . . .	5,20
Doublon ou quadruple de 16 pias-			
tres (1730 à 1772). .	0,917	85,40	
(1772 à 1786).		83,50	
(depuis 1786).		81,50	

Doublon de 4 écus (Ferdinand VII) valant 80 réales 20ᶠ,40
—   2 —   40 —   10,20
—   1 — ou
pezeta d'or . . . . 20 —   5,10

ARGENT. — Pièce de 20 réaux ou   POIDS.   TITRES.
  duro . . 25ᵍʳ,960   0,900   5,25
—   10 ou es-
  cudo . . 12 ,980   2,63
Pezeta de 4 réaux . . 5 ,250   1,04
Le réal vellon, unité, monnaie de compte, vaut. 0,26
Les anciennes pièces suivantes circulent encore en
Espagne :
La piastre aux deux globes (1730 à 1772) 5ᶠ,50
—   — (depuis 1772)   5,38
La pezeta ancienne, 1/5 de la piastre   1,04

CUIVRE. — Le quarto, de 4 maravédis 0ᶠ,032
Le 1/2 quarto ou ochavo, de 2 mar   0,016

Etats-Unis.

749. *Mesures de longueur.* — Les mêmes qu'en Angleterre (n° 745).

Mesures de poids. — Les mêmes qu'en Angleterre
(n° 745).

Mesures de capacité. — Mesures anglaises avant le
1ᵉʳ mai 1825 :
L'ancien *gallon à vin (wine gallon)*, unité pour les liquides;
L'ancien *bushel de Winchester*, unité pour les matières
sèches.

LIQUIDES. — Le gallon = 2 pottles = 4 quarts = 8 pintes
= 32 gills 3ˡⁱᵗ,785
La pipe, valant 120 gallons 4ᴴˡ,542
Le last de navire (ten of shipping), de 200 gallons.   7 ,570

MATIÈRES SÈCHES. — Le gallon de Winchester =
2 pottles = 4 quarts = 8 pintes 4ˡⁱᵗ,404
Le quarter = 8 bushels = 32 pecks = 64 gallons. 2ᴴˡ,819

Monnaies. — **L'unité fondamentale** est le DOLLAR ou
piastre d'or.

		POIDS.	TITRES.	
Or.—Double-aigle, de 20	doll.	33ᵍʳ,437	0,900	103ᶠ,45
Aigle . . . . . de 10	—	16 ,718	. . . .	51 ,72
Pièce de — de 5	—	8 ,359	. . . .	25 ,85
— — de 2 1/2	—	4 ,180	. . . .	12 ,92
— — de 1	—	1 ,672	. . . .	5 ,18
Argent. — Dollar ou piastre de				
100 cents.		26ᵍʳ,729	. . . .	5 ,30
1/2 dollar . . . , 50	—	13 ,718	. . . .	2 ,65
1/4 dollar 25	—	6 ,682	. . . .	1 ,32
Dime ou 10	—	2 ,672	. , . .	0 ,54
1/2 dime. 5	—	1 ,336	. . . .	0 ,26

Cuivre. — Pièce de 2 cents ou 0ᶠ,103 et pièce de 1 cent ou 0ᶠ,051.

Hollande.

750. *Mesures de longueur.* — L'unité est le *mètre* sous le nom de EL OU AUNE.

L'el ou aune = 10 palms (d. m) = 100 duimen (c. m.) = 1000 strepen (m.m.). 1ᵐ,00

Le myl vaut 1 kilom.; et le roede, ou 10 els, 1 décamètre.

La chaîne d'arpenteur vaut 2 roeden ou 20 els.

Mesures de poids. — Les mêmes qu'en France, avec des noms différents :

L'unité de poids est le gramme, sous le nom de WIGTJE.

Le pond=10 osen=100 looden=1000 wigtjes.   1ᴷᵍ,00

Le wigtje vaut 10 korrets ou décigrammes.

Le tonneau = 10 quintaux (centenaar) = 1000 ponds . . . . , 1000 kilog.

Le last de navire = 2 tonneaux . . . . , 2000 —

Mesures de capacité. — Les mêmes qu'en France, noms différents :

L'unité est le litre nommé : KAN, pour les liquides ; KOP, pour les matières sèches.

Liquides. — Le vat ou fass = 100 kannen = 1000 matjes = 10000 vingerhoed. . . . . 1 hectolitre.

Matières sèches. — Le mudde = 10 schepels = 100 koppen = 1000 maatjes. . 1   —

Monnaies. — L'unité fondamentale est le FLORIN ou GULDEN.

	POIDS.	TITRES.	
Or. — Double ducat	6^{gr},988	0,983	23^f,48
Ducat.	3 ,494	. . . .	11 ,74
Guillaume	6 ,729	0,900	20 ,80
1/2 Guillaume	3 ,364	. . . .	10 ,40

Argent.—Florin ou gulden, de
    100 cents. . . . . 10 gram. 0,945   2 ,10
1/2 florin, de 50 cents. . .   5 — . . . .   1 ,05
Rixdaler, 2 fl. 1/2 ou 250
    cents . . . . 25 — . . . .   5 ,20
— Le cent vaut 0^f,021.

Portugal.

751. Un décret, du 15 décembre 1852, prescrit le système métrique pour toute l'étendue du Portugal, et en
rend l'emploi obligatoire à partir du 1er janvier 1860, pour
les mesures linéaires; du 1er juillet 1861, pour les mesures
de poids ; du 1er janvier 1863, pour les mesures de capacité.
Les anciennes mesures sont cependant toujours en usage.

Mesures de longueur. — L'unité fondamentale est le
PIED OU PE.

Le vare ou vara = 3 pi. 1/2 = 5 palmos de
Craveiro . . . . 1^m,100
  Le pied ou pe. . . . . 0 ,330
  Le covado de craveiro, de 3 palmos ou 2 pieds. 0 ,660
  Le palmo de craveiro . . . . 0 ,220
  Le palmo avantajado (palmo du commerce). 0 ,226
  La braça ou toise, de 10 palmos. . . . . 2 ,200

Mesures de poids. — L'unité est la LIVRE OU ARRATEL.

La livre = 4 quartas = 16 onças = 128 octavas =
384 escrupulos . . . . 459^{gr},000
  Le quintal = 4 arrobas = 128 livres . . . 58^{Kg},752
Le tonneau de fret, de 18^{qx},600 ou
2381 livres. . . . . 1093 kilog.

Mesures de capacité.

LIQUIDES. — L'alquiere ou pote = 6 canadas = 24 quar-
    tilhos = 48 meios quartilhos. . . . . . 8$^{lit.}$,270
Le tonelada = 2 pipas = 52 almudes = 104
    alquieres = 624 canadas. . . . . 8$^{Hl.}$,600
Le last de navire vaut 4 pipas. . . 17 hectolitres.

Matières sèches. — L'alquiere = 2 meios = 4 quartas =
8 octavas = 16 meias . . . . . . , . . . 13ᶫⁱᵗ.,520
Le moio ou muid = 15 fanegas = 60 al-
quieres 8ᴴᴸ.,112
Le last de navire = 4 moios. . . . . 32 ,450

Monnaies. — L'unité, monnaie de compte, est le REIS,
dont la valeur est de 1/2 centime environ. Les comptes se
tiennent en *mil reis, centaines de mil reis* et *contos* ou millions de reis, comme au Brésil (n° 747).

Or.—Double couronne,

		POIDS.	TITRES.
de	10000 reis	17ᵍʳ,735	0,917 55ᶠ,88
Coroa ou couronne d'or de	5000 —	8 ,868	27,94
Pièce de.	2000 —	3 ,547	11,17
Pièce de.	1000 —	1 ,774	5,60
Argent. — Pièce de 5 testaôns ou	500 —	12 ,500	2,52
Pièce de 2 —	200 —	5 ,000	1,00
— 1 —	100 —	2 ,500 . . .	0,50
— 1/2 —	50 —	1 ,250	0,25
Cuivre. — La pièce de 1 vintine ou 20 reis, valant .			0,10

Russie.

752. *Mesures de longueur.* — L'unité est le PIED, ayant
plusieurs valeurs (*) :

Le pied anglais ou russe, de 6 werschoks 6/7.=12 pou-
ces 0ᵐ,3048
Le pied du Rhin, de 12 pouces . . . . 0 ,313
Le pied de Moscou . . . . 0 ,334
La sachine (**) ou toise = 3 archines = 7 pieds
anglais . . . . 2 ,133
La palme de Riga (p. les bois), vaut 3 pouces
anglais . . . . 0 ,077

Mesures de poids. — L'unité fondamentale est la LIVRE.

La livre = 12 lana = 16 onces = 32 loths = 96 solot-
nitck = 9216 dolis 409ᵍʳ,517

(*) Le pied anglais et le pied du Rhin sont le plus en usage.

(**) Dans l'arpentage on divise la sachine en dixièmes.

Le berkowitz (liv. de navire russe) = 10 puds = 400 livres . . . .   163^{Kg},810

Le tonneau de mer = 6 berkowitz ou 2400 livres . . . .   982 ,860

Le last de navire de 2 tonneaux. . . . . .   1965 kilog.

La livre d'artillerie. . . . .   489^{gr},108

Mesures de capacité. — L'unité est le WEDRO, pour les liquides; l'OSMIN, pour les matières sèches.

LIQUIDES. — Le wedro = 4 quarts = 8 krougeka = 10 schtfs (pots). . . . .   12^{lit},299

Le tonneau (botehka) = 1 pipe 1/9 = 2 oxhoff 2/9 = 40 wedros. . . . .   491 ,940

La pipe, de 2 oxhoff ou barriques, et de 36 wedros. . . . .   442 ,746

Le last de navire pour l'huile de chanvre et de lin.   2000 kilog.

MATIÈRES SÈCHES. — Le Tschetwert ou cetwert (*) = 2 osmin = 4 pajock = 8 tschetwerick = 32 tschetwerka = 64 garnetz. . . . .   209^{lit},726

Le kul ou sac, de 1 cetwert 1/4 = 80 garnetz . . . .   2^{Hl},621

Monnaies. — L'unité monétaire est le ROUBLE de 100 kopecks.

La monnaie de compte est le rouble d'argent, valant 4 fr. ; le kopeck vaut 4 centimes.

		POIDS.	TITRES.	
OR. — Impériale de 10 roubles (1755).		16^{gr},596	0,917	52^f,32
Impériale — (depuis 1763).		13 ,084	. . .	41 ,31
1/2 impériale de 5 roubles (**). .		6 ,542	. . .	20 ,65
Rouble d'or		1 ,308	. . .	4 ,13
ARGENT. — Rouble . . . . (1755).		26 ,120	0,792	4,60
Rouble . . . . (1763).		23 ,988	0,750	4,00
— . . . . . (depuis 1798).		20 ,730	0,868	4,00

Il entre encore dans la circulation les pièces d'argent suivantes :

Le poltinik (1/2 rouble) ; — le polpoltinik (1/4 de rouble). — La pièce de 25 kopecks, valant 1 franc. — Des

---

(*) Dans le commerce le cetwert est compté de 210 litres.

(**) On ne frappe plus en or que des 1/2 impériales à 5 roubles.

pièces de 20 kop., valant 0ʳ,80 ; enfin, des pièces de 15, 10 et 5 kopecks.

CUIVRE.—La pièce de 1 kopeck, valant 0ʳ,04

753. PRUSSE. — Depuis l'adoption du système décimal français, l'unité des poids, en Prusse et dans toute la confédération germanique du Nord, est la LIVRE de 500 grammes, c'est-à-dire le 1/2 kilog.

L'usage des mesures métriques françaises est d'ailleurs prescrit en Prusse et dans les pays qui en dépendent à dater du 1ᵉʳ janvier 1873.

La nouvelle monnaie uniforme pour toute la confédération germanique du Nord a pour base le REICH-MARCK qui vaut 1 fr. 25 et se divise en 100 pfennings.

Les nouvelles pièces d'or, au titre de 0,900, sont :

La pièce de 20 reich-marcks valant 25ʳ,00
—   10   —   — . . . . . . 12 ,50

753 (*bis*). La Belgique a adopté tout notre système métrique.

L'Italie, depuis 1859, a vu peu à peu l'usage du système métrique s'étendre dans toutes ses parties. Depuis 1871 l'emploi de ce système y est devenu général. Les noms des diverses unités ont été seulement italianisés.

Le temps n'est pas éloigné où notre système de mesures sera partout en usage.

LIVRE VIII.

DES RACINES.

CHAPITRE PREMIER.

RACINE CARRÉE.

754. Nous avons dit, n° 262, qu'on nomme carré d'un nombre, le produit de ce nombre par lui-même; inversement :

755. DÉFINITION. — *On nomme racine carrée d'un nombre un second nombre dont le carré est exactement égal au premier.*

Ainsi 64 étant le carré de 8, on dit que 8 est la racine carrée de 64; de même 0,7 est la racine carrée de 0,49 attendu que $0,49 = 0,7 \times 0,7 = (0,7)^2$.

756. On indique la racine carrée d'un nombre en plaçant ce nombre sous le signe $\sqrt{}$ qu'on nomme radical; ainsi :

$$\sqrt{49} = 7$$

s'énonce : racine carrée de 49 égale 7.

757. L'opération qui consiste à calculer la racine carrée d'un nombre se nomme *l'extraction* de la racine carrée; on dit *extraire* la racine carrée d'un nombre.

758. Le carré d'une fraction est lui-même une fraction qu'on obtient en élevant au carré les deux termes de la première, n° 487; ainsi :

$$\left(\frac{3}{7}\right)^2 = \frac{3}{7} \times \frac{3}{7} = \frac{3^2}{7^2} = \frac{9}{49}.$$

Il résulte de là que :

759. PRINCIPE. — *Une fraction irréductible a nécessairement pour carré une fraction irréductible.*

En effet, soit la fraction irréductible $\dfrac{5}{9}$, par exemple, dont les deux termes, 5 et 9, sont par conséquent premiers entre eux ; en élevant ces deux termes au carré on n'introduit évidemment dans les résultats aucun facteur commun ; ces deux résultats sont donc aussi premiers entre eux et la fraction obtenue est irréductible.

Ceci s'applique évidemment au carré d'une expression fractionnaire irréductible.

760. Avant d'entreprendre l'étude du procédé d'extraction de la racine carrée, nous pouvons remarquer qu'il n'est pas toujours possible d'obtenir exactement la racine carrée d'un nombre entier, et par suite, comme nous le verrons plus loin, celle d'un nombre fractionnaire, décimal ou autre.

Prenons, en effet, 2 nombres entiers consécutifs, 7 et 8, par exemple, dont les carrés 49 et 64 comprennent entre eux 14 nombres entiers : d'abord aucun de ces 14 nombres ne peut avoir pour racine carrée un nombre entier exact, puisqu'il n'en existe pas entre 7 et 8 ; de plus, aucun nombre fractionnaire fini ne peut non plus être la racine exacte de l'un quelconque de ces nombres ; car si 54, par exemple, pouvait avoir pour racine un nombre fractionnaire exact, et par conséquent l'expression fractionnaire correspondante, laquelle pourrait toujours être supposée irréductible, ce nombre entier 54 serait alors le carré exact d'une expression fractionnaire dont les deux termes seraient premiers entre eux, ce qui est impossible puisqu'un pareil carré est lui-même une fraction irréductible, n° 759, laquelle ne peut par conséquent exprimer la valeur d'un nombre entier.

Il résulte de là que la quantité que représente $\sqrt{54}$ ne peut être exprimée exactement par un nombre décimal, soit fini, soit périodique, un semblable nombre étant toujours équivalent à une expression fractionnaire exacte.

761. Cette quantité, que ne peut exprimer aucune partie aliquote de l'unité, et qu'aucun nombre ne peut représenter exactement, est nommée *quantité incommensurable.*

762. Si maintenant nous divisons les nombres entiers en deux catégories :

1° Les *carrés parfaits,* c'est-à-dire ceux qui sont les carrés d'autres nombres entiers ; tels que 49, 64, 144, 169, carrés de 7, 8, 12, 13 ;

2° Les nombres *non carrés parfaits.*

Nous dirons que :

La racine carrée d'un nombre non carré parfait est une quantité incommensurable.

763. Extraire la racine carrée d'un nombre non carré parfait, c'est chercher la racine carrée du plus grand carré contenu dans ce nombre ; et si l'on ne considère toujours que des nombres entiers, le nombre entier qui exprime cette racine est dit *racine carrée du nombre à moins d'une unité près.* Ainsi le plus grand carré entier contenu dans 54 étant 49, on dit que 7 est, à moins d'une unité, la racine carrée de 54.

764. Comme les nombres non carrés parfaits sont les plus nombreux, les racines le plus fréquemment cherchées sont incommensurables et leur détermination ne se fait qu'avec approximation.

765. L'extraction de la racine carrée des nombres entiers repose sur le principe suivant :

766. PRINCIPE. — *Le carré d'un nombre formé de deux parties se compose :*

1° *Du carré de la première partie ;*

2° *Du double produit de la première partie par la seconde ;*

3° *Du carré de la seconde partie.*

Soit en effet la somme 3 + 5 ou 8 :

Élever cette somme au carré, c'est la multiplier par elle-même, c'est-à-dire la répéter 8 fois, ou 3 fois plus 5 fois :

Pour répéter 8, ou $3 + 5$, 3 fois, il suffit de faire l'addition suivante :

$$3 + 5$$
$$3 + 5$$
$$3 + 5$$

qui donne pour résultat :

$$3 \text{ fois } 3, + 3 \text{ fois } 5,$$

c'est-à-dire $3^2 + 5.3.$

De même, pour répéter la même somme 5 fois on peut faire l'addition :

$$3 + 5$$
$$3 + 5$$
$$3 + 5$$
$$3 + 5$$
$$3 + 5$$

qui donne pour résultat

$$5 \text{ fois } 3 + 5 \text{ fois } 5,$$

ou $3.5 + 5^2.$

Le produit total, c'est-à-dire le carré cherché, est donc la somme des deux résultats précédents ou :

$$3^2 + 5.3 + 3.5 + 5^2;$$

et si l'on remarque que $5 \times 3 = 3 \times 5$, et que par conséquent :

$$5.3 + 3.5 = 2 \text{ fois } (3.5),$$

il en résulte qu'en représentant le carré cherché par $(3 + 5)^2$, on aura :

$$(3 + 5)^2 = 3^2 + 2 \text{ fois } (3.5) + 5^2$$

résultat répondant à l'énoncé.

767. *Conséquence I.* — Si l'on forme le carré d'un nombre plus grand que 10, de 347 par exemple : ce nombre pouvant se décomposer en $340 + 7$, son carré donnera la relation

$$347^2 = 340^2 + 2 \text{ fois } (340.7) + 7^2$$

qui donne lieu à cette conclusion que :

Le carré d'un nombre plus grand que 10 *se compose :*

1° *Du carré des dizaines de ce nombre ;*

2° *Du double produit de ses dizaines par ses unités ;*

3° *Du carré de ses unités.*

768. *Conséquence II.* — Il résulte encore de là que si l'on forme les carrés de deux nombres consécutifs comme 36 et 37 par exemple : 37 étant considéré comme 36 + 1, on aura :

$$37^2 = 36^2 + 2 \text{ fois } 36 + 1,$$

c'est-à-dire que pour passer du carré d'un premier nombre 36, au carré du nombre suivant 37, il suffit d'ajouter au premier carré le double du premier nombre plus 1.

Cette conséquence peut encore s'énoncer ainsi :

La différence des carrés de deux nombres consécutifs est égale au double du plus petit nombre plus 1.

769. Ces préliminaires posés, passons à l'extraction de la racine carrée :

La question se divise en 2 cas principaux :

1° *Extraire la racine carrée d'un nombre moindre que* 100 *ou composé de* 2 *chiffres au plus ;*

2° *Extraire la racine carrée d'un nombre plus grand que* 100 *ou renfermant plus de* 2 *chiffres.*

Premier cas.

770. *Le nombre est moindre que* 100.

Formons une table des carrés des 10 premiers nombres :

Nombres	1	2	3	4	5	6	7	8	9	10
Carrés	1	4	9	16	25	36	49	64	81	100

En se reportant à cette table on voit que tout nombre moindre que 100 a pour racine carrée, exacte ou approchée, un nombre moindre que 10, c'est-à-dire, à moins d'une unité, un nombre d'un seul chiffre :

771. 1° Si le nombre donné, 36 par exemple, se trouve dans la ligne des carrés, sa racine, 6, se trouve immédiatement au-dessus dans la ligne des nombres ou des **racines.**

772. 2° Si le nombre, 73 par exemple, n'est pas dans la table des carrés, on remarque que ce nombre est compris entre deux carrés consécutifs, 64 et 81, dont le plus petit est, par conséquent, le plus grand carré entier contenu dans ce nombre; la racine correspondante, 8, est donc la racine carrée de 73 à moins d'une unité.

Deuxième cas.

773. *Le nombre est plus grand que* 100.

Ce cas se divise lui-même en deux autres suivant que :

1° *Le nombre est moindre que* 10000, *carré de* 100; ou que :

2° *Le nombre est plus grand que* 10000.

774. 1° Dans ce premier cas, le nombre, moindre que 10000, ne peut renfermer plus de 4 chiffres; soit donc à extraire la racine carrée de 4738 :

On dispose le calcul comme pour une division en plaçant le nombre proposé en dividende et réservant la place du diviseur à la racine cherchée.

$$
\begin{array}{c|l}
4\,7.3\,8 & 68 \\
1\,1\,3.8 & \overline{128\times8} \\
1\,1\,4 &
\end{array}
$$

Le nombre 4738 étant plus grand que 100, sa racine est plus grande que 10 et se compose alors de dizaines et d'unités. Le carré de cette racine, exacte ou à moins d'une unité, contient donc, n° 767 :

1° Le carré de ses dizaines;

2° Le double produit de ces dizaines par les unités;

3° Le carré des unités.

Le nombre 4738 contient donc ces 3 parties, et de plus renferme en général :

4° *L'excès de ce nombre sur le plus grand carré qui y est contenu;* c'est-à-dire sur la somme des 3 parties précédentes; cet excès constitue le reste de la racine.

Cela posé, le carré de 10 étant 100, *le carré des dizaines de la racine* est un nombre de centaines, lequel ne peut être contenu que dans les 47 centaines du nombre 4738. Il est facile de voir que la racine du plus grand carré contenu dans 47 est bien le chiffre exact des dizaines de la racine cherchée : en effet, 6 étant la racine de ce plus grand carré, 36, il en résulte que le carré de 6 étant contenu dans 47, le carré de 6 dizaines ou de 60 est contenu dans 47 centaines ou 4700, et à plus forte raison dans 4738; la racine cherchée est donc au moins 60, et par conséquent 6 est le véritable chiffre des dizaines de cette racine; on met ce chiffre à la place qu'il doit occuper à la droite du nombre donné.

Le carré de 6, retranché de 47 donne 11 pour reste; donc le carré de 6 dizaines ou de 60, retranché de tout le nombre proposé, 4738, donne pour reste total 1138, nombre qui contient encore les 3 dernières parties énoncées plus haut.

La première de ces parties, la seconde énoncée, c'est-à-dire *le double produit des dizaines de la racine par les unités*, ou encore le produit *du double des dizaines* par les unités, est un nombre de dizaines qui ne peut être contenu que dans les 113 dizaines du reste; 113 contient donc le produit du double de 6, nombre des dizaines de la racine, par le chiffre cherché des unités, c'est-à-dire le produit de 12 par ce chiffre. Sans les retenues, provenant des 2 autres parties, et que 113 renferme en plus, le quotient à moins d'une unité, de 113 par 12, serait le chiffre des unités; ces retenues font que ce quotient peut être trop fort, et exigent qu'on en fasse l'essai.

113 : 12 donne 9; si 9 n'est pas trop fort, il faut que le reste total 1138 contienne au moins le produit de 12 dizaines par 9, plus le carré de 9, c'est-à-dire :
$$120 \times 9 + 9^2,$$
nombre qui peut se mettre sous la forme
$$(120 + 9) \times 9 \text{ ou } 129 \times 9,$$
en plaçant le chiffre d'essai, 9, à la droite de 12, à la place du zéro, et multipliant ce résultat par ce chiffre.

Le produit 1161 étant plus grand que 1138, le chiffre 9 est trop fort; il faut en essayer un plus faible, le précédent, 8, lequel donne de même :
$$120 \times 8 + 8^2 \text{ ou } (120 + 8) \times 8 = 128 \times 8;$$
ce produit, 1024, peut être retranché de 1138; le chiffre

des unités est donc 8 ; on le place à la droite de 6. La racine est alors 68 ; le reste 114 exprime l'excès de 4738 sur le plus grand carré (68²) contenu dans ce nombre. 68 est la racine carrée de 4738 à moins d'une unité.

775. La preuve de l'opération est bien simple à concevoir : elle consiste évidemment à élever 68 au carré, et à ajouter le reste 114 au résultat ; la somme doit reproduire le nombre donné 4738 :

$$4738 = 68^2 + 114.$$

776. *Remarque.* — Ceci nous conduit à observer que le reste est susceptible d'une valeur maximum passé laquelle il indique que le chiffre essayé, et pris pour les unités de la racine, est trop faible. En effet : en nous reportant à l'exemple choisi plus haut nous remarquerons que :

$$69^2 \text{ ou } (68 + 1)^2 = 68^2 + 68.2 + 1 \text{ (n}^o \text{ 768)};$$

donc $69^2 - 1$, c'est-à-dire $68^2 + 68.2$, est le plus grand nombre entier précédant 69^2, et ayant par conséquent 68 pour racine carrée à moins d'une unité. Le reste, 68.2, est donc le plus grand reste entier que puisse donner un nombre ayant 68 pour racine ; et comme ce reste maximum est égal au double de la racine 68, nous conclurons de là que :

Dans l'extraction d'une racine carré approchée, la plus grande valeur que puisse avoir le reste est le double de la racine trouvée.

De tout ce qui précède résulte la règle suivante :

777. RÈGLE. — *Pour extraire, à moins d'une unité, la racine carrée d'un nombre entier plus grand que* 100 *et moindre que* 10000 : *on sépare, au moins par la pensée, le nombre en tranches de* 2 *chiffres, en allant de la droite vers la gauche, afin d'isoler les centaines dont la tranche peut alors renfermer un ou deux chiffres. On extrait la racine carrée du plus grand carré contenu dans la première tranche à gauche, ou tranche des centaines ; on a ainsi le chiffre des dizaines de la racine ; on le place à droite du nombre donné, dont on le sépare par un trait vertical, et l'on souligne ; on retranche le carré de ce* *chiffre de la première tranche à gauche ; on abaisse la tranche suivante à la droite du résultat trouvé ; on obtient ainsi le premier reste ou reste partiel de la racine. On sépare un chiffre à droite de ce reste dont on divise la partie gauche, c'est-à-dire les dizaines, par le double du chiffre trouvé à la racine ; le quotient est le second chiffre de la racine ou un chiffre trop fort : pour l'essayer on le place au-dessous de la racine, à la droite du double de la partie trouvée, et l'on multiplie le résultat obtenu par ce chiffre essayé. Si le produit peut être retranché du reste total, le chiffre est bon, on le met à la racine ; sinon, l'on diminue ce chiffre d'une unité, on recommence l'essai, et l'on continue de la même manière jusqu'à ce que la soustraction puisse se faire et donner le chiffre cherché.*

Lorsque le dernier reste est plus grand que le double de la racine trouvée, la racine est trop faible, il faut l'augmenter en conséquence, en recommençant en sens contraire l'essai du chiffre des unités.

2° Supposons maintenant le nombre donné plus grand que 10 000, et soit, par exemple, proposé d'extraire la racine carrée de 863 427 834 ;

On dispose l'opération comme dans le premier cas :

$$
\begin{array}{l|l}
8.6\ 3.4\ 2.7\ 8.3\ 4 & 29384 \\
\hline
4\ 6.3 & 49 \times 9 \\
\quad 2\ 2\ 4.2 & 583 \times 3 \\
\qquad 4\ 9\ 3\ 7.8 & 5868 \times 8 \\
\qquad\quad 2\ 4\ 3\ 4\ 3.4 & 58764 \times 4 \\
\qquad\qquad 8\ 3\ 7\ 8 &
\end{array}
$$

Puis on observe que le nombre étant plus grand que 100, sa racine carrée est plus grande que 10, et se compose par conséquent de dizaines et d'unités. Le nombre donné contient donc le carré des dizaines de sa racine, plus les autres parties mentionnées plus haut. Or, le carré des dizaines, étant un nombre de centaines, ne peut se trouver que dans les 8 634 278 centaines du nombre proposé, ce qui conduit à séparer 2 chiffres sur la droite de ce nombre et à extraire la racine carrée du plus grand carré contenu dans la partie gauche, pour avoir les dizaines de la racine. Il est d'ailleurs facile, par un raisonnement semblable à celui du premier cas, de se convaincre qu'on n'obtiendra pas ainsi un nombre trop fort.

Le nombre 8 634 278 étant lui-même plus grand que 100, sa racine est plus grande que 10 et contient à son tour dizaines et unités : Pour la même raison que précédemment on est conduit à séparer 2 nouveaux chiffres à la droite de ce nombre et à extraire la racine carrée de la partie gauche, 86 342, pour avoir les dizaines de la racine précédente; c'est-à-dire les dizaines des dizaines, ou les centaines de la racine cherchée.

En continuant à raisonner et à opérer de la même manière on arrive à séparer le nombre donné, de la droite vers la gauche, en tranches de 2 chiffres, la dernière tranche à gauche pouvant n'avoir qu'un chiffre et contenant toujours le carré des plus hautes unités de la racine cherchée. On peut observer de plus que le nombre des tranches fait connaître le nombre des chiffres de cette racine; ainsi dans l'exemple choisi la racine doit avoir 5 chiffres.

Cela posé, avant la séparation de la dernière tranche, on est amené à extraire la racine du plus grand carré contenu dans l'ensemble des deux dernières tranches, c'est-à-dire la racine carrée d'un nombre moindre que 10 000; ce nombre est ici 863; sa racine, 29, s'obtient d'après la règle du premier cas; le reste correspondant est 22. Or, d'après le raisonnement établi, cette racine, 29, représente les dizaines de la racine du nombre 86 342; il résulte de là que le carré de 29 dizaines ou de 290, retranché de 86 342, donne pour reste 2242, c'est-à-dire le reste de la racine carrée de 863, à la droite duquel on abaisse la troisième tranche 42. Ce reste 2242, considéré relativement au nombre 86 342, contient donc encore, entre autres parties, le double produit des 29 dizaines de la racine de ce nombre par les unités, c'est-à-dire le produit de 58 dizaines par le chiffre cherché des unités; ce produit étant un nombre de dizaines ne peut se trouver que dans les 224 dizaines du reste, ce qui conduit à diviser 224 par 58; le quotient 3, essayé par la méthode du n° 774, est le chiffre des **unités** de la racine carrée de 86342; cette racine est donc 293; le reste correspondant est 493.

Le même raisonnement conduit à abaisser à la droite de ce troisième reste la tranche suivante 78; à séparer le dernier chiffre à droite, 8, du troisième reste total obtenu, 49378; à diviser la partie à gauche, 4937, par le double, 586, de la racine obtenue, ce qui donne, après essai, le quatrième chiffre 8 de la racine : le cinquième s'obtient en continuant la même marche.

De là résulte la règle générale :

778. Règle générale. — *Pour extraire, à moins d'une unité, la racine carrée d'un nombre entier plus grand que 10000 : on sépare ce nombre en tranches de 2 chiffres en allant de la droite vers la gauche; le nombre des tranches est égal au nombre des chiffres à obtenir.*

On extrait, par la méthode du second cas, la racine carrée du nombre formé par les deux dernières tranches à gauche; on abaisse la tranche suivante à la droite du reste obtenu, ce qui donne le second reste total de la racine; on divise la totalité des dizaines de ce reste par le double de la racine trouvée, nombre écrit vis-à-vis; on obtient alors le troisième chiffre de la racine qu'on essaie de la même manière que le second.

On abaisse une nouvelle tranche à la droite du nouveau reste, ce qui donne le troisième reste total, au moyen duquel on opère comme avec le précédent, et l'on continue de la même manière jusqu'à l'entier épuisement des tranches.

Si, dans le courant de l'opération, les dizaines d'un reste ne peuvent contenir le double correspondant de la racine trouvée, on place un zéro à la racine; on abaisse une nouvelle tranche et l'on continue de la même manière, s'il y a lieu, jusqu'à ce que l'opération puisse reprendre son cours.

Dans tous les cas, un reste total quelconque ne doit jamais surpasser le double de la racine qui lui correspond; un reste trop fort indique un chiffre essayé trop faible.

779. *Remarque.* — Le reste de la racine permet encore

de reconnaître si cette racine est obtenue à moins ou à plus d'une demi-unité près :

Soit en effet la racine carrée de 586

$$
\begin{array}{c|c}
5\,8\,6 & 24 \\
1\,8.6 & \overline{44} \\
1\,0 &
\end{array}
$$

On tire de ce calcul

$$586 = 24^2 + 10.$$

Or, si on élève au carré, $24 + \dfrac{1}{2}$, on a, d'après le principe, n° 758 :

$$\left(24 + \frac{1}{2}\right)^2 = 24^2 + 24 + \frac{1}{4};$$

Le reste 10 étant moindre que $24 + \dfrac{1}{4}$, il est clair que 586 est au-dessous de $\left(24 + \dfrac{1}{2}\right)^2$, et que par suite $\sqrt{586}$ est moindre que $24 + \dfrac{1}{2}$; cette racine étant donc comprise entre 24 et $24 + \dfrac{1}{2}$, est plus près de 24 que de 25 ; elle diffère alors de 24 de moins d'une demi-unité, et par suite 24 est la valeur de cette racine, à moins d'une demi-unité. — Le contraire aurait lieu, c'est-à-dire la racine serait plus près de 25 que de 24, si le reste était plus grand que 24 ; dans ce cas 25 serait la valeur la plus approchée de la racine.

De là résulte que :

1° *Si le reste est au plus égal à la racine, cette racine est obtenue à moins d'une demi-unité;*

2° *Si le reste est supérieur à la racine, cette racine est obtenue à plus d'une demi-unité; en forçant alors d'une unité, on est plus près du résultat vrai.*

Racine carrée des fractions.

780. L'extraction de la racine carrée des fractions comprend trois cas :

1° *Les deux termes de la fraction sont des carrés parfaits;*

2° *Le dénominateur seul est un carré parfait ;*

3° *Le dénominateur n'est pas un carré parfait.*

Premier cas.

781. Puisque le carré d'une fraction s'obtient en élevant ses deux termes au carré, une fraction dont les deux termes sont des carrés parfaits peut être considérée comme provenant de l'élévation au carré d'une fraction ayant pour termes les racines carrées des termes de la première. Ainsi $\frac{16}{49}$ représente le carré de $\frac{4}{7}$ et on a :

$$\sqrt{\frac{16}{49}} = \frac{\sqrt{16}}{\sqrt{49}} = \frac{4}{7};$$

d'où résulte que :

782. Règle. — *Pour extraire la racine carrée d'une fraction dont les deux termes sont des carrés parfaits, on forme une nouvelle fraction ayant pour termes respectifs les racines carrées des termes de la première.*

Exemple :

$$\sqrt{\frac{9}{25}} = \frac{\sqrt{9}}{\sqrt{25}} = \frac{3}{5}.$$

Deuxième cas.

783. Soit proposé d'extraire la racine carrée de la fraction $\frac{53}{81}$, dont le dénominateur seul est un carré parfait. Si on considère cette fraction comme le carré d'une autre fraction, ses termes doivent être considérés comme les carrés respectifs des termes de cette fraction inconnue, qui sera alors représentée, d'après cela, par l'expression :

$$\frac{\sqrt{53}}{\sqrt{81}} = \frac{\sqrt{53}}{9};$$

or, la racine carrée de 53 est comprise entre 7 et 8 et ne peut être évaluée exactement (n° 760); donc la valeur cherchée est comprise entre

$$\frac{7}{9} \text{ et } \frac{8}{9}.$$

Ces deux fractions différant de $\frac{1}{9}$, la racine cherchée, qu'elles comprennent, diffère de chacune d'elles de moins de $\frac{1}{9}$; d'où il résulte que $\frac{7}{9}$ est la racine carrée de $\frac{53}{81}$ à moins de $\frac{1}{9}$, et en dessous, tandis que $\frac{8}{9}$ représente cette même racine avec la même approximation, mais en dessus. De là la règle :

784. Règle. — *Pour extraire la racine carrée d'une fraction dont le dénominateur seul est un carré parfait, on forme une fraction ayant pour termes respectifs : la racine carrée, à moins d'une unité, du numérateur de la fraction donnée, et la racine exacte du dénominateur de cette fraction.*

On a ainsi la racine cherchée à moins d'une fraction ayant pour numérateur l'unité et pour dénominateur celui de la racine.

Exemple :

$$\sqrt{\frac{8}{25}} = \frac{\sqrt{8}}{\sqrt{25}} = \frac{\sqrt{8}}{5} \text{ ou } \frac{2}{5} \text{ à moins de } \frac{1}{5}.$$

Troisième cas.

785. Soit proposé d'extraire la racine carrée de la fraction $\frac{7}{13}$, dont le dénominateur n'est pas un carré parfait.

Si on multiplie les deux termes de cette fraction par le dénominateur 13, on obtient :

$$\frac{7}{13} = \frac{7 \times 13}{13^2}$$

fraction qui rentre dans le cas précédent et qui donne :

$$\sqrt{\frac{7}{13}} = \sqrt{\frac{7 \times 13}{13^2}} = \frac{\sqrt{7 \times 13}}{13} = \frac{\sqrt{91}}{13} \text{ ou } \frac{9}{13},$$

$$\text{à moins de } \frac{1}{13},$$

Observant que 7×13 est le produit des deux termes de la fraction donnée, on déduit de là que :

786. Règle. — *Pour extraire la racine carrée d'une fraction dont le dénominateur n'est pas un carré parfait, on extrait, à moins d'une unité, la racine carrée du produit des deux termes de cette fraction, ce qui donne le numérateur de la fraction cherchée, à laquelle on donne le dénominateur de la proposée.*

On a ainsi la racine carrée cherchée à moins d'une fraction ayant pour numérateur l'unité et pour dénominateur celui de la fraction donnée.

Exemple :

$$\sqrt{\frac{5}{11}} = \frac{\sqrt{5 \times 11}}{11} = \frac{\sqrt{55}}{11} \text{ ou } \frac{7}{11} \text{ à moins de } \frac{1}{11}.$$

787. *Remarque I.* — Il est évident que tout ce qui vient d'être dit pour les fractions proprement dites s'applique également aux expressions fractionnaires ; ainsi :

Premier cas.

$$\sqrt{\frac{144}{49}} = \frac{\sqrt{144}}{\sqrt{49}} = \frac{12}{7} \text{ exactement.}$$

Deuxième cas.

$$\sqrt{\frac{173}{36}} = \frac{\sqrt{173}}{6} \text{ ou } \frac{13}{6} \text{ à moins de } \frac{1}{6}.$$

Troisième cas.

$$\sqrt{\frac{21}{8}} = \frac{\sqrt{21 \times 8}}{8} = \frac{\sqrt{168}}{8} \text{ ou } \frac{13}{8} \text{ à moins de } \frac{1}{8}$$

et en plus.

788. *Remarque II.* — On doit observer que d'après ce qui a été dit au n° 500 : le carré d'une fraction proprement dite étant toujours plus petit que cette fraction ; le carré d'une expression fractionnaire étant au contraire plus grand que cette expression, il en résulte que :

1° La racine carrée d'une fraction proprement dite est toujours plus grande que cette fraction ;

2° La racine carrée d'une expression fractionnaire est toujours plus petite que cette expression.

——————

Racine carrée à moins d'une unité décimale donnée.

789. DÉFINITION. — *On nomme racine carrée d'un nombre, entier ou fractionnaire, à moins d'une fraction donnée, le plus grand multiple de cette fraction dont le carré est contenu dans le nombre entier ou fractionnaire donné.*

Extraire la racine carrée dans cette condition, c'est trouver ce plus grand multiple.

790. Nous nous bornerons à prendre pour approximation une fraction ayant pour numérateur l'unité.

Soit par exemple à extraire $\sqrt{57}$ à moins de $\dfrac{1}{7}$; c'est, d'après la définition, chercher le plus grand multiple de $\dfrac{1}{7}$ dont le carré peut être contenu dans 57.

Or, les multiples de $\dfrac{1}{7}$ sont les fractions consécutives :

$$\frac{1}{7} \quad \frac{2}{7} \quad \frac{3}{7} \quad \frac{4}{7} \ldots \ldots \text{etc.}$$

dont les numérateurs sont les nombres entiers consécutifs ou

$$1 \ 2 \ 3 \ 4 \ldots \ldots \text{etc.}$$

Supposons donc qu'on ait trouvé que $\sqrt{57}$ est compris entre

$$\frac{52}{7} \text{ et } \frac{53}{7} ;$$

cela voudra dire, d'après la définition, que 57 est compris entre

$$\left(\frac{52}{7}\right)^2 \text{ et } \left(\frac{53}{7}\right)^2 \text{ ou entre } \frac{52^2}{7^2} \text{ et } \frac{53^2}{7^2},$$

ce qu'on peut écrire de la manière suivante :

$$\frac{52^2}{7^2} < 57 < \frac{53^2}{7^2} ;$$

mais si l'on multiplie par 7² ou 49 ces trois nombres rangés par ordre de grandeur, les résultats seront eux-mêmes rangés dans le même ordre de grandeur, et l'on aura :

$$52^2 < 57 \times 7^2 < 53^2.$$

Les racines carrées de ces nombres suivent le même ordre de croissance; on peut donc écrire :

$$52 < \sqrt{57 \times 7^2} < 53.$$

Les deux nombres entiers consécutifs 52 et 53 comprenant entre eux $\sqrt{57 \times 7^2}$, il est bien évident que 52 est la partie entière de cette racine, c'est-à-dire la racine carrée, à moins d'une unité, du produit de 57, nombre donné, par le carré du dénominateur de la fraction d'approximation $\frac{1}{7}$. — 52 est d'ailleurs le numérateur de la fraction ou de l'expression fractionnaire cherchée. Le même raisonnement, les mêmes transformations, les mêmes résultats s'appliqueraient à la recherche de la racine carrée d'une expression fractionnaire ou d'une fraction ; donc :

791. RÈGLE. — *Pour extraire, à moins d'une fraction ayant pour numérateur l'unité, la racine carrée d'un nombre quelconque, entier ou fractionnaire, on multiplie ce nombre par le carré du dénominateur de la fraction d'approximation; on extrait, à moins d'une unité, la racine carrée du produit, et l'on donne pour dénominateur à cette racine le dénominateur de la fraction d'approximation.*

Exemple. — Extraire, à moins de $\frac{1}{9}$, la racine carrée de $\frac{21}{8}$.

On multiplie la fraction par 9^2 :

$$\frac{21}{8} \times 9^2 = \frac{21 \times 81}{8} = \frac{1701}{8} = 212\frac{5}{8};$$

puis on extrait, à moins d'une unité, la racine carrée du quotient entier 212, ce qui donne 14.

La racine cherchée est alors $\dfrac{14}{9} = 1\dfrac{5}{9}$.

792. Proposons-nous maintenant d'extraire, à moins d'une unité décimale donnée, la racine carrée d'un nombre quelconque, entier ou décimal, commensurable ou incommensurable.

793. 1° Soit proposé d'extraire la racine carrée de 345, à moins de 0,01 ou $\dfrac{1}{100}$:

D'après la règle précédente, on peut écrire :

$$\sqrt{345} = \frac{\sqrt{345 \times 100^2}}{100} = \frac{\sqrt{3450000}}{100}.$$

Extrayant, à moins d'une unité, la racine de 3450000,

```
3.4 5.0 0.0 0| 1857
2 4.5         28 × 8
  2 1 0.0     365 × 5
    2 7 5 0.0| 3707 × 7
      1 5 5 1|
```

ce qui donne 1857; on a pour la racine cherchée :

$$\frac{1857}{100} = 18,57.$$

On a ainsi placé à la droite du nombre donné un nombre de zéros égal au double du nombre des chiffres décimaux à obtenir à la racine; puis sur la droite de la racine à moins d'une unité obtenue, 1857, on a séparé autant de chiffres décimaux qu'en comportait l'approximation.

794. 2° Soit maintenant proposé d'extraire la racine carrée de 8936,428765437... à moins de 0,001 ou $\dfrac{1}{1000}$.

20.

On aura encore :

$$\sqrt{8936{,}428765437\ldots} = \frac{\sqrt{8936{,}428765437\ldots \times 1000^2}}{1000}$$

$$= \frac{\sqrt{8936428765{,}437\ldots}}{1000}$$

Extrayant, à moins d'une unité, la racine carrée de 8936428765,437..., ce qui permet de négliger la partie décimale,

89.3 6.4 2.8 7.6 5,437...	94532
8 3.6	184 × 4
1 0 0 4.2	1885 × 5
6 1 7 8.7	18903 × 3
5 0 7 8 6.5	189062 × 2
1 0 9 7 4 1	

on obtient pour résultat 94 532, ce qui donne pour la racine cherchée :

$$\frac{94532}{1000} = 94{,}532.$$

On a ainsi reculé la virgule vers la droite, dans le nombre donné, d'un nombre de rangs double du nombre des chiffres décimaux à obtenir à la racine; puis on a extrait la racine carrée de la partie entière ainsi déterminée; et enfin, on a séparé à la droite de cette racine le nombre de chiffres décimaux demandé par l'approximation.

Si le nombre donné renferme moins du double du nombre des chiffres décimaux que comporte l'approximation, on remplace, bien entendu, les chiffres manquants par des zéros.

De tout ce qui précède résulte la règle générale suivante.

795. Règle générale. — *Pour extraire, à moins d'une unité décimale donnée, la racine carrée d'un nombre quelconque, entier, fractionnaire ou décimal, commensurable ou incommensurable : on recule la virgule vers la droite dans ce nombre, d'un nombre de rangs égal au double du nombre des* *chiffres décimaux que doit avoir la racine, en remplaçant par des zéros, s'il y a lieu, les décimales absentes; on néglige les chiffres décimaux en excès.*

On extrait, à moins d'une unité, la racine carrée du nombre entier ainsi formé; puis enfin, séparant sur la droite de cette racine le nombre des chiffres décimaux que demande l'approximation, on a la racine cherchée.

Si le nombre donné est une fraction ordinaire, on commence par réduire cette fraction en fraction décimale en poussant l'opération jusqu'à ce qu'on ait obtenu le nombre des chiffres décimaux que réclame la règle; puis on opère comme il vient d'être dit.

796. *Remarque.* — Il est utile d'observer que si l'on veut extraire la racine carrée d'un nombre décimal, en utilisant tous les chiffres décimaux de ce nombre, l'approximation n'étant pas donnée d'avance, on devra, si le nombre des chiffres décimaux est impair, rendre ce nombre pair au moyen d'un zéro; puis extraire la racine du nombre obtenu, comme si c'était un nombre entier, sans faire attention à la virgule; enfin, séparer sur la droite de la racine la moitié du nombre des chiffres décimaux contenus dans le nombre préparé.

Ainsi, pour extraire la racine carrée de 3,27865, on agira sur le nombre égal 3,278650, dont le nombre des chiffres décimaux est pair; la racine carrée de ce nombre sera donnée alors à moins de 0,001.

En effet, le nombre donné peut se mettre sous la forme

$$\frac{327865}{100000};$$

le dénominateur de cette fraction n'est pas un carré parfait, mais il le devient par l'adjonction d'un zéro; on aura alors, en multipliant par 10 les deux termes de cette fraction, et extrayant la racine carrée :

$$\sqrt{3,27865} = \frac{\sqrt{3278650}}{1000000} = \frac{\sqrt{3278650}}{1000}$$

conformément à la remarque faite.

Méthode abrégée.

797. Lorsque la racine carrée d'un nombre, entier ou décimal, doit avoir un grand nombre de chiffres, on peut abréger la marche ordinaire en déterminant un certain nombre de chiffres par la division ordinaire.

Dès qu'on connaît la moitié, plus 1, du nombre des chiffres cherchés, on détermine les autres en divisant par le double de la racine trouvée, le dernier reste, à la droite duquel on abaisse, de suite ou successivement, autant de chiffres du nombre donné qu'il en reste encore à trouver.

Exemple. — Soit à calculer la racine suivante :

```
58.4 2.6 3.5 7.3 4.6 2.8 6.7 4.6 2  | 76437|1358
  9 4.2                             | 146×6
    6 6 6.3                         | 1524×4
      5 6 7 5.7                     | 15283×3
      1 0 9 0 8 3.4                 | 152867×7
     ―――――――――――                   | 152874
        2 0 7 6 5 6                 |
          5 4 7 8 2 2               | 1358
            8 9 2 0 0 8             |
            1 2 7 6 3 8 6           |
              5 3 3 9 4             |
```

La racine cherchée est 764371358.

Après avoir calculé la partie 76437, formée des 5 premiers chiffres, nous avons doublé cette racine et pris le résultat, 152874, comme diviseur, le dividende étant le reste correspondant 20765, suivi du chiffre suivant, 6, du nombre donné ; l'abaissement des 3 chiffres suivants 2, 8, 6, est ensuite venu, et la partie 1358 trouvée ainsi comme quotient est le complément de la racine.

EXERCICES ET PROBLÈMES

SUR LA RACINE CARRÉE.

(1) Extraire la racine carrée à moins d'une unité de chacun des nombres :

8642	396	4276	3684	57427	39864

293642   8563472   393642786   93860076436.

(2) Extraire la racine carrée :

De 29. . . à moins de $\frac{1}{7}$ près.

De $8\frac{2}{9}$. . . — . . . $\frac{1}{12}$ —

De 427. . . — . . . $\frac{1}{9}$ —

De $31\frac{4}{5}$. . — . . $\frac{1}{8}$ —

De $\frac{47}{8}$ . . . — . . . $\frac{1}{13}$ —

(3) Extraire la racine carrée :

De 643,8654. . . . . à moins de 0,01 . . près

De 5736,427. . . . . . : — . . 0,001 . . —

De 34,6786429. . . . . . — . . 0,01 . . —

De 0,3986502794. . . . . — . . 0,0001 . —

De 72964,5267863 . . . . — . . 0,01. . . —

De 0,0647829367529. . . — . . 0,00001 . —

De $\frac{3}{7}$. . . . . — . . 0,001 . . —

De $13\frac{2}{9}$ . . . . — . . 0,01. . . —

De $\frac{1}{11}$ . . . . — . . 0,0001. . —

De $24\frac{5}{6}$ . . . . — . . 0,0001. . —

(4) Extraire la racine carrée :

De 2, de 3, de 5, de 7, de 11, à moins de 0,00001 près.

(5) Le produit de deux nombres égaux est 114244. Quels sont ces deux nombres?

(6) On a partagé 2025 francs entre plusieurs personnes ; chaque personne a eu la même somme, et chaque part contenait autant de

francs qu'il y avait de personnes.

Combien y avait-il de personnes et quelle a été la part commune?

(7) Le plus grand de deux carrés parfaits consécutifs, surpasse le plus petit de 235. Quels sont ces deux carrés?

(8) On voudrait planter un bois de sapins de 12544 arbres formant des rangées parallèles dans les deux sens, de même écartement, le tout formant un carré.

Combien devra-t-on mettre d'arbres dans chaque rangée?

(9) On partage un arriéré de solde de 1411^f,20 entre plusieurs hommes; chaque homme touchant autant de fois 0^f,20 qu'il y a d'hommes.

Combien y a t-il d'hommes et combien chaque homme reçoit-il?

(10) En disposant un certain nombre d'arbres en carré, dans un terrain carré, de manière à former des rangées parallèles et toutes équidistantes dans les deux sens, on trouve 92 arbres de reste. En mettant un arbre de plus par rangée, de manière à avoir toujours un carré, il manque 37 arbres pour achever le carré.

Combien a-t-on de pieds d'arbre?

CHAPITRE II.

RACINE CUBIQUE.

Mode d'Extraction.

798. On nomme cube d'un nombre (n° 262) la troisième puissance de ce nombre, ou le produit de 3 facteurs égaux à ce nombre.

799. Définition. — *On nomme racine cubique d'un nombre un second nombre dont le cube est égal au premier.*

Ainsi 216 étant le cube de 6, inversement 6 est la racine cubique de 216.

800. La racine cubique s'indique au moyen d'un radical dans l'ouverture duquel on place un petit 3 :

$\sqrt[3]{216}$ s'énonce donc : *racine cubique* de 216.

801. *Extraire* la racine cubique d'un nombre c'est calculer cette racine.

802. Pour effectuer une *extraction* de racine cubique, il est tout d'abord indispensable de savoir reconnaître et de retenir les cubes des 10 premiers nombres ; ces cubes sont contenus dans le tableau suivant :

Nombres	1	2	3	4	5	6	7	8	9	10
Cubes	1	8	27	64	125	216	343	512	729	1000

803. Nous nous bornerons, à l'égard de la racine cubique, à indiquer en détail le mode d'extraction, sans entrer dans aucun raisonnement explicatif qui nous entraînerait trop loin.

804. Lorsqu'un nombre n'est pas un *cube parfait*, c'est-à-dire n'est pas égal exactement au cube d'un nombre entier ou fractionnaire, on ne peut en extraire la racine cubique qu'avec approximation.

805. On nomme racine cubique d'un nombre, *à moins d'une unité près*, le plus grand nombre entier dont le cube peut être contenu dans le premier ; ou encore, la racine cubique du plus grand cube contenu dans ce premier nombre.

806. Nous diviserons l'extraction de la racine cubique des nombres entiers en deux cas, savoir :
1° *Le nombre donné étant moindre que* 1000, *cube de* 10 ;
2° *Le nombre donné étant plus grand que* 1000.

Premier cas.

807. Le nombre donné étant moindre que 1000, sa racine cubique sera immédiatement donnée par la table des cubes des 10 premiers nombres :
1° Si le nombre fait partie de la ligne des cubes : 343, par exemple, sa racine cubique, 7, se trouve écrite au-dessus ;
2° Si le nombre n'est pas parmi les cubes parfaits, comme 274, par exemple, il se trouve compris entre 2 cubes consécutifs,

$$216 \quad \text{et} \quad 343$$

dans l'exemple choisi ; sa racine cubique est donc comprise

entre les racines cubiques 6 et 7 de ces deux cubes parfaits. On dit alors que 6 est la racine cubique de 274, à
moins d'une unité; c'est la racine cubique du plus grand
cube contenu dans ce nombre.

808. Le nombre étant plus grand que 1000, on se conforme alors à la règle suivante :

809. RÈGLE GÉNÉRALE. — *Pour extraire, à moins d'une
unité près, la racine cubique d'un nombre entier plus grand
que* 1000 : *on sépare ce nombre en tranches de trois chiffres, en
allant de la droite vers la gauche, la dernière tranche obtenue
pouvant ne renfermer qu'un ou deux chiffres. Le nombre des
tranches donne le nombre des chiffres de la racine.*

*On extrait la racine cubique du plus grand cube contenu
dans la première tranche à gauche; on a ainsi le chiffre des
plus hautes unités de la racine; on l'écrit à droite du nombre
donné dont on le sépare par un trait vertical.*

*On retranche le cube de ce chiffre, de la première tranche à
gauche, et l'on abaisse la tranche suivante à la droite du reste.*

*On divise les centaines du nombre ainsi obtenu par le triple
du carré du premier chiffre trouvé; le quotient est le second
chiffre de la racine ou un chiffre trop fort; pour l'essayer on
forme et l'on additionne les* 3 *nombres suivants :*

*1° Le triple carré dont on vient de se servir comme
diviseur, suivi de* 2 *zéros;*

*2° Le produit du triple du premier chiffre trouvé, par le
chiffre essayé, suivi d'un zéro;*

3° Le carré du chiffre essayé.

*On multiplie cette somme par le chiffre essayé et l'on re-
tranche ce produit, à mesure qu'on le forme, du premier
reste suivi de la seconde tranche; si la soustraction n'est pas
possible, on diminue le chiffre essayé; on recommence l'essai,
en observant la même marche, et l'on continue de la même
manière jusqu'à ce que la soustraction puisse se faire; le
chiffre trouvé est alors placé à la droite du premier.*

On abaisse la tranche suivante à la droite du nouveau reste.

On divise les centaines du nombre ainsi obtenu par le triple

carré de la partie trouvée à la racine; on a ainsi le chiffre suivant de la racine cherchée ou un chiffre trop fort.

Pour l'essayer, on opère comme on l'a fait pour le précédent, en se servant de la partie trouvée à la racine, comme on s'est servi du premier chiffre de cette racine; et l'on continue de la même manière jusqu'à ce qu'on ait employé toutes les tranches.

L'ensemble des chiffres ainsi déterminés est la racine cherchée.

Si une division partielle ne peut s'effectuer, le triple carré correspondant étant trop fort, on place un zéro à la racine, on abaisse la tranche suivante, et l'on continue de la même manière jusqu'à ce que l'opération puisse reprendre son cours.

Le reste que donne une racine cubique ne doit jamais surpasser le triple carré de la racine obtenue, augmenté du triple de cette racine.

810. *Exemple.* — Soit à extraire la racine cubique de 98968375429.

On dispose le calcul de la manière suivante :

```
9 8.9 6 8.5 7 5.4 2 9│4625
5 4 9.ᵘ 8          ├─────────────────────────────────────────────────────────────────────
  1 6 5 2 3.7 5    │4²×3... 4800│46²×3.. 654800│462²×3 ....6566400
    3 5 7 2 4 7 4.2 9│4 ×3×6  720│46 ×3×2  2760│462 ×3 × 5 ....69300
      3 8 5 7 8 8 0 4│6² .....  36│2² ........  4│5² ........ .. ...25
                     ├──────────├────────────├──────────────────
                     │    5556×6│   6 37564×2│      63753725×5
```

Le nombre ayant été séparé en tranches de **3 chiffres,** la dernière tranche obtenue est 98.

Le plus grand cube contenu dans 98 est 64 dont la racine est 4, premier chiffre de la racine.

Le cube de 4 ou 64, retranché de 98, donne pour reste 34, nombre à la droite duquel on abaisse la seconde tranche 968; on obtient ainsi 34968.

On forme le triple carré ($4^2 \times 3 = 48$), du premier chiffre 4; on divise par ce nombre, 48, les 349 centaines de 34968, ce qui donne le chiffre 6 à essayer; pour cela :

On place 2 zéros à la droite de 48, ce qui donne 4800; on triple le premier chiffre, 4; on multiplie le produit 12 par le chiffre essayé, 6, et l'on place un zéro à la droite du résultat; on a ainsi 720; enfin on forme le carré du chiffre d'essai 6.

On ajoute ces 3 résultats, dont la somme, 5536, est multipliée par le chiffre essayé 6; le résultat, retranché de 34968, donne pour reste 1632, à la droite duquel on abaisse la tranche suivante 375. On a ainsi le nombre 1632375. Le chiffre 6 est placé à la racine, à la droite de 4.

On forme maintenant le triple carré ($46^2 \times 3 = 6348$), de la partie trouvée, 46, à la racine; on divise par ce nombre les 16323 centaines de 1632375, ce qui donne le chiffre 2 à essayer.

Pour cet essai, on forme de même que précédemment les 3 nombres :

$$6348 \text{ suivi de 2 zéros . . } 634800$$
$$46 \times 3 \times 2 \text{ suivi d'un zéro . . } 2760$$
$$2^2 \text{ . . . . } 4$$

on additionne et l'on multiplie la somme par 2; puis on retranche le produit de 1632375, et ainsi de suite jusqu'à la fin.

La racine cubique obtenue ainsi est 4625; le reste est 38578804. Ce reste n'est pas trop fort, attendu qu'il est même inférieur au carré de la racine, 63710625, et à plus forte raison à la valeur maximum correspondante à la racine trouvée.

Racine cubique des fractions.

811. Le cube d'une fraction se formant en élevant au cube les deux termes de cette fraction; inversement, on extrait la racine cubique d'une fraction en extrayant les racines cubiques de ses deux termes et divisant ces deux racines l'une par l'autre, ce qui se fait en mettant le quotient sous forme de fraction.

812. 1° Cette opération est immédiatement possible si les deux termes de la fraction donnée sont des cubes parfaits.

Exemple :

$$\sqrt[3]{\frac{27}{64}} = \frac{\sqrt[3]{27}}{\sqrt[3]{64}} = \frac{3}{4}.$$

Si cela n'est pas, il peut se présenter deux autres cas :

813. 2° *Le dénominateur seul est un cube parfait :*

Soit la fraction $\frac{37}{125}$ répondant à ce second cas, on aura :

$$\sqrt[3]{\frac{37}{125}} = \frac{\sqrt[3]{37}}{\sqrt[3]{125}} = \frac{\sqrt[3]{37}}{5} \text{ ou } \frac{3}{5} \text{ à moins de } \frac{1}{5}.$$

La règle est donc la même que pour la racine carrée :

814. RÈGLE. — *Pour extraire la racine cubique d'une fraction dont le dénominateur est un cube parfait : on extrait, à moins d'une unité, la racine cubique du numérateur, et l'on donne au résultat pour dénominateur la racine cubique exacte du dénominateur de la fraction donnée.*

815. 3° *Le dénominateur n'est pas un cube parfait :*

Soit par exemple la fraction $\frac{5}{11}$, dont on demande la racine cubique ; en multipliant ses deux termes par le carré de son dénominateur, le dénominateur de la nouvelle fraction devient un cube parfait et la marche précédente peut être appliquée :

$$\sqrt[3]{\frac{5}{11}} = \sqrt[3]{\frac{5 \times 11^2}{11^3}} = \frac{\sqrt[3]{5 \times 121}}{11} = \frac{\sqrt[3]{605}}{11}, \text{ ce qui}$$

donne $\frac{8}{11}$, à moins de $\frac{1}{11}$ près.

De là la règle suivante :

816. RÈGLE. — *Pour extraire la racine cubique d'une fraction dont le dénominateur n'est pas un cube parfait : on extrait, à moins d'une unité, la racine cubique du produit du numérateur de cette fraction par le carré de son dénomina-*

teur, et l'on donne pour dénominateur, à cette racine, le dénominateur de la fraction donnée.

On a, dans ces deux derniers cas, la racine cherchée à moins d'une fraction ayant pour numérateur l'unité et pour dénominateur celui de la racine.

Racine cubique à moins d'une unité décimale donnée.

817. Définition. — *On nomme racine cubique d'un nombre, à moins d'une fraction donnée, le plus grand multiple de cette fraction dont le cube est contenu dans ce nombre.*

Le même raisonnement que celui employé dans la question correspondante de la racine carrée justifierait la règle suivante :

818. Règle. — *Pour extraire, à moins d'une fraction ayant pour numérateur l'unité, la racine cubique d'un nombre quelconque, entier ou fractionnaire : on extrait, à moins d'une unité près, la racine cubique du produit de ce nombre par le cube du dénominateur de la fraction d'approximation, et on donne pour dénominateur, à cette racine, celui de cette fraction.*

Exemple : Soit proposé d'extraire la racine cubique de $\frac{22}{7}$, à moins de $\frac{1}{9}$:

On commencera par calculer à moins d'une unité le produit :

$$\frac{22}{7} \times 9^3 = \frac{22 \times 729}{7} = \frac{16038}{7};$$

on a ainsi 2291, dont la racine cubique,

$$
\begin{array}{r|l}
2.2\,9\,1 & 13 \\
1\ 2.9\,1 & \overline{1\times3\ .\ .\ 300} \\
9\,4 & 1\times3\times3\ \ 90 \\
& 3^2\ .\ .\ .\ .\ .\ \ 9 \\
& \overline{399 \times 3}
\end{array}
$$

est 13, ce qui donne pour la racine cherchée la fraction $\dfrac{13}{9}$.

La règle précédente, appliquée au cas où la fraction d'approximation devient une fraction décimale, donne enfin pour règle pratique :

819. Règle générale. — *Pour extraire, à moins d'une unité décimale déterminée, la racine cubique d'un nombre quelconque, entier, fractionnaire ou décimal, commensurable ou non : on recule la virgule vers la droite, dans ce nombre, d'un nombre de rangs égal au triple du nombre des chiffres décimaux qu'on doit obtenir à la racine, en remplaçant, s'il y a lieu, par des zéros, les décimales absentes.*

On extrait, à moins d'une unité, la racine cubique du nombre entier ainsi formé ; puis on sépare, sur la droite de cette racine, le nombre des chiffres décimaux demandé par l'approximation.

Si le nombre donné est une fraction ou une expression fractionnaire, on réduit en fraction décimale et l'on opère comme il vient d'être dit.

Exemple. — Soit proposé d'extraire la racine cubique de 38642,5764 à moins de 0,01 :

La racine devant avoir deux chiffres décimaux, on recule la virgule de 3 fois 2, ou 6 rangs vers la droite, ce qui donne, en remplaçant les chiffres manquants par des zéros :

$$38642576400.$$

Extrayant à moins d'une unité la racine cubique de ce nombre, on trouve 3386, nombre sur la droite duquel on sépare 2 chiffres décimaux, ainsi que le demande l'approximation ; on a ainsi la racine cherchée 33,86.

820. Lorsque la racine cubique qu'on se propose de déterminer doit avoir un assez grand nombre de chiffres, on abrége l'opération comme on le fait en pareil cas pour la racine carrée : après avoir déterminé directement la moitié plus un, des chiffres de la racine, on obtient les autres en divisant le dernier reste, à la droite duquel on a d'abord abaissé un nouveau chiffre, par le triple carré de la partie trouvée à la racine, et l'on continue la division en abaissant de nouveaux chiffres jusqu'à ce qu'on ait obtenu le nombre des chiffres voulu.

EXERCICES ET PROBLÈMES

SUR LA RACINE CUBIQUE.

(1) Extraire à moins d'une unité la racine cubique de chacun des nombres :

6837   29463   78649   326475   2986427   193864572

6428386403   38642765496   3268604278   27642963867.

(2) Extraire la racine cubique des fractions :

$$\frac{27}{125} \qquad \frac{64}{343} \qquad \frac{8}{729} \qquad \frac{125}{512} \qquad \frac{27}{216}$$

$$\frac{79}{512} \qquad \frac{97}{216} \qquad \frac{78}{343} \qquad \frac{876}{1331} \qquad \frac{742}{729}$$

$$\frac{3}{5} \quad \frac{5}{9} \quad \frac{4}{11} \quad \frac{1}{7} \quad \frac{3}{4} \quad \frac{4}{13} \quad \frac{6}{17} \quad \frac{12}{25} \quad \frac{23}{41} \quad \frac{19}{54}.$$

(3) Extraire la racine cubique :

De 48   à moins de $\frac{1}{6}$ près.

De $326\frac{2}{3}$ — $\frac{1}{11}$ —

De $\frac{46}{3}$ — $\frac{1}{9}$ —

De $643\frac{1}{2}$ — $\frac{1}{13}$ —

De $29\frac{3}{4}$ — $\frac{1}{37}$ —

(4) Extraire la racine cubique :

De 2, 3, 5, 7, 11,   à moins de 0,0001 près

De 3468,5643   —   0,001 —

De 96489,32   —   0,01 —

De 0,0698643   —   0,001 —

De 89,896352786   —   0,01 —

(5) Le fonds d'une caisse est carré; on y range des morceaux de savon, également carrés, de telle sorte qu'il en tient le même nombre dans les deux sens. On place ainsi, les unes au-dessus des autres, autant de couches égales qu'il y a de morceaux dans une rangée du fond. On a ainsi logé dans la caisse 5832 morceaux de savon.

Combien y en a-t-il sur chaque côté, et combien y en a-t-il dans chaque tranche?

(6) Le produit des $\frac{2}{7}$ d'un nombre par son carré est 2646. Quel est ce nombre?

(7) Le produit des $\frac{3}{4}$ d'un nombre par les $\frac{5}{7}$ de son carré est 94080. Quel est ce nombre?

(8) La somme des cubes de deux nombres est 348832; la différence des mêmes cubes est 337168.

Quels sont ces deux nombres?

LIVRE IX.

RAPPORTS ET PROPORTIONS
RÈGLES QUI EN DÉPENDENT.

CHAPITRE PREMIER.

RAPPORTS ET PROPORTIONS.

Rapports.

821. Quand on compare deux grandeurs de même espèce, le résultat de la comparaison se nomme *rapport*. Cette comparaison peut se faire de deux manières différentes :

1° On peut s'attacher seulement à connaître la différence de ces deux grandeurs; le résultat prend alors le nom de *rapport arithmétique ou par différence :* ainsi 24 — 5 ou 19, est le rapport, par différence, de 24 à 5.

2° On peut aussi chercher combien la première grandeur contient de fois la seconde ou une partie aliquote de cette seconde. Dans ce cas le rapport est dit *géométrique* ou *par quotient.* C'est le seul dont nous nous occuperons ici, et nous le définirons, sous le nom simple de rapport, de la manière suivante :

822. Définition. — *On nomme rapport de deux grandeurs de même espèce, le nombre abstrait qui exprime la mesure de la première grandeur, la seconde étant prise pour unité.*

823. Il est facile en effet de conclure de cette définition que le rapport des deux grandeurs est donné par le quotient des deux nombres abstraits qui expriment la mesure de ces deux grandeurs, rapportées à une même unité.

Soient, comme exemple, 2 poids, l'un de $2^{Kg}\frac{3}{4}$, l'autre de $3^{Kg}\frac{2}{5}$, ou ce qui revient au même, le premier de $\frac{11}{4}$ de kilog., le second de $\frac{17}{5}$:

De la valeur du second il est facile de conclure que 1 kilog. vaut les $\frac{5}{17}$ de ce poids. Or, le premier valant les $\frac{11}{4}$ d'un kilog. vaut, par suite, les $\frac{11}{4}$ des $\frac{5}{17}$ du second; c'est-à-dire qu'il est exprimé par

$$\frac{5}{17} \times \frac{11}{4},$$

le second poids étant pris pour unité. Ce produit, représentant alors, d'après la définition, le rapport du premier poids au second, peut être mis sous la forme

$$\frac{11}{4} \times \frac{5}{17} = \frac{11}{4} : \frac{17}{5};$$

c'est-à-dire qu'il a pour valeur le quotient des deux nombres abstraits qui expriment les deux poids rapportés à la même unité.

824. Il en serait évidemment de même pour deux grandeurs exprimées numériquement par deux nombres entiers.

825. Il résulte immédiatement de là que tout rapport peut être mis sous la forme d'une fraction ayant pour termes les nombres abstraits, mesures des grandeurs comparées. Ces deux termes sont encore dits *termes du rapport;* les noms de *numérateur* et de *dénominateur* leur sont conservés, bien qu'ils puissent ne pas être des nombres entiers.

826. Enfin, et par extension, on appelle *rapport de deux nombres le quotient de l'un de ces nombres par l'autre.*

Le rapport de 13 à 8 est $\dfrac{13}{8}$

Le rapport de $\dfrac{3}{7}$ à 5 est $\dfrac{3}{7\times5}$

— $\sqrt{3}$ à 8 — $\dfrac{\sqrt{3}}{8}$

827. Les principes relatifs aux fractions s'appliquent immédiatement aux rapports ; nous citerons les suivants sans chercher à les démontrer de nouveau :

1° *Le rapport de deux grandeurs ou de deux nombres ne change pas de valeur, lorsque ces deux grandeurs ou ces deux nombres sont multipliés ou divisés à la fois par le même nombre ;*

2° *La réduction au même dénominateur, les opérations fondamentales s'effectuent sur les rapports de la même manière que sur les fractions ordinaires.*

Proportions.

828. DÉFINITION. — *On appelle proportion la réunion, par le signe =, de deux rapports égaux. Les termes des deux rapports sont dits* termes de la proportion.

La proportion prend encore le nom d'*égalité de rapports.*

Ainsi $\dfrac{3}{8} = \dfrac{6}{16}$

est une proportion ou une égalité de rapports.

Les termes 3 et 6, numérateurs des deux rapports, sont appelés les *antécédents ;*

Les dénominateurs 8 et 16, les *conséquents ;*

Le premier et le dernier terme, 3 et 16, sont dits les *extrêmes ;*

Le second et le troisième terme sont dits les *moyens.*

829. Dans beaucoup de traités anciens, dans quelques-uns plus récents, on représente une proportion d'une autre manière ; on écrit :

$$3 : 8 :: 6 : 16,$$

s'énonçant :

3 est à 8 comme 6 est à 16.

Sous cette forme les dénominateurs sont évités.

On arrive au même but en écrivant :

$$3 : 8 = 6 : 16.$$

830. Principe I. — *Dans toute proportion ou égalité de rapports, le produit des extrêmes est égal au produit des moyens.*

Soit en effet la proportion

$$\frac{3}{7} = \frac{12}{28};$$

les deux rapports réduits au même dénominateur restant égaux, on a :

$$\frac{3 \times 28}{7 \times 28} = \frac{12 \times 7}{28 \times 7}.$$

Les dénominateurs étant alors égaux, l'égalité ne peut avoir lieu qu'à la condition que les numérateurs le soient aussi ; donc :

$$3 \times 28 = 12 \times 7,$$

ce qu'il fallait démontrer.

831. Principe II. — *Inversement : si le produit de deux nombres est égal au produit de deux autres, ces quatre nombres forment une proportion dont les extrêmes sont les facteurs de l'un des produits, et les moyens, les deux autres facteurs.*

Soit en effet l'égalité :

$$2 \times 15 = 6 \times 5;$$

Les deux produits étant égaux donneront des résultats égaux si on les divise par le même nombre, 15×6, par exemple, produit formé en prenant un facteur dans l'un des produits donnés et un autre dans le second ; on aura alors :

$$\frac{2 \times 15}{15 \times 6} = \frac{6 \times 5}{15 \times 6} \text{ ou } \frac{2}{6} = \frac{5}{15}$$

proportion qui justifie l'énoncé.

832. On voit d'après cela que la proportion résultante peut se former de plusieurs manières différentes ; il suffit en effet de prendre pour premier rapport, le quotient de l'un quelconque des facteurs du premier produit par exemple, par l'un quelconque des facteurs du second, et pour second rapport, le quotient du second facteur du deuxième produit par le second facteur du premier. On obtient ainsi, dans l'exemple choisi plus haut, les quatre combinaisons suivantes :

$$\frac{2}{6} = \frac{5}{15}, \text{ la première trouvée; puis}$$

$$\frac{2}{5} = \frac{6}{15} \qquad \frac{15}{6} = \frac{5}{2} \text{ et } \frac{15}{5} = \frac{6}{2},$$

Dans ces combinaisons 2 et 15 sont les extrêmes; 5 et 6 les moyens. On aurait de même, en changeant l'ordre des fractions :

$$\frac{5}{15} = \frac{2}{6} \qquad \frac{6}{15} = \frac{2}{5} \qquad \frac{5}{2} = \frac{15}{6}$$

et enfin

$$\frac{6}{2} = \frac{15}{5};$$

proportions évidemment identiques aux premières, mais dans lesquelles les moyens sont devenus les extrêmes et inversement. De là résulte le principe suivant :

833. PRINCIPE III. — *Dans toute proportion, on peut mettre les moyens à la place des extrêmes, et inversement, les extrêmes à la place des moyens.*

834. Dans toute proportion la connaissance de trois termes et des places qu'ils occupent permet aisément de déterminer le quatrième; il suffit pour cela d'appliquer l'un des principes suivants :

835. PRINCIPE IV. — *Dans toute proportion ou égalité de rapports, un extrême est égal au produit des moyens, divisé par l'autre extrême.*

836. PRINCIPE V. — *Dans toute proportion un moyen est égal au produit des extrêmes, divisé par l'autre moyen.*

Soit en effet la proportion :

$$\frac{8}{5} = \frac{24}{15},$$

qui donne, d'après le premier principe, n° 830 :

$$8 \times 15 = 24 \times 5.$$

1° 24×5 représentant le produit des deux facteurs 8 et 15, si l'on divise ce produit par l'un de ces deux facteurs, on obtiendra l'autre pour quotient ; on aura ainsi :

$$\text{soit} \quad 8 = \frac{24 \times 5}{15}, \qquad \text{soit} \quad 15 = \frac{24 \times 5}{8},$$

ce qui démontre le premier des deux principes.

2° Le même raisonnement appliqué au produit 8×15 considéré comme ayant pour facteurs 24 et 5 donnera :

$$5 = \frac{8 \times 15}{24} \quad \text{et } 24 = \frac{8 \times 15}{5}$$

ce qui justifie le second principe.

837. Ces deux principes donnent le moyen de calculer le quatrième terme d'une proportion dont les trois autres sont connus.

838. Nous ajouterons encore, comme notion complémentaire, le principe suivant, dont l'usage est très-fréquent.

839. PRINCIPE VI.—*Dans une suite de rapports égaux, la somme des numérateurs et celle des dénominateurs correspondants forment un rapport égal à l'un quelconque des rapports de la suite.*

Soit en effet la série de rapports égaux :

$$\frac{3}{7} = \frac{6}{14} = \frac{9}{21},$$

dont la valeur commune représente le quotient d'un numérateur par le dénominateur correspondant. On en tirera successivement :

$$3 = \frac{3}{7} \times 7$$

$$6 = \frac{3}{7} \times 14$$

$$9 = \frac{3}{7} \times 21.$$

La somme des quantités, à gauche des signes =, est évidemment égale à celle des autres quantités; et si l'on observe que ces dernières représentent $\frac{3}{7}$ pris successivement 7 fois, 14 fois et 21 fois, on aura :

$$3 + 6 + 9 = \frac{3}{7} \times (7 + 14 + 21);$$

d'où résulte par la division

$$\frac{3 + 6 + 9}{7 + 14 + 21} = \frac{3}{7}$$

ce qu'il fallait démontrer.

Grandeurs directement proportionnelles et grandeurs inversement proportionnelles.

840. DÉFINITION. — *On dit que deux grandeurs variables sont* DIRECTEMENT PROPORTIONNELLES, *lorsqu'elles sont liées de telle sorte que : l'une devenant un certain nombre de fois plus grande ou plus petite, l'autre devient, nécessairement et en même temps, le même nombre de fois plus grande ou plus petite.*

On dit encore que *ces deux grandeurs varient dans le même rapport ou qu'elles sont en* RAPPORT DIRECT.

Exemples. — Le nombre des pains de munition distribués à des soldats, dans des circonstances identiques, est proportionnel au nombre de ces soldats.

La quantité d'huile, brûlée par une lampe qu'on entretient et qu'on utilise toujours de la même manière, est proportionnelle au temps durant lequel cette lampe est allumée.

841. DÉFINITION. — *Deux grandeurs variables sont dites* INVERSEMENT PROPORTIONNELLES *lorsqu'elles sont liées entre elles de telle sorte que : l'une devenant un certain nombre de fois plus grande ou plus petite, l'autre devient, en même temps et forcément, le même nombre de fois plus petite ou plus grande.*

On dit encore que *ces grandeurs varient en* RAPPORT IN-VERSE.

Exemples.—Si une somme doit être partagée également entre plusieurs personnes, l'importance de chaque part sera inversement proportionnelle au nombre des partageants.

L'étendue d'un terrain qu'on peut graisser avec une quantité déterminée de fumier est inversement proportionnelle à l'épaisseur sous laquelle cet engrais doit être étendu.

842. DÉFINITION. — *Un nombre forme une* QUATRIÈME PROPORTIONNELLE *à trois autres nombres, lorsqu'il constitue avec ces trois autres une égalité de rapports ou proportion dont il est le quatrième terme.*

Ainsi, dans la proportion

$$\frac{33}{12} = \frac{11}{4},$$

4 est une quatrième proportionnelle aux trois nombres 33, 12 et 11.

Il résulte de là, que la quatrième proportionnelle à trois nombres donnés peut se calculer d'après le principe IV, n° 835 :

On aura ainsi, pour quatrième proportionnelle aux nombres 7, 8 et 21 :

$$\frac{8 \times 21}{7} = 24.$$

843. DÉFINITION. — *Un nombre forme une* TROISIÈME PROPORTIONNELLE *à deux autres nombres, lorsqu'il constitue avec ces deux nombres une proportion dont il est le quatrième terme, et dont le second nombre forme à la fois le deuxième et le troisième terme. Dans ce cas les deux moyens sont égaux.*

Ainsi, dans la proportion

$$\frac{3}{9} = \frac{9}{27},$$

27 est une troisième proportionnelle aux deux nombres 3 et 9,

On calcule la troisième proportionnelle comme on le fait pour la quatrième, en observant l'égalité des moyens. Ainsi, la troisième proportionnelle aux deux nombres 16 et 8 est

$$\frac{8 \times 8}{16} = 4 \qquad \text{On a en effet} \quad \frac{16}{8} = \frac{8}{4}.$$

844. Définition. — *Un nombre forme une* MOYENNE PROPORTIONNELLE *à deux autres nombres, lorsqu'il constitue, avec ces deux nombres, une proportion dont il est à la fois les deux moyens égaux, et dont les deux autres nombres sont les deux extrêmes.*

Ainsi dans les proportions de l'exemple précédent, 9 est moyenne proportionnelle entre 3 et 27 ; et 8 est moyenne proportionnelle entre 16 et 4.

845. *Remarque.* — En égalant, dans chaque exemple, le produit des extrêmes à celui des moyens, on trouve :

$$9^2 = 3 \times 27 \qquad 8^2 = 16 \times 4.$$

On voit d'après cela, que le carré de la moyenne proportionnelle est égal au produit des deux autres nombres ; de là résulte le procédé pour calculer cette moyenne proportionnelle lorsqu'elle est inconnue ; on a en effet, en extrayant la racine carrée de part et d'autre :

$$9 = \sqrt{3 \times 27} \quad \text{et} \quad 8 = \sqrt{16 \times 4}$$

c'est-à-dire que *la moyenne proportionnelle entre deux nombres est la racine carrée de leur produit.*

EXERCICES

SUR LES RAPPORTS ET LES PROPORTIONS.

(1) Calculer le terme inconnu de chacune des proportions suivantes :

$$\frac{3}{7} = \frac{6}{x} \qquad \frac{4}{13} = \frac{x}{39} \qquad \frac{8}{48} = \frac{9}{x} \qquad \frac{42}{x} = \frac{54}{9}$$

$$27 : 6 :: 8 : x \qquad 43 : x :: 9 : 13 \qquad x : 8 :: 7 : 5$$

$$16 : 9 = 11 : x \qquad 53 : 27 = x : 9 \qquad \frac{2}{3} : 9 = 6 : x$$

$$\frac{2}{5} : \frac{3}{4} :: x : \frac{1}{2} \qquad \frac{5}{6} : x :: \frac{3}{7} : \frac{4}{5} \qquad x : \frac{2}{9} = \frac{21}{8} : \frac{4}{5}$$

$$8 : x :: \frac{5}{11} : \frac{13}{2} \qquad \frac{8}{5} : x :: \frac{3}{4} : \frac{1}{7}$$

(2) Calculer la quatrième proportionnelle aux trois nombres 2, $3\frac{1}{4}$, 13.

(3) Calculer la quatrième proportionnelle aux trois nombres $27\frac{1}{2}$, $34\frac{1}{3}$, $45\frac{1}{4}$.

(4) Calculer la troisième proportionnelle aux deux nombres 8 et 35.

(5) Calculer la troisième proportionnelle aux 2 nombres $13\frac{2}{5}$ et $3\frac{5}{7}$.

(6) Calculer la moyenne proportionnelle entre les deux nombres 13 et 117.

(7) Calculer la moyenne proportionnelle entre les deux nombres $\frac{3}{8}$ et $\frac{75}{2}$.

(8) Calculer, à moins de 0,001, la quatrième proportionnelle aux nombres 21, 7, $13\frac{2}{3}$, et 8,54.

(9) Calculer, à moins de 0,0001, la troisième proportionnelle aux nombres 52, 42 et $21\frac{3}{7}$.

(10) Calculer, à moins de 0,001, la moyenne proportionnelle entre les nombres $127\frac{2}{9}$ et $13\frac{5}{8}$.

CHAPITRE II.

RÈGLE DE TROIS.

846. DÉFINITION. — *On donne, d'une manière générale, le nom de* RÈGLE DE TROIS *à tout problème qu'on peut résoudre en s'appuyant sur la proportionnalité, directe ou inverse, qui peut lier entre elles deux ou plusieurs grandeurs, de natures*

21.

différentes, et dont certaines valeurs particulières entrent dans les données du problème.

847. *Lorsque deux grandeurs seulement sont en présence ; que deux valeurs de l'une sont connues, ainsi qu'une des deux valeurs correspondantes de l'autre ; et qu'on se propose alors : ces trois valeurs étant connues, de déterminer la quatrième, la règle prend le nom de* RÈGLE DE TROIS SIMPLE ; *c'est la règle de trois proprement dite..*

Si plus de deux grandeurs entrent dans la question, la règle est dite RÈGLE DE TROIS COMPOSÉE.

Règle de trois simple.

848. La règle de trois simple est *directe* ou *inverse :*

1° DIRECTE, *si les grandeurs qu'elle mentionne sont directement proportionnelles ;*

2° INVERSE, *si ces grandeurs sont inversement proportionnelles.*

849. 1° RÈGLE DIRECTE. — *Problème.* — *Un magasin est éclairé par 16 becs de gaz d'égale dépense et qui consument ensemble par heure,* 2^{mc},080. *Un agrandissement fait porter à 25 le nombre total des becs, dont la dépense individuelle reste la même.*

Quelle sera alors la quantité de gaz brûlé par heure ?

Le gaz consumé dans un même temps est évidemment proportionnel au nombre des becs alimentés ; le problème est bien alors une règle de trois directe ; si donc on représente momentanément par x la quantité de gaz dépensée par les 25 becs on aura la proportion :

$$\frac{16}{25} = \frac{2{,}080}{x} \quad \text{ou} \quad 16 : 25 = 2{,}080 : x ;$$

d'où l'on tire, comme conséquence du n° 835 :

$$x = \frac{25 \times 2{,}080}{16} = 3^{mc},250,$$

850. Si on observe que la valeur de x, ou de la quantité cherchée, peut se mettre sous la forme

$$2^{mc},080 \times \frac{25}{16}$$

on en peut conclure qu'elle s'obtient :

En multipliant la valeur connue, de la grandeur dont on cherche une seconde valeur, par le rapport inverse des valeurs de l'autre grandeur ; c'est-à-dire, par le rapport de la valeur de cette autre grandeur, correspondante à l'inconnue, à l'autre valeur de cette même grandeur.

On facilite l'application de cette règle en posant les données et l'inconnue de la manière suivante, résumant l'énoncé :

Si 16 becs consument $2^{mc},080,$
25 — consumeront x

851. *Méthode de réduction à l'unité.* — On peut résoudre le même problème, et tous ceux du même genre, sans l'emploi des proportions, en raisonnant de la manière suivante :

Si 16 becs consument. . . . . . . $2^{mc},080$

1 seul consumera 16 fois moins ou. . $\dfrac{2^{mc},080}{16}$

et 25 consumeront 25 fois plus qu'un seul ou. . . . . $\dfrac{2^{mc},080 \times 25}{16}$

ce qui conduit au même résultat que précédemment.

On voit que cette méthode consiste ici à déterminer le gaz consumé par un seul bec, en divisant par leur nombre la dépense des 16 premiers. Pour en déduire alors la consommation cherchée, il suffit de multiplier celle trouvée pour un bec, par le nouveau nombre des becs. De là vient le nom de méthode de *réduction à l'unité*, donné à cette marche.

852. 2° RÈGLE INVERSE. — *Problème.* — *En distribuant une certaine somme, également entre 32 pauvres, chacun d'eux recevrait $0^f,45$.*

A combien se montera chaque part si le nombre des pauvres

*est porté à 48, sans que la somme à partager soit aug-
mentée ?*

Le nombre des pauvres et la part de chacun d'eux sont
évidemment deux quantités inversement proportionnelles;
le problème est alors une règle de trois inverse. Si donc
on représente par x la valeur de la part de chacun des
48 pauvres, on aura la proportion :

$$\frac{48}{32} = \frac{0,45}{x} \text{ ou } 48 : 32 :: 0,45 : x;$$

d'où on tire,

$$x = \frac{32 \times 0,45}{48} = 0^{\mathrm{f}},30.$$

853. Si l'on observe que la valeur de x, ou de la quantité
cherchée, peut se mettre sous la forme :

$$0^{\mathrm{f}},45 \times \frac{32}{48},$$

on en conclura qu'elle s'obtient :

*En multipliant la valeur connue de la grandeur dont on
cherche une seconde valeur, par le rapport direct des valeurs
de l'autre grandeur; c'est-à-dire, par le rapport de la valeur
de cette grandeur, correspondante à la valeur connue de la
première, à l'autre valeur correspondante à l'inconnue.*

De même que dans le problème précédent, on facilite
l'application de cette règle en posant les données et l'inconnue de la manière suivante, résumant l'énoncé :

Si pour 32 pauvres chaque part est $0^{\mathrm{f}},45$
  pour 45   —   —   sera x

854. *Méthode de réduction à l'unité.* —En suivant une
marche entièrement analogue à celle suivie dans la question précédente, nous dirons :

Pour 32 pauvres chaque part est . . . $0^{\mathrm{f}},45$
S'il n'y avait qu'un seul pauvre chaque
  part serait 32 fois plus forte, ou. . . $0^{\mathrm{f}},45 \times 32$
Pour 48 pauvres chaque part sera 48 fois $\dfrac{0^{\mathrm{f}},45 \times 32}{48}$
  plus faible que pour un seul, ou. . .

ce qui conduit au même résultat que précédemment.

Règle de trois composée.

855. Nous ne pouvons diviser cette règle comme la règle simple, en directe et inverse, un problème pouvant contenir à la fois des grandeurs proportionnelles et d'autres inversement proportionnelles. De plus, nous nous bornerons à une seule méthode de résolution, celle de réduction à l'unité.

856. *Problème I.* — *6 ouvriers ont gagné 200 francs en travaillant pendant 10 jours, 8 heures par jour.*

Combien de jours, 5 ouvriers de même force devront-ils travailler, à raison de 9 heures par jour, pour gagner 225 francs, à un travail identique au premier.

Nous commencerons par disposer les données sur deux lignes et en correspondance :

$$6^{ouv}. \ . \ 200^f. \ . \ . \ 10^j. \ . \ . \ . \ 8^h$$
$$5 \ . \ . \ . \ 225 \ . \ . \ . \ x \ . \ . \ . \ 9$$

Nous pouvons maintenant remarquer que le problème est bien une règle de trois composée ; en effet :

1° Le nombre d'ouvriers employés à faire un même ouvrage ou à gagner un même salaire total, est inversement proportionnel au nombre de jours employés, à égalité d'heures de travail, ou de salaire, par jour ;

2° Le salaire est proportionnel aux journées de travail, toutes choses égales d'ailleurs ;

3° Pour un même travail, un même salaire, et à nombre égal de travailleurs, le nombre des journées est inversement proportionnel à la durée de chacune d'elles.

La question posée est donc bien une règle de trois composée ; nous la résoudrons de la manière suivante :

Si 6 ouvriers, pour gagner 200^f, en travaillant 8^h par jour, ont mis. . . . . 10 jours,

1 seul ouvrier, pour gagner le même salaire, mettrait 6 fois plus de temps, ou . . . . 10×6

5 ouvriers mettront 5 fois moins de temps qu'un seul, ou . . . . $\dfrac{10 \times 6}{5}$

28

Si, toutes choses égales d'ailleurs, le salaire, au lieu d'être 200^f, n'était plus que 1^f, il faudrait 200 fois moins de jours pour le gagner, ou. . . $\dfrac{10 \times 6}{5 \times 200}$

Si le gain est 225^f, il faudra 225 fois plus de jours que pour 1^f, ou. . . . $\dfrac{10 \times 6 \times 225}{5 \times 200}$

Si maintenant, au lieu d'être de 8 heures par jour, la journée se réduisait à 1 heure, il faudrait 8 fois plus de journées, ou. . . . . . . $\dfrac{10 \times 6 \times 225 \times 8}{5 \times 200}$

Enfin, si toutes les journées sont portées à 9 heures, il en faudra 9 fois moins que lorsqu'elles sont de 1^h, ou $\dfrac{10 \times 6 \times 225 \times 8}{5 \times 200 \times 9}$

On a donc enfin, pour le nombre cherché de jours :

$$ x = \frac{10 \times 6 \times 225 \times 8}{5 \times 200 \times 9} = 12 \text{ jours.} $$

857. *Remarque.* — Cette marche générale peut se résumer dans le tableau suivant, dans lequel les différents passages par l'unité sont faciles à saisir :

6^{ouv}. . . 200^f. . . 8^h. . . 10^j			
5. . . . 225. . . 9 . . . x			
1^{ouv}. . . . 300^f . . 8^h	10×6		
5. . . . . . » . . »	$\dfrac{10 \times 6}{5}$		
». . . . . 1 . . »	$\dfrac{10 \times 6}{5 \times 200}$		
». . . . . 225 . . »	$\dfrac{10 \times 6 \times 225}{5 \times 200}$		
». . . . . . » . . 1	$\dfrac{10 \times 6 \times 225 \times 8}{5 \times 200}$		
5. . . . . 225 . . 8	$\dfrac{10 \times 6 \times 225 \times 8}{5 \times 200 \times 9} = x$		

858. Si maintenant on observe que cette valeur peut se mettre sous la forme :

$$x = 10^{\text{j}} \times \frac{6}{5} \times \frac{225}{200} \times \frac{8}{9},$$

on en conclut aisément qu'elle peut s'obtenir :

En multipliant la valeur connue de la grandeur dont on cherche une seconde valeur : par les rapports inverses des valeurs des grandeurs proportionnelles à la première, et par les rapports directs des valeurs des autres grandeurs inversement proportionnelles à cette même première.

Comme application de cette marche générale nous résoudrons directement le problème suivant :

859. *Problème II.* — *En 45 heures on a tissé une pièce d'étoffe de 30 mètres de longueur sur $\frac{5}{8}$ de largeur, le travail offrant une difficulté relative représentée par 7. — Quelle longueur d'étoffe, de même nature que la première, et à $\frac{7}{9}$ de largeur, tisserait-on en 72 heures, en disposant des mêmes moyens de fabrication, la difficulté relative de ce second travail étant représentée par 10 ?*

Disposons d'abord les données sur deux lignes :

$$45^{\text{heures}} \ldots 30^{\text{m.long.}} \ldots \frac{5}{8}^{\text{larg.}} \ldots 7^{\text{diff.}}$$

$$72 \ldots\ldots x \ldots\ldots \frac{7}{9} \ldots 10$$

Maintenant, prenant la valeur 30ᵐ, correspondante à l'inconnue, nous allons multiplier cette valeur par les rapports convenables relatifs aux trois autres grandeurs :

La longueur de l'étoffe tissée est proportionnelle à la durée de l'ouvrage; il faut donc multiplier par le rapport inverse $\frac{72}{45}$;

La longueur est inversement proportionnelle à la largeur;

nous le supposons du moins, en admettant qu'on dépense autant de temps et de peine en étendant le travail dans les deux sens. Il faut donc ici multiplier par le rapport direct $\frac{5}{8} : \frac{7}{9}$;

Enfin la longueur exécutée est inversement proportionnelle à la difficulté de l'ouvrage. Il faut donc encore prendre le rapport direct, $\frac{7}{10}$.

De là résulte la valeur cherchée :

$$x = 30 \times \frac{72}{45} \times \frac{5/8}{7/9} \times \frac{7}{10} = 27 \text{ mètres.}$$

PROBLÈMES
SUR LA RÈGLE DE TROIS.

(1) On a payé 2700 francs pour 450 mètres de terrassement. Combien devra-t-on payer pour 3840 mètres du même ouvrage?

(2) 25 ouvriers ont fait, en un certain temps, 750 kilog. d'une certaine substance.

Combien 43 ouvriers de même habileté que les premiers, feront-ils de la même substance dans le même temps?

(3) Une fontaine fournit 21^{Hl},45 en 3 heures et un quart. Combien d'eau donne-t-elle en 8 heures 25 minutes?

(4) Un homme marchant pendant 5 heures, a fait 32 kilomètres. Combien aurait-il fait du même pas, en 8 heures?

(5) Quelle est la hauteur d'une tour qui donne 52^m,45 d'ombre, lorsque, dans le même moment, un bâton de 2^m,40 en donne 1^m,50?

(6) Une pompe jouant pendant 4 heures 35 minutes, a fait baisser régulièrement de 0^m,225 le niveau d'un bassin, de même section dans toute sa hauteur, et dont la profondeur d'eau était de 1^m,60.

Combien de temps cette pompe devra-t-elle marcher encore de la même manière pour que la profondeur d'eau soit réduite à 0^m,70?

(7) Un bâtiment de guerre, à vapeur, de 124 chevaux, a consommé en 15 heures, d'une marche régulière, 9 tonnes 765 kilog. de charbon et 558 hectolitres d'eau vaporisée.

En combien de temps de la même marche bien soutenue, à moins d'un quart d'heure près, la consommation de houille atteindrait-elle 25 tonnes, et quelle serait alors la consommation correspondante d'eau vaporisée à moins d'un litre près?

(8) Dans une chaudière à vapeur, 180 litres d'eau, pour être vaporisés par la combustion de la houille, exigent environ 1008 kilog., d'air atmosphérique.

Combien le foyer de cette chaudière exige-t-il environ de kilog. d'air pour la vaporisation de 3 tonnes d'eau?

(9) On a fabriqué 1875 kilog. de savon mou, première qualité, en traitant par les procédés usités :

> 600 kilog. d'acide oléique,
> 150 — d'huile de palme,
> 1500 — de lessive de potasse.

Combien faudrait-il prendre de chacune de ces 3 substances, pour fabriquer, dans les mêmes conditions, 2,500 kilog. de la même qualité de savon ?

(10) On a fabriqué 2^{Kg},329 d'une encre d'imprimerie, première qualité, en employant :

> 979 grammes d'huile de lin,
> 735 — d'arcanson,
> 245 — de mélasse,
> 125 — de litharge,
> et 245 — de noir léger.

Combien faudrait-il prendre de chacune de ces substances, pour fabriquer 12 kilog. de la même encre?

(11) Un vaisseau a 36 hommes d'équipage qui reçoivent une ration journalière de 650 grammes de biscuit. Le bâtiment recueille 24 naufragés avec lesquels les denrées sont également partagées.

A combien se trouve réduite la ration de biscuit ?

(12) En distribuant chaque jour 0^f,50 par homme, la garde d'un fort aurait des fonds pour 21 jours; on apprend que de nouveau numéraire n'arrivera que dans 61 jours.

Combien devra-t-on alors donner à chaque soldat durant les 60 jours d'attente ?

(13) Une forteresse contenant 1200 hommes n'a des vivres que pour 3 mois. Or, 10 mois doivent s'écouler jusqu'à l'arrivée de nouvelles munitions de bouche.

A combien doit-on réduire la garnison pour que les vivres puissent durer tout ce temps sans changement dans les rations?

(14) Il a fallu 84 mètres de drap de 1^m,25 de largeur pour confectionner un certain nombre d'habits.

Combien faudrait-il de mètres pour une confection semblable, le nouveau drap n'ayant que 1^m,05 de largeur ?

(15) Un cultivateur a graissé une première fois une étendue de 6^{Ha},75, avec 33^{Hl},75 de noir de raffinerie, d'une puissance fertilisante relative représentée par 11. Une seconde fois, il veut dépenser, pour la même étendue, un noir d'une puissance fertilisante représentée par 15.

Pour que l'action soit la même que dans le premier cas, combien doit-il employer de ce nouveau noir?

(16) Les difficultés de deux ouvrages sont entre elles dans le rapport de 5 à 7. Un ouvrier a fait 21 mètres du premier ouvrage en un certain temps; combien ferait-il de mètres du second ouvrage dans le même temps?

(17) Combien doit-on prendre de mètres de toile à $\frac{5}{8}$ de large; pour servir de doublure à 30 mètres de drap à $\frac{7}{12}$ de large?

(18) Deux ouvriers ont mis 3 heures à faire 7 mètres d'ouvrage.

Combien 15 ouvriers de même force feront-ils de mètres du même ouvrage, en 11 heures, et dans les mêmes circonstances?

(19) Les frais d'hôtel d'une commission composée de 11 personnes ont été de 594 francs en 12 jours.

Combien une société de 8 personnes dépenserait-elle, aux mêmes conditions, en 15 jours?

(20) Le transport de marchandises, à 23 myriamètres, ayant coûté 8f,40 par 100Kg; quel prix doit-on payer, aux mêmes conditions, pour le port de deux ballots qui pèsent ensemble 1610Kg, et doivent être conduits à 57 myriamètres?

(21) Un voyageur marchant 10 heures par jour, a employé 25 jours à parcourir 695 kilomètres.

Combien, à la même allure, ferait-il de chemin en 15 jours, en marchant 6 heures par jour?

(22) Deux pompes marchant pendant 10 jours, 6 heures par jour, ont fait baisser de 2m,50 le niveau d'un bassin.

Combien faudrait-il que 3 pompes, pareilles aux premières, jouassent d'heures par jour, pendant 4 jours, pour produire une nouvelle diminution de 2m,75?

(23) Il a fallu 1096f,60 pour faire transporter 23 tonnes 929Kg, à 62 kilomètres.

Combien faudrait-il aux mêmes conditions, pour faire transporter 48 tonnes, 737 kilog., à 24 myriamètres?

(24) Un ouvrage de 360 pages a été préparé en 38 jours par un compositeur, travaillant 8 heures par jour; chaque page renfermait en moyenne 45 lignes et chaque ligne 56 lettres.

En combien de jours, à une unité près et au moins, ce même compositeur, travaillant de la même manière, 10 heures par jour, composera-t-il un autre ouvrage de 620 pages contenant chacune en moyenne 52 lignes à 60 lettres par ligne?

(25) On a employé 70m,50 de papier de 0m,90 de largeur pour tapisser les 4 murs d'un cabinet.

Combien faudra-t-il de mètres d'un papier qui aurait 1m,35 de largeur, pour couvrir une surface dont le rapport à la première serait exprimé par 12/5?

(26) 48 ouvriers ont creusé un fossé de 432 mètres de long sur 16 de large et 6 de profondeur, en 24 jours, en travaillant 10 heures par jour.

Combien faudra-t-il de jours, à une unité près et au moins, à 62 ouvriers de même habileté que les premiers, pour creuser un fossé de 576 mètres de long sur 24 de large et 8 de profondeur, en y travaillant 8 heures par jour? La difficulté du second travail est à celle du premier, dans le rapport de 12 à 5.

(27) Un lycée a dépensé 4500f pour la nourriture de 240 élèves pendant 15 jours : les vivres augmentent de 3/10 ; le nombre des élèves devient 264.

Quelle sera, dans ces conditions, la dépense d'une quinzaine, la nourriture étant restée la même?

(28) 18 kilogrammes de fil ont permis de tisser 56 mètres 2/5 de toile ayant $\frac{5}{8}$ de largeur?

Combien faudra-t-il de kilogrammes du même fil pour tisser 94 mètres de toile de même qualité ayant $\frac{7}{12}$ de large?

(29) Il a fallu 30 rouleaux de papier de 36m,75 de long sur 1m,75 de large, pour tapisser deux appartements de 4 pièces chacun.

On demande combien il faudrait, au moins, de rouleaux de 24m,50 de long sur 1m,50 de large, pour tapisser un appartement de 6 pièces. On sait d'ailleurs que :

Les longueurs des pièces, des premiers et du dernier appartements sont dans le rapport des nombres $\frac{2}{3}$ et $\frac{3}{4}$; les largeurs ;

dans le rapport de $\frac{3}{5}$ à $\frac{5}{7}$, et enfin les hauteurs sont entre elles

comme $\frac{3}{8}$ est à $\frac{2}{3}$.

(30) A une certaine époque 5 personnes ont habité ensemble le même hôtel pendant 12 jours, et y ont dépensé ensemble 360f. Un peu plus tard, 4 de ces personnes reviennent habiter de nouveau cet hôtel dont les prix généraux ont augmenté dans le rapport de 12 à 17 ; elles y séjournent ensemble pendant 15 jours, ayant diminué, dans le rapport de 4 à 3, le train de vie qu'elles avaient tenu la première fois.

Combien, à moins d'un centime, ont-elles dépensé pendant ce second séjour?

CHAPITRE III.

RÈGLE D'INTÉRÊT.

860. DÉFINITION. — *On nomme* INTÉRÊT *le bénéfice que fait sur son argent celui qui le prête ; la somme prêtée se nomme le* CAPITAL.

Le prêt est une location dont le montant est l'intérêt.

861. Pour mettre de l'uniformité dans la manière de déterminer l'intérêt de l'argent prêté, on convient ordinairement du bénéfice que doit procurer le capital 100 fr. placé ou prêté pendant 1 an. Ce bénéfice, considéré comme un nombre abstrait, est ce qu'on nomme le *taux* de l'intérêt, de l'argent ou du placement.

862. Le quotient de 100 par le taux de l'argent prend le nom de *denier*. Cette quantité représente le capital dont l'intérêt annuel est de 1 franc. L'expression denier était fort usitée autrefois ; elle l'est très-peu aujourd'hui, et nous ne l'indiquons que parce qu'on est exposé à la rencontrer fréquemment dans d'anciens ouvrages, dans le détail d'anciens comptes.

863. Le taux prend souvent le nom de *percentage ;* ainsi, dire que le taux est 4 1/2 pour cent ou que le percentage est 4 1/2 revient au même.

864. D'après ce qui vient d'être dit, nous voyons que lorsque 100 francs rapportent 5 francs d'intérêt par an, le taux du placement est 5 pour cent, ou simplement 5 ; l'argent est alors au denier 20. Si 100 fr. rapportent 4 francs, le placement est au taux de 4 pour cent ou au denier 25.

865. Dans les comptes, les calculs, les problèmes, on représente en abrégé l'expression, *pour cent*, par le signe 0/0, placé à la suite du nombre indiquant le taux ; ainsi :

5 pour cent s'écrit 5 0/0,
4 1/2 pour cent, 4 1/2 0/0.

866. Le taux varie suivant les circonstances, sans pouvoir cependant dépasser certaines limites supérieures, fixées par la loi, et qui sont :

5 0/0 pour les affaires en dehors du commerce;
6 0/0 pour les affaires commerciales.

867. On distingue dans les affaires deux sortes d'intérêts : le *simple* et le *composé*.

868. L'intérêt est simple quand le capital reste le même pendant toute la durée du placement ou du prêt. Dans ce cas, l'intérêt est proportionnel au capital, au temps pendant lequel ce capital est placé, et enfin au taux du placement.

Il résulte de là que les problèmes relatifs à l'intérêt simple sont des règles de trois.

Par exemple, lorsque l'argent est à 5 0/0, l'intérêt d'un franc est le centième de celui de 100 francs, c'est-à-dire pour un an, le centième de 5 francs ou $0^f,05$; l'intérêt annuel de 428^f est donc 428 fois $0^f,05$ ou $21^f,40$. De même relativement au temps et au taux.

869. L'intérêt est composé lorsque chaque année, ou à des périodes déterminées, l'intérêt produit ou échu est ajouté au capital pour produire avec lui de nouveaux intérêts. Nous ne nous occuperons pas, en arithmétique, de cette manière d'envisager les intérêts; cette question sera traitée en algèbre, avec d'autres dont elle est la clef.

870. Les questions principales qu'on peut se proposer de résoudre au sujet de l'intérêt simple sont au nombre de 4 : elles consistent à déterminer, dans un placement, l'une des quantités suivantes :

1° *L'intérêt,*
2° *Le capital,*
3° *Le temps,*
4° *Le taux,*

connaissant les trois autres; nous allons les examiner successivement.

1er Problème.

871. 1º 3460^f *sont placés à* 4 0/0; *quel est l'intérêt annuel de cette somme ?*

L'intérêt annuel de 100^f étant 4^f, l'intérêt de 1^f est le centième de 4^f, ou 0^f,04.

L'intérêt annuel de 3460^f est donc égal à 3460 fois 0^f,04, ou

$$0^f,04 \times 3460 = 3460 \times 0^f,04 = 138^f,40.$$

En général : *Pour obtenir l'intérêt annuel d'un capital, il suffit de multiplier ce capital par le quotient décimal qu'on obtient en divisant le taux par* 100.

872. On pourrait encore, sans effectuer aucune réduction dans le courant du calcul, suivre la marche habituelle :

Si 100^f rapportent. . . . 4^f;

1^f rapporte. . . . . $\dfrac{4}{100}$

et 3460^f. . . . . $\dfrac{4 \times 3460}{100} = 138^f,40$

Si l'on observe que :

$$\frac{4 \times 3460}{100} = \frac{3460 \times 4}{100},$$

on en conclut cet autre énoncé :

Pour obtenir l'intérêt annuel d'un capital, il suffit de multiplier ce capital par le taux, et de diviser le produit obtenu par 100.

873. Dans le cas particulier du 5 0/0, une simplification s'introduit dans le calcul :

Supposons en effet que la somme 3460^f soit placée à ce taux, l'intérêt produit sera :

$$\frac{3460 \times 4}{100} = \frac{3460}{20}$$

en supprimant le facteur 5, commun aux deux termes de la 1re fraction.

Il résulte de là que :

Pour trouver l'intérêt annuel d'un capital placé à 5 0/0, il suffit de prendre le 20ᵉ de ce capital; c'est-à-dire d'en prendre la moitié, puis le 10ᵉ du résultat: opérations très-faciles à faire de tête.

874. 2° *On demande quel est l'intérêt produit, en 3 ans et 5 mois, par un capital de 48650 francs placé à 6 0/0.*

Pendant 1 an, l'intérêt produit est

$$\frac{48650 \times 6}{100}.$$

Si donc le placement était de 3 ans, il suffirait de multiplier par 3 le résultat précédent; on aurait l'intérêt cherché. Mais le placement comporte 5 mois en plus; ramenons donc le temps au mois, comme unité :

3 ans 5 mois valent 41 mois ou 41 douzièmes d'année. Cela posé :

L'intérêt de 1 mois est $\dfrac{48650 \times 6}{100 \times 12}$;

celui de 41 mois, $\dfrac{48650 \times 6 \times 41}{100 \times 12} = 3973^f,25.$

Il suffit donc, pour calculer l'intérêt pendant un certain temps exprimé en mois, de multiplier l'intérêt annuel par le nombre total de mois du placement; puis de diviser le résultat par 12.

875. Dans les comptes d'intérêt, et en dehors des affaires judiciaires, on prend pour plus de simplicité dans le calcul, l'année de 360 jours, les mois étant tous de 30 jours. Dans les débats judiciaires, il faut nécessairement revenir au nombre vrai des jours de l'année, 365.

876. D'après cela, si le placement est fait pendant un certain nombre de jours en excédant d'un nombre de mois ou d'années, on rapportera au jour, en divisant par 360 ou 365(?), le rapport annuel; et l'on multipliera le résultat par le nombre total de jours du placement; ce nombre étant évalué, en prenant des mois de 30 jours, ou en comptant le nombre exact de jours écoulés, suivant le cas.

2ᵉ Problème.

877. 1° *Quel est le capital qui, placé à 3 0/0, donne 223^f,95 d'intérêt annuel?*

Si 3^f sont produits par. . . 100^f

1^f est l'intérêt de. . . . . $\dfrac{100}{3}$

et 223^f,95 celui de. . $\dfrac{100 \times 223,95}{3} = 7465^f.$

Ce résultat peut encore s'écrire :

$$\dfrac{223,95 \times 100}{3}$$

d'où la marche suivante :

Pour calculer le capital dont l'intérêt annuel est connu, le taux étant donné, il suffit de multiplier cet intérêt par 100, puis de diviser le résultat par le taux.

878. Dans le cas du 5 0/0, la marche se simplifie notablement : supposons en effet les 223^f,95 provenant d'un placement à ce taux; la conclusion qui précède nous donne pour résultat :

$$\dfrac{223^f,95 \times 100}{5} = 223^f,95 \times 20,$$

en supprimant le facteur commun 5 aux deux termes de la fraction. Il en résulte que :

Pour revenir de l'intérêt annuel au capital, dans le placement à 5 0/0, il suffit de multiplier par 20 l'intérêt connu; ce qui revient à le doubler et à multiplier le résultat par 10, opérations qui se font facilement de tête.

879. 2° *On voudrait connaître la valeur du capital qui, placé à 4 1/2 0/0, pendant 2 ans 10 mois 12 jours, a produit un intérêt total de* 699^f,18.

La première chose à faire, c'est de convertir en jours la durée totale du placement. Si nous prenons des mois de 30 jours, nous aurons :

2 ans valent. . . .	720 jours.
10 mois —	300 —
12 jours —	12 —
	1032

ce qui nous fait une durée totale de 1032 jours. Cela posé, le capital qui rapporterait 699^f,18 en un an est :

$$\dfrac{699,18 \times 100}{4,5}$$

d'après l'exemple précédent.

La somme qui donnerait le même intérêt en 1 seul jour devrait être 360 fois plus forte ou

$$\frac{699,18 \times 100 \times 360}{4,5};$$

et enfin, le capital qui a rapporté ce même revenu en 1032 jours était 1032 fois plus faible que le précédent ou :

$$\frac{699,18 \times 100 \times 360}{4,5 \times 1032} = 5420 \text{ francs.}$$

Il suffit donc, pour calculer le capital producteur d'un certain intérêt, pendant une durée contenant un certain nombre de jours, de multiplier par 360 le capital qui produirait annuellement le même intérêt ; puis de diviser le résultat par le nombre total de jours du placement.

3e Problème.

880. 1° *A quel taux a été placé un capital de 5638f., qui en un an rapporte 338f,28 ?*

Si 5638f donnent par an. 338f,28

1f donne. . . . . $\frac{338,28}{5638}$

et 100f donnent le taux, de . . . . . $\frac{338,28 \times 100}{5638} = 6^f$

de là résulte que :

Pour trouver le taux, connaissant le capital et l'intérêt annuel, on multiplie l'intérêt par 100 et l'on divise le produit par le capital.

881. 2° *A quel taux a été placé un capital de 3420f qui, en 3 ans et 7 mois, a produit un intérêt total de 580f,50 ?*

3 ans et 7 mois font 43 mois.

Si en 43 mois l'intérêt est. 580f,50

en 1 mois il serait de. . . . . . . $\frac{580,50}{43}$

et en 12 mois ou 1 an. . . . . . . $\frac{580,50 \times 12}{43}$

On obtient donc ainsi le revenu annuel, ce qui ramène au cas de l'exemple qui précède ; on aura alors, en appliquant la marche énoncée :

$$\frac{580,50 \times 12 \times 100}{43 \times 3240} = 5^f;$$

le placement était donc à 5 0/0.

Ce résultat nous conduit à la règle suivante :

Pour calculer le taux, connaissant le capital et le revenu produit pendant un certain temps, on cherche d'abord la valeur de l'intérêt annuel ; puis, comme précédemment, on multiplie par 100 et on divise le résultat par le capital.

4ᵉ Problème.

882. *Un capital de 12400ᶠ, placé à 4 1/2 0/0 pendant un certain temps, a produit 1364 francs. On voudrait connaître la durée du placement.*

Cherchons d'abord l'intérêt annuel de 12400ᶠ ; nous obtiendrons

$$\frac{12400 \times 4,5}{100},$$

résultat qu'on pourrait calculer. Cela posé :

Autant de fois cet intérêt sera contenu dans le revenu total 1364ᶠ, autant il se sera écoulé d'années durant le placement. Le résultat sera donc :

$$1364 : \frac{12400 \times 4,5}{100} = \frac{1364 \times 100}{12400 \times 4,5} ;$$

en simplifiant, la fraction devient égale à $\frac{3410}{1395}$, c'est-à-dire à

$2 + \frac{620}{1395}$; ce qui fait 2 ans, plus une fraction d'année que l'on peut convertir en mois en multipliant par 12 :

$$620 \times 12 = 7440 \qquad \frac{7440}{1395} \text{ de mois ;}$$

en extrayant les entiers on trouve

$$5 \text{ mois, plus } \frac{465}{1395}.$$

Enfin, convertissant cette dernière fraction en jours, en multipliant par 30, il vient :

$$465 \times 30 = 13950 \qquad \frac{13950}{1395} \text{ de jour,}$$

c'est-à-dire 10 jours ;

le temps cherché est donc 2 ans 5 mois 10 jours. De là la conséquence suivante :

Pour trouver le temps durant lequel un capital connu, placé à un taux connu, a produit un intérêt donné, il suffit : de chercher l'intérêt annuel du capital ; puis de diviser par cet intérêt, l'intérêt connu correspondant au temps cherché. Le reste, s'il y a lieu, est successivement converti en mois et en jours.

883. Enfin, nous adjoindrons encore à ces quatre questions principales et fondamentales les deux problèmes complémentaires suivants.

884. 1° *Que devient, au bout de 60 jours de placement, à 5,40 0/0, un capital de 3200^f, augmenté de ses intérêts?*

Cherchons d'abord ce que devient un capital de 100^f, pendant la durée du placement :

100^f produisent en 60 jours un intérêt de $\dfrac{5,40 \times 60}{360} = 0^f,90,$

donc, 100^f deviennent 100^f,90 en 60 jours ;

$$1^f \text{ deviendra alors } \frac{100,90}{100}$$

$$\text{et } 3200^f \text{ deviendront } \frac{100,90 \times 3200}{100} = \frac{3200 \times 100,90}{100}$$

ce qui donne 3228^f,80.

De là résulte que :

Pour obtenir ce que devient un capital augmenté de ses intérêts à un taux donné, et au bout d'un certain temps, ce qu'on peut appeler la VALEUR DE CE CAPITAL AU BOUT DE CE TEMPS : *on multiplie ce capital par 100 augmenté des intérêts de 100^f pendant le temps considéré, puis on divise le résultat par 100.*

885. 2° *Quel est le capital qui, augmenté de ses intérêts à 4 0/0, est devenu en 18 jours 8466^f,90?*

Cherchons d'abord ce que deviennent 100^f augmentés de leurs intérêts, au bout de 18 jours, nous trouvons

$$100 + \frac{1}{5} = 100^f,20$$

$\frac{1}{5}$ étant l'intérêt de 100^f en 18 jours. Cela posé, nous procéderons de la manière suivante :

Si 100^f,20 sont produits par . . . . . . 100^f

$$1^f \text{ le sera par . . . . } \frac{100}{100,20}$$

$$\text{et } 8466^f,90 \text{ proviendront de . . . . . } \frac{100 \times 8466,90}{100,20}$$

ce qui donne, une fois le calcul fait :

8450^f pour le capital placé.

De là résulte que :

Pour trouver la valeur nette d'un capital, ou VALEUR ACTUELLE *de ce capital, connaissant la somme de ce capital et de ses intérêts après un certain temps de placement, à un taux connu ; c'est-à-dire la* VALEUR DE CE CAPITAL A UNE CERTAINE ÉPOQUE : *il suffit de multiplier cette somme ou capital brut par* 100, *et de diviser le résultat par* 100 *augmenté des intérêts de* 100^f *pendant le temps du placement.*

RELATION GÉNÉRALE ENTRE LE CAPITAL, L'INTÉRÊT, LE TAUX ET LE TEMPS.

886. Les problèmes d'intérêt, étant des questions pratiques d'un usage continuel, ont été, de la part des calculateurs, l'objet de simplifications nombreuses, dont les manieurs d'argent se sont emparés avec empressement, et que nous devons, par suite, étudier en détail.

887. L'une de ces simplifications consiste dans l'emploi de formules, ou énoncés abrégés, permettant à l'esprit d'embrasser d'un seul coup les calculs à faire dans chaque cas. La simplification vient ici de ce qu'il n'est plus nécessaire, ni de recommencer pour chaque exemple le raisonnement qui mène au résultat, ni de retenir par cœur, pour chaque cas, un énoncé souvent long, et dans les applications duquel les erreurs sont alors faciles à commettre.

888. Reportons-nous au premier problème d'intérêt, dans le cas général : il est facile de se convaincre que la solution est tout entière comprise dans la marche suivante :

Multiplier le CAPITAL *par le* TAUX, *et par le* TEMPS *rapporté à l'année ; puis diviser le résultat par* 100 :

$$\text{Intérêt.} = \frac{\text{Capital} \times \text{Taux} \times \text{Temps}}{100}.$$

Maintenant enfin, comme nouvelle abréviation, convenons de désigner d'une manière générale :

par   I   l'intérêt total produit pendant tout le temps du placement ;

par   C — le capital placé ;

— i — l'intérêt annuel de 100 f. ou le taux d'intérêt;

— t — le temps du placement exprimé en années ou partie aliquote de l'année :

Il est facile de comprendre alors que l'énoncé général qui précède prendra la forme simple :

$$I = \frac{C.\,i.\,t}{100},$$

sous laquelle il est permis de saisir d'un seul coup d'œil la marche du calcul.

889. Telle est la relation générale entre le capital, l'intérêt, le taux et le temps ; on lui donne différentes formes, chacune d'elles répondant à l'un des **problèmes principaux** cités et résolus plus haut :

Par exemple, la solution générale du second problème pouvant se résumer ainsi :

*Multiplier l'*INTÉRÊT *produit par* 100*; puis diviser le résultat par le* TAUX, *et par le* TEMPS *rapporté à l'année ;* cet énoncé prendra la forme abrégée :

$$\text{Capital} = \frac{\text{Intérêt} \times 100}{\text{Taux} \times \text{temps}}$$

ou, plus simplement encore :

$$C = \frac{I.\,100}{i.\,t}$$

890. Il serait facile de voir de même, que pour résoudre les 3e et 4e problèmes on serait conduit aux formules :

$$3^e \text{ problème} \qquad i = \frac{I \times 100}{C.\,t}$$

$$4^e \qquad « \qquad t = \frac{I.\,100}{C.\,i}$$

891. Telles sont les 4 formules fondamentales, ou énoncés abrégés, permettant de résoudre tout de suite les questions exposées plus haut. Les 3 dernières ne sont que les transformations simples de la première, et ne sont comme elle que des formes particulières de la relation générale entre les 4 éléments de toutes les questions d'intérêt.

Nous allons maintenant appliquer ces formules à des exemples.

892. 1° *On voudrait connaître l'intérêt produit, en 3 ans et 5 mois, par 8460^f, placés à 3 1/2 0/0.*

La formule correspondante est :

$$I = \frac{C.\,i.\,t.}{100},$$

dans laquelle il faut remplacer :

    C par 8460

    i — 3,5

    t — $\dfrac{41}{12}$ pour 41 mois ;

on obtient ainsi :

$$I = \frac{8460 \times 3,5 \times 41}{100 \times 12} = 1011^f,675,$$

montant de l'intérêt cherché.

893. 2° *Quel est le capital qui, placé à 6 0/0, a produit un intérêt de 90^f,51 en 84 jours?*

La formule correspondante est ici :

$$C = \frac{I.100}{i.t}$$

dans laquelle il faut remplacer :

    I par 90,51

    i — 6

    t — $\dfrac{84}{360}$, pour 84 jours.

on a ainsi :

$$C = \frac{90,51 \times 100}{6 \times \frac{84}{360}} = \frac{90,51 \times 100 \times 360}{6 \times 84} = 6465^f,$$

valeur du capital placé.

894. 3° *A quel taux a été fait le placement d'un capital de 4536^f,40 qui a donné, en 4 ans, un intérêt total de 680^f,46 ?*

Le problème sera résolu par la formule :

$$i = \frac{I.100}{C.t},$$

dans laquelle il faut remplacer :

I par 680,46
C — 4536,40
t —   4,

on obtient ainsi :

$$i = \frac{680,46 \times 100}{4536,40 \times 4} = 3,75.$$

. Le taux était de 3,75 0/0 ou 3 3/4 0/0.

895. 4° *Pendant combien de temps ont été placés* 14400 *fr.* *à* 4f,85 0/0 *pour produire un intérét total de* 911f,80 ?

La formule relative à ce dernier cas est :

$$t = \frac{I.100}{C.i}$$

dans laquelle il faut remplacer :

I par 911,80
C — 14400
i — 4,85

ce qui donne :

$$t = \frac{911,80 \times 100}{14400 \times 4,85} = \frac{47}{36}, \text{ toutes réductions faites.}$$

Cette fraction étant rapportée à l'année donne donc :

$$1 \text{ an} + \frac{11}{36} \text{ d'année};$$

En multipliant par 12, on convertira $\frac{11}{36}$ en mois, ce qui donne :

$$\frac{11 \times 12}{36} = \frac{11}{3} = 3 \text{ mois} + \frac{2}{3};$$

enfin, cette dernière fraction convertie en jours devient

$$\frac{2 \times 30}{3} = 20 \text{ jours.}$$

Le placement avait donc eu lieu pendant 1 an 3 mois et 20 jours.

896. *Remarque.* — Si l'année devait être comptée de 365 jours, il faudrait convertir la 1re fraction excédante, $\frac{11}{36}$, directement en jours, en multipliant son numérateur par 365.

897. Nous ne quitterons pas l'emploi des formules sans en montrer l'usage pour la résolution des deux problèmes complémentaires qui suivent nos 4 questions fondamentales.

898. 1° *Connaissant la valeur actuelle d'un capital placé à un certain taux, trouver la valeur de ce capital au bout d'un certain temps de placement.*

Nous avons trouvé, comme marche générale :

Multiplier la valeur actuelle, par 100 augmenté des intérêts de 100 fr. pendant le temps du placement ; puis diviser par 100.

Si l'on observe que l'intérêt annuel de 100 fr. étant représenté par i, l'intérêt pendant le temps t le sera nécessairement par $i \times t$ ou $i.t$; si, de plus, on convient de représenter par C' la valeur, $C + I$, du capital augmenté de ses intérêts :

$$C + I = C' ;$$

on aura alors pour formule correspondante au problème énoncé :

$$C' = \frac{C.(100 + i.t)}{100} ;$$

l'expression $C.(100 + i.t)$ indiquant que le capital C est multiplié par la somme $100 + i.t$, entre parenthèses.

Exemple. — Quelle serait la valeur de 4520 fr. dans 90 jours, le placement étant fait à 6 0/0 ?

La formule précédente donne :

$$C' = \frac{4520.\left(100 + 6.\dfrac{90}{360}\right)}{100} = \frac{4520 \times 101,50}{100} = 4587^f,80,$$

valeur du capital dans 90 jours.

899. 2° *Connaissant la valeur d'un capital, au bout d'un certain temps connu de placement à un taux donné, calculer la valeur actuelle de ce capital.*

La marche à suivre se résume ainsi :

Multiplier la valeur future par 100, puis diviser le résultat par 100 augmenté des intérêts de 100 fr. pendant le temps du placement.

D'après les notations adoptées nous aurons ici la formule :

$$C = \frac{C' \times 100}{100 + i.t}$$

Exemple. — Quelle est la valeur actuelle d'un capital placé à 4,20 0/0 et dont la valeur, reportée à 5 mois, sera de 6410ᵗ,25 ?

La formule nous donne :

$$C = \frac{6410,25 \times 100}{100 + 4,2\,\frac{5}{12}} = \frac{6410,25 \times 100}{101,75} = 6300^t,$$

valeur actuelle du capital.

INTÉRÊTS POUR UN NOMBRE DONNÉ DE JOURS. — MÉTHODE DES NOMBRES ET DES DIVISEURS FIXES.

900. Les comptes d'intérêts qui se reproduisent le plus fréquemment sont ceux qui ont lieu pour une durée moindre qu'une année : un certain nombre de mois, un certain nombre de jours, un certain nombre de mois et de jours. Dans ce cas, les formules générales se modifient par l'introduction, dans le calcul pour chaque taux, de certain diviseur constant pour toutes les opérations faites à ce taux.

901. Dans ces sortes d'affaires journalières, bien que pour rapporter le taux d'intérêt au jour, l'usage autorise le banquier à compter l'année de 360 jours, la loi prescrit formellement de compter exactement le nombre de jours écoulés pendant le placement, en donnant à chaque mois la durée qui lui est propre.

902. Nous rappelons d'ailleurs ce que nous avons dit plus haut : que dans toutes les affaires judiciaires, de quelque nature qu'elles soient, l'année est toujours de 365 jours.

903. L'usage, dans les calculs d'intérêt, est de compter le jour de l'opération ou du prêt parmi les jours producteurs d'intérêts, mais de ne pas compter le jour de l'échéance ou du remboursement. Ainsi, un placement est

22.

effectué le 13 mars, l'argent est retiré le 10 juin suivant:
le 13 mars porte intérêt et non le 10 juin. Dans le calcul
des jours on comptera mars et mai de 31 jours, avril
de 30.

904. En général, pour le calcul du nombre de jours compris entre deux dates, y compris le jour du départ, on compte
tous les mois de 30 jours ; puis on ajoute autant d'unités
qu'il y a de mois de 31 jours dans la durée ; enfin on tient
compte de la différence des quantièmes.

Ainsi, pour aller du 12 avril au 23 octobre, on comptera,
du 12 avril au 12 octobre, 6 mois de 30 jours ou 180 jours;
plus, 3 jours pour les mois de mai, juillet et août ; ce qui
donne 183; plus enfin la différence des quantièmes, 23 —
12 = 11, ce qui donne en tout 194 jours.

Si l'on avait eu à compter du 23 avril au 12 octobre, les
183 jours, du 23 au 23, eussent dû être diminués de 23 — 12
ou 11, ce qui eût donné alors 172 jours.

Nous établirons plus loin une table au moyen de laquelle
on peut trouver immédiatement le nombre des jours compris entre deux dates.

Cela posé, revenons à notre modification :

905. Supposons qu'il s'agisse de calculer l'intérêt
produit pendant un nombre de jours représenté par n, par
un capital C, placé à 6 0/0 par exemple ; l'année étant
comptée de 360 jours. Nous aurons d'après la formule donnant l'intérêt :

$$I = \frac{C.\ 6.\ n}{100.360} = \frac{C.n.6}{36000}.$$

Divisant les deux termes de cette dernière fraction par le
taux 6, la formule devient :

$$I = \frac{C.n.}{6000},$$

et il est dès lors facile d'en conclure que dans tous les cas
où le taux sera 6, l'intérêt se calculera en :

*Multipliant le capital par le nombre de jours ; puis divisant
le résultat par 6000.*

6000 sera donc un diviseur constant ou fixe, du produit

C. n, quels que soient le capital et le temps, pour toutes les opérations faites à 6 0/0.

Cela posé, si au lieu de placer à 6, on opère à 5 0/0, la formule correspondante

$$I = \frac{C.\,n.\,5}{36000},$$

devient, en divisant par 5 les deux termes de la fraction :

$$I = \frac{C.\,n}{7200},$$

résultat qui montre que dans les placements à 5 0/0, le même produit C.n, doit être divisé par le diviseur 7200.

Une remarque analogue existerait évidemment pour chaque taux.

Or, les nombres 6000 et 7200 ne sont autres que

$$\frac{36000}{6} \quad \text{et} \quad \frac{36000}{5},$$

c'est-à-dire les quotients du nombre constant 36000 ou 100×360, par le taux correspondant du placement; il existe donc un semblable quotient, et d'un usage identique, pour chaque taux possible :

906. Chacun de ces quotients est dit le DIVISEUR FIXE relatif au taux correspondant.

907. Si maintenant, comme il est d'usage de le faire dans la spéculation, nous donnons le nom de NOMBRE, au produit C. n, du capital par le nombre de jours du placement, nous établirons la règle suivante :

908. RÈGLE. — *Pour trouver l'intérêt produit par un capital, pendant un nombre donné de jours, à un taux déterminé, il suffit de diviser le* NOMBRE CORRESPONDANT *par le* DIVISEUR FIXE *relatif au taux employé.*

909. De là la nécessité de former une table des diviseurs fixes pour tous les taux, ou au moins pour ceux ordinairement usités. Ces diviseurs principaux sont généralement gravés dans la mémoire de ceux qui font fréquemment des calculs d'intérêts.

910. Voici la table de ces diviseurs pour les taux de

1/2 franc en 1/2 franc, de 1 à 6 0/0 ; puis pour les principaux autres, de 6 à 12 0/0.

Taux	1	1 1/2	2	2 1/2	3
Diviseurs corresps. }	36000	24000	18000	14500	12000

T.	4	4 1/2	5	6	8	9	10	12
Div.	9000	8000	7200	6000	4500	4000	3600	3000

911. Nous ne mentionnons pas dans ce tableau les
diviseurs correspondants aux taux.

$$3 \ 1/2 \quad 5 \ 1/2 \quad 7 \text{ et } 11,$$

attendu que ces diviseurs :

$$10285 \ \frac{5}{7}, \quad 6545 \ \frac{5}{11}, \quad 5142 \ \frac{6}{7}, \quad 3272 \ \frac{8}{11},$$

seraient, par leur complication, plus embarrassants
qu'utiles.

Le mérite des autres, au contraire, de quelques-uns surtout, est d'être simples et d'un emploi commode.

912. *Remarque.* — On pourrait former des diviseurs
analogues, pour les calculs dans lesquels l'année est prise
de 365 jours ; ces diviseurs seraient les quotients de 36500 par
les taux précédents. Seulement il est facile d'observer que 365
n'admettant que 5 et 73 pour facteurs, les quotients seraient
presque tous fort compliqués ; c'est pour cette seule raison
que 365 est remplacé dans le calcul par 360, nombre
très-commode à cause du grand nombre de ses diviseurs.
Nous aurons occasion d'ailleurs de voir que la différence
des résultats obtenus est généralement petite, et nous donnerons du reste une méthode pour passer simplement de
l'un à l'autre.

913. La grande utilité qui ressort de l'emploi des
diviseurs fixes, se manifeste surtout lorsqu'un calcul d'intérêts porte en même temps sur plusieurs capitaux produc-
tifs pendant des temps différents.

914. Le plus généralement, dans ce cas, le taux n'a pas
varié d'un placement à un autre ; si donc on veut avoir la
somme des intérêts produits, il suffit de *former les* NOMBRES

relatifs aux différents capitaux; puis de diviser leur somme par le DIVISEUR *commun correspondant.*

915. En effet, supposons qu'on veuille faire un compte commun d'intérêts pour 3 capitaux C, C' et C", placés au même taux, pendant des durées exprimées en jours par les nombres n, n', n'', et supposons en outre que le diviseur relatif au taux employé soit représenté par D; les intérêts produits par les 3 sommes seront donnés respectivement par les fractions

$$\frac{C.n}{D}, \quad \frac{C'.n'}{D} \quad \text{et} \quad \frac{C''.n''}{D},$$

dont la somme sera l'intérêt total :

$$I = \frac{C.n}{D} + \frac{C'.n'}{D} + \frac{C''.n''}{D}.$$

Or, ces trois fractions ayant le même dénominateur, leur somme aura pour numérateur la somme de leurs numérateurs et deviendra :

$$I = \frac{C.n + C'.n' + C''.n''}{D};$$

c'est-à-dire que l'intérêt total que cette somme représente s'obtiendra en faisant la somme des NOMBRES et en divisant le résultat par le DIVISEUR FIXE correspondant au taux commun; ce qu'il fallait démontrer.

916. *Exemple.* — *On voudrait connaître la somme des intérêts produits par les capitaux suivants placés tous à 4 0/0 :*

1° 3960 *fr. pendant* 80 *jours.*
2° 2745 — 65 —
3° 18648 — 95 —
4° 9252 — 110 —

Faisons d'abord le calcul des nombres :

		Nombres.
3960 $\times$ 80	. . . .	316800
2745 $\times$ 65	. . . .	178425
18648 $\times$ 95	. . . .	1771560
9252 $\times$ 110	. . . .	1017720
Somme des nombres.	. .	3284505

Le diviseur fixe relatif à 4 0/0 étant 9000 on aura pour l'intérêt total :

$$I = \frac{3284505}{9000} = 369^f,949$$

ou simplement 369^f,95.

MÉTHODE DES NOMBRES ET DES MULTIPLICATEURS FIXES.

917. On peut encore, et cela pour tous les taux possibles, avec la même facilité, calculer les intérêts pour un certain nombre de jours, en multipliant simplement le NOMBRE par un MULTIPLICATEUR FIXE relatif à chaque taux.

Il suffit en effet pour cela, de former une table contenant pour chaque taux, l'intérêt de 1 franc pendant 1 jour.

Si alors on demande l'intérêt par jour, d'un capital C, il suffira de multiplier le *multiplicateur fixe* correspondant, M, par C.

$$M \times C \text{ ou } C \times M;$$

puis, si l'on veut avoir l'intérêt de ce même capital pendant un nombre n, de jours, on aura pour résultat :

$$I = C \times M \times n = C.n \times M;$$

C'est-à-dire le produit du NOMBRE C.n, par le MULTIPLICATEUR FIXE M.

918. Si maintenant on remarque que l'intérêt de 1 franc par jour, à 6 0/0 par exemple, est :

$$\frac{6}{100 \times 360} = \frac{6}{36000};$$

on en conclura que pour avoir le multiplicateur fixe relatif à un taux quelconque, il suffit de diviser ce taux par 36000. On diviserait par 36500 pour l'année réelle de 365 jours.

919. Voici la table des multiplicateurs fixes pour l'année de 360 jours ; ces multiplicateurs sont déterminés à moins de 0,000000001 chacun.

TABLE

des multiplicateurs fixes pour les taux de 1 à 12 0/0.

TAUX	MULTIPLICATEURS	TAUX	MULTIPLICATEURS
1 0/0	0,000027778	5 1/2 0/0	0,000152778
1 1/2 —	0,000041667	6 —	0,000166667
2 —	0,000055556	6 1/2 —	0,000180556
2 1/2 —	0,000069444	7 —	0,000194444
3 —	0,000083333	8 —	0,000222222
3 1/2 —	0,000097222	9 —	0,00025
4 —	0,000111111	10 —	0,000277778
4 1/2 —	0,000125	11 —	0,000305556
5 —	0,000138889	12 —	0,000333333

920. A l'aide de ce tableau, proposons-nous ici de résoudre le problème suivant :

Quel est l'intérêt de 72465^f,40 à 6 1/2 0/0, pour 75 jours?

Dans ces sortes de calculs, et lorsque le nombre des jours n'est pas très-grand, les décimales n'ayant pas d'influence sur le résultat, sont le plus souvent négligées; nous aurons donc en agissant ainsi :

$$I = 72465 \times 75 \times 0,000180556$$
ou 981^f,30 à moins de 0,01.

MÉTHODE DONNANT L'INTÉRÊT A UN TAUX QUELCONQUE, EN PARTANT DU 6 0/0 ET POUR 60 JOURS.

921. La décomposition, soit du temps soit du taux, en parties aliquotes ou fractions simples, $\frac{1}{2}$, $\frac{1}{3}$, $\frac{1}{4}$, etc., d'un terme fixe, permet, avec un peu d'habitude, de mener assez rapidement les calculs d'intérêts. Beaucoup de praticiens n'emploient même presque jamais les méthodes précédentes, et se rejettent presque exclusivement sur celles que nous allons exposer.

922. *Décomposition du temps.* — Supposons, ce qui

est le cas le plus fréquent dans les affaires, qu'il s'agisse d'un compte d'intérêts à 6 0/0, taux commercial.

L'intérêt d'un capital, C, pour 60 jours est alors :

$$I = \frac{C.60}{6000} = \frac{C}{100};$$

c'est-à-dire qu'il se détermine simplement en prenant la 100me partie du capital.

923. Cela posé, si l'on veut avoir l'intérêt produit pendant une autre période de temps, 87 jours par exemple, on partage 87 en parties aliquotes de 60, c'est-à-dire en parties qui soient des fractions simples de 60. On a ainsi :

$$87 = 60 + 20 + 6 + 1;$$

les 3 dernières parties représentant respectivement : $\frac{1}{3}$, $\frac{1}{10}$, $\frac{1}{60}$ de 60, fractions d'ailleurs très-faciles à obtenir et qui peuvent se déduire facilement les unes des autres.

Cette décomposition une fois effectuée on prend :

1° L'intérêt du capital pour 60 jours, c'est-à-dire

$$\frac{1}{100} \text{ de ce capital};$$

2° L'intérêt du même capital pour 20 jours, c'est-à-dire

$$\frac{1}{3} \text{ du précédent intérêt};$$

3° L'intérêt du capital pour 6 jours ; ou

$$\frac{1}{10} \text{ du } 1^{er} \text{ intérêt};$$

4° L'intérêt du capital pour 1 jour;

$$\text{c'est-à-dire } \frac{1}{60} \text{ du } 1^{er},$$

ou plus simplement, $\frac{1}{6}$ du précédent;

puis, on ajoute ces 4 parties pour avoir l'intérêt total cherché.

924. *Exemple. — Soit proposé de calculer l'intérêt de 4820 fr.*

pendant 87 *jours à* 6 0/0. *On dispose le calcul de la manière suivante :*

			Capital 4820 fr.			Intérêts à 6 0|0.
pour	60	jours.	. . . . .			48ᶠ,20
—	20	— .	. 1/3 . .		.	16 ,066
—	6	— .	. 1/10 .		.	4 ,82
—	1	— .	. 1/60 .		.	0 ,603

Intérêts pour 87 jours. 69ᶠ,689

925. *Décomposition du taux.* — Supposons maintenant qu'il s'agisse, quel que soit le temps du placement, de calculer l'intérêt d'un capital à un taux quelconque, l'intérêt à 6 0/0, du même capital, et pour le même temps étant connu :

926. Examinons d'abord comment les chiffres qui représentent les différents taux peuvent se composer au moyen de parties aliquotes de 6 : nous formerons ainsi le tableau suivant, dans lequel les nombres de la 1ʳᵉ colonne verticale, exprimant les taux, sont écrits vis-à-vis de leurs valeurs respectives, formées en prenant 6 pour unité :

1 . . . . . . représente 1/6 de 6
1 1/2. . . . — 1/4
2 . . . . . — 1/3
2 1/2 ou 2 + 1/2.. — 1/3 + 1/12 = 1/3 + 1/4 de 1/3
3 . . . . . — 1/2
3 1/2 ou 3 + 1/2.. — 1/2 + 1/12 = 1/2 + 1/6 de 1/2
4 ou 6 − 2. . — 1 − 1/3
4 1/2 ou 6 − 1 1/2 — 1 − 1/4
5 ou 6 − 1. . — 1 − 1/6
5 1/2 ou 6 − 1/2.. — 1 − 1/12
6 1/2 ou 6 + 1/2.. — 1 + 1/12
7 ou 6 + 1. . — 1 + 1/6
8 ou 6 + 2. . — 1 + 1/3

et ainsi de suite pour les autres taux.

927. On pourrait adjoindre à cette table une foule de taux intermédiaires qu'on décomposerait d'une manière analogue : 4 3/4, 5 1/4, 5 3/8, etc., etc.

928. Nous voyons par exemple, sur la même ligne que 4 1/2 décomposé en 6 − 1 1/2, la valeur 1 − 1/4, qui montre que 4 1/2 se compose de 6 diminué de 1/4 de ce nombre, 1 1/2 étant bien égal au quart de 6. Il en est de même pour les autres décompositions.

929. Cela posé, si nous prenons par exemple le taux 3 1/2 0/0, correspondant à 1/2 + 1/12, nous en conclurons que l'argent placé à ce taux, c'est-à-dire à (3 + 1/2) 0/0, et rapportant par suite 3 0/0 + 1/2 0/0, se trouve produire par le fait :

1/2 de 6 0/0, plus 1/12 de 6 0/0 ;

si donc on connaît l'intérêt d'un capital à 6 0/0, en prenant successivement 1/2 et 1 1/2 de cet intérêt, puis ajoutant, on aura l'intérêt du même capital placé à 3 1/2 0/0 pendant le même temps.

Remarque. — Dans le calcul on peut observer que, puisque 1/12 = 1/6 de 1/2, on peut, au lieu de prendre 1/12 de l'intérêt à 6, prendre 1/6 de la moitié calculée précédemment.

930. Il est facile de voir de même que, 5 1/2 correspondant à 1 — 1/12, pour calculer l'intérêt à ce taux, il suffit de prendre l'intérêt à 6 0/0, et d'en retrancher 1/12 de cet intérêt ; le reste est l'intérêt cherché. . . . .

1er *Exemple.* — *L'intérêt d'un capital à 6 0/0 est, pour un certain temps,* 68^f,80. *On voudrait connaître l'intérêt du même capital pendant le même temps et à 2 1/2 0/0.*

Intérêt à 6 0/0 .... 68^f,80

—————————————————

2 0/0 .... 1/3 22,933

+ 1/2 0/0 .... 1/12 5,733

—————————————————

Intérêt à 2 1/2 0/0................... 28^f,666

2e *Exemple.* — *On demande l'intérêt produit en 60 jours par* 24675^f,95, *au taux de 4 1/2 0/0.*

Capital 24675^f,95........ Intérêt à 6 0/0........ 246^f,759

à 60 jours.

— 1 1/2 0/0... 1/4... 61,689

—————————————————

Intérêt à 4 1/2 0/0........ 185^f,07

3e *Exemple.* — *On voudrait connaître l'intérêt de* 4789^f,60 *à* 6 3/4 0/0 *et pour* 60 *jours.*

Capital 4789^f,60 ..... Intérêt à 6 0/0 .... 47^f,896
à 60 jours.

$$+ \quad 1/2 \ 0/0 \ ..1/12.. \quad 3,991$$
$$+ \quad 1/4 \ 0/0 \ ..1/24.. \quad 1,995$$

Intérêt à 6 3/4 0/0 .... 53^f,88

On pourrait encore observer que 3/4 est le 8e de 6, et dé-composer de la manière suivante et préférable :

Intérêt à 6 0/0.............. 47^f,896
3/4 0/0.... 1/8 5,987

Intérêt à 6 3/4 0/0.............. 53^f,88

931. *Décomposition du temps et du taux.* — **Nous** pouvons maintenant traiter la question générale :

Calculer l'intérêt d'un capital placé à un taux quelconque, pendant un certain nombre de jours, en partant de 6 0/0 et pour 60 jours.

Il suffit, pour résoudre ce problème, de calculer d'abord l'intérêt à 6 0/0, par la méthode des parties aliquotes, n° 924; puis, de passer à l'intérêt au taux demandé, en suivant la marche précédente, n° 930.

Exemple.—*Soit proposé de calculer l'intérêt de* 18790 *fr.*, *pour* 78 *jours, à* 5 1/2 0/0.

On disposera le calcul ainsi :

$$78 = 60 + 15 + 3$$

Capital 18790^f.	Intérêts à 6 0/0.
Pour 60 jours......................	187^f,90
— 15 — 1/4	46 ,975
— 3 — 1/20	9 ,395
Intérêt à 6 0/0.............	244^f,27
— 1/2 0/0.............	20 ,356
Intérêt à 5 1/2 0/0...........	223^f,91

932. Comme il est facile de le voir, cette méthode est de beaucoup préférable aux précédentes ; aussi doit-on chercher de bonne heure à se la rendre familière. Quelques praticiens se bornent à l'appliquer pour le passage du taux 6 0/0 à un taux quelconque, déterminant d'abord l'intérêt à 6 à l'aide du diviseur 6000; nous n'hésitons pas à préférer, pour la plus grande généralité des cas, la méthode complète des parties aliquotes, ne réservant les autres que pour des cas tout à fait particuliers.

EXTENSION DE LA MÉTHODE PRÉCÉDENTE. — BASE D'UN CALCUL D'INTÉRÊTS.

933. La méthode des parties aliquotes, pour la décomposition du temps, peut tout aussi bien s'appliquer au cas d'un taux quelconque ; il suffit pour cela de déterminer pour chaque taux le nombre de jours pour lequel l'intérêt est la 100me partie du capital.

Si, pour calculer ce nombre, nous nous reportons à la formule générale :

$$I = \frac{C.n}{D},$$

nous reconnaîtrons aisément que le nombre de jours satisfaisant à la question sera, dans chaque cas, la 100me partie du diviseur fixe D. Ce nombre, pour chaque taux, est nommé *base* du calcul ou de l'intérêt.

TABLE DES BASES POUR LES DIFFÉRENTS TAUX.

Taux.	1	1 1/2	2	2 1/2	3	4	4 1/2	5	6	8	9	10	12
Bases.	360	240	180	145	120	90	80	72	60	45	40	36	30

934. Toutes ces bases ne sont évidemment pas aussi commodes d'usage les unes que les autres ; elles sont d'autant plus avantageuses qu'elles ont un plus grand nombre de diviseurs, attendu qu'alors elles se prêtent d'autant mieux au calcul par les parties aliquotes.

Nous ne prendrons qu'un exemple de ces opérations directes :

Supposons qu'il s'agisse de *former l'intérêt de 72428 fr. pour 86 jours et à 5 0/0.*

La base étant ici 72, nous aurons à faire le calcul suivant :

$$86 = 72 + 12 + 2$$

Capital 72428	Intérêts à 5 0/0.
Pour 72 jours..................	724f,28
— 12 — 1/6..............	120 ,713
— 2 — 1/6 de 1/6.........	20 ,118
Intérêt à 5 0/0.........	865f,11

935. *Remarque.*— On comprend aisément enfin la possibilité, en prenant une base quelconque, de passer du taux correspondant, à un taux quelconque, comme on l'a fait plus haut en partant du 6 0/0. Seulement la méthode exposée pour le 6 est préférable à toute autre, comme méthode générale, à cause des nombreux diviseurs que présente sa base 60.

———

PASSAGE DE L'INTÉRÊT USUEL OU COMMERCIAL A L'INTÉRÊT LÉGAL.

936. La formule donnant l'intérêt annuel, c'est-à-dire calculé en comptant l'année de 360 jours, peut se mettre sous la forme :

$$I = \frac{C.n.i}{36000};$$

cette expression donne un résultat un peu trop fort; on ne l'emploie, avons-nous dit, qu'en raison de l'avantage résultant du grand nombre de diviseurs de 36000.

La valeur réelle de l'intérêt, la seule reconnue en justice, et basée sur l'année de 365 jours, est

$$I = \frac{C.n.i}{36500}.$$

La différence entre ces deux valeurs, retranchée de la première, donne évidemment la seconde ou valeur légale. Cette différence est

$$\frac{C.n.i}{36000} - \frac{C.n.i}{36500} = \frac{C.n.i \times 36500 - C.n.i \times 36000}{36000 \times 36500}$$

Le numérateur de cette dernière fraction n'est évidemment autre que le résultat qu'on obtient en multipliant par

36500—36000 ou 500, le produit du NOMBRE C.n, par le taux i. La différence cherchée prend donc alors la forme

$$\frac{C.\,n.\,i \times 500}{36000 \times 36500}, \text{ ou } \frac{C.\,n.\,i}{36000} \times \frac{500}{36500} = \frac{C.\,n.\,i}{36000} \times \frac{1}{73};$$

c'est-à-dire qu'elle est égale à la 73me partie de l'intérêt usuel ; donc :

937. RÈGLE. — *Pour passer de l'intérêt usuel à l'intérêt légal, il suffit de retrancher du premier la 73e partie de sa propre valeur.*

Exemple. — *L'intérêt usuel d'une certaine somme étant de 487^f,45, on demande l'intérêt légal :*

$$
\begin{array}{r|l}
487,45 & 73 \\
49\ 4 & \overline{6,677} \\
5\ 65 & \\
540 & \\
29 &
\end{array}
$$

Intérêt usuel $= 487^f,45$

$- 1/73 \ldots\ldots 6,677$

Intérêt légal $\ldots\ldots\ldots \overline{480^f,77}$

PROBLÈMES

SUR LA RÈGLE D'INTÉRÊT.

(1) Calculer l'intérêt annuel de 34580 fr. à 4 1/2 0/0.

(2) Que rapportent annuellement 645^f,80 placés à 3 3/4 0/0 ?

(3) Un particulier place à 5 0/0 un capital de 80700 francs. Que touche-t-il annuellement ?

(4) Quelle est la somme placée par une personne qui perçoit un intérêt annuel de 6825^f,40, au taux de 4 0/0 ?

(5) Un capital placé à 5 0/0 rapporte 428^f,50 par an. Quel est-il ?

(6) Quelle est la somme dont 2125^f,20 représentent les intérêts par an à 5 1/2 0/0 ?

(7) A quel taux 4280^f donnent-ils 256^f,80 d'intérêt annuel ?

(8) A quel taux faut-il placer 6840^f pour en retirer 342^f par an ?

(9) 8420^f rapportent par an 399^f,95. A quel taux est ce capital ?

(10) Quel est le total des intérêts produits en 4 ans, par 648^f,60 placés à 4 3/4 0/0 ?

(11) Un particulier, partant pour un voyage de 10 mois, place

pendant son absence, 42800f à 5 1/2 0/0.

De combien son argent s'est-il augmenté pendant ce temps?

(12) Une industrie donne 13 1/2 0/0 de bénéfice annuel. Un particulier y engage 60400f pendant 4 ans et 7 mois.

Combien son argent lui rapporte-t-il pendant ce temps?

(13) Une personne place : 4240f à 4 1/2 0/0 ; 8680f à 5 0/0 ; 12600f à 5 1/2 0/0.

Combien a-t elle touché d'intérêts au bout de 7 ans 10 mois?

(14) Quel est le revenu total d'un particulier qui tire 5 1/2 0/0 d'une maison qu'il a achetée 154000f et qui a, en plus, 36500f placés à 6 3/4 0/0?

(15) Quel est, à 6 0/0, l'intérêt de 3248f,60 pendant 69 jours?

(16) Calculer l'intérêt, à 4 1/2 0/0, de 284f,40 pendant 72 jours.

(17) 3685f,90 sont placés à 5 1/2 0/0 le 21 mars, et retirés le 17 juin suivant. Quel est l'intérêt produit?

(18) Quel est le capital, placé à 4 1/2 0/0, qui rapporte 618f,80 en 7 ans?

(19) Un particulier quittant une maison de commerce, y laisse tout ce qui lui revient dont les intérêts lui seront comptés à 8 1/2 0/0. Il touche ainsi 4870f,50 chaque trimestre. Quel est son capital commercial?

(20) Un débiteur règle en deux fois avec trois créanciers : la première fois, il donne 42 0/0 de ce qu'il doit, et verse ainsi : 3240f,30 au premier, 949f,50 au second, et 6750f,45 au troisième. La seconde fois, il se libère entièrement.

Combien devait-il à chacun, et quel sera le second versement?

(21) A quel taux sont placés 8550f, qui rapportent 1125f,75 en 2 ans 7 mois 18 jours? L'année est de 360 jours.

(22) 77960f ont rapporté 8088f,35 en 2 ans 3 mois et 20 jours. Quel était le taux du placement?

(23) Au bout de combien de temps 785400f, placés à 5 0/0, ont-ils rapporté 314160f?

(24) 1872f placés à 5 1/4 0/0 ont produit 65f,52 en un temps qu'on voudrait connaître.

(25) En combien de jours 25940f placés à 4 1/4 0/0 ont-ils donné 233f,46 d'intérêts?

(26) Que devient un capital de 38422f avec augmentation des intérêts produits pendant 4 mois, le taux étant de 4f,80 0/0?

(27) Un particulier verse 36400f chez un banquier; les intérêts lui sont comptés à raison de 4 1/2 0/0. Au bout de 10 mois et 20 jours, il retire capital et intérêts. Que lui remettra-t-on?

(28) Quel est le capital qui, augmenté de ses intérêts à 5 1/2 0/0, devient en 7 mois 87314f,25?

(29) Quel remboursement devra-t-on effectuer au bout de 8 mois et 10 jours, pour un emprunt de 6480f au taux de 5 1/4 0/0?

(30) Un débiteur remet à son créancier, le 12 juillet, 845f,94, montant d'une dette dont les intérêts à 6 0/0 courent depuis le 4 mars de la même année.

Quelle était la somme due le 4 mars?

(31) Vaut-il mieux placer un capital à 5 0/0 que d'en placer le tiers à 6 0/0 et le reste à 4 1/2 0/0?

(32) Quel est le plus avantageux : de placer une somme entière à 4 1/2 0/0, ou d'en placer les 3/4 à 5 3/4 0/0 et le reste à 4 0/0?

(33) Quel est l'intérêt produit en 3 ans et 5 mois par un capital placé à 4 1/2 0/0 et qui devient au bout de ce temps, capital et intérêts, 6784f,05?

(34) Calculer l'intérêt annuel de 8487f,20 à 4 0/0 pendant 82 jours, et en déduire l'intérêt légal.

(35) Calculer, au moyen de la base correspondante l'intérêt de 3240f,80, à 4 1/2 0/0 pendant 63 jours. En déduire par les parties aliquotes, l'intérêt à 5 1/2 0/0.

(36) Un particulier a placé 74800f à 5 1/2 0/0 et 36900f à 4 3/4 0/0.

A quel taux commun aurait-il dû placer le tout pour se faire le même revenu?

(37) Un certain capital prêté à intérêts, vaut, au bout de 8 mois, capital et intérêts, 8961f. Ce capital reste encore 18 mois entre les mains de l'emprunteur, qui à cette époque rembourse tout ce qu'il doit au moyen de 9548f,25.

Quel était le capital primitif et à quel taux était-il placé?

(38) Un particulier emprunte 3500f à 6 0/0 et fait cadeau à son prêteur d'un objet d'art. Celui-ci, par reconnaissance refuse l'intérêt de son argent dont le remboursement est effectué de la manière suivante : 1500f au bout de 10 mois; 800f, 8 mois après; enfin, le reste, 6 mois plus tard.

A combien l'objet d'art revient-il au prêteur?

(39) Un négociant emprunte à 5 3/4 0/0, et pour remettre le 4 septembre suivant, intérêts compris :

3420f, le 12 mai;
4800f, le 8 juin;
6780f, le 28 juin;
3600f, le 2 juillet.

De combien sera le remboursement total?

(40) Un propriétaire a acheté une maison 95000f avec charge

d'une rente viagère de 1400f. à un héritier; rente comptée à 10 0/0. La maison rapporte 6 3/4 0/0 et est grevée de 1012f d'impositions.

Combien reste-t-il par an au propriétaire sur le revenu de sa maison et quel est le capital de la rente qu'il paie?

CHAPITRE IV.

DE L'ESCOMPTE.

938. *Billet à ordre, effets de commerce.* — **Pour solder** l'acquisition d'une certaine marchandise, l'acheteur ou *débiteur* n'est pas toujours dans la nécessité de débourser, c'est-à-dire de donner en espèces, le montant de la somme due, bien que le vendeur ou *créancier* en réclame le payement. Le premier, avec le consentement du second, fait alors, sur un papier timbré spécial, une promesse écrite de payer la somme dite à une époque déterminée. Voici la teneur d'une semblable promesse :

Paris, le 2 mars 1867.

B. P. Fr. 500

Le vingt-cinq mai prochain, je payerai à Monsieur Y (le vendeur), *ou à son ordre, la somme de cinq cents francs valeur reçue en marchandises.....* (Indiquer, si non, à quel titre la somme est due.)

Signature X (l'acheteur ou débiteur)
et adresse.

Cette promesse constitue ce qu'on nomme un *billet à ordre*. La somme énoncée dans le billet est ce qu'on nomme le *montant* ou la *valeur nominale* du billet.

Nanti de cet engagement, le créancier Y peut à son tour solder 500 fr., tout ou partie d'une dette qu'il a contractée lui-même envers un sien créancier Z, si celui-ci consent à devenir propriétaire ou *porteur* du susdit billet : il suffit alors, qu'en le remettant à Z, le porteur actuel Y écrive

transversalement au dos du billet, la cession étant supposée faite le 10 mars :

Payez à Monsieur Z, ou à son ordre,
valeur en marchandises (indiquer, si non, à quel titre).

Paris, le 10 mars 1867.

signature Y.

Z se trouve alors possesseur ou porteur de l'effet.

Cette cession, écrite au dos du billet, se nomme un *endos-*
sement. Cet endossement peut se répéter par une cession
nouvelle faite par Z à une 4me personne, et ainsi de suite
jusqu'au moment du remboursement, 25 mai, époque qu'on
nomme l'*échéance.*

De cette manière d'opérer il résulte que ce simple billet
sert à solder 500 fr., de proche en proche, sans rien débourser, pour toute une série d'affaires qui peuvent n'avoir et
qui n'ont en général aucun rapport entre elles.

Le jour de l'échéance, le 25 mai, le dernier porteur se
présente à l'adresse du premier débiteur X, qu'on nomme
le *souscripteur* du billet. Si ce dernier lui remet les 500 fr.
dus, le porteur écrit à la suite du dernier endossement :
pour acquit, puis il signe.

En cas de non payement ont lieu certaines actions judiciaires dans lesquelles nous n'avons pas à entrer ici.

939. Il existe dans le règlement des affaires d'autres
écrits ou billets du genre de celui que nous venons d'indiquer, et qui servent à tenir également et momentanément
la place des capitaux : on les désigne tous sous le nom d'*ef-*
fets de commerce. Tous circulent par voie d'endossement.

940. *Escompte.* — Supposons maintenant qu'au lieu
d'être cédé purement et simplement jusqu'au jour du remboursement, l'effet se trouve, à un certain moment, 2 mois
avant l'échéance par exemple, entre les mains d'un porteur
qui veuille rentrer dans ses fonds, le souscripteur ne devant rien payer avant le 25 mai.

Ce dernier acquéreur se présentera alors à certain possesseur de capitaux, capitaliste ou banquier, à qui il offrira
de céder le susdit effet, contre la remise, non de la somme
totale énoncée, 500 fr., mais d'une partie de cette somme,
dont le complément sera abandonné audit capitaliste ou
banquier, à titre d'intérêt de l'argent ainsi avancé pour le
temps qui reste encore à courir jusqu'à l'échéance.

La proposition acceptée, le porteur *endosse* l'effet dont le
capitaliste devient propriétaire, avec la possibilité de le
passer en compte ou de le garder jusqu'au jour du payement.

941. *La retenue ainsi opérée sur le montant du billet
porte le nom* d'ESCOMPTE.

On donne également ce nom à l'opération en elle-même;
ainsi on dit faire *escompter* un effet, le présenter à l'*escompte*.

942. La somme que l'escompteur donne au porteur
en échange du billet escompté, est nommée *valeur actuelle*
de ce billet. Il résulte de là que l'escompte est la différence
entre la valeur nominale et la valeur actuelle.

943. *L'escompte* se dit encore de la remise que fait
le marchand à l'acheteur qui le paye comptant, lorsque celui-ci aurait la facilité de ne régler sa facture qu'après un
certain délai accordé ordinairement par le premier pour le
payement de ses marchandises. Le vendeur dans ce cas sa-
crifie une partie de son bénéfice à l'avantage de recevoir
son argent tout de suite.

944. Dans ce second genre d'opérations que **nous**
pourrons appeler *escompte au comptant* ou *sur facture*, et
qu'on nomme souvent encore *remise*, l'usage assez répandu
dans le commerce est de déduire du montant dû, autant
de fois 1/2 0/0 que le délai ordinairement accordé par le
marchand compte de mois.

Si, par exemple, le payement se fait d'habitude à 6 mois,
l'escompte accordé est de 6 fois 1/2, ou 3 0/0 du montant
de la facture.

Exemple. — *L'achat se monte à 485ᶠ,50, la vente se fait habituellement à 4 mois ; on aura alors :*

montant de la facture	485ᶠ,50
— 2 0/0	9 ,71
	475 ,79
Reste à payer	475ᶠ,80

945. *Remarque.* — Le marchand étant libre de faire à l'acheteur tels avantages qu'il juge convenable, il est bien évident que l'importance de la remise accordée est complétement facultative, et peut être beaucoup plus grande ou bien moindre que celle de l'escompte usuel dont nous venons de parler.

RÈGLE D'ESCOMPTE.

946. Revenons maintenant à l'escompte des billets de commerce.

En France, à quelques rares exceptions près, on calcule l'escompte d'un billet en prenant l'intérêt de la valeur nominale de ce billet pour le temps à courir jusqu'à l'échéance. C'est ce qu'on nomme L'ESCOMPTE EN DEHORS.

947. *Taux.* — Le taux auquel cet intérêt est calculé est dit *taux de l'escompte.*

948. *Exemple.* — *Un billet de 647ᶠ,60, payable le 24 août, est présenté à l'escompte le 17 juillet, le taux d'escompte étant 4 1/2 0/0 :*
L'escompte pur et simple sera l'intérêt de 647ᶠ, 60, à 4 1/2 0/0, et pour 38 jours.

949. On voit d'après cela que les questions d'escompte ne sont autres que des questions d'intérêt simple.

950. Très-rarement en France, assez souvent à l'étranger, on calcule l'escompte de telle sorte qu'il représente l'intérêt de la somme avancée ou valeur actuelle du billet. Dans ce cas, la valeur nominale se compose de la valeur actuelle augmentée de ses intérêts. L'escompte, beaucoup plus équitable alors, prend le nom d'ESCOMPTE EN DEDANS.

951. Il résulte de là que les questions d'escompte en dedans sont des questions d'intérêt, mais dans lesquelles l'intérêt est joint au capital.

952. Les problèmes d'escompte en dehors sont donc plus simples que les problèmes d'escompte en dedans. C'est pour cette raison et aussi pour l'avantage qu'il procure au banquier, que l'escompte en dehors est en usage en France, de préférence à l'autre.

D'ailleurs, la différence entre les deux escomptes, pour une même opération, est généralement faible et, le plus souvent, peu préjudiciable aux intérêts du porteur de l'effet, vu le temps, toujours très-court, pour lequel l'escompte est pris. Ce temps, en effet, pour ces sortes d'affaires, ne dépasse généralement pas 90 jours. Nous verrons d'ailleurs plus loin des exemples de cette différence.

953. *Commission et change.*—Le recouvrement du montant d'un effet nécessite de la part du banquier des frais plus ou moins considérables, suivant que le payement doit avoir lieu dans l'endroit même de sa résidence ou dans une autre ville. Il en résulte que, considérant l'escompte proprement dit, énoncé plus haut, comme l'intérêt pur et simple de la somme avancée, le banquier exige le plus souvent, en outre :

1° Une indemnité de déplacement, si l'effet est payable dans la même ville ou à proximité. Cette indemnité prend le nom de *commission.*

2° Une indemnité plus forte, destinée à couvrir les frais d'écriture et de transport, lorsque l'échéance a lieu dans une autre ville, dans un pays plus ou moins éloigné. Cette indemnité porte le nom de *change de place* ou simplement de *change.*

954. Ces indemnités, commission et change, variables avec les circonstances, souvent avec les maisons, presque toujours avec les localités, se comptent à *tant pour cent* de la valeur nominale de l'effet, sans avoir égard au temps à courir. Le calcul s'en fait donc par une règle de trois simple.

955. *Agio.* — La retenue totale faite par l'escompteur

30.

se compose donc de l'escompte proprement dit et de l'indemnité dont il vient d'être question. Cette retenue totale porte en banque le nom d'*agio*.

956. *Négociation.* — L'échange d'un papier de commerce contre un ou plusieurs autres effets de même nature, ou contre espèces, à l'escompte, se nomme *négociation*. Ainsi escompter un billet c'est le *négocier*.

ESCOMPTE EN DEHORS OU COMMERCIAL.

957. Nous donnerons comme exemples types les questions suivantes dans lesquelles nous considérons successivement, pour les cas principaux, l'escompte seul et l'escompte avec commission de banque.

958. 1° Calcul de l'escompte. — *Un effet de 348f,40, payable dans 75 jours, est escompté au taux de 4 1/2 0/0, sans prélèvement de commission.*

Quelle est la retenue faite par le banquier, et quelle est la valeur remise en échange du billet?

Il s'agit ici de trouver l'intérêt, à 4 1/2 0/0, de 348f,40 pendant 75 jours. On aura ainsi en conservant les notations employées dans la règle d'intérêt :

$$ I = \frac{C.i.t}{100} ; $$

formule qui devient, en employant les diviseurs fixes :

$$ I = \frac{C.\,n}{8000} = \frac{348,40 \times 75}{8000} = 3^f,266 $$

Valeur nominale   348f,40
Escompte à 4 1/2 0/0   3 ,25

Valeur remise   345f,15

On aurait encore pu opérer par les parties aliquotes :

Valeur nominale 348f,40		Intérêt à 6 0/0
Pour 60 jours....................		3f,484
— 15 — 1/4		0 ,871
Intérêt à 6 0/0 p. 75 jours..............		4f,355
— 1 1/2 0/0.....................		1,088
		3f,267
Escompte à 4 1/2 0/0....., ...		3f,25

959. 2° CALCUL DE L'AGIO. — *Un effet de 955f,80 payable dans 85 jours est présenté à l'escompte. Le taux est de 4 0/0 avec commission de banque de 1/4 0/0.*

Quel sera l'agio et que remettra le banquier ?

Le calcul de l'escompte donne :

Valeur nominale 955f,80	Intérêt à 6 0/0
Pour 60 jours..............	9f,558
— 20 — ... 1/3	3,186
— 2 — ... 1/30.....	0,319
Intérêt à 6 0/0 p. 82 jours...........	13,063
— 2 0/0....................	4,354
Intérêt à 4 0/0................	8,709
Commission 1/4 0/0 sur 955,80..	2,389
Agio	11,098

Valeur nominale.	955f,80
Agio	11,10
Valeur remise...	944f,70

960. 3° CALCUL DE LA VALEUR NOMINALE, SANS COMMISSION. — *L'escompte pur et simple à 4 0/0, d'un effet payable dans 48 jours, a été de 12f,60.*

Quelle était la valeur nominale de cet effet ?

Cette valeur représente le capital dont l'intérêt, en 48 jours, est 12f,60 à 4 0/0; on aura donc pour la déterminer :

$$ C = \frac{100.\ I}{i,\ t} = \frac{100 \times 12,6 \times 360}{4 \times 48} = 2362f,50 $$

valeur nominale 2362f,50,

— On pourrait faire la preuve de ce calcul en cherchant l'escompte de 2362f,50 à 4 0/0, pour 48 jours.

961. 4° VALEUR NOMINALE AVEC AGIO. — *Un banquier a retenu 20f,15 d'agio sur un billet à 52 jours, escompté à 4 1/2 0/0 avec commission de 1/8 0/0.*

Quelle était le montant de ce billet?

L'agio 20f,15 se compose :

1° De l'intérêt de la valeur nominale, à 4 1/2 0/0 pour 52 jours;

2° De 1/8 0/0 de cette valeur nominale.

Or, 4 1/2 0/0 ou 4,5 0/0 par an donnent :

$$ \text{par jour.......} \quad \frac{4,5}{360}\ 0/0 $$

$$ \text{et pour 52 jours} \quad \frac{4,5 \times 52}{360}\ 0/0 $$

d'où résulte que l'agio, 20,15 représente

$$\left(\frac{4,5 \times 52}{360} + \frac{1}{8}\right) \text{pour cent,}$$

de la valeur nominale ; or :

$$\frac{4,5 \times 52}{360} + \frac{1}{8} = \frac{31}{40} ;$$

La question revient donc à trouver quel est le capital dont les $\frac{31}{40}$ 0/0 valent 20^f,15 ; on aura pour le trouver :

$$C = \frac{100.\,I}{i} = \frac{20,15 \times 100}{31/40} = \frac{2015 \times 40}{31} = 2600$$

La valeur nominale était 2600^f.

La preuve peut se faire en cherchant l'agio de 2600^f dans les conditions énoncées :

Valeur nominale 2600^f		Intérêt à 6 0/0
Pour 30 jours.....	1/2	13^f,00
— 15 —	1/4	6,50
— 6 —	1/10	2,60
— 4 —	1/60	0,433
Intérêt à 6 0/0 p. 52 jours.......		22^f,533
— 1 1/2 0/0..............		5,633
Intérêt à 4 1/2 0/0..............		16,90
Commission 1/8 0/0 sur 2600^f........		3,25
Agio..................		20^f,15

962. CALCUL DU TAUX. — *A quel taux est escompté avec 1 1/2 0/0 de change, un effet de 6480^f, payable dans 148 jours, et dont la valeur actuelle est 6236^f,28 ?*

L'agio est de 6480^f — 6236^f,28 = 243^f,72, comprenant 1 1/2 0/0 sur 6480^f, c'est-à-dire 97^f,20.

L'escompte proprement dit est donc :

$$243^f,72 - 97^f,20 = 146^f,52.$$

La retenue, ainsi débarrassée du change, ne représente plus que l'intérêt du montant ; le taux se déterminera donc alors par application de la formule

$$i = \frac{100.\,I}{C.\,t},$$

qui donne dans le cas présent

$$i = \frac{100 \times 146,52 \times 360}{6480 \times 148} = 5\ 1/2.$$

Le taux d'escompte est donc 5 1/2 0/0.

963. CALCUL DU TEMPS. — *Dans combien de jours est payable un effet de 42480ᶠ, escompté à 4 0/0, avec commission de banque de 3/8 0/0, et dont la valeur actuelle est 41823ᶠ,10 ?*

L'agio est alors de :

$$42480^f — 41823^f,10 = 656^f,90,$$

comprenant une commission de 3/8 0/0 sur 42480ᶠ; c'est-à-dire 159ᶠ,30.

Il reste donc pour l'escompte proprement dit :

$$656^f,90 — 159^f,30 = 495^f,60,$$

représentant l'intérêt de 42380ᶠ à 4 0/0 pendant la période cherchée de n jours, ce qui nous ramène au 4ᵉ problème d'intérêt simple :

$$n = \frac{I \times 100 \times 360}{C \cdot i} = \frac{495,60 \times 100 \times 360}{42480 \times 4} = 105.$$

La valeur est donc à 105 jours.

964. CALCUL DE LA VALEUR NOMINALE CONNAISSANT LA VALEUR ACTUELLE. — *La valeur actuelle d'un billet payable dans 135 jours, et escompté sans commission, à 5 0/0, est 1177ᶠ,50. Quel est son montant?*

A 5 0/0, 100ᶠ rapportent en 135 jours :

$$\frac{5 \times 135}{360} = 1^f,875.$$

L'escompte d'un billet de 100ᶠ serait donc, pour ce temps, de 1ᶠ,875, et la valeur actuelle de ce billet serait

$$100^f — 1^f,875 = 98^f,125.$$

Une règle de trois simple permet alors de terminer le problème :

98ᶠ,125 valent dans 135 jours... 100ᶠ,
1177,50 vaudront.............. x

La règle est directe, et on a :

$$x = \frac{100 \times 1177,50}{98,125} = 1200.$$

Le montant du billet est de 1200ᶠ.

965. *Conséquence.* — Il est facile de tirer de là une formule générale pour résoudre les questions de ce genre.

En effet, le dénominateur 98,125 a été obtenu en diminuant le capital 100ᶠ de ses intérêts pendant 135 jours ; la valeur générale de ce dénominateur est donc :

$$100 — \text{...}$$

23.

expression qui représente la valeur actuelle d'un billet de 100^f payable au bout du temps t.

Si donc nous convenons de représenter d'une manière générale :

par M, le montant ou la valeur nominale du billet ;

par A, sa valeur actuelle ;

le problème pourra se résoudre par la formule générale

$$M = \frac{100 . A}{100 - i\,t}$$

966. MÊME QUESTION AVEC LA COMMISSION OU CHANGE. — *Quel est le montant d'un billet escompté pour 63 jours, à 4 0/0, avec change de 3/4 0/0, et contre lequel le banquier a remis* $1182^f,60$?

La marche est la même que précédemment, à cela près qu'au lieu de diminuer 100^f de son escompte simple, pour en former le dénominateur, on diminue ce capital de son *agio entier*. Ainsi :

Intérêt de 100^f à 63 jours, $\dfrac{4 \times 63}{360} = 0^f,70$

Change, 3/4 0/0 sur 100. . . . . 0 ,75

Agio pour 100^f. . . . . $1^f,45$

donc, 100^f payables dans 63 jours valent maintenant

$$100 - 1,45 = 98^f,55.$$

Le problème se continue comme précédemment

$98^f,55$ valent dans 63 jours. . . . 100^f,

1182 ,60 vaudront. x

on en tire, d'après la marche habituelle :

$$x = \frac{100 \times 1182,60}{98,55} = 1200.$$

Le montant est donc 1200^f.

Remarque. — La formule précédente s'applique évidemment à ce cas général, en ayant bien soin, par exemple, de considérer le dénominateur, $100 - i.t$, comme représentant le capital 100^f diminué de son *agio* total correspondant à l'énoncé.

La preuve du calcul précédent se fait simplement en cherchant la valeur actuelle de 1200^f payable dans 63 jours dans les conditions de l'énoncé.

Montant 1200	Intérêt à 6 0/0
Pour 60 jours.	$12^f,00$
— 3 —	0 ,60
Intérêt à 6 0/0 p. 63 jours.	$12^f,60$
— 2 0/0.	4 ,20
Intérêt à 4 0/0.	8 ,40
Change, 3/4 0/0 sur 1200^f.	9 ,00
Agio.	17 ,40

Montant   1200
Agio   17,40
Reste net   1182^f,60 valeur actuelle.

967. *Bordereau d'escompte.* — Lorsqu'un commerçant fait négocier simultanément plusieurs effets chez le même escompteur, ce dernier établit un tableau du compte total, sorte de facture qu'on nomme *bordereau d'escompte*, et dont nous donnons ici, croyons-nous, un exemple suivant la meilleure disposition. Il est facile, sans nouvelles explications, de suivre la marche des opérations indiquées.

(Nom de la maison de banque.)

Paris, 4 mars 1867.

Négocié à M. X... à 6 0/0, valeur ce jour.

SOMMES		CHANGE	PRODUIT		VILLES	ÉCHÉANCE		JOURS	Intérêts	
2.465	40	1/8	3	08	Marseille....	8	mai.	65	26	71
1.276	50	1 1/2	19	15	Amsterdam..	15	mai.	72	15	32
428	80	1/4	1	07	Lorient......	2	juin.	90	6	43
6.740	»	3/4	50	55	Bruxelles....	20	avril.	47	52	79
16.460	»	1/10	16	46	Bordeaux ...	1	juin.	89	244	16
2.945	90	1/8	3	68	Lyon........	25	avril.	52	25	53
30.316	60		93	99					370	94
464	93	agio.	370	94						
29.851	67	net.								

ESCOMPTE EN DEDANS.

968. Nous nous bornerons, au sujet de cet escompte fort peu usité en France, à la résolution d'un seul problème : la détermination de la valeur actuelle et par suite de l'escompte, d'un billet dont on connaît le montant.

969. *Un billet de* 3450^f,60, *payable dans* 76 *jours, est escompté en dedans à* 4 1/2 0/0.

Quelle somme remettra le banquier et quelle sera la retenue?

A 4 1/2 0/0, l'intérêt de 100^f pendant 76 jours est

$$\frac{4,5 \times 76}{360} = 0^f,95.$$

Il résulte de là qu'un effet de
100+0^f,95 ou 100^f,95,

escompté en dedans à 4 1/2 0/0, pour 76 jours, vaudrait 100^f au moment de l'opération.

Le problème revient donc à la règle de trois suivante :

Si 100^f,95 à 76 jours, valent actuellement 100^f,

3450 ,60 . . . . valent x

d'où on tire la valeur

$$x = \frac{100 \times 3450,60}{100,95} = 3419,118.$$

La valeur actuelle est 3419^f,10.

L'escompte est 3450,60 — 3419,10 = 31^f,50.

Il est facile de déduire de là la règle générale suivante :

970. RÈGLE. — *Pour calculer la valeur actuelle d'un effet escompté en dedans, on multiplie le montant par* 100, *et l'on divise le résultat par* 100 *augmenté des intérêts de* 100 *fr. pendant le temps à courir.*

Le dénominateur est, d'après cela,

$$100 + i.t;$$

si donc t correspond à n jours, on a alors

$$t = \frac{n}{360}; \text{ puis } i.t = \frac{i.n}{360},$$

d'où résulte encore, en réduisant au même dénominateur :

$$100 + i.t = 100 + \frac{i.n}{360} = \frac{36000 + i.n}{360}.$$

Or, d'après l'énoncé de la règle, M représentant le montant du billet, on a, pour la valeur actuelle A :

$$A = \frac{M \times 100}{100 + i.t} = \frac{M \times 100}{\dfrac{36000 + i.n}{360}}$$

ce qui donne, d'après la règle de division des fractions,

$$A = \frac{M \times 36000}{36000 + i.n}$$

formule générale commode pour le calcul de la valeur actuelle.

971. *Nombre de jours compris entre deux dates.* — Il nous reste enfin, pour terminer la question des escomptes, **à donner un tableau permettant de trouver immédiatement**

le nombre de jours compris entre deux dates de même quantième, soit d'une même année, soit d'une année à la suivante, lorsque l'intervalle ne dépasse pas 365 jours. On en peut déduire ensuite la différence de deux dates quelconques.

TABLEAU

Donnant le nombre de jours compris entre deux dates de même quantième.

DE	A											
	Janvier	Février	Mars	Avril	Mai	Juin	Juillet	Août	Septemb.	Octobre	Novembre	Décembre
Janvier	365	31	59	90	120	151	181	212	243	273	304	334
Février	334	365	28	59	89	120	150	181	212	242	273	303
Mars...........	306	337	365	31	61	92	122	153	184	214	245	275
Avril	275	306	334	365	30	61	91	122	153	183	214	244
Mai............	245	276	304	335	365	31	60	92	123	153	184	214
Juin...........	214	245	273	304	334	365	31	61	92	122	153	183
Juillet	184	215	243	274	304	335	365	31	62	92	123	153
Août	153	184	212	243	273	304	334	365	31	61	92	122
Septembre......	122	153	181	212	242	273	303	334	365	30	61	91
Octobre........	92	123	151	182	212	243	273	304	335	365	31	61
Novembre......	61	92	120	151	181	212	242	273	304	334	365	30
Décembre	31	62	90	121	151	182	212	243	274	304	335	365

L'usage de cette table est analogue à celui de la table de Pythagore : On cherche dans la première colonne le nom du mois qui sert de point de départ; et dans la ligne correspondante à ce mois, le nombre situé dans la colonne dont la tête porte le nom du mois contenant la seconde date.

Si les quantièmes sont différents, on ajoute ou l'on retranche, suivant le cas, la différence des dates.

Ainsi, pour aller du 8 avril au 25 juillet, on ajoute 25-8 ou 13, au nombre 91 donné par la table comme distance du 8 avril au 8 juillet, on a ainsi 104 pour résultat.

De même, pour aller du 22 mars au 6 août, on retranche 22-6 ou 16, du nombre 153 donné par la table, de mars à août; le résultat est 137.

PROBLÈMES

SUR LA RÈGLE D'ESCOMPTE.

(1) Quel est l'escompte d'un billet de 4387^f,90 payable dans 89 jours, le taux d'escompte étant, sans commission, 4 3/4 0/0 ?

(2) Quelle est la valeur actuelle d'un effet de 387^f,25 payable dans 78 jours, et escompté sans commission, à 5 1/2 0/0 ?

(3) 2487^f,95 payables dans 142 jours sont escomptés à 4 1/2 0/0 avec 1 1/4 0/0 de change.

Que doit retenir le banquier et que doit-il remettre ?

(4) Quel est l'agio d'un billet de 6870^f payable le 23 septembre et escompté le 9 juin de la même année à 4 0/0, avec commission de 3/8 0/0 ?

(5) Quelle sera la remise au comptant ; sur une facture de 4880^f payable dans 4 mois et sur laquelle on accorde 7 1/2 0/0 par an ?

(6) L'escompte, sans commission, et à 6 0/0, d'un billet payable dans 87 jours, a été de 62^f,64.

Quel était le montant de ce billet ?

(7) Du 8 juin au 27 octobre, on a retenu 51^f,80 d'agio sur un effet escompté à 5 1/2 0/0 avec 1 1/12 0/0 de change.

Quelle était la valeur nominale de cet effet ?

(8) La valeur actuelle d'un billet escompté à 4 1/2 0/0, avec 3/10 0/0 de commission, est de 2372^f,70 ; l'échéance est dans 67 jours.

Quel est le montant de ce billet ?

(9) Une facture est payable dans 3 mois ; on la solde comptant avec 12^f,50 de remise, à 5 0/0 par an.

Quel est le montant de la facture ?

(10) Quel est le montant d'un billet payable dans 135 jours, escompté à 5 1/2 0/0, avec 5/8 0/0 de commission, et sur lequel on reçoit net 4266^{f}18 ?

(11) A quel taux a été escompté, sans commission un effet de 12000^f, payable dans 45 jours et pour lequel on a reçu 11932^f,50 ?

(12) A quel taux a été escompté, avec 1 1/4 0/0 de change, un effet de 1040^f,25 payable à 45 jours ; l'agio ayant été de 19^f,35 ?

(13) Le 1er novembre on escompte un effet de 7230^f payable le 28 janvier suivant, le change est de 1/3 0/0.

Quel est le taux d'escompte, la somme remise étant 7099^f,86 ?

(14) Un négociant vend 378^f ce qui lui a coûté 216^f. Que gagne-t-il pour cent ?

(15) On paye comptant, 891^f, une facture sur laquelle on jouit

d'une remise de 1/3 0/0 par mois.

Quel est le montant de la facture habituellement payable à 3 mois ?

(16) Combien de jours avait encore à courir un effet de 3975f,30 escompté à 6 0/0 et sur lequel il a été remis 3842f,79 ?

(17) Un billet est escompté le 4 janvier à 4 0/0 avec un 1 1/4 0/0 de change ; son montant est de 3960f ; sa valeur actuelle de 3877f,50.

Quelle est la date de son échéance ?

(18) Un effet de 5563f,20, payable le 17 août, est escompté au taux de 4 0/0 avec 3/8 0/0 de commission ; le banquier remet au porteur 5505f,25.

Quel jour l'opération a-t-elle eu lieu ?

(19) Le 12 mai on présente à l'escompte, à 5 1/2 0/0, les effets suivants :

3848f,40 payables le 4 juillet à Liége, avec 1/2 0/0 de change ;
2786f,90 payables le 30 juin à Quimper, avec 1/3 0/0 de change ;
16730f payables le 15 juillet à Livourne, avec 1 1/2 0/0 de change ;
8696f, 90 payables le 5 août à Nantes, avec 1/2 0/0 de change ;
2345f,50 payables le 10 août à Strasbourg, avec 1/4 0/0 de change.

On demande d'établir le bordereau d'escompte.

(20) A quel taux commun ont été escomptés les trois effets suivants :

7230f payables à 90 jours avec 1/3 0/0 de change ;
1042f   —   45   —   1 1/4 0/0,   —
1545f   —   30   —   1/10 0/0,   —

sachant d'ailleurs que le net total remis par le banquier a été de 9681f,76 ?

CHAPITRE V.

DE LA RENTE ET DES EMPRUNTS PUBLICS.

972. On désigne en général sous le nom de *rentes* le revenu ou l'intérêt que rapporte annuellement un capital placé ou prêté ; cependant, ce nom est plus spécialement consacré à la désignation des intérêts payés par un État pour les sommes qui lui sont confiées ou prêtées par les banquiers ou les particuliers.

973. Les emprunts contractés par un État peuvent s'effectuer de trois manières différentes :

1° L'État peut traiter directement avec un banquier ou une compagnie particulière qui lui fournit les fonds dont il a besoin, à des conditions discutées et arrêtées de gré à gré.

2° L'État peut encore s'adresser à la concurrence des banquiers et des compagnies, et traiter avec qui lui offre les plus avantageuses conditions.

3° Enfin, et comme cela a eu lieu pour la première fois en France en 1854, l'État peut ouvrir une souscription nationale à laquelle peuvent prendre part les petites bourses comme les grosses ; les conditions de l'emprunt, les mêmes pour tous, sont faites avec publicité ; chacun est libre d'en profiter et peut devenir ainsi créancier de l'État.

974. Quelle que soit la combinaison choisie, l'emprunt d'un État ne ressemble en rien à ceux faits entre particuliers, et dans lesquels le prêt est une somme fixée préalablement, confiée pour un temps limité d'avance et rapportant un intérêt déterminé.

Dans les emprunts d'un État, *emprunts publics*, le capital n'est pas exactement fixé ; l'époque du remboursement n'est pas généralement mentionnée. Le gouvernement met en circulation ou vend des bons nommés *titres de rente*, énonçant une certaine somme fixe, payable par semestre ou par trimestre, au possesseur des titres. C'est ce titre, donnant droit à une rente fixe, déterminée et énoncée, que l'État vend plus ou moins cher, suivant les circonstances au moment où l'emprunt est contracté.

975. Un titre de rente est encore nommé *inscription de rente*, à cause de l'inscription qui en est faite sur les registres des dettes de l'État, auxquels on donne le nom général de *grand livre de la dette publique*.

976. Les titres ou inscriptions sont désignés d'après le taux d'intérêt que rapporte un capital nominal mais fictif de 100 francs.

977. Nous avons actuellement en France trois espèces principales de rentes : le 3 0/0, le 4 1/2 0/0 et le 5 0/0 ; c'est-à-dire qu'il existe trois genres principaux de titres :

1° Les uns supposent un capital nominal de 100 fr., rapportant annuellement 3 0/0, et en représentent seulement l'intérêt au taux de 3 0/0, nommé aussi le taux de la rente.

2° Les autres, un capital, également de 100 fr. placé à 4 1/2 0/0, dont ils énoncent et représentent également l'intérêt annuel. Cette rente est dite au taux de 4 1/2 0/0.

3° Et de même, par analogie, pour le 5 0/0.

978. Ce sont ces titres qui sont offerts par le gouvernement à des conditions telles que les suivantes, par exemple :

Emprunt national de 750 millions, juillet 1855. — *Le gouvernement offre une rente annuelle fixe de* 3 *francs pour* 65ᶠ,25; *et de même une rente fixe de* 4ᶠ,50 *contre tout versement de* 92ᶠ,25, ce qu'on exprime en disant simplement : « *Le gouvernement offre du* 3 0/0 *à* 65ᶠ,25, *et du* 4 1/2 0/0 *à* 92ᶠ,25.

979. Tout particulier propriétaire d'une inscription de rente peut s'en défaire en la vendant :

1° Soit de gré à gré, si l'inscription est AU PORTEUR, c'est-à-dire ne porte pas de nom de propriétaire : c'est un objet, une marchandise, une sorte de billet de banque qu'on échange directement contre plus ou moins d'espèces ou contre toute autre valeur ou marchandise. Aucun droit n'est à payer dans ce cas.

2° Soit par l'entremise forcée d'un agent spécial, si le titre est NOMINATIF, c'est-à-dire porte le nom de son propriétaire.

Cet agent spécial, agréé par le gouvernement, est nommé AGENT DE CHANGE; il est chargé, moyennant une commission, du TRANSFERT ou changement de nom du propriétaire. Ce transfert et la vente publique qui le précède, se font dans un local spécial nommé *bourse*.

980. Le prix de vente d'une inscription de rente varie suivant les circonstances; il est débattu chaque jour publiquement à la Bourse de Paris, et dans celles de quelques autres villes de France autorisées par le gouvernement, entre les agents de change chargés des ventes et des achats.

Le prix est fixé par quotité égale au taux et prend le nom de *cours* ou de *cote* de la rente correspondante.

Ainsi, on dit que :

1° Le 3 0/0 est au cours de 69,25, ou simplement à 69,25, lorsque, sans tenir compte de la commission, il faut payer 69^f,25 par chaque 3 francs de rente qu'on veut acquérir.

2° Le 4 1/2 0/0 est au cours de 91,50, ou simplement à 91,50, lorsque, sans tenir compte de la commission, il faut payer 91^f,50 par chaque 4^f,50 de rente qu'on veut acquérir.

3° Enfin, le 5 0/0 est dit à 98,25 lorsque de même 5 fr. de rente coûtent 98^f,25.

981. Lorsque le cours d'une rente est de 100 francs, on dit que cette rente est au PAIR.

982. L'entremise des agents de change fait naître un droit de commission nommé *droit de courtage*, que le vendeur et l'acheteur acquittent l'un et l'autre, à raison de 1/8 0/0 du capital réel, c'est-à-dire du montant réel de la vente, pour toutes les affaires dites au comptant et dont nous expliquerons plus loin le mécanisme.

Cette commission, au comptant, ne peut dans aucun cas descendre au-dessous d'un minimum de 1^f,50, quelque minime que soit la transaction.

983. A ce courtage s'ajoute enfin un droit fixe pour le timbre; ce droit est de 0^f,50 pour chaque opération, jusqu'à 10,000 fr. de capital engagé, et de 1^f, 50 à partir de 10,000 fr.

Les titres ou inscriptions de rentes, comme émission, comme vente ou comme achat, n'expriment jamais qu'un nombre entier de francs.

Traitons maintenant quelques questions usuelles sur les rentes :

984. 1° *Quelle somme devra-t-on payer pour l'achat de 6480 francs de rentes 4 1/2 0/0 au cours de 90,35?*

S'il n'y avait pas de courtage, 4^f,50 de rentes coûteraient 90^f,35 ; on aurait donc pour le prix de 6480 francs de rentes :

$$\frac{90,35 \times 6480}{4,5} = 130104^f.$$

On trouvera alors le prix cherché en effectuant le calcul suivant :

6480^f à 90^f,35.....................	130104^f,00
+ 1/8 0/0 sur 130104^f..............	162 ,63
Timbre	1 ,50
Prix net...............	130268^f,13

De là résulte la règle suivante :

985. RÈGLE. — *Pour connaître le prix d'achat d'une certaine quotité de rentes, on multiplie cette quotité par le cours ; puis on divise le résultat par le taux de la rente. On ajoute 1/8 0/0 du prix trouvé, plus 0,50 ou 1,50, suivant le cas, pour le timbre.*

986. 2° *Quelle somme recevra-t-on en vendant 324 francs de rente 3 0/0 au cours de 63,80 ?*

Le courtage diminue ici le prix de vente de 1/8 0/0. Or, à 63^f,80, on aurait à toucher :

$$\frac{63,80 \times 324}{3} = 6890^f,40.$$

Le prix de vente s'obtiendra donc de la manière suivante :

324^f à 63^f,80.....................	6890^f,40
— 1/8 0/0 sur 6890^f,40..............	8 ,613
	6881^f,787

Retranchant enfin 0,50 pour le timbre, la somme étant moindre que 10000^f on a pour le

Net à toucher.............. 6881^f,30 ;

d'où résulte que :

987. RÈGLE. — *Pour connaître le prix que peut produire la vente d'une certaine quotité de rentes : on multiplie cette quotité par le cours ; on divise le résultat par le taux de la rente, puis on retranche du quotient 1/8 0/0, plus 0^f,50 ou 1^f,50 suivant le cas, pour le timbre.*

988. 3° *Une somme disponible de 75000 francs doit être employée à l'achat de rentes 4 1/2 0/0 au cours de 95,20. Quel chiffre de rentes pourra-t-on en retirer ?*

1/8 0/0 de 95^f,20 = 0^f,119 ;

Le cours réel d'achat sera donc :

$$95^f,20 + 0^f,119 = 95^f,319.$$

La valeur cherchée résultera de la règle de trois.

Pour $95^f,319$ on a une rente de $4^f,50$
— 75000^f....on aura.........x

d'où $x = \dfrac{4,5 \times 75000}{95,319} = 3540^f,7.....$

On obtient ainsi pour quotient 3540^f, plus une partie décimale. Or, l'inscription ne peut porter qu'un nombre entier de francs; le titre sera donc de 3540^f de rentes, avec une somme disponible de $15^f,70$, qu'on obtient en cherchant le prix d'achat de 3540 fr. de rentes et retranchant ce prix des 75000^f affectés à l'achat projeté.

En prélevant $1^f,50$ pour le timbre, le reste disponible ne sera plus que :

$$15^f,70 - 1^f,50 = 14^f,20,$$

et le capital employé :

$$75000^f - 14^f,20 = 74985^f,80.$$

989. 4° *Combien doit-on vendre de rentes 3 0/0, au cours de $62^f,40$, pour réaliser un capital de 45000^f?*

$$1/800 \text{ de } 62^f,40 = 0^f,078;$$

Le cours réel de vente sera donc :

$$62^f,40 - 0^f,078 = 62^f,322.$$

On obtient alors, comme précédemment, pour la quantité de rentes à vendre :

$$\frac{3 \times 45000}{62,322} = 2166^f,1.....$$

La valeur trouvée est ainsi comprise entre 2166^f et 2167^f; c'est donc 2167^f de rentes qu'il faut vendre pour pouvoir toucher au moins 45000 francs.

En cherchant le capital correspondant à 2167^f de rentes, on trouve :

$$45047^f,258,$$

qui, diminué de $1^f,50$, donne

$$45047^f,258 - 1^f,50 \text{ ou } 45045^f,758$$

pour le capital disponible, surpassant de $45^f,758$ celui qu'on désirerait avoir.

990. 5° *On a payé $88592^f,10$ frais compris pour l'acquisition de 4200 francs de rente 4 1/2 0/0.*

A quel cours nominal a-t-on acheté?

En retranchant le droit de timbre, qui est ici de $1^f,50$, on a pour le prix réel d'achat, 88590^f,60, et la question se résout par la règle de trois suivante :

$$\text{Si } 4200^f \text{ de rente coûtent } 88590^f,60$$
$$4^f,50 \text{ coûteront } \ldots \ldots x$$

d'où $x = \dfrac{88590,60 \times 4,5}{4200} = 94^f,9185.$

Ce résultat représente le cours réel d'achat, c'est-à-dire le cours nominal augmenté du courtage; or, le courtage étant 1/8 0/0 du cours nominal, il en résulte que :

94^f,9185 représentent les $\dfrac{801}{800}$ du cours nominal; donc on aura inversement :

$$\text{Cours nominal} = 94^f,9185 \times \frac{800}{801} = 94^f,80.$$

991. 6° *On a reçu 18343^f,54 pour prix de la vente, frais déduits, de 840 francs de rente 3 0/0.*

A quel cours nominal a-t-on vendu ?

En ajoutant 1^f,50 pour le timbre, on a pour le prix **réel de** vente :

$$18343^f,54 + 1^f,50 = 18345^f,04.$$

Une règle de trois analogue à celle du problème **précédent** donne :

$$\frac{18345,04 \times 3}{840} = 65^f,518,$$

pour le cours réel de vente, représentant le cours nominal diminué de 1/8 0/0 pour le courtage; on a donc alors :

$$65^f,518 = \frac{799}{800} \text{ du cours nominal,}$$

d'où résulte le cours nominal $= 65^f,518 \times \dfrac{800}{799} = 65^f,60.$

992. *Remarque.* — Le cours nominal d'une rente est toujours un multiple exact de 5 centimes.

993. *Taux d'une rente.* — Le taux auquel on place son argent en achetant des rentes dépend évidemment de l'élévation des cours ; plus le cours est élevé, plus la rente est chère et moins est élevé le taux du placement.

On dit qu'une rente est à un *taux* déterminé lorsque l'achat, au cours correspondant, constitue un placement à ce taux.

De là résultent les problèmes suivants :

994. 1° *A quel taux place-t-on ses fonds en achetant du 4 1/2 0/0 au cours de 94ᶠ,40 ?*

La question revient à celle-ci :

Quelle quotité de 4 1/2 0/0 peut-on acheter, à 94ᶠ,40, avec un capital de 100 francs ; cette quotité pouvant contenir des centimes ?

Le cours réel d'achat est alors :

$$94^f,40 + \frac{94,40}{800} = 94,40 + 0,118 = 94^f,518 ;$$

d'où la règle suivante :

Pour $94^f,518$ on a $4^f,50$ de rente ;
pour 100^f on aura x

$$x = \frac{4,5 \times 100}{94,518} = 4^f,76.$$

L'argent est donc placé à 4,76 0/0.

995. 2° *A quelles cotes doivent être respectivement le 4 1/2 0/0 et le 3 0/0, pour que l'achat de l'une quelconque de ces valeurs soit équivalent à un placement à 5 0/0 ?*

Prenons comme exemple le 4 1/2 0/0 ; la question revient à celle-ci :

5 francs de rente coûtent 100 francs,
$4^f,50$ coûteront x

$$x = \frac{100 \times 4,5}{5} = 90 \text{ francs,}$$

représentant le cours réel d'achat ; c'est-à-dire les $\frac{801}{800}$ du cours nominal dont la valeur est, par suite :

$$90^f \times \frac{800}{801} = 89^f,887\ldots$$

Or, le cours ne pouvant être exprimé que par un multiple exact de 5 centimes ; d'un autre côté, une augmentation du prix diminuant le revenu : le cours devra être 89ᶠ,85. L'argent rapportera ainsi un peu plus de 5 0/0.

On trouverait de même pour le 3 0/0 le cours de 59ᶠ,90.

Dans le premier cas l'argent est réellement placé à 5ᶠ,0027 0/0 ;
Dans le second, à 5ᶠ,0083 0/0.

Ces différences sont très-faibles.

996. *Comparer les taux du 3 0/0, du 4 1/2 0/0 et du 5 0/0.* — La comparaison des taux revient à la détermination, pour les trois rentes, des cotes correspondantes pour lesquelles l'argent est placé au même taux, quelle que soit la valeur achetée.

997. *A quel cours nominal doit être le 4 1/2 0/0, lorsque le 3 0/0 est à* 69f,60, *pour que l'argent placé soit de même rapport, quelle que soit la rente achetée?*

Le problème revient à calculer le prix d'achat de 4f,50 de rente 3 0/0 au cours de 69f,60.

Le cours réel est alors

$$69,60 + \frac{69.60}{800} = 69,60 - 0,087 = 69^f,687,$$

et l'on a, d'après un problème précédent, pour le prix cherché :

$$\frac{69,687 \times 4,5}{3} = 104^f,5305$$

représentant le cours réel du 4 1/2 0/0. Le cours nominal sera donc :

$$104^f,5305 \times \frac{800}{801} = 104^f,40;$$

d'où il résulte qu'on place son argent au même taux, en achetant :

Soit du 3 0/0   à 69f,60;
Soit du 4 1/2 0/0 à 104 ,40.

998. *Remarque.* — Il est bon d'observer que lorsqu'on trouve pour résultat un cours non multiple de 5 centimes, on doit prendre le multiple de 5 centimes le plus rapproché de ce résultat.

999. Opérations au comptant. — Les ventes et achats de rentes sont dits *opérations au comptant*, lorsque le règlement de compte et l'échange des titres se font à bref délai.

Dans ces sortes d'affaires, qui sont les moins importantes, il y a deux manières d'opérer :

1° Acheter à un certain cours avec l'intention de revendre à un cours plus élevé, sur l'arrivée duquel on compte pour réaliser un bénéfice, c'est ce qu'on nomme *spéculer à la hausse.*

2° Vendre à un certain cours pour racheter plus tard à un cours inférieur, c'est *spéculer à la baisse.*

Les deux opérations sont résumées dans le problème suivant :

1000. *Un particulier ayant acheté 54000 fr. de rente 4 1/2 0/0, au cours nominal de 93^f,20, revend plus tard à 96^f,40. Quel bénéfice réalise-t-il ainsi?*

Calculons d'abord les 2 cours réels :

COURS D'ACHAT :

Cours nominal......................	93^f,20
+ 1/8 0/0.........................	0 ,1165
Cours réel......................	93 ,3165

COURS DE VENTE :

Cours nominal......................	96^f,40
— 1/8 0/0.........................	0 ,1205
Cours réel......................	96 ,2795
	93 ,3165
Différence...............	2^f,963

Cette différence représentant le bénéfice réalisé sur la valeur d'une rente de 4^f,50, on aura pour bénéfice réel, sur un titre de 54000 francs :

$$\frac{2,963 \times 54000}{4,5} = 35556 \text{ francs.}$$

Nous n'avons pas mentionné les timbres dont il est facile de tenir compte.

1001. *Remarque.* — Si le cours de vente est au-dessous du cours d'achat, il en résulte évidemment une perte, laquelle se détermine exactement de la même manière que le bénéfice dans l'exemple précédent.

1002. COURS MOYEN. — Chaque jour, avant l'ouverture de la bourse, quelques affaires se traitent au *cours moyen;* c'est-à-dire que certaines quotités de rentes sont achetées et vendues d'avance à un cours encore inconnu, mais qui sera pris égal à la demi-somme des cours extrêmes sur lesquels il aura été spéculé durant la séance du jour. Ainsi, si les cotes extrêmes ont été, pour le 3 0/0, par exemple,

67^f,20 et 65^f,60,

le cours moyen sera

$$\frac{67,20 + 65,60}{2} = 66^f,40.$$

Si l'opération est un achat, le cours réel moyen sera

$$66,40 + \frac{66,40}{800} = 66,40 + 0,083 = 66^f,483 ;$$

si, au contraire, l'opération est une vente, le cours moyen réel sera :

$$66,40 - 0,083 = 66^f,317.$$

Remarque. — Les opérations au cours moyen se font le plus souvent au comptant.

***

DE LA CAISSE D'AMORTISSEMENT; COMMENT ELLE OPÈRE.

1003. Lorsqu'on rembourse une dette par fractions, ordinairement égales, à des époques le plus souvent échelonnées à des distances égales, on dit qu'on *amortit* la dette ou qu'on la paye par *amortissement*.

Le plus souvent, l'amortissement se fait par remboursements annuels et égaux; le montant de chacun d'eux porte le nom d'*annuité*.

La valeur ou l'importance de l'annuité dépend évidemment, en première ligne, du temps qu'on veut mettre à amortir ou à éteindre complétement la dette. La détermination de cette annuité n'a pas à nous occuper ici; on la traite au moyen des intérêts composés qui sont étudiés en algèbre.

1004. Pour solder ses emprunts, un État ne peut agir comme un particulier, qui connaît et peut désintéresser directement la personne dont elle a les fonds : les titres de la dette publique sont disséminés partout, et la répartition d'une annuité entre les porteurs serait une opération bien difficile. Aussi le gouvernement qui rembourse renonce-t-il à un semblable procédé et lui préfère-t-il le mode suivant :

L'État prélève chaque année sur ses recettes, c'est-à-dire sur le produit des impositions, une certaine somme fixe destinée :

1° à l'extinction d'une partie de sa dette;

2° au payement des intérêts échus.

La portion affectée à ce dernier service y est employée par une administration connue sous le nom de *trésor*, qui, entre autres attributions, est chargée de solder les intérêts de l'argent prêté à l'État. Les fonds destinés à l'extinction sont versés à une autre administration spéciale nommée *caisse d'amortissement*, qui les fait valoir et en utilise une partie, dès que l'ordre lui en est donné, au rachat, à la bourse même, des rentes disponibles, au cours du jour, lorsque ce cours est au-dessous du pair. L'État agit donc ici, par l'entremise de la caisse d'amortissement, comme un acheteur ordinaire. Dès que la rente est au pair, le rachat cesse.

1005. La portion de l'annuité destinée à l'amortissement d'un emprunt est réglée par une loi; elle est ordinairement de 1 0/0 du capital nominal de cet emprunt. Une loi, en date du 11 juin 1866, veut que la somme employée chaque année au rachat des rentes, soit au moins de 20,000,000 de francs.

1006. La somme que le gouvernement met chaque année à la disposition de la caisse d'amortissement se nomme la *dotation* de cette caisse.

1007. *Comment opère la caisse d'amortissement.* — La caisse d'amortissement accumule les intérêts des sommes qu'elle reçoit à titre d'amortissement jusqu'au jour où un décret l'autorise à opérer des rachats de titres. Ces rachats se font, avons-nous dit plus haut, à la bourse et à la condition que le cours soit au-dessous du pair. La caisse d'amortissement perçoit, dès ce moment, les intérêts des rentes qu'elle a rachetées, et cela jusqu'à ce qu'elle soit autorisée, par un nouveau décret, à procéder à l'annulation des titres qui sont alors brûlés en présence d'une commission spéciale.

Telle est, en principe, la manière d'opérer de la caisse d'amortissement. Une étude plus pratique et plus approfondie de la question nous entraînerait trop loin des bornes qui nous sont tracées ici.

OPÉRATIONS A TERME.

1008. *Achat et vente fin courant, fin prochain.* — Lorsque le règlement de compte et l'échange des titres ou la *livraison* ne s'effectuent qu'au bout d'un certain délai convenu, plus grand que celui usité dans les affaires au comptant, l'opération prend le nom de *marché* ou *opération à terme*. Le délai fixé alors va ordinairement jusqu'à la fin du mois, quelquefois jusqu'à la fin du mois suivant. Ces transactions sont alors nommées, suivant le cas : *Achat ou vente fin courant* ou *fin prochain*.

1009. Pour les marchés à terme, le cours est ordinairement plus élevé que pour les affaires au comptant.

1010. Les opérations à terme ne se font que sur des multiples :

de 1500 francs de rente, pour le 3 0/0 ;

de 2250 francs de rente, en 4 1/2 0/0 ;

et de 2500 francs de rente, en 5 0/0.

1011. Le courtage sur ces sortes d'affaires est de 0f04 pour chaque quotité de 3 fr. de rente 3 0/0, achetée ou vendue ; et de 0f,045 pour chaque quotité de 4f,50 de rente 4 1/2 0/0. Ce courtage constitue un droit fixe :

de 20f   pour 1500f de rente 3 0/0 :

et de 22f,50 pour 2250f de rente 4 1/2 0/0.

1012. *Exemples.* — 1° *Le 3 avril, un particulier achète 11250 francs de rente 4 1/2 0/0 à 92f,40 et au comptant, il les revend de suite fin courant à 93f,60.*

Que gagne-t-il à cette opération et à quel taux place-t-il ainsi son argent?

Le cours réel d'achat au comptant est

$$92^f,40 + \frac{92^f,40}{800} = 92^f,40 + 0^f,1155 = 92^f,5155;$$

le cours réel de vente fin courant est

$$93^f,60 — 0^f,045 = 93^f,555.$$

Le bénéfice réalisé sur chaque quotité de 4f,50 de rente est donc

$$93^f,555 — 92^f,5155 = 1^f,0395,$$

ce qui fait pour les 11250 francs engagés :

$$\text{bénéfice} = \frac{1,0395 \times 11250}{4,5} = 2598^f,75.$$

Maintenant, pour calculer le taux auquel l'argent a été placé ainsi, nous observerons d'abord que la période du 3 avril à fin courant est de 27 jours, pendant lesquels 92f,5155 engagés ont produit 1^f,0395 de bénéfice ; l'intérêt annuel correspondant de 100^f, ou le taux, est donc :

$$i = \frac{I \times 36000}{C.n} = \frac{1,0395 \times 36000}{92,5155 \times 27} = 14,98.$$

taux du placement, 14^f,98 0/0.

1013. 2° *Au commencement du mois, espérant une baisse, on vend pour fin courant 9000^f de rente 3 0/0 à 67^f,80. Quelques jours avant l'échéance, la rente étant à 65^f,50 on achète fin courant les 9000 francs de rente à livrer à cette époque.*

Quel sera le bénéfice réalisé ?

Cours réel de vente 67^f,80 — 0^f,04 = 67^f,76

Cours réel d'achat 65,50 + 0,04 = 65,54

3 francs de rente donnent donc un bénéfice de

67^f,76 — 65^f,54 = 2^f,22 ;

ce qui donne sur les 9000 francs de rente :

$$\frac{2.22 \times 9000}{3} = 6660 \text{ francs.}$$

1014. 3° *Un spéculateur s'attendant à une hausse achète fin courant 13500 francs de rente 4 1/2 0/0 à 94^f,60 ; ses prévisions ne se réalisent pas, et pour solder son achat il vend à la fin du mois et au comptant, à 91^f,20.*

Quelle est sa perte ?

On a d'abord pour l'opération au comptant :

1/8 0/0 de 91^f,20 = 0^f,114.

La recherche des cours réels donne :

Cours réel d'achat..... 94^f,60 + 0^f,045 = 94^f,645

Cours réel de vente..... 91,20 — 0,114 = 91,086

La perte subie sur 4^f,50 de rente est donc :

94^f,645 — 91^f,086 = 3^f,559 ;

On aura donc, pour la perte sur 13500 francs de rente :

$$\frac{3,559 \times 13500}{4,5} = 10677 \text{ francs.}$$

Remarque. — On résoudrait de même le problème inverse dans lequel une vente serait faite fin courant dans la prévision d'une baisse qui ne se réaliserait pas ; un achat au comptant à la fin du mois donnant, avec la possibilité de livrer, une perte qu'on calculerait comme on l'a fait précédemment pour le bénéfice.

1015. *Escompter son vendeur.* — Dans les opérations à terme, l'acheteur peut exiger du vendeur la livraison du

titre avant le jour de la liquidation, à la condition toutefois de prévenir ce dernier cinq jours à l'avance et de payer
le prix convenu dans le marché. L'acheteur perd de cette
façon les intérêts de son argent pour le nombre de jours à
courir jusqu'à la liquidation ou l'échéance; c'est un véritable escompte qui s'opère ainsi : aussi dit-on alors que
l'acheteur *escompte son vendeur.*

Cette opération ne se fait guère que dans le cas où le
vendeur n'offre pas une garantie suffisante, et pour le mettre en demeure de se procurer les titres qu'on présume ne
devoir pas être en sa possession à l'époque de la liquidation.
Cette mesure est souvent aussi une tactique employée par
de gros capitalistes pour opérer un virement prévu dans les
cours.

1016. Le vendeur qui ne possède pas les titres sur
lesquels il spécule est dit *vendeur à découvert.*

REPORT ET DÉPORT.

1017. REPORT. — Lorsqu'à l'époque d'une liquidation,
un spéculateur à terme, soit acheteur, soit vendeur, n'est
pas en mesure de satisfaire au marché conclu, l'opération
peut néanmoins avoir une suite par l'ajournement ou la
remise de l'exécution du marché à la fin du mois suivant,
le plus souvent par l'intermédiaire d'un tiers.

Cet ajournement est connu sous le nom de REPORT; le
règlement de l'opération est *reporté* à la fin du mois suivant.

Voici un exemple de report :

1018. *J'achète fin courant 9000 francs de rente 4 1/2 0/0
à 94ᶠ,40, dans l'espoir d'une hausse et par suite d'un bénéfice en
revendant. A la fin du mois, le 4 1/2 0/0 au comptant n'est qu'à
92ᶠ,80; je ne puis alors vendre qu'à perte. La foi que je puis avoir
dans une hausse prochaine me conduit au* REPORT, *je me fais reporter :*

*Je vends mes 9000 francs de rente au comptant, à 92ᶠ,80 par
conséquent, à un tiers qui en prend livraison pour moi, à la con-*

dition que je les lui rachète immédiatement fin prochain, à un cours plus élevé, 93f,10, par exemple, lui donnant un intérêt, une indemnité de 93f,10 — 92f,80 ou 0f,30, qu'on peut considérer comme le prix ou la valeur du report, et qui prend le nom de l'opération elle-même.

Ce report, si la hausse se réalise, me permet alors de vendre au comptant, à la liquidation prochaine, mes 9000 francs de rente, à 95f,20 par exemple.

Calculons le bénéfice ainsi réalisé :

Mon premier achat à terme a été fait au cours réel de

$$94^f,40 + 0^f,045 = 94^f,445;$$

la vente au comptant, au cours de

$$92^f,80 - \frac{92^f,80}{800} = 92^f,80 - 0^f,116 = 92^f,684,$$

a produit, pour 4f,50 de rente, une perte de

$$94^f,445 - 92^f,684 = 1^f,761.$$

Le report me donne ensuite les résultats suivants :

Achat à terme,   cours réel . . . $93^f,10 + 0^f,045 = 93^f,145$
Vente au comptant   id.   . . . $95,20 - 0,119 = \underline{95.081}$

Bénéfice sur 4f,50 de rente. 1f,936

Retranchant de ce bénéfice la perte éprouvée à la liquidation précédente, je trouve pour bénéfice réel

$$1^f,936 - 1^f,761 = 0^f,175,$$

par chaque quotité de 4f,50 de rente. Le bénéfice total, sur 9000 francs de rente, est donc

$$0^f,175 \times \frac{9000}{4,5} = 0^f,175 \times 2000 = 350 \text{ francs.}$$

1019. Ce qui précède nous permet de définir encore le report de la manière suivante :

La différence entre le cours au comptant, à la liquidation fin courant, et le cours fin prochain.

1020. On nomme REPORT DU COMPTANT A LA FIN DU MOIS *la différence entre le cours fin courant et le cours au comptant, à quelque moment du mois que se fasse la spéculation.*

1021. *Reporter,* en général, consiste à acheter au comptant pour revendre plus cher à terme, au même instant et à la même personne, laquelle est dite reportée.

Se faire reporter, c'est, au contraire, vendre au comptant et racheter plus cher à terme, et par conséquent à crédit, au même instant et à la même personne, afin de pouvoir continuer une opération de laquelle on espère retirer un bénéfice, par une dernière vente en hausse sur laquelle on compte.

L'acheteur qui *reporte* joue le rôle de prêteur sur gage ou sur titres.

Le vendeur qui *se fait reporter* joue le rôle d'emprunteur qui laisse ses titres en nantissement.

1022. DÉPORT. — Lorsque dans une opération de report, le cours du comptant est supérieur au cours à terme, fin courant ou fin prochain, la différence des cours prend le nom de DÉPORT.

Voici un exemple d'une opération de ce genre :

1023. *J'ai vendu à 68f,40, fin courant, 12000 francs de rente 3 0/0 dont je n'ai pas les titres au moment de la livraison. J'avais compté sur une baisse pour acheter avantageusement à la liquidation; mais la rente est à 69f,90 au comptant, et je ne puis acheter avec espoir de me rattraper par un ajournement, qu'à la condition de revendre fin courant à mon vendeur, à 69f,30. Il y a, pour ce dernier, bénéfice de 69f,90 — 69f,30 ou 0f,60, c'est-à-dire 0f,60 de déport.*

Je n'ai de chance de gain que si une baisse, à la liquidation prochaine, me permet d'acheter au-dessous de 69f,30 de manière à compenser ma perte en livrant.

1024. De tout ce qui précède, il résulte que :

Dans une vente ou un achat au comptant, suivi immédiatement d'un achat ou d'une vente à terme, de la même quotité de rentes et à la même personne, il y a *report* si le cours au comptant est inférieur au cours à terme, et *déport* dans le cas contraire. Le report constitue un bénéfice pour l'acheteur ou le prêteur; le déport, un bénéfice pour le vendeur ou l'emprunteur.

1025. *Remarque.* — Les affaires de bourse comprennent encore des opérations avec *prime*, mais dans lesquelles nous n'avons pas à entrer ici.

COTE DES FONDS PUBLICS.

1026. En dehors des rentes 5 0/0, 4 1/2 0/0 et 3 0/0 qui constituent ce qu'on nomme *la dette consolidée*, la dette publique comprend en France une partie relativement faible, connue sous le nom de *dette flottante* et consistant en *bons du Trésor*.

1027. BONS DU TRÉSOR. — On nomme ainsi des bons ou effets souscrits par l'État, remboursables à époques fixes, et produisant un intérêt déterminé. Ces bons se peuvent transmettre par voie d'endossement comme les billets à ordre. Le prêteur est libre de mettre à la disposition du Trésor la somme qu'il veut faire fructifier; mais ce dernier fixe l'intérêt dont il devra gratifier cette somme, d'après les circonstances, l'époque et la durée du placement.

Le Trésor reconnaît trois durées :

1° de 3 à 5 mois;
2° de 6 à 11 mois;
3° de 1 an.

1028. Le taux va ordinairement en croissant avec la durée, mais diffère le plus souvent d'une année à l'autre. Habituellement, on donne 1/2 0/0 de plus aux bons de la deuxième catégorie et un autre 1/2 0/0 de plus à ceux de la troisième.

Ces taux sont publiés par le *Moniteur* et subsistent à la cote annoncée jusqu'à nouvelle modification officielle.

1029. L'intérêt des bons du Trésor est servi d'avance; ainsi, par exemple, si l'intérêt est à 5 0/0, pour un bon de 100 fr. on n'aura à verser que 95 fr., ce qui élève par le fait le taux du placement et est, par suite, à l'avantage du prêteur.

1030. Les bons du Trésor et les titres des trois rentes 3 0/0, 4 1/2 0/0 et 5 0/0 constituent, en principal, ce qu'on nomme les FONDS PUBLICS FRANÇAIS.

En général, *on appelle* FONDS PUBLICS *les titres qui représentent les emprunts contractés par un État.*

FONDS PUBLICS ÉTRANGERS.

1031. Les fonds publics étrangers les plus importants sont transmissibles et cotés à la bourse comme les fonds français; ainsi que ces derniers ils sont rapportés à un capital nominal 100.

Nous distinguerons parmi ces fonds :

I. LES CONSOLIDÉS ANGLAIS, cotés en livres sterling, représentant une rente 3 0/0. Ainsi, la cote 90 5/8 signifie que chaque quotité de rente de 3 livres sterling coûte 90 livres 5/8.

II. LES FONDS AUTRICHIENS, comprenant deux fonds négociés à la Bourse :

1° L'emprunt de 1852, en 5 0/0, portant le nom d'*anglo-autrichien;* les titres sont évalués en livres sterling à une valeur fixe de 25ᶠ,20 par livre.

2° Les *métalliques* ou *emprunt-florin*, en 5 0/0, au titre nominal de 1000 florins. La cote 62, par exemple, signifie que chaque quotité de rente de 5 florins se paye à Paris 62 florins, d'une valeur fixe de 2ᶠ,50 par florin.

III. L'EMPRUNT ESPAGNOL. — Le titre porte en tête la valeur nominale en piastres ; la rente est en 3 0/0, payable en piastres, à la commission des finances d'Espagne, à la valeur fixe de 5ᶠ,40 la piastre.

IV. L'EMPRUNT D'HAÏTI. — Rente 3 0/0. Les titres ont une valeur nominale de 1000 fr. La cote est la valeur du titre ; ainsi, au cours de 780, le titre de 1000 fr., rapportant 3 0/0 d'intérêt, coûte 780 fr.

V. LES FONDS ITALIENS, unifiés en 5 0/0, cotés en francs comme les fonds français.

VI. L'EMPRUNT OTTOMAN, de 1860, en 6 0/0. La valeur nominale de chaque titre est de 500 fr. On cote le prix total du titre; ainsi le cours 382ᶠ,25 signifie que le prix du titre de 500 fr., rapportant 6 0/0, est 382ᶠ,25.

VII. L'EMPRUNT PONTIFICAL, de 1860, en 5 0/0. Les titres nominatifs sont de 1000 fr., 500 fr. et 100 fr. Le cours indique le prix de 5 fr. de rente.

VIII. L'EMPRUNT PORTUGAIS, de 1860, en 3 0/0. Les titres et la cote sont en livres sterling d'une valeur fixe de 25ᶠ,20 par livre sterling. La cote indique le prix d'une rente de 3 livres sterling.

IX. L'EMPRUNT ROMAIN, en 5 0/0, coté généralement plus haut que l'*italien*. Le titre représente une valeur nominale de 1000 fr. La cote indique le prix de 5 fr. de rente et donne par suite 1/10 de la valeur du titre.

X. L'EMPRUNT RUSSE, de 1850, en 5 0/0. Les titres et la cote sont en livres sterling, d'une valeur fixe de 25ᶠ,20 par livre. La cote indique en livres sterling le prix d'une rente de 5 livres sterling.

1032. Il existe encore d'autres valeurs ou fonds, comme les *fonds belges*, les *intégrales* ou 2 1/2 *hollandais*, etc., etc.; mais ces fonds présentent pour les capitalistes français une importance bien moindre que celle des fonds cités plus haut; ils sont rarement cotés à la bourse de Paris.

ACTIONS ET OBLIGATIONS.

1033. ACTIONS. — Lors de la fondation d'une grande entreprise exigeant une forte mise de fonds, on divise le chiffre du capital dont on présume avoir besoin en un certain nombre de parts égales nommées ACTIONS, dont la valeur varie ordinairement avec l'importance du capital et de l'entreprise à fonder. Toutes ces parts sont représentées par un même nombre de titres portant également le nom d'actions, et dont la vente permet de réaliser le capital ou la mise de fonds nécessaire à la formation de l'entreprise.

Ce capital porte souvent le nom de *capital commanditaire* ou *capital-action*.

1034. Tout propriétaire d'une action devient en quelque sorte propriétaire d'une portion de l'entreprise elle-même, et à ce titre il a droit si des bénéfices sont réalisés :

1° A un intérêt fixe dont le taux est stipulé dans les statuts de l'entreprise ;

2° A une part de ce qui reste des bénéfices, une fois les intérêts et les frais généraux payés. Cette part de bénéfice, variable avec la prospérité de l'affaire, se nomme DIVIDENDE.

1035. OBLIGATIONS. — Le capital d'une entreprise étant formé, il arrive souvent que des fonds sont encore nécessaires, soit pour assurer la marche de l'affaire, soit pour lui donner de l'extension.

On a recours alors à un emprunt, et l'on crée, pour le réaliser, des bons portant le nom d'OBLIGATIONS, remboursables dans un délai déterminé et portant intérêt fixe à un taux donné.

Les obligations sont créancières du *capital-action* qui en est la garantie et forment ensemble le *capital-emprunt* ou *capital-obligation*.

Dans les compagnies de chemins de fer, le capital-obligation est de plus garanti en tout ou en partie par l'État.

1036. Dans les entreprises de chemins de fer, ainsi que dans beaucoup d'autres, les obligations sont remboursables par voie de tirage au sort, à des époques régulières, et avec *primes* ou *lots gagnants* pour un certain nombre des premiers numéros sortants.

Le titre, ordinairement remboursable à 500 fr., dans un délai de 99 ans, porte habituellement intérêt à 3 0/0, c'est-à-dire donne une rente de 15 fr., après avoir été émis, comme les rentes, à un cours moindre que le *pair* (500 fr.).

1037. Les actions et les obligations d'un grand nombre d'entreprises françaises et étrangères, des chemins de fer en général, sont cotées à la bourse comme les rentes et donnent lieu comme ces dernières à des spéculations et à un courtage de 1/8 ou 1/4 0/0, suivant le cas.

DES BANQUES EN GÉNÉRAL.

1038. Le nom de BANQUE est donné, d'une manière générale, à une maison par l'intermédiaire de laquelle l'argent, momentanément non employé par un capitaliste ou par une entreprise, peut venir en aide au travailleur ou au négociant qui manque de fonds.

Le banquier reçoit, par exemple, à la condition d'en servir les intérêts à un taux convenu, les fonds qu'un négociant ne peut ou ne veut employer immédiatement dans ses affaires, mais dont il peut avoir besoin, en tout ou en partie, d'un moment à l'autre. Ces capitaux, qui ne peuvent rester inactifs sans porter préjudice au banquier qui en paye les intérêts, permettent à celui-ci de faire, avec prudence, des avances à d'autres négociants dont le courant d'affaires réclame momentanément des fonds. L'intérêt plus fort prélevé dans ce second cas et la commission qui accompagne le prêt constituent le bénéfice du banquier.

Les fonds versés entre les mains du banquier dans ces conditions, forment ou ouvrent chez lui, pour le négociant dépositaire, ce qu'on nomme un *compte-courant*, sorte de fonds momentanément commun, qui, par un échange continuel entre le banquier et le négociant, établit entre eux un certain degré de solidarité réciproque limité qu'on appelle un *courant d'affaires*.

1039. Le banquier doit être toujours prêt à satisfaire aux demandes de remboursement, sans être obligé de suspendre ni de restreindre les avances que le *négoce emprunteur* a l'habitude de lui demander. Il doit donc disposer ses affaires de telle sorte, qu'en employant ses fonds le plus lucrativement possible, il lui soit toujours facile d'en réaliser un chiffre voulu à un moment donné. C'est en cela que réside avant tout le talent, la science du banquier habile.

1040. Les avances des banquiers se font le plus souvent sous forme d'*escompte :*

Un négociant tient d'un fabricant une certaine quantité

de marchandises sur lesquelles il compte retirer un certain bénéfice, mais qu'il ne peut solder immédiatement.

Il souscrit alors au fabricant, pour la somme due, un billet que celui-ci, s'il a besoin de fonds, présente endossé à un banquier qui le lui escompte.

Le billet pourra également être remis en payement par le fabricant à un fournisseur, passer de main en main, et n'arriver au banquier qu'après plusieurs transmissions.

Si le jour de l'échéance est très-prochain, le banquier peut l'attendre et faire toucher lui-même le montant du billet; sinon, garder l'effet en portefeuille, c'est conserver inutilement une valeur longtemps improductive et courir les risques d'un trop grand vide ou *découvert* si beaucoup de billets sont en même temps, chez lui, dans le même cas. Le banquier *peut* s'adresser alors à la BANQUE DE FRANCE.

BANQUE DE FRANCE.

1041. La banque de France est une institution, une banque d'État escomptant les billets, les effets de commerce, revêtus de trois signatures honorablement connues et ayant au plus trois mois à courir. Elle a le privilége d'émettre des billets de 1000 fr., de 500 fr., de 200 fr., de 100 fr. et de 50 fr., nommés *billets de banque*, circulant comme monnaie, et dont le remboursement peut être exigé à simple présentation.

1042. La banque de France se charge du recouvrement des effets qui lui sont remis ;

Moyennant un droit de 1/4 0/0 par an, elle devient dépositaire des titres et des lingots ;

Elle prête sur les titres des fonds publics français, sur les actions et les obligations des chemins de fer également français, ainsi que sur les lingots d'or et d'argent qui lui sont confiés;

Enfin, elle reçoit en comptes courants, mais sans en servir les intérêts, à titre de simples dépôts par conséquent, les fonds que les banquiers et les particuliers jugent à propos de lui confier.

1043. Cela une fois posé, revenons à l'opération que nous avons abandonnée en commençant ce paragraphe :

La banque de France accepte et escompte l'effet présenté, le met en portefeuille jusqu'à l'échéance et, à cette époque, le présente au négociant qui l'a souscrit et qui, ayant eu le temps de bénéficier sur les marchandises achetées par lui au fabricant et vendues ensuite, solde l'effet et le détruit.

Or, dans la masse d'escomptes ainsi effectués par la banque de France, bon nombre de payements se font à l'aide des billets émis et garantis par elle, qu'elle solde elle-même à présentation et dont la grande quantité, servant de numéraire accepté par tous, la met dans la possibilité de donner à la circulation une grande facilité et une puissante activité. Donc la banque de France est surtout et avant tout le grand ressort de toutes les transactions ; elle rend possible sur une vaste échelle l'écoulement du papier de commerce et porte à très-juste titre le nom de *banque de circulation.*

1044. La banque de France date du commencement de ce siècle ; elle a été fondée par actions nominatives et transmissibles de 1000 fr. chacune, dont le nombre est actuellement de 182500. Le transfert s'en effectue à la banque même par l'intermédiaire d'un agent de change qui garantit la signature du vendeur. La cote de ces actions est ordinairement élevée ; elle est en ce moment d'environ 3500 fr.

PROBLÈMES

SUR LES FONDS PUBLICS.

(1) Quelle somme faut-il débourser pour acquérir 3850 fr. de rente 3 0/0 au cours de 62f,80 ? A quel taux place-t-on ainsi son argent ?

(2) Combien coûteraient, au pair, 2840 fr. de rente 3 0/0 ?

(3) Quelle est la valeur de 68000 fr. de rente 4 1/2 0/0 au cours de 93ʳ,40? Quelle serait la valeur au pair?

(4) Combien rapportera la vente de 8645 fr. de rente 3 0/0 à 61ᶠ,25?

(5) Que touchera-t-on en vendant 8355 fr. de rente 4 1/2 0/0 au cours de 89ᶠ,70?

(6) On veut placer 48000 fr. en rente 3 0/0; le cours est de 62ᶠ,80. Quel chiffre de rente aura-t-on? A quel taux l'argent sera-t-il placé?

(7) Le 4 1/2 0/0 étant à 91ᶠ,25, on veut consacrer à l'achat de cette rente 90000 francs disponibles; quel chiffre de rente aura-t-on, et à quel taux placera-t-on son argent?

(8) Combien faut-il vendre de rente 3 0/0 au cours de 69ᶠ,80 pour avoir à sa disposition une somme de 80000 francs?

(9) On a besoin de 65000 francs; on vend pour se les procurer du 4 1/2 0/0 à 94ᶠ,85. Combien en faut-il vendre?

(10) Le 3 0/0 est à 63ᶠ,40; le 4 1/2 0/0 à 94ᶠ,20. On veut acheter 8500 fr. de rente; lequel des deux fonds doit-on préférer, et quelle différence de prix présentent-ils pour le chiffre de rente à acquérir?

(11) On a payé 12817ᶠ,50, timbre compris, pour l'achat de 600 francs de rente 3 0/0.

Quel était le cours nominal?

(12) On a reçu 77342ᶠ,50, timbre déduit provenant de la vente de 3600 francs de rente 4 1/2 0/0.

A quel cours nominal a-t-on vendu?

(13) Ayant acheté au comptant 4850 francs de rente 3 0/0 à 62ᶠ,25, on revend plus tard à 69ᶠ,40 également au comptant.

De combien a-t-on augmenté le capital ainsi placé?

(14) Le cours du jour étant 93ᶠ,60 pour le 4 1/2 0/0, on achète au comptant 11250 fr. de rente qu'on revend aussitôt fin courant avec un report de 0ᶠ,40.

Quel sera le bénéfice, et à quel taux l'argent aura-t-il été placé?

(15) Un particulier qui a acheté comptant 18000 fr. de rente 3 0/0 à 67ᶠ,50, est obligé de réaliser ses fonds fin courant; le cours au comptant étant tombé à 62ᶠ,70, il vend fin courant avec 0ᶠ,50 de report.

Quelle sera sa perte sur son capital primitif?

(16) On achète 2400 fr. de rente 3 0/0 au cours moyen; le cours le plus haut est 68ᶠ,40; le plus bas, 67ᶠ,90.

Quelle somme aura-t-on à débourser?

(17) On vend au cours moyen 875 fr. de rente 4 1/2 0/0. Le cours le plus bas est 92ᶠ,75; le plus élevé, 93ᶠ,10.

Quelle somme touchera-t-on?

(18) On achète au comptant 2800 fr. de rente 3 0/0 à 65f,40 et pareille somme à 62f,25 ; on revend le tout à 63f,75.

A-t-on gagné ou perdu, et combien ?

(19) On achète 6500 francs de rente 4 1/2 0/0 à 96f,70 ; quelques instants après, le cours baisse subitement jusqu'à 92f,50 ; on achète le même chiffre de rente à cette cote, et on voudrait savoir :

1° A quel cours on pourra revendre le tout sans perte ;

2° Quel bénéfice on réaliserait en vendant à 95f,50.

(20) On achète 4500 fr. de rente 3 0/0 à 64f,75 ; on les revend immédiatement fin courant à 65f,25. Quel sera le bénéfice ?

(21) Un spéculateur voulant acheter 12000 francs de rente 3 0/0, observe qu'en achetant au comptant il aura 1824 francs de moins à débourser qu'en achetant fin courant ; le comptant est à 67f,20.

Quel est le cours à terme ?

(22) J'achète fin courant, du 3 0/0 à 64f,50 ; à la liquidation, la cote est de 61f,25 ; je me fais reporter à raison de 61f,80.

Quel devra être le cours à la liquidation prochaine pour que je puisse enfin vendre sans perte ?

(23) Croyant à la baisse, je vends fin courant 9000 francs de rente 3 0/0 à 68f,70. Avant la liquidation, la cote étant à 66f,90, j'achète au comptant pour livrer fin courant.

Quel est mon bénéfice ?

(24) Croyant à la baisse, je vends fin courant 9000 francs de rente 4 1/2 0/0 à 96f,60 ; à la liquidation la cote est devenue 97f,90 ; je me libère en achetant.

Quelle est ma perte ?

(25) Espérant une hausse, j'achète pour fin courant 6750 francs de rente 4 1/2 0/0 à 93f,65 ; quelques jours avant la liquidation, les fonds étant à 94f,88, j'escompte mon vendeur et je vends au comptant.

Quel est mon bénéfice net ?

(26) J'achète fin courant 9000 francs de rente 3 0/0 à 68f,50 à la liquidation, la cote étant de 67f,20, je me fais reporter. A la liquidation suivante, le cours étant devenu 70f,80, je vends en réalisant sur toute mon opération 5173f,50.

Quel a été le report ?

(27) Croyant à la baisse, je vends fin courant 18000 fr. de rente 3 0/0 à 70f,40 ; la cote étant de 72f,00 à la liquidation, je reporte à raison de 0f,35. A la liquidation suivante, je réalise 8352 francs de bénéfice en rachetant au comptant.

Quel est le dernier cours nominal ?

(28) Un spéculateur vend au comptant 12000 fr. de rente 3 0/0 à 65f70, et rachète fin courant, en profitant d'un déport de 0f,45.

Quel sera le bénéfice, et à quel taux ce spéculateur aura-t-il placé son argent, l'opération ayant duré 20 jours?

(29) J'achète fin courant 18000 francs de rente 4 1/2 0/0 à la cote de 93f,65 ; quinze jours avant la liquidation j'escompte mon vendeur qui reporte à fin prochaine en subissant un déport de 0f,65.

Quel est mon bénéfice définitif?

(30) Un spéculateur vent fin courant, 9000 francs de rente 4 1/2 0/0 à 91f,25 ; à la liquidation, la cote étant de 93f,10, il continue l'opération, rachète au comptant, revend fin prochain en subissant un déport de 0f,50. A la dernière liquidation, il rachète au comptant à 87f,50.

Quel bénéfice net a-t-il réalisé?

CHAPITRE VI.

PARTAGES PROPORTIONNELS

RÈGLE DE SOCIÉTÉ OU DE COMPAGNIE.

1045. DÉFINITION. — PARTAGER *une somme en* PARTIES PROPORTIONNELLES *à plusieurs nombres donnés, c'est décomposer cette somme en autant de parties qu'il y a de nombres donnés, de telle sorte que le rapport de chaque part au nombre qui lui correspond soit le même pour toutes les parts.*

Ainsi, partager une somme en trois parties proportionnelles aux nombres 8, 7 et 5, c'est partager ce nombre en trois parties telles que le rapport de la 1re à 8, soit le même que celui de la 2e à 7 et que celui de la 3e à 5; c'est-à-dire que 1/8 de la 1re partie doit être égal à 1/7 de la 2e et à 1/5 de la 3e.

1046. Il est facile de voir que si les nombres donnés sont fractionnaires, on peut ramener la question à un partage en parties proportionnelles à des nombres entiers:

Soit, en effet, à partager un nombre en trois parties proportionnelles aux nombres

$$\frac{2}{9} \qquad \frac{3}{5} \qquad \text{et} \qquad \frac{7}{15}.$$

Ces nombres, réduits au même dénominateur **45**, ne

changent pas de valeur, et la question est ramenée à un partage, proportionnellement aux nombres

$$\frac{10}{45} \qquad \frac{27}{45} \quad \text{et} \quad \frac{21}{45},$$

lesquels sont évidemment dans le même rapport, deux à deux, que les numérateurs

$$10, \ 27 \ \text{et} \ 21;$$

et le partage s'effectuera proportionnellement à ces nombres entiers.

Nous n'aurons donc, comme cas général, qu'à résoudre la question suivante :

1047. *Problème.* — *Partager* 315 *en* 3 *parties proportionnelles aux nombres* 3, 5 *et* 7.

Si le nombre à partager était

$$3 + 5 + 7 \ \text{ou} \ 15,$$

les parts seraient respectivement,

$$3, \ 5 \ \text{et} \ 7;$$

si au lieu de 15 la somme à partager se réduisait à 1, chaque part deviendrait 15 fois plus faible, et le partage donnerait

$$\frac{3}{15}, \quad \frac{5}{15} \ \text{et} \ \frac{7}{15};$$

si donc enfin, au lieu de 1 on a 315 à partager, les parts seront 315 fois plus fortes ou

$$\frac{3 \times 315}{15} = 63 \qquad \frac{5 \times 315}{15} = 105 \qquad \frac{7 \times 315}{15} = 147.$$

De là la règle suivante :

1048. Règle. — *Pour partager une somme en plusieurs parties proportionnelles à des nombres donnés, et former les différentes parts : il suffit de multiplier la somme à partager, successivement par les différents nombres donnés, et de diviser chaque produit par la somme de ces nombres ;*

Si les nombres donnés renferment un ou plusieurs dénominateurs, on réduit tous ces nombres en fractions ou en expressions fractionnaires ayant le même dénominateur ; puis on effectue le partage proportionnellement aux numérateurs.

Telle est la base des partages proportionnels.

RÈGLE DE SOCIÉTÉ.

1049. La règle de partage prend le nom de RÈGLE DE SOCIÉTÉ lorsqu'il s'agit de répartir entre plusieurs associés les pertes ou les bénéfices réalisés dans une entreprise, dans une affaire commerciale ou industrielle.

1050. La somme apportée par un associé et mise à la disposition de la société est nommée *mise de fonds* ou simplement *mise* de l'associé. La somme des mises constitue le *fonds commun* ou *capital social*.

1051. On est dans l'usage, à moins de stipulations contraires, une fois tous les frais généraux soldés, de partager le bénéfice restant proportionnellement aux mises des associés, si tous les fonds sont restés le même temps dans l'entreprise. Les pertes sont partagées de la même manière.

Il est encore d'usage de répartir les bénéfices proportionnellement aux temps pendant lesquels les mises sont restées engagées, si les durées sont différentes.

1052. RÈGLE SIMPLE. — *Problème I.* — *Trois associés ont mis en commun pendant le même temps : le premier, 36000 fr.; le second, 42000 fr.; le troisième, 30000 fr.*

Que reviendra-t-il à chacun ?

La question revient au partage de 81000 fr. en trois parties proportionnelles aux nombres

36000, 45000, et 30000,

ou, plus simplement, aux nombres mille fois moindres

36, 42 et 30;

ce qui donne d'après la règle n° 1048 :

27000 fr., 31500 fr. et 22500 fr.

pour les trois parts.

Comme vérification, la somme des parts doit reproduire la somme à partager.

1053. *Problème II.* — *Trois personnes ont fait un fonds commun dont chacune a fourni le tiers : la première a eu son argent engagé pendant 20 mois ; la seconde, pendant 15 mois ; et* *la troisième* 23 *mois.*

Que revient-il à chacune sur un bénéfice net de 8700 *fr. ?*

Cela revient à partager 8700 fr. en 3 parties proportionnelles aux nombres

$$21, 15 \text{ et } 23,$$

ce qui donne les 3 parts,

$$3150 \text{ fr., } 2250 \text{ fr. et } 3450 \text{ fr.}$$

1054. RÈGLE COMPOSÉE. — *Problème III.* — *3 associés ont coopéré de la manière suivante à la formation d'une entreprise :*

Le 1er a mis 25000^f *qui sont restés pendant* 37 mois
Le 2° —   34000   —   —   28 —
Le 3° —   42000   —   —   20 —

Que reviendra-t-il à chacun sur un bénéfice net de 81510 *fr.?*

On admet, pour effectuer ce partage, un système de compensation qui ne se présente pas toujours dans l'usage commercial qu'on fait des capitaux, mais qui donne le moyen le plus équitable d'arriver, dans la plupart des cas, au résultat cherché :

On suppose, par exemple, qu'un capital, séjournant dans une affaire pendant 2, 3, 4 ans, etc., produit le même résultat qu'un capital double, triple, quadruple, etc., qu'on laisse seulement pendant 1 an.

Cela posé, nous disons :

25000^f pend. 37 mois équiv. à 25000×37 ou 925000^f pend. 1 mois
34000   —   28   —   34000×28 — 952000   —
42000   —   20   —   42000×20 — 840000   —

Les mises sont ainsi ramenées au même temps, et la question revient à partager 81510 francs en 3 parts proportionnelles aux nombres

$$925000, 952000 \text{ et } 840000,$$

c'est-à-dire à :

$$925, 952 \text{ et } 840;$$

ce qui donne pour les 3 parts :

$$27750 \text{ fr., } 28560 \text{ fr. et } 25200 \text{ fr.;}$$

formant, comme vérification, le total 81510 fr.

1055. *Remarque.* — Dans le calcul des parts, soit pour la règle de société, soit pour un partage quelconque en parties proportionnelles, on peut n'effectuer qu'une seule division, ce qui abrége le calcul : en formant le quotient du nombre à partager par la somme des nombres donnés, ramenés s'il y a lieu à la forme entière; puis, multipliant le quotient obtenu successivement par les différents nombres donnés.

Si le quotient n'est pas exact, on le calcule avec un nombre de décimales assez grand pour qu'on puisse obtenir les produits donnant les parts, avec une approximation voulue.

1056. La règle de partage présente deux applications générales d'une grande importance et d'un intérêt capital :

    1° *La répartition de l'impôt;*
    2° *La répartition du contingent.*

RÉPARTITION DE L'IMPOT.

1057. *On nomme* IMPÔT *ou* CONTRIBUTIONS *l'ensemble de toutes les sommes que chaque citoyen verse annuellement dans les caisses de l'État pour subvenir aux dépenses du gouvernement, et en retour desquelles celui-ci doit au citoyen aide et protection.*

Nous mentionnons seulement ici la portion de l'impôt qui donne lieu à un partage en parties proportionnelles ; cette portion comprend principalement :

    1° *L'impôt foncier;*
    2° *La contribution ou cote personnelle et mobilière.*

1058. IMPÔT FONCIER. — On nomme ainsi les sommes perçues sur les revenus des propriétés de toute nature touchant le sol.

Chaque année, l'Assemblée législative fixe le montant total des contributions à toucher, tant en *impôt foncier* qu'en *cote personnelle et mobilière*, etc. Cela posé :

On a déterminé préalablement et avec le plus grand soin les revenus présumés des différents propriétaires de chaque commune, de chaque arrondissement, puis de chaque département.

Au ministère des finances, on partage la *portion foncière*

de l'impôt total, proportionnellement aux revenus présumés, trouvés précédemment pour les départements.

Dans chaque département, la répartition est faite proportionnellement aux revenus supposés des arrondissements.

D'un arrondissement, on passe de la même manière aux communes, puis aux particuliers.

1059. COTE PERSONNELLE, MOBILIÈRE. — La *cote* ou *taxe personnelle* est fixée à la valeur de trois journées de travail; le prix de la journée, compris nécessairement entre 0ʳ,50 et 1ʳ,50, étant déterminé, pour chaque commune, par le conseil général. Elle est due par tout habitant jouissant de ses droits et non reconnu *indigent*.

L'*impôt mobilier* est basé sur la valeur locative de l'habitation ou du logement qui abrite chaque particulier assujetti à la cote personnelle. La répartition en est faite de la même manière que celle de l'impôt foncier, eu égard au nombre des contribuables de chaque commune, en ayant soin, dans la répartition pour une commune, de retrancher du montant y attribué, le total des cotes personnelles, et de répartir le restant proportionnellement aux valeurs locatives.

RÉPARTITION DU CONTINGENT.

1060. Chaque année, le nombre des soldats appelés par leur âge au tirage au sort pour le renouvellement de l'armée est rigoureusement déterminé dans chaque commune, chaque arrondissement et chaque département.

Le *contingent* ou la *classe* de l'année se décompose et se répartit proportionnellement aux nombres des jeunes gens inscrits, entre les départements, les arrondissements et les communes.

Lorsque, dans la répartition par département, par exemple, les quotients ne sont pas exacts, les parties entières donnent une somme inférieure au contingent. Pour combler ce déficit, on ajoute alors par département, jusqu'à concurrence du total voulu, un homme à ceux des départements dont les quotients sont accompagnés des plus fortes fractions. La répartition est, de cette manière, aussi équitable que possible.

On agit de même dans la répartition par arrondissement et par commune.

PROBLÈME DES MOYENNES.

1061. DÉFINITION. — *On nomme* MOYENNE ARITHMÉTIQUE, *ou simplement* MOYENNE *entre plusieurs valeurs, une nouvelle valeur telle que, si on la met à la place de chacune des premières, l'ensemble ou la somme de toutes ces valeurs ne varie pas.*

Ainsi, dix ouvriers travaillent dans un même atelier, gagnant des salaires différents. La moyenne des salaires, pour une journée, est une somme telle que si elle était gagnée par chaque ouvrier, la dépense journalière du chef d'atelier serait la même, toutes choses égales d'ailleurs. On dit encore que ce *salaire moyen* est ce que gagnent les dix ouvriers *l'un dans l'autre.*

La moyenne entre plusieurs valeurs est évidemment comprise, d'après cela, entre la plus petite et la plus grande de ces valeurs.

1062. RÈGLE. — *On forme la moyenne arithmétique entre plusieurs valeurs en divisant la somme de ces valeurs par leur nombre.*

Car on obtient ainsi un quotient, dont le produit par le nombre des valeurs, donne la somme de ces valeurs, et qui peut, par conséquent, remplacer chacune d'elles sans changer leur total. Ainsi :

Problème. — Un régiment marche pendant 5 jours pour se rendre à sa destination : le 1er jour il fait 34 kilom.; le 2e jour, 37; le 3e, 28; le 4e, 33, et le 5e, 43. Combien a-t-il fait de chemin en moyenne par jour ?

Le résultat cherché est :

$$\frac{34 + 37 + 28 + 33 + 43}{5} = \frac{175}{5} = 35 \text{ kilom.;}$$

en faisant régulièrement 35 kilom. par jour, le régiment aurait parcouru en 5 jours les 175 kilom. qu'il avait à faire.

ÉCHÉANCE COMMUNE OU MOYENNE.

1063. Un négociant ayant reçu d'un de ses clients plusieurs effets, dont les échéances sont différentes, voudrait les convertir en un seul, payable à une époque telle que l'escompte fût le même, soit pour les premières valeurs, soit pour celle qui doit les remplacer. Cette échéance nouvelle porte le nom d'*échéance commune* ou *moyenne*.

1064. *Problème I. — Un négociant a en portefeuille trois effets d'un même client :*

Le 1er de 2000f payable dans 62 jours ;

le 2e — 5000   —   37 —

le 3e — 5500   —   12 —

il voudrait les faire convertir en un seul.

Quelle sera l'échéance de ce billet résultant ?

L'escompte de 2000 fr. pour 62 jours est évidemment le même que celui de

2000f × 62 pour 1 seul jour ;

pour la même raison, l'escompte du second effet à 37 jours est le même que celui de

5000f × 37 pour 1 jour ;

et enfin, l'escompte du 3e effet revient à celui de

5500f × 12, également pour 1 jour ;

de telle sorte que l'escompte total est le même que celui d'une somme de

(2000 × 62) + (5000 × 37) + (5500 × 12) francs,

pour 1 seul jour.

Cette somme est la traduction en francs de la somme des NOMBRES correspondants aux montants des 3 billets ; elle est égale à

375000 francs,

et son escompte, pour 1 jour, doit être le même, d'après cela, que l'escompte de l'effet définitif,

2000f + 5000f + 5500f ou 12500 francs,

pour le nombre de jours à courir jusqu'à l'échéance moyenne cherchée.

Il résulte de là, d'après le raisonnement qui précède, qu'on obtiendrait 375000 en multipliant 12500 par le nombre cherché, et que par conséquent ce nombre est égal à :

$$\frac{375000}{12500} = 30 \text{ jours};$$

d'où résulte la règle suivante :

1065. RÈGLE. — *Pour convertir en un seul plusieurs billets à diverses échéances, et calculer l'échéance moyenne résultante : il suffit de diviser la somme des* NOMBRES *correspondants aux montants des différents effets par la somme de ces montants. On a ainsi le nombre de jours à courir jusqu'à l'échéance cherchée. On en déduit ensuite la date de cette échéance.*

La formule donnant ce résultat, c'est-à-dire le nombre de jours, est d'après cela :

$$N = \frac{C.n + C'.n' + C''.n''}{C + C' + C''}$$

en supposant trois effets dont les montants soient C, C', C'' et les nombres de jours, jusqu'à l'échéance de chacun d'eux, n, n', n''.

1066. Dans la pratique, on abrége le calcul en comptant les jours à partir de l'échéance la plus rapprochée, sans mentionner le jour de l'opération ; c'est ce qu'on appelle *rapporter* l'échéance cherchée à l'échéance la plus voisine.

Ainsi, dans l'exemple qui précède, supposons les effets payables de la manière suivante :

celui de 2000 fr.,   le 23 mai ;
celui de 5000 . . . . 28 avril ;
celui de 5500 . . . . 3 avril ;

en rapportant l'échéance cherchée au 3 avril, nous aurons le tableau suivant :

Montants.	Dates.	Jours.	Nombres.		
5500.	. 3 avril.	. 0	 0		
5000.	. .28 avril.	. .25.	. . .125000		
2000.	. .23 mai .	. .50.	. . .100000		
12500			225000	12500	
			1000	18	
			0		

L'échéance sera donc 18 jours après le 3 avril, c'est-à-dire le 21 avril.

Les 18 jours ajoutés aux 12 qui ont été défalqués des durées mentionnées dans l'énoncé donnent bien les 30 jours trouvés plus haut.

1067. *Problème II. — Un débiteur offre à ses créanciers, sur un passif qu'il ne peut solder :*

18 0/0 dans 9 mois ; 20 0/0 dans 15 mois ; 30 0/0 9 mois après, et enfin 32 0/0 9 mois encore après.

L'argent étant à 6 0/0 on voudrait savoir quel sera le véritable taux de la perte éprouvée par les créanciers ?

Ramenons d'abord ces 4 versements à une échéance commune :

Montant 0|0.	Durée.	Nombres.
18f	9 mois	162
20	15 —	300
30	24 —	720
32	33 —	1056
100		2238

l'affaire équivaut donc à un payement à échéance moyenne de 22 mois $\frac{38}{100}$ ou simplement 22 mois pendant lesquels l'intérêt de l'argent est perdu ; or, à 6 0/0, l'intérêt de 100 francs, capital supposé versé, est de :

$$
\begin{array}{ll}
\text{Pour 18 mois.....} & 9^f,00 \\
\text{— } 4 \text{ —.....} & 2 ,00 \\
\hline
\text{Pour 22 mois} & 11^f,00
\end{array}
$$

La perte subie est donc de 11 0/0 du capital dû dont on solde seulement en réalité 89 0/0.

CHAPITRE VII.

MÉLANGES ET ALLIAGES.

RÈGLE DE MÉLANGE.

1068. Dans la formation des mélanges de substances de même nature ou de natures assimilables, mais de qualités ou de prix différents. on se propose deux buts :

1° *La connaissance de la valeur d'un mélange formé avec des proportions déterminées de substances connues ;*

2° *La détermination des proportions dans lesquelles il faut prendre les substances composantes pour que le mélange satisfasse à des conditions données.*

1069. *Problème I.* — *Un négociant mélange 3 qualités de blé, savoir :*

$$8 \text{ hectolitres à } 24^f,60 \text{ l'hectolitre}$$
$$10 \quad — \quad 32,40 \quad —$$
$$14 \quad — \quad 34,50 \quad —$$

A combien devra-t-il coter l'hectolitre de ce mélange pour en retirer le même prix qu'en vendant séparément les 3 qualités ?

$$8 \text{ hectolitres à } 24^f,60 \text{ valent } 196^f,80$$
$$10 \quad — \quad 32,40 \quad — \quad 324,00$$
$$14 \quad — \quad 34,50 \quad — \quad 483,00$$

32 hectolitres valent donc $\quad$ 1003^f,80

par conséquent l'hectolitre se vendra

$$\frac{1003,80}{32} = 31^f,368 \text{ en moyenne.}$$

1070. *Mouillage des vins.* — On nomme ainsi l'opération qui consiste à ajouter aux vins purs, encore en fûts, une certaine proportion d'eau, avant de les écouler dans le public. Le mouillage des vins donne naturellement lieu à des questions de mélanges ; en voici un exemple :

1071. *Problème II.* — *Un marchand de vin entre en ville 12 barriques de vin d'une contenance moyenne de 225 litres. Rendu à domicile ce vin lui a coûté : 0^f,75 par litre, d'achat et de transport ; 10 fr. de droits d'octroi et 8 fr. de droits d'entrée par hectolitre, plus 2 décimes par franc.*

Une fois dans ses magasins, il mouille ce vin à raison de 20 0/0 d'eau ; puis le met en bouteilles de 75 centilitres chacune, qu'il vend en moyenne 0^f,90.

Que gagne-t-il pour cent sur ce vin ?

$$12 \text{ barriques à } 225 \text{ lit. l'une.... } 2700 \text{ litres}$$
$$20 \text{ 0/0 d'eau pour le mouillage... } 540 \quad —$$

Total......... 3240 litres

Les bouteilles étant de 0^l,75 le nombre en sera égal à

$$\frac{3240}{0,75} = 4320 \text{ bouteilles,}$$

lesquelles donneront un revenu de
$$0^f,90 \times 4320 = 3888^f.$$

Or, le prix de revient se compose de :

2700 litres à $0^f,75$............ $2025^f,00$

Droits bruts par hectolitre.. $18^f,00$

0^f20 par franc........... 3 ,60

Droits perçus par hect...... $21^f,60$

Droits sur 2700 lit. ou 27 hect.... 437 ,40

Prix de revient......... $2462^f,40$

Prix de vente......... 3240 ,00

Bénéfice net....... $777^f,60$

Ce bénéfice ayant été réalisé sur un déboursé de $2462^f,40$, le gain pour cent est
$$\frac{77760}{2462,40} = 31,82 \; 0/0.$$

1072. Le *mélange des vins de qualités différentes*, dans le but d'obtenir des vins devant satisfaire à des conditions voulues, est un simple problème de mélange qui se traite, soit par le procédé que nous venons d'exposer, soit par une des méthodes qui suivent et qui s'appliquent à des mélanges de substances quelconques.

1073. *Problème III.* — *Un négociant ayant deux qualités de blé : l'une à 54 fr. le quintal métrique, l'autre à 47 fr., voudrait en former une qualité intermédiaire du prix de 50 fr. le quintal. Combien devra-t-il prendre de chacune des deux qualités pour former ainsi 140 quintaux de la qualité mixte ?*

Si on prenait successivement, pour les vendre 50 *fr.*, 1 quintal de chaque qualité ou, si on faisait le mélange à parties égales :

chaque quintal à 54^f donnerait 4^f de perte

chaque quintal à 48^f —   3 ^{f} de bénéfice :

la perte et le gain se manifesteraient alors dans le rapport de 4 à 3 ; si donc on prend des deux qualités, dans le rapport inverse c'est-à-dire dans le rapport de 3 à 4, la perte et le gain se compenseront ; en effet :

pour 3 quintaux à 54^f, la perte sera $4^f \times 3 = 12^f.$

pour 4   —   à 48^f, le gain sera $3^f \times 4 = 12^f.$

Le problème revient donc à partager 140, nombre de quintaux à former, en parties proportionnelles aux 2 nombres 3 et 4 ; les résultats indiqueront les quantités à prendre respectivement, de la première et de la seconde qualité :

$$\frac{140 \times 3}{7} = 60 \text{ quintaux à } 54 \text{ fr.}$$

$$\frac{140 \times 4}{7} = 80 \text{ quintaux à } 48 \text{ fr.}$$

1074. *Problème IV. — Un marchand voudrait obtenir en mélangeant trois sortes de vin, respectivement à* $1^f,20$, $0^f,80$ *et* $0^f,60$ *le litre, une qualité intermédiaire qu'il pût vendre* $0^f,90$. *Dans quelle proportion devra-t-il prendre ces trois vins ?*

Il est facile de voir qu'ici, c'est-à-dire avec plus de deux qualités, le problème devient indéterminé, c'est-à-dire qu'on y peut satisfaire par une infinité de combinaisons différentes; en effet :

En prenant par exemple la deuxième et la troisième qualité dans une proportion quelconque, on obtiendra une qualité dont la valeur sera comprise entre $0^f,80$ et $0^f,60$, et par conséquent au-dessous de $0^f,90$. Cette qualité pourra alors se combiner avec la première, à $1^f,20$ pour former la qualité demandée.

Ainsi par exemple en prenant en proportion égale les deux vins à $0^f,80$ et à $0^f,60$, la qualité obtenue reviendra à

$$\frac{0,80 + 0,60}{2} = 0^f,70$$

Les deux qualités, à $1^f,20$ et à $0^f,70$ traitées comme les blés du problème III, nous donneront :

qualité à $1^f,20$, perte de $0^f,30$ pour aller à $0^f,90$

qualité à $0^f,70$, gain de $0^f,20$ —   —

la perte et le gain sont dans le rapport des 2 nombres 0,30 et 0,20 ou 3 et 2; il faut donc prendre les qualités correspondantes dans le rapport de 2 à 3, ce qui donnera pour répondre à la demande faite, eu égard à la composition de la qualité intermédiaire à $0^f,70$:

2 litres à $1^f,20$

et 3 — à $0^f,70$

ou, ce qui revient au même :

2 litres à $1^f,20$

1 l. 1/2 à $0^f,80$

et 1 l. 1/2 à $0^f,60$.

RÈGLE D'ALLIAGE.

1075. On nomme *alliage* de deux ou de plusieurs métaux, la réunion intime de ces métaux par la fusion (n° 700).

Lorsque le *mercure* fait partie de la combinaison, l'alliage porte le nom d'*amalgame*.

Un morceau d'alliage porte le nom de *lingot*.

1076. On nomme généralement *titre* d'un alliage, relativement à l'un des métaux composants, le rapport du poids de ce métal contenu dans un certain poids de l'alliage, au poids total de cet alliage. (n° 701).

Ainsi, 7 grammes d'or sont alliés à 3 grammes d'argent et à 2 grammes de cuivre, le tout formant 12 grammes :

Le titre par rapport à l'or est 7/12.

—   —   à l'argent — 3/12.

—   —   au cuivre — 2/12 ou 1/6.

Il résulte de là que le titre représente le poids du métal correspondant, évalué en fraction du poids de l'alliage qui le contient.

Lorsque rien n'est précisé, le titre se prend habituellement par rapport au métal le plus précieux ou le plus important.

Nous avions déjà dit quelques mots du titre des monnaies en traitant du système métrique.

1077. Il résulte de là que la règle d'alliage n'est autre qu'une règle de mélange, dans laquelle les qualités ou les prix des substances composantes sont remplacés par des titres.

1078. *Problème I. — On fond ensemble deux lingots or et cuivre : le premier de 450 grammes au titre de 0,75 ; le second, de 350 gr. au titre de 0,90.*

Quel sera le titre de l'alliage résultant ?

Le titre 0,75 indique que les 0,75 du premier lingot sont en or pur ; donc la quantité d'or contenue dans ce lingot est

$$450 \times 0,75 = 337^{gr},50$$

de même, le second lingot contient en or pur :

$$350 \times 0,90 = 315 \text{ gr.}$$

Les deux lingots contiennent donc à eux deux

$$337,50 + 315 = 652^{gr},50 \text{ d'or pur;}$$

leur poids total étant

$$450 + 350 = 800 \text{ gr.,}$$

le titre de l'alliage obtenu sera

$$\frac{652,50}{800} = 0,815$$

1079. *Problème II. — Que faut-il fondre de deux lingots d'argent, l'un au titre de 0,95, l'autre de 0,75, pour obtenir 500 grammes au titre de 0,90 ?*

Traitant les titres comme nous avons envisagé les prix, dans le problème analogue de mélange, n° 1073, nous aurons le tableau suivant :

$$0,95 - 0,90 = 0,05, \text{ diminution ou perte,}$$
$$0,90 - 0,75 = 0,15, \text{ augmentation ou gain.}$$

Il faudra donc prendre des deux lingots, dans l'ordre indiqué, dans le rapport de 15 à 5, ou, en simplifiant, dans le rapport de 3 à 1.

Sur 500 grammes on aura donc :

$$\frac{500 \times 3}{4} \text{ ou 375 gr. du premier, à 0,95}$$

$$\text{et } \frac{500 \times 1}{4} \text{ ou 125 gr. du second, à 0,75}$$

$$\text{Total} \quad \underline{500 \text{ gr.}}$$

1080. Lorsqu'au lieu de considérer 2 lingots on en prend un plus grand nombre, la répartition peut se faire d'une infinité de manières, comme cela s'est présenté dans le cas analogue pour les mélanges.

VALEUR DES OBJETS D'OR ET D'ARGENT D'APRÈS LEUR TITRE.

1081. *Titres des objets d'orfèvrerie.* — En France la loi prescrit trois titres pour les ouvrages ou objets d'or :

$$0,920 \qquad 0,840 \quad \text{et} \quad 0,750 ;$$

et deux titres seulement pour les objets d'argent :

$$0,950 \quad \text{et} \quad 0,800.$$

Ces titres sont marqués sur les objets eux-mêmes qu'on dit alors *poinçonnés*, et qui ne peuvent être vendus sans cette marque, garantie de l'acheteur.

Le *poinçonnage* rapporte à l'Etat 20 fr. par hectogramme d'or pur et 3 fr. par hectog. d'argent.

1082. La bijouterie d'or est ordinairement à 0,840

ou à 0,750, titre inférieur à celui de la monnaie. — La bijouterie d'or vaut donc moins que la monnaie d'or à poids égal; sa valeur vénale ne peut donc être évaluée par une pesée avec de l'or monnayé.

L'orfévrerie d'argent est habituellement à 0,950, valant plus que la monnaie, à poids égal. Il est donc désavantageux de la vendre, surtout la vieille, contre son poids d'argent monnayé.

1083. Il résulte de là qu'à égalité de poids, la valeur vénale de deux objets est la même pour le même titre, et différente si les titres ne sont pas les mêmes.

Cette valeur vénale, dans laquelle la façon ou la main-d'œuvre n'est pas comprise, ne mentionne nullement la valeur du cuivre employé; elle dépend uniquement de la valeur de l'or pur ou de l'argent pur qui entre dans l'alliage; c'est cette quantité de métal précieux qu'on nomme ordinairement le *fin*, nom qui s'applique aussi au titre; car on dit qu'au titre de 0,950, l'alliage contient 0,950 de *fin* ou est à 0,950 de *fin*. — On *affine* un alliage en en élevant le titre.

1084. *Prix de l'or et de l'argent.* — Ces deux métaux se vendent à la bourse comme marchandises : leurs prix sont fixés par la loi, mais sont susceptibles de variations.

Le prix normal de l'or pur est de 3444^f,44 le kilog.; c'est ce qu'on nomme le prix au *pair*.

Le prix au *pair*, de l'argent fin ou pur, est de 222^f,22 le kilogramme.

Au-dessus de ces prix, c'est-à-dire au-dessus du pair, la vente est dite se faire avec *agio*. Elle est réputée se faire avec *escompte* dans le sens contraire, au-dessous du pair.

Le prix du kilogramme d'or à 0,900 de fin (monnaie d'or) est, au pair de l'or, de 3100 francs.

Le prix au pair, du kilog. d'argent monnayé, ou alliage à 0,900, est 200 francs.

1085. *Valeur suivant le titre.* — La portion de cuivre ou d'alliage entrant dans les objets d'or ou d'argent étant réputée de nulle valeur, le prix, comme lingot, ou la valeur vénale d'un objet d'or ou d'argent, est donné par la valeur, au cours, de la quantité de fin contenu dans cet objet.

Ainsi, la valeur intrinsèque d'un objet de 850 grammes au titre de 0.720, l'or fin étant à 3444 francs, est

$$850 \times 0,720 \times 3,444 = 2107^f,728.$$

PROBLÈMES

SUR LES MÉLANGES ET LES ALLIAGES.

(1) On mélange 340 litres de vin à $0^f,40$; 110 litres à $0^f,60$ et 160 litres à $0^f,95$. On revend au détail à $0^f,80$ le litre.

Quel est le bénéfice total?

(2) On mélange : 85 kilog. de café à $4^f,50$ le kilog.; 35 kilog. à $7^f,60$ et 120 kilog. à $7^f,90$.

A quel prix devra-t-on revendre le kilog. pour gagner 25 0/0?

(3) On ajoute 25 0/0 d'eau à un mélange de 150 litres de vin à $0^f,70$; 120 litres à $0^f,90$ et 80 litres à $1^f,10$.

A quel prix reviendra le litre du mélange?

(4) Combien devra-t-on prendre de deux sortes de blé, à 32 fr. et à 22 fr. l'hectolitre pour former 300 doubles décalitres à $2^f,50$ le décalitre?

(5) Un marchand veut emplir un tonneau de 300 litres avec des vins à $0^f,75$ et à $0^f,50$ le litre, de manière à obtenir un mélange à $0^f,60$.

Combien doit-il prendre de chaque qualité!

(6) Un négociant mêle 250 litres de vin qui lui reviennent à $0^f,95$ le litre avec 450 litres d'une autre qualité lui revenant à $0^f,75$ le litre.

Combien doit-il ajouter d'eau pour réaliser un bénéfice de 20 0/0 en vendant le mélange à raison de $0^f,75$ la bouteille de $0^l,75$?

(7) Combien faut-il ajouter d'eau douce à 250 litres d'eau contenant 8 0/0 de sel, pour que le mélange ne contienne plus que 3 0/0 de sel?

(8) Dans quelle proportion faut-il mélanger des vins à $1^f,25$ et à $0^f,95$ la bouteille, pour que le mélange revienne à $1^f,05$ la bouteille?

(9) Un négociant livre pour 3864 fr., une caisse de 100 kilog. de thé provenant d'un mélange de thé à 28 fr. et de thé à 36 fr. le kilog.

Combien y a-t-il de chaque espèce, le bénéfice étant de 15 0/0?

(10) Combien faut-il ajouter d'eau à du vin à $0^f,70$ le litre pour que le mélange revienne à $0^f,55$?

(11) Une pipe d'eau-de-vie de 450 litres a été emplie avec deux

qualités différentes : l'une à 3 fr. et l'autre à 2 fr. le litre. La pipe revient à 1080 fr.

Combien contient-elle de litres de chaque sorte ?

(12) Combien faut-il prendre de litres de blé à 0f,50, à 0f,45 et à 0f,30 le litre pour former 120 litres à 0f,40 le litre ?

(13) Combien faut-il mélanger de litres de vin à 0f,95, à 1f,20, à 0f,40 et à 0f,50 le litre pour former 1 hectol. au prix de 80 fr. ?

(14) Un fermier veut mélanger du seigle à 1f,80 la mesure, et du froment à 2f,40, avec 28 mesures d'orge à 1f,40 l'une, de manière à obtenir 100 mesures d'un mélange revenant à 2 fr. la mesure.

Combien devra-t-il prendre de froment et de seigle ?

(15) Un négociant veut mélanger du vin à 1f,10 le litre et du vin à 0f,80, en mouillant à raison de 20 0/0.

Combien devra-t-il mêler de la seconde qualité à 24 hectolitres de la première, pour que la bouteille de 0l,75 lui revienne, dans ces conditions, à 0f,60 ?

(16) Un épicier veut mêler 56 kilog. de thé à 40 fr. le kilog. avec du thé à 28 fr., de telle sorte que le kilog. du mélange puisse être vendu 36 fr.

Combien devra-t-il mettre de thé à 28 fr. ?

(17) Un marchand veut mélanger, à parties égales, des vins à 48 fr., à 60 fr. et à 72 fr. l'hectolitre avec 100 litres d'un autre vin qui lui coûte 0f,66 le litre.

Combien devra-t-il prendre de chaque sorte pour que le mélange lui revienne à 0f,65 le litre ?

(18) Un marchand veut faire une caisse de 325 kilog. de café, avec 5 qualités : à 4 fr., à 3f,60, à 2f,80, à 2f,10 et à 1f,50 le kilog. Il veut faire entrer les 4 qualités supérieures en même quantité.

Que devra-t-il mettre de chaque sorte ?

(19) Un marchand a vendu pour 728 fr. une caisse de café de 300 kilog., provenant d'un mélange de 5 qualités : à 1f,50, à 2f,10, à 4 fr., à 3f,60 et à 2f,80. Il y avait autant de la première qualité que de la seconde, et autant de chacune des trois dernières.

Combien y avait-il de chaque qualité ?

(20) Un négociant veut mélanger deux sortes de vin : 1º il a reçu 450 litres qui lui reviennent à 0f,90, et auxquels il fait subir un mouillage de 25 0/0; 2º 380 litres qui lui ont coûté 75 fr. l'hect. et qu'il mouille à raison de 20 0/0.

Combien devra-t-il prendre de chacun de ces deux vins ainsi préparés pour former 6 hect. qu'il puisse vendre 65 fr. chacun ?

ALLIAGES.

(21) On fond ensemble 300 gr. d'or au titre de 0,750 et 200 gr. à 0,920. Quel est le titre du lingot résultant?

(22) Le laiton ou cuivre jaune est formé, pour 100 parties, de 75 de cuivre et de 25 de zinc.

Combien 25 kilog. de laiton contiennent-ils de cuivre et de zinc?

(23) Quel est le titre d'un alliage formé en fondant ensemble : 400 gr. d'argent à 0,850 ; 200 gr. d'argent pur, et 25 gr. de cuivre pur?

(24) Le bronze des canons contient 0,90 de cuivre et 0,10 d'étain. Combien y a-t-il de chacun de ces métaux dans une pièce de canon du poids de 3600 kilog. ?

(25) Combien faut-il ajouter de cuivre à 250 gr. d'un lingot d'or au titre de 0,950 pour le convertir à 0,900?

(26) Que faut-il ajouter d'or à un lingot de 400 gr. au titre de 0,750 pour le porter à 0,900?

(27) Combien faut-il prendre de deux lingots à 0,950 et à 0,750 pour former 600 gr. à 0,900?

(28) Un orfèvre a 2 lingots d'argent : l'un au titre de 0,920 ; l'autre, du poids de 2 kilog.,500 au titre de 0,750.

Combien doit-il ajouter du premier à tout le second pour obtenir un alliage à 0,900?

(29) Dans quel rapport doit-on fondre de deux lingots d'or : l'un à 0,850, l'autre à 0,728 pour obtenir un alliage à 0,750 ?

(30) Quelle est la valeur au pair, d'un lingot d'argent de 350 gr. au titre de 0,950?

(31) Quelle est la valeur au pair, d'un lingot d'or de 2 kilog.,400 au titre de 0,800?

(32) Quelle est le poids d'une pièce d'orfévrerie en or dont la valeur intrinsèque est de 575f,80, au pair, et dont le titre est 0,840?

(33) Quel est le poids d'une pièce d'orfévrerie en argent au titre de 0,800, et d'une valeur vénale, au pair, de 248f,60?

(34) Dans quelles proportions doit-on fondre des lingots d'or, à 0,950, à 0,840 et à 0,750 pour obtenir un lingot de 3 kilog. au titre de 0,900?

(35) On voudrait prendre à parties égales, de deux lingots d'argent, à 0,750 et à 0,800, avec 2 kilog., 300 d'un autre lingot à 0,950 pour former un alliage propre à faire de la monnaie française au plus bas titre.

Combien prendra-t-on de chaque lingot?

CHAPITRE VIII.

CHANGE DES MONNAIES.

1086. *Le change des monnaies* est l'opération qui a pour but l'échange d'une monnaie contre celle d'un autre pays.

Dans cet échange, l'un des deux pays donne à l'autre une quantité *fixe, invariable, certaine* de sa monnaie contre une quantité de l'autre, ou un prix évalué au moyen de cette autre, qui varie avec les circonstances.

1087. La quantité constante que donne le premier pays se nomme le *certain*; la quantité variable correspondante donnée par l'autre est dite l'*incertain*.

Paris donne l'incertain à toutes les autres villes et en reçoit le certain.

Ainsi par exemple : dire que le change de Paris à Londres est, à un moment donné, de 25^f,25, cela signifie que pour la chose fixe, certaine, *une livre sterling*, Paris donne, ce jour, 25^f,25, prix qui peut, suivant le moment, augmenter ou diminuer d'un jour à l'autre.

1088. Chaque pays donnant le certain a pour base ou point de départ dans la transaction, une certaine valeur-unité à laquelle correspond l'incertain du pays avec lequel l'échange se fait.

Voici cette unité constante pour quelques places importantes :

Amsterdam.	100 florins.
Berlin.	100 rixdales.
Hambourg	100 marcs lubs.
Londres.	1 livre sterl.
Lisbonne	1000 reis.
Madrid	100 piastres.
Vienne	100 florins.
St-Pétersbourg	100 roubles.

1089. La somme variable ou l'incertain que donne

Paris contre une de ces unités est le *prix ou la cote du change*.

On affiche à la Bourse la cote de chaque place importante, ce qui permet à chacun de se rendre compte du plus ou moins d'avantage que peut offrir le change avec telle ou telle ville. — Ces cours ne mentionnent pas le certain, qu'en affaire on doit connaître par cœur ; l'incertain y est indiqué par un nombre abstrait dans lequel on doit toujours lire un nombre de francs.

1090. Le change peut être *direct* ou *indirect :* direct, lorsqu'il se fait sans intermédiaire, entre Paris et la ville avec laquelle l'affaire se traite ; indirect, lorsqu'on change par l'intermédiaire d'une ville tierce. Le change direct est celui qui est inscrit sur la cote des changes.

1091. Le calcul d'un change se fait simplement, on le comprend, au moyen de la règle de trois.

1092. Le change se prend d'un pays à un autre au moyen des effets de commerce ; de telle sorte que le change peut être considéré comme le commerce ou la transmission de ces effets ou papiers.

1093. Considéré sous ce point de vue, on distingue le change en deux catégories :

1° Le *change intérieur* ou *sur l'intérieur ;*
2° Le *change extérieur* ou *sur l'étranger.*

Le change est dit intérieur lorsque les effets sont payables en France ;

Le change est extérieur lorsque les valeurs sont remboursables à l'étranger.

Terminons par un exemple :

1094. *Problème.* — *Un négociant résidant à Paris ayant acheté des marchandises à Vienne, reçoit une facture de 2780 florins, qu'il veut solder au moyen d'une traite sur Vienne. Le change étant coté 204 1/2, combien aura-t-il à verser au banquier pour l'acquisition de sa traite ?*

Le problème se traduit par la règle de trois suivante :

$$100 \text{ florins valent} \ldots \ldots \ldots 204^f,50$$
$$2780 \text{ id.} \ldots \ldots \ldots \ldots x$$

$$x = \frac{204,50 \times 2780}{100} = 5685^f,10,$$

auxquels, dans certains cas, le banquier ajoute 1/2 0/0 de commission.

___

PROBLÈMES

sur les changes.

(1) Un négociant de Paris, qui doit 3400 florins à Amsterdam, veut s'acquitter au moyen d'un effet à 30 jours ; que devra-t-il payer au banquier, le taux d'intérêt étant 4 1/2 0/0 et le change avec Amsterdam étant 211 3/4 ?

(2) Le cours du change avec Hambourg étant, à 90 jours, de 87 1/4, combien coûterait, à Paris, un effet de 4780 marcs lubs, à 30 jours sur Hambourg, les intérêts se comptant à 3 0/0 ?

(3) Le cours du change avec Madrid étant, à Paris, de 5,16 à vue ; l'intérêt étant à 4 0/0, quel serait le change pour une traite à 60 jours, dont le montant serait 2785 piastres ?

(4) Le cours du change avec Saint-Pétersbourg étant, à Paris, à 358 1/4, à 30 jours, combien paierait-on une traite de 7400 roubles, à vue, le taux d'intérêt étant 4 1/2 0/0 ?

(5) Le cours du change avec Londres étant, à Paris, de 25^f,26 à vue, à quel chiffre se monterait le change d'une traite sur Londres, de 465 livres sterling, au taux de 3 1/2 0/0 ? A quel taux réel se ferait l'opération ?

FIN.

TABLE DES MATIÈRES.

LIVRE III.

Opérations fondamentales.

LIVRE IV.

Propriétés des nombres.

LIVRE V.

Fractions ordinaires.

LIVRE VI.

Approximations et opérations abrégées.

LIVRE VII.

Mesures étrangères et anciennes mesures françaises.

LIVRE VIII.

Des racines.

LIVRE IX.

Rapports et proportions.

FIN DE LA TABLE.

SAINT-CLOUD. — IMPRIMERIE DE Mme V^e EUG. BELIN.

ATLAS DES ÉCOLES PRIMAIRES

NOUVELLE ÉDITION, ENTIÈREMENT REFONDUE

ET CONTENANT VINGT-HUIT CARTES COLORIÉES

Avec des notions de Géographie et un Questionnaire placés au-dessous des cartes, et formant une suite de devoirs gradués

Par M. Th. BÉNARD

Officier de l'Instruction publique, chef du premier bureau de l'enseignement primaire au Ministère de l'Instruction publique.

1 vol. petit in-4°, cart. . . . . 1 fr. 10 c.

Le même, cart., dos toile anglaise. . . . . . **1 fr. 25 c.**

DÉTAIL DES CARTES

1. Mappemonde. — Eléments de cosmographie.
2. France élémentaire divisée en 86 départements.
3. Europe physique.
4. Europe, divisions politiques.
5. Asie.
6. Afrique.
7. Amérique du Nord. — Amérique centrale.
8. Amérique du sud. Terres australes.
9. Océanie.
10. Planisphère (*avec application à des voyages de terre ou de mer*).
11. France physique. — Elévation des principales montagnes.
12. France administrative, agricole, industrielle, commerciale, etc. — Chemins de fer et principaux canaux.
13. 14. Algérie et colonies.
15. Europe centrale : Allemagne — Prusse — Autriche-Hongrie.
16. Belgique et Hollande, ou Pays-Bas.
17. Iles Britanniques.
18. Russie — Suède et Norvége — Danemark.
19. 20. Suisse — Espagne et Portugal.
21. Italie.
22. Turquie — Grèce et Principautés Danubiennes.
23. 24. Asie occidentale. — Terre Sainte divisée en 12 tribus.
25. Carte pour l'Histoire ecclésiastique.
26. France divisée en 32 gouvernements.
27. Europe. — Empire français. 1804-1814.
28. Carte du département.

L'*Atlas des Écoles primaires* se distingue des autres publications analogues par une très-grande simplicité de forme jointe à un choix bien entendu des détails. Tandis que les autres atlas destinés à cet enseignement ne donnent que les cartes générales des cinq parties du monde, M. Bénard présente la géographie des contrées les plus importantes, les accidents physiques, les chemins de fer pour la France et l'Europe, les lieux remarquables au point de vue historique ou comme centres d'industrie et de commerce. Trois cartes particulières sont applicables à l'histoire de France (*Ancienne monarchie et Empire français*) et à l'histoire sainte, prescrites aujourd'hui dans les écoles.

Le texte qui accompagne cet Atlas se compose pour chaque carte de deux parties : 1° une *légende*, que l'élève doit apprendre et réciter ; 2° un *questionnaire*, auquel il doit répondre par écrit, et qui forme une suite de *devoirs de géographie.*

Les 86 départements de la France, publiés dans le format de l'*Atlas des Écoles primaires*, présentant la topographie, les chemins de fer, les canaux, les centres de production, les villes industrielles, les lieux historiques et un croquis géologique pour l'étude des terrains, avec texte explicatif sur les produits agricoles ou manufacturiers, etc., les personnages célèbres, etc., etc. Prix de chaque département. **5 c.**

CARTE EN RELIEF

LA FRANCE, GÉOGRAPHIE PHYSIQUE

Relief du sol. Voies de communication

PAR MM. H. PIGEONNEAU ET DRIVET.

Dimension de la carte : 0^m,25. Prix. . . . . **2 fr.**

Carte couronnée par la Société pour l'instruction élémentaire, approuvée pour les bibliothèques scolaires et adoptée par la commission des Écoles de la Ville de Paris.

Cette carte dressée à l'échelle horizontale de $\frac{1}{4,500,000}$, et à l'échelle verticale de $\frac{1}{1,000,000}$, indique par le relief, le véritable aspect du sol, la forme et les proportions exactes des hauteurs qui dépassent 250 m.; par la diversité et la dégradation des teintes, l'élévation des terrains au-dessus du niveau de la mer et les profondeurs des mers au-dessus et au-dessous de 50 mètres. Elle reproduit du reste avec la nomenclature, tous les traits essentiels de la géographie physique et le tracé des grandes voies de communication (canaux et chemins de fer, principales villes situées sur le parcours). La carte est accompagnée d'une notice explicative et d'une légende indiquant la superficie et la population de la France avant et après 1871, les principales altitudes, la longueur des cours d'eaux, etc.

CARTE MURALE EN RELIEF

DE LA FRANCE

PAR LES MÊMES AUTEURS.

L'utilité des cartes en relief, reconnue par les juges les plus compétents et démontrée par l'expérience, n'est plus aujourd'hui en question; mais, pour que ces cartes pénètrent dans l'enseignement, elles doivent réunir trois conditions indispensables : le bon marché, la disposition pratique qui permette aux élèves de les lire sans peine et qu dispense le professeur de trop longs commentaires, et l'exactitude scientifique, rigoureuse, qu'on a toujours le droit d'exiger, même dans une œuvre élémentaire. Tel est le but que nous avons essayé d'atteindre dans la carte que nous publions.

Cette carte, à l'échelle du huit-cent-millième, dont les dimensions sont d'un mètre soixante centimètres, en hauteur et en largeur, et la superficie de 2^m,25, présente par conséquent les proportions d'une carte murale ordinaire. Elle a été construite d'après les travaux de l'État-Major français et les publications les plus récentes et les plus autorisées de la Suisse et de l'Allemagne : les procédés particuliers employés pour la construction du relief ont permis de reproduire avec une exactitude presque mathématique le véritable aspect du terrain.

Dans l'étude si importante du relief du sol, il y a deux choses à considérer : la hauteur relative des divers points d'une surface déterminée, c'est-à-dire le mouvement du terrain plat ou accidenté et la hauteur absolue au-dessus d'une base considérée comme constante et uniforme, le niveau de la mer.

Relief du sol. — Le relief, exagéré dans la proportion constante de 4 à 1 par rapport aux surfaces horizontales, fait ressortir même les collines et les plateaux dont l'élévation moyenne ne dépasse pas 150 m.; il reproduit fidèlement le mouvement du terrain, la forme et les proportions relatives de tous les accidents de quelque importance, depuis les simples collines jusqu'aux plus hautes montagnes.

Elévation au-dessus du niveau de la mer. — La diversité et la dégradation des teintes marquent par six plans successifs (0 à 100 mètres, 100 à 200; 200 à 400; 400 à 800; 800 à 1600; 1600 à la limite des neiges éternelles) la hauteur absolue, et permettent de se rendre compte de la direction générale des pentes et par conséquent du régime des eaux.

Profondeur des mers. — Des courbes, tracées d'après les travaux si justement appréciés de M. Delesse, indiquent les profondeurs des mers et prolongent ainsi au-dessous du niveau de la mer la déclivité du sol.

Hydrographie. — La partie hydrographique a été l'objet de soins tout particuliers. On a marqué par un signe de convention le point où commence la navigation des fleuves et des rivières : les noms des cours d'eau les plus importants sont imprimés en caractères noirs, faciles à distinguer de loin; tandis que ceux des rivières moins considérables, imprimés en bleu, ressortent assez pour qu'ils puissent, sans charger la carte, se lire en l'étudiant de plus près.

Forêts. — Les principaux massifs de forêt, si importants au double point de vue stratégique et économique, ont été fidèlement reproduits d'après les documents inédits de l'Administration forestière.

Voies de communication. — Comme corollaire de la géographie physique on a reproduit, d'après les documents officiels, le tracé des canaux et des chemins de fer, tracé déterminé par les accidents du sol.

Géographie politique. — La dimension de la carte a permis d'indiquer en caractères très-apparents les noms des départements, ceux des chefs-lieux d'arrondissement et des grands centres industriels.

La géographie physique des contrées voisines de la France et qu'on met dans le cadre de la carte a été traité avec le même soin que celle de notre pays; enfin un plan en relief des environs de Paris reproduit avec exactitude la topographie du département de la Seine et d'une partie du département de Seine-et-Oise, et les noms de toutes les localités importantes comprises dans un périmètre de 25 kilomètres environ autour de Paris.

Les perfectionnements apportés dans la fabrication permettent de garantir d'une manière absolue la solidité de cette nouvelle carte qui mérite, croyons-nous, par l'exactitude scientifique et par l'exécution matérielle, l'attention de tous ceux qui s'intéressent aux progrès des connaissances géographiques.

NOUVELLE MÉTHODE
D'ÉCRITURE FRANÇAISE

PAR

M. ED. FLAMENT

Professeur au Lycée, aux Écoles normales, à l'Institution Saint-Jean, aux Dames
Bernardines de Flines et aux cours de calligraphie de la ville de Douai.

Dédiée à M. FLEURY

Recteur de l'Académie de Douai, Officier de la Légion d'honneur.

Le cent de cahiers. . . . . 9 fr.

**Méthode couronnée aux expositions de Lille (1868), de Beauvais
(1869), de Londres (1872) et de Vienne (1873).**

1er CAHIER. — Jambages et mots composés de jambages.

2e CAHIER. — Exercices sur les lettres courbes, mots composés de courbes et de droites.

3e CAHIER. — Étude des lettres à boucles, mots détachés récapitulant les exercices contenus dans le premier et le deuxième cahier.

4e CAHIER. — Majuscules, phrases commençant par des majuscules, chiffres esquissés.

5e CAHIER. — Suite de l'application des majuscules, chiffres non esquissés.

6e CAHIER. — 1re moitié, petite moyenne; 2e moitié, exercices préparatoires à l'expédiée française. Chiffres et majuscules au bas de chaque page.

7e et 8e CAHIERS. — Expédiée française, majuscules, chiffres arabes, chiffres romains, accolades.

9e, 10e et 11e CAHIERS. — Ronde, bâtarde, gothique.

Ce genre d'écriture est vite et facilement acquis par les élèves, grâce à l'avantage immense qu'il a sur l'anglaise qui, pour être nette et lisible, a besoin d'un degré de perfection auquel peu d'élèves arrivent.

Les résultats obtenus par l'auteur ont valu à cette méthode *trois premières récompenses en un an, et l'approbation* de MM. les Recteurs et de MM. les Inspecteurs généraux.

CETTE MÉTHODE A POUR BUT :

1° D'offrir aux élèves le moyen d'acquérir en peu de temps une écriture simple, uniforme et exempte de tous ces traits, de toutes ces fioritures, qui rendent souvent l'écriture illisible, ou tout au moins d'un vilain aspect ;

2° De leur donner au moyen d'exercices gradués une marche sûre et rapide, qui doit inévitablement les conduire à posséder une bonne et solide écriture ;

3° De faciliter aux jeunes enfants l'imitation du modèle placé en tête de chaque page, en les faisant d'abord passer sur les lettres pleines, puis sur celles qui le sont moins, pour les abandonner ensuite à eux-mêmes ;

4° De leur rappeler fréquemment la forme des lettres en les leur retraçant dans la page à de courts intervalles ;

5° D'intéresser les élèves en leur donnant en tête de chaque page de nouveaux modèles résumant les exercices antérieurs.

S.-CLOUD. — IMP. DE Mme Ve EUG. BELIN.